大数据与人工智能技术丛书

大数据与机器学习
经典案例

微课视频版

董相志 张志旺 田生文 曲海平 编著

清华大学出版社
北京

内容简介

本书精选七个大数据与机器学习经典案例，全部采用国际著名机构发布的真实数据，研究领域涉及房产零售、生物信息、图像处理、自动驾驶、蛋白质折叠、机器问答、植物病理等。

案例从数据分析和预处理开始，到特征工程，再到机器学习建模，最后完成模型评估，系统推演，丝毫毕现。对于历史经典模型(LeNet-5)、结构优美的模型(VGG-16)、自身应用广泛并对后来算法影响深远的模型(ResNet、Inception)、性能卓著的后起之秀模型(YOLO v1～v4、DenseNet、EfficientNet、EfficientDet、BERT)等，予以重点关注。

本书具备高阶性、创新性与挑战性三种创新特质，可作为大数据与人工智能专业教材、毕业设计指导教材、创新训练指导教材、实训实习指导教材，也可供相关专业研究生和工程技术人员学习参考。

本书封面贴有清华大学出版社防伪标签，无标签者不得销售。
版权所有，侵权必究。举报：010-62782989，beiqinquan@tup.tsinghua.edu.cn。

图书在版编目(CIP)数据

大数据与机器学习经典案例：微课视频版/董相志等编著. —北京：清华大学出版社，2021.1(2023.8重印)
(大数据与人工智能技术丛书)
ISBN 978-7-302-56424-9

Ⅰ. ①大…　Ⅱ. ①董…　Ⅲ. ①数据处理 ②机器学习　Ⅳ. ①TP274 ②TP181

中国版本图书馆 CIP 数据核字(2020)第 171455 号

责任编辑：黄　芝　薛　阳
封面设计：刘　键
责任校对：时翠兰
责任印制：丛怀宇

出版发行：清华大学出版社
网　　址：http://www.tup.com.cn，http://www.wqbook.com
地　　址：北京清华大学学研大厦 A 座　　**邮　　编**：100084
社 总 机：010-83470000　　**邮　　购**：010-62786544
投稿与读者服务：010-62776969，c-service@tup.tsinghua.edu.cn
质量反馈：010-62772015，zhiliang@tup.tsinghua.edu.cn
课件下载：http://www.tup.com.cn，010-83470236
印 刷 者：天津鑫丰华印务有限公司
经　　销：全国新华书店
开　　本：185mm×260mm　　**印　　张**：19.5　　**字　　数**：448 千字
版　　次：2021 年 2 月第 1 版　　**印　　次**：2023 年 8 月第 4 次印刷
印　　数：2801～3300
定　　价：69.80 元

产品编号：088008-01

前言

教育部新工科培养方案明确指出本科生应具备复杂系统设计能力。本书与此目标完美契合,同时具备高阶性、创新性与挑战性三种特质。本书是四位作者通力合作的成果,具有以下四个特色。

第一,所见即所得。所有编码和图表分析,均出自本书案例的实践过程,与案例100%同步,100%测试,100%可靠。

第二,一例一世界。七个案例,各有侧重。案例全部采用国际著名机构发布的真实数据,研究领域涉及房产零售、生物信息、图像处理、自动驾驶、蛋白质折叠、机器问答、植物病理等。案例从数据分析和预处理开始,到特征工程,再到机器学习建模,最后完成模型评估,系统推演,丝毫毕现。

第三,把脉问前沿。案例聚焦问题前沿与技术前沿,同时兼顾方法的普适性、代表性与先进性。例如,对于历史经典模型(LeNet-5)、结构优美的模型(VGG-16)、自身应用广泛并对后来算法影响深远的模型(ResNet、Inception)、性能卓著的后起之秀模型(YOLO v1～v4、DenseNet、EfficientNet、EfficientDet、BERT)等,予以重点关注。

第四,视频求深解。所有章节同步配有作者高清视频讲解,扫描封底刮刮卡内二维码获得权限,再扫描书中二维码即可在线观看。视频不是书本内容的简单重复,而是再次升华和有益补充。视频讲解弥补了文字在逻辑推演细节上的跳跃,口头表达带来了更为丰富的立体感知,视频讲解在聚焦前沿方面亦多有拓展。

本书以应用为导向,理论教学贯穿其中,理论与实践相得益彰。

回归问题讨论了线性回归、岭回归、Lasso 回归、ElasticNet 回归、XGBoost 回归、Voting 回归和 Stacking 回归七种方法在同一问题上的表现。

神经网络基本理论的内容则循序渐进,包括神经网络结构、激励函数、损失函数、梯度下降、正向传播、反向传播、偏差与方差、正则化、Mini-Batch 梯度下降、参数与超参数、优化算法等。

卷积神经网络的内容囊括卷积核、卷积运算、边缘扩充、卷积步长、最大池化与平均池化、卷积层、经典结构、1×1 卷积等基础模块,也包括对经典网络的剖析与运用,包括 LeNet-5 网络、VGG-16 网络、ResNet 网络、Inception 网络、DenseNet 网络、EfficientNet 网络、EfficientDet 网络等。

自动驾驶与 YOLO 算法碰撞,从目标检测、OpenCV、滑动窗口、卷积滑动窗口、Bounding Box、交并比、非极大值抑制、Anchor Box 等算法基础模块,到最后的 YOLO 算法 v1、v2、v3、v4 等一气呵成。

循环神经网络和自然语言处理领域,从词汇表征、词嵌入向量、注意力机制、Transformer 到以 BERT 模型为核心的机器问答。

本书将理论知识作为独立教学模块，与案例推演前后呼应，浑然一体。这种边理论边实践的教学模式，既可在工程实践中熏陶理论见识，又可在复杂系统设计中淬炼过硬本领。

总之，本书坚持理论与实践相融合的教学理念，使得案例在易读、易学、易用、易模仿、易创新等方面形成了自己的特色。作者坚持一流教学标准引领教材各个环节的创作，既有内容美，又有形式美。教材文案设计和视频讲解以读者为中心，配套在线作业系统，让读者学得轻松，学得快乐，学有所成。

读者扫描封底"作业系统二维码"，可在线答题。本书还提供教学课件、教学大纲、源代码、习题答案等配套资源，可从清华大学出版社官司网下载。

本书彩色图表较多，为了节约印刷成本，彩色图表以黑白颜色呈现，但是文字表达仍然沿用彩色图表的描述逻辑，一方面是为了保留彩色图表的丰富内涵；另一方面，彩色图表本身就是实践的结果。如果读到描述彩色图表的文字，可以参照视频讲解、程序文档或随书课件，完整复原彩色图表的庐山真面目。

本书的出版得到了清华大学出版社的大力支持，在此致以衷心感谢！

本书案例编码借鉴了众多 Kaggle 作者、GitHub 作者和不知名网络作者的方案，书中行文或者案例文档已有注明，部分图表引用了论文作者的原创，相关论文已列在书末参考文献中。在此向众多的网络作者、原创学者表达谢意！本书部分内容参照了吴恩达老师的深度学习公开课，在此表达崇高敬意！

好作品离不开读者的反馈，欢迎读者批评指正。

最后，是写给读者的几句话：

致读者

数据滔滔，浮光跃金。
机器碌碌，静影沉璧。
平凡数据，不凡潜力。
生生不息，碌碌不止。
案例领航，风雷万里。
鸿蒙壮心，寻根问底。
明明如月，何时可掇？
行到水穷，坐看云起。

编著者

2020 年 5 月

目录

第 1 章

房价预测与回归问题

如果拥有某个城市一段时期的房产销售数据，房产经纪人可以结合自己的专业知识或者从业经验对房价做出预测，经纪人可能会有自己的估算模型，这个模型可能是根据回归方法建立的严谨数学模型，也可能没有严谨的模型，仅仅是经纪人根据经验或直觉做出的综合判断。因此，同样的房产，不同经纪人最终给出的房价可能会差别较大。那么谁给出的房价更接近其真实价值？当然，经纪人的评估能力不是本章讨论的内容，本章关注的问题是：将经纪人的评估工作交给机器去做，如何让机器从数据集中学习并建立数学模型？如何评估机器学习的效果？

1.1 数据集

数据集包含三个文件，存放于 chapter1\dataset 目录中，相关信息如表 1.1 所示。

表 1.1 爱荷华州艾姆斯市房价数据集

文件名	数据规模	文件大小/KB	功能
train.csv	81 列，1460 行	449	训练集
test.csv	80 列，1459 行	440	测试集
data_description.txt	所有列变量	13	列变量数据解析

注：数据集由杜鲁门州立大学统计学教授 DeCock 统计整理。

1.2 训练集观察

启动 Jupyter Notebook，在 chapter1 目录下新建 Price_Regressor.ipynb 程序。执行程序段 P1.1，完成库导入。

```
P1.1    # 导入库
001     import numpy as np
002     import pandas as pd
003     import matplotlib.pyplot as plt
004     import seaborn as sns
005     from scipy import stats
006     from scipy.stats import norm
007     %matplotlib inline
```

执行程序段 P1.2,读入训练集,显示列变量名称,如表 1.2 所示。

```
P1.2    # 读入训练集
008     df_train = pd.read_csv('./dataset/train.csv')
009     df_train.columns
```

表 1.2 训练集中列变量名称

列变量名称 1	列变量名称 2	列变量名称 3	列变量名称 4	列变量名称 5	列变量名称 6
Id	MSSubClass	MSZoning	LotFrontage	LotArea	Street
Alley	LotShape	LandContour	Utilities	LotConfig	LandSlope
Neighborhood	Condition1	Condition2	BldgType	HouseStyle	OverallQual
OverallCond	YearBuilt	YearRemodAdd	RoofStyle	RoofMatl	Exterior1st
Exterior2nd	MasVnrType	MasVnrArea	ExterQual	ExterCond	Foundation
BsmtQual	BsmtCond	BsmtExposure	BsmtFinType1	BsmtFinSF1	BsmtFinType2
BsmtFinSF2	BsmtUnfSF	TotalBsmtSF	Heating	HeatingQC	CentralAir
Electrical	1stFlrSF	2ndFlrSF	LowQualFinSF	GrLivArea	BsmtFullBath
BsmtHalfBath	FullBath	HalfBath	BedroomAbvGr	KitchenAbvGr	KitchenQual
TotRmsAbvGrd	Functional	Fireplaces	FireplaceQu	GarageType	GarageYrBlt
GarageFinish	GarageCars	GarageArea	GarageQual	GarageCond	PavedDrive
WoodDeckSF	OpenPorchSF	EnclosedPorch	3SsnPorch	ScreenPorch	PoolArea
PoolQC	Fence	MiscFeature	MiscVal	MoSold	YrSold
SaleType	SaleCondition	SalePrice			

训练集中共有 81 个列变量,列变量含义请参见 data_description.txt 文件中的描述。列变量 Id 用于房屋标识,其他各列对房价的影响,需做进一步考量。

1.3 列变量观察

列变量 SalePrice 表示房价,执行程序段 P1.3,观察 SalePrice 的统计特征。

```
P1.3    # SalePrice 的统计特征
010     df_train['SalePrice'].describe()
```

统计结果如下。

```
count   1460.000000
mean    180921.195890
std     79442.502883
min     34900.000000
25 %    129975.000000
50 %    163000.000000
75 %    214000.000000
max     755000.000000
```

1460 套房产数据中，50%的房屋价格集中于 16 万美元左右，均价为 18 万美元，房价最小值大于 0，标准差在可接受范围内，意味着 SalePrice 数据可用。

执行程序段 P1.4，绘制 SalePrice 直方图，观察到 SalePrice 呈右偏正态分布，如图 1.1 所示。

```
P1.4    # 房价直方图
011     sns.distplot(df_train['SalePrice']);
```

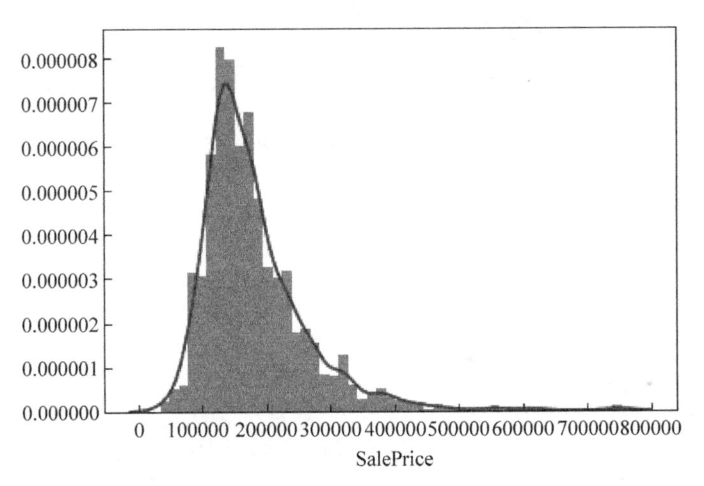

图 1.1　房价分布

执行程序段 P1.5，计算 SalePrice 的偏度与峰度。

```
P1.5    #偏度与峰度
012     print('偏度: {:.2f}'.format(df_train['SalePrice'].skew()))
013     print('峰度: {:.2f}'.format(df_train['SalePrice'].kurt()))
```

运行结果如下。

```
偏度: 1.88
峰度: 6.54
```

偏度值 1.88 进一步印证了 SalePrice 的右偏分布特征，峰度值 6.54 显示 SalePrice 存在陡峭尖峰。

列变量 GrLivArea 表示居住面积，执行程序段 P1.6，GrLivArea 与 SalePrice 的关系如图 1.2 所示。

```
P1.6   #GrLivArea 与 SalePrice 关系
014    var = 'GrLivArea'
015    data = pd.concat([df_train['SalePrice'], df_train[var]], axis=1)
016    data.plot.scatter(x=var, y='SalePrice', ylim=(0,800000));
```

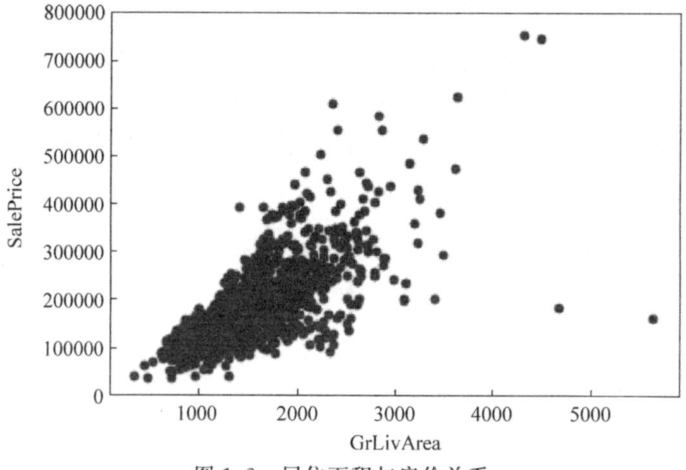

图 1.2　居住面积与房价关系

可见，列变量 GrLivArea 与 SalePrice 密切相关，呈现近似线性关系。

列变量 TotalBsmtSF 表示地下室面积，执行程序段 P1.7，TotalBsmtSF 与 SalePrice 的关系如图 1.3 所示。

```
P1.7   #TotalBsmtSF 与 SalePrice 关系
017    var = 'TotalBsmtSF'
018    data = pd.concat([df_train['SalePrice'], df_train[var]], axis=1)
019    data.plot.scatter(x=var, y='SalePrice', ylim=(0,800000));
```

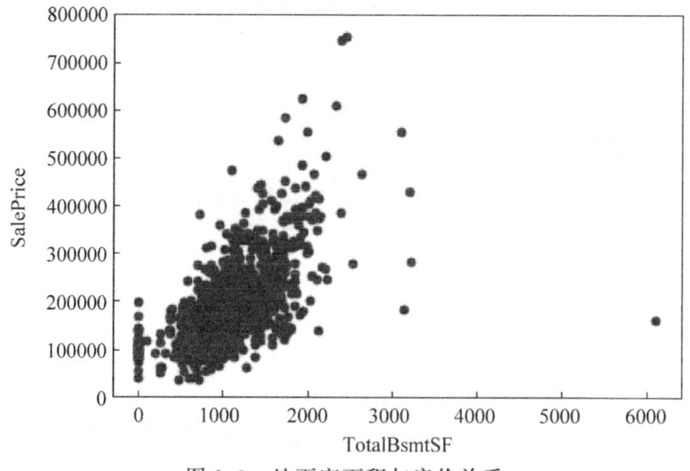

图 1.3　地下室面积与房价关系

列变量 TotalBsmtSF 在取值大于 0 的区域，与 SalePrice 密切相关，呈现近似线性关系。

列变量 OverallQual 表示房屋装修质量，分为 10 个级别，用 1～10 表示，含义是：10 表示特别好，9 表示非常好，8 表示很好，7 表示好，6 表示高于平均水平，5 表示平均水平，4 表示低于平均水平，3 表示合格水平，2 表示一般差，1 表示非常差。执行程序段 P1.8，列变量 OverallQual 与 SalePrice 的关系如图 1.4 所示。

```
P1.8   #OverallQual 与 SalePrice 关系
020    var = 'OverallQual'
021    data = pd.concat([df_train['SalePrice'], df_train[var]], axis=1)
022    f, ax = plt.subplots(figsize=(8, 6))
023    fig = sns.boxplot(x=var, y="SalePrice", data=data)
024    fig.axis(ymin=0, ymax=800000);
```

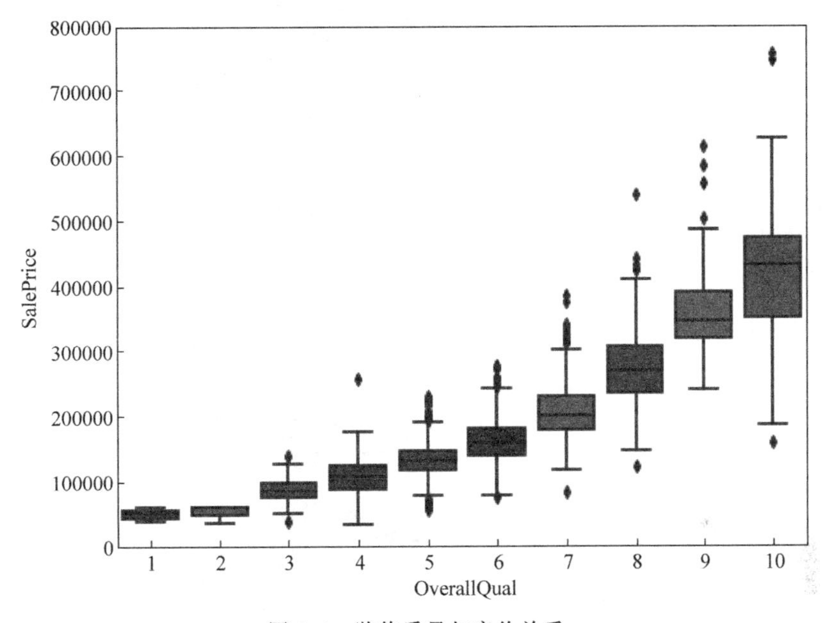

图 1.4　装修质量与房价关系

显然，装修质量与房价密切相关。1、2 两个档次的数据过少，导致箱形图不够完整。其他八种装修质量的房价近似正态分布，不同装修质量对房价的影响较为显著。

列变量 YearBuilt 表示房屋建筑年代，执行程序段 P1.9，观察列变量 YearBuilt 与 SalePrice 的关系如图 1.5 所示。

```
P1.9   #YearBuilt 与 SalePrice 关系
025    var = 'YearBuilt'
026    data = pd.concat([df_train['SalePrice'], df_train[var]], axis=1)
027    f, ax = plt.subplots(figsize=(20, 8))
028    fig = sns.boxplot(x=var, y="SalePrice", data=data)
029    fig.axis(ymin=0, ymax=800000);
030    plt.xticks(rotation=90);
```

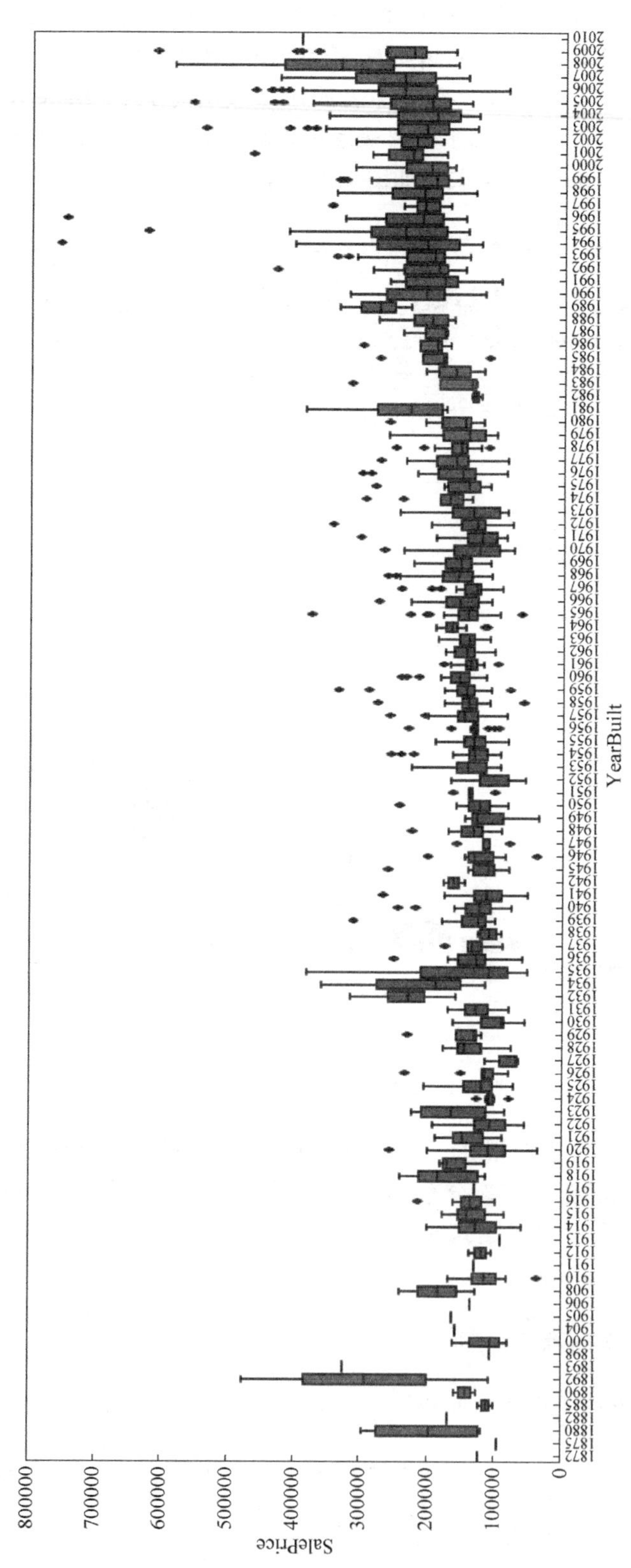

图 1.5 建筑年代与房价的关系

不难看出，同一年代的房屋，房价近似正态分布。但是从 1872 年到 2010 年，138 年的跨度，如果以 50 年为一个窗口期，会发现房价的平均波动并不大，从长期趋势看，房价总体呈现缓慢的上升趋势，新建房屋的房价相对高一些。

综上所述，GrLivArea、TotalBsmtSF 与 SalePrice 呈正线性相关，TotalBsmtSF 的斜率更大。OverallQual、YearBuilt 也与 SalePrice 相关。不同的 OverallQual 差别更为明显，YearBuilt 则相对弱一些。

限于篇幅，这里只分析了四个变量，读者可以自行对其他变量做出类似分析，这些分析都是基于直觉观察，主观色彩较浓，1.4 节将讨论一种更为客观的方法：相关矩阵。

1.4　相关矩阵

相关系数是由统计学家卡尔·皮尔逊提出的统计指标，是研究变量之间线性相关程度的量，1.3 节关于 GrLivArea、TotalBsmtSF 与 SalePrice 关系的分析，依赖主观判断，本节给出度量两个变量之间相关程度的新方法，即相关系数法。

相关系数是度量两个变量间的线性关系的统计量，一般用字母 ρ 表示，如公式(1.1)所示。

$$\rho_{XY}=\frac{\mathrm{Cov}(X,Y)}{\sigma_X\sigma_Y} \tag{1.1}$$

其中，$\rho_{XY}\in[-1,1]$，σ_X 和 σ_Y 分别是随机变量 X 和 Y 的标准差。

协方差 $\mathrm{Cov}(X,Y)=E_{XY}-E_X\times E_Y$，$E_X$、$E_Y$、$E_{XY}$ 表示数学期望。

相关矩阵(Correlation Matrix)，又称相关系数矩阵，是由 n 维随机向量($\boldsymbol{X}_1,\boldsymbol{X}_2,\cdots,\boldsymbol{X}_n$)中任意的 $\boldsymbol{X}_i,\boldsymbol{X}_j$ 之间的相关系数 ρ_{ij} 构成的 $n\times n$ 维矩阵，记作 $\boldsymbol{R}$，如公式(1.2)所示。

$$\boldsymbol{R}=\begin{bmatrix}\rho_{11} & \rho_{12} & \cdots & \rho_{1n}\\ \rho_{21} & \rho_{22} & \cdots & \rho_{2n}\\ \vdots & \vdots & \vdots & \vdots\\ \rho_{n1} & \rho_{n2} & \cdots & \rho_{nn}\end{bmatrix} \tag{1.2}$$

相关矩阵 $\boldsymbol{R}$ 的对角元素的值均为 1，而且是对称矩阵。

显然，借助相关矩阵，可以全面反映训练集的任意两个列变量之间的相关程度。执行程序段 P1.10，绘制相关矩阵热图如图 1.6 所示。

```
P1.10  #相关矩阵
031    corrmat = df_train.corr()
032    mask = np.zeros_like(corrmat, dtype = np.bool)
033    mask[np.triu_indices_from(mask)] = True
034    f, ax = plt.subplots(figsize = (10, 10))
035    sns.heatmap(corrmat, mask = mask, cmap = "coolwarm", center = 0,
                       square = True, linewidths = .2, cbar_kws = {"shrink":.8});
```

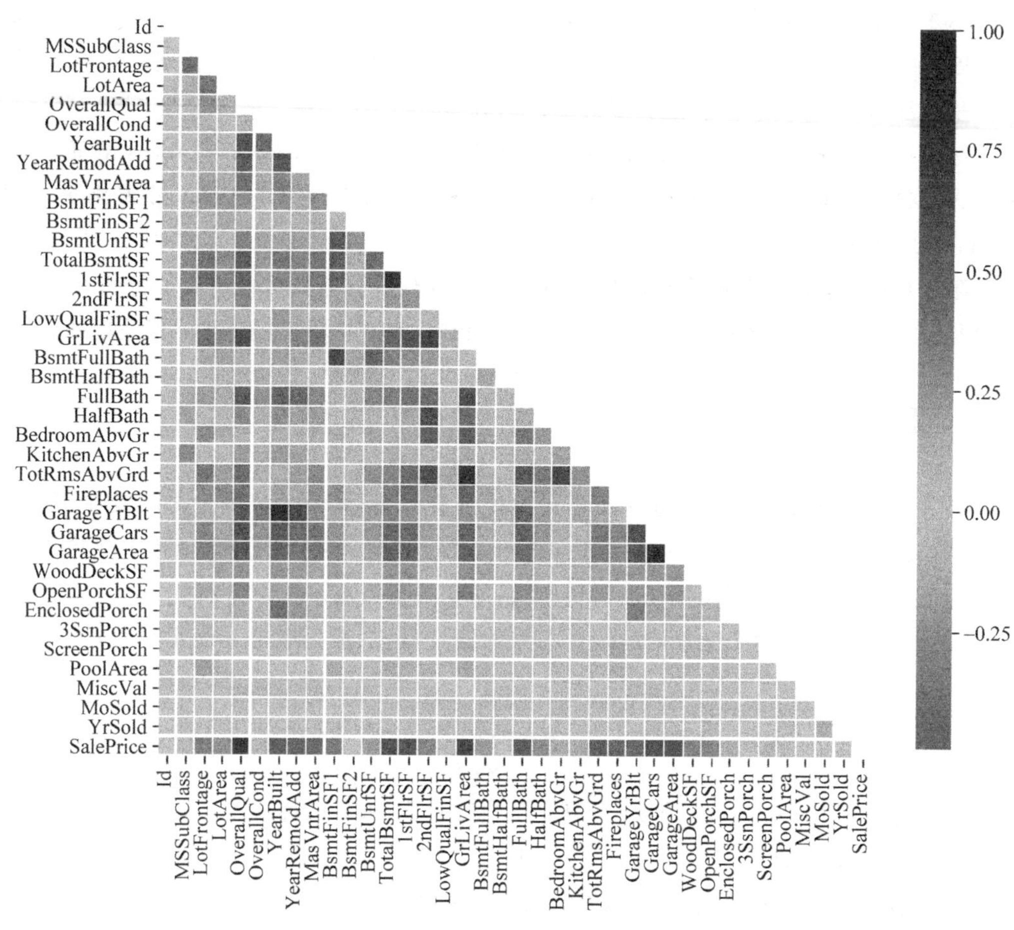

图 1.6 相关矩阵

观察底端的 SalePrice 所在的行，1.3 节讨论的 OverallQual(装修质量)、YearBuilt(建筑年代)、TotalBsmtSF(地下室面积)、GrLivArea(居住面积)四个变量与 SalePrice 呈正相关。图 1.6 还显示出 LotFrontage(正面宽度)、LotArea(占地面积)、YearRemodAdd(改建年代)、MasVnrArea(砌面面积)、BsmtFinSF1(类型 1 地下室面积)、BsmtUntSF(地下室未完工面积)、1stFlrSF(1 楼面积)、2ndFlrSF(2 楼面积)、BsmtFullBath(地下室全卫浴数量)、FullBath(全卫浴数量)、HalfBath(半卫浴数量)、BedroomAbvGr(地上卧室数量)、TotRmsAbvGrd(地上房间数，不含卫浴)、Fireplaces(壁炉数量)、GarageYrBlt(车库建筑年代)、GarageCars(车库容量)、GarageArea(车库面积)、WoodDeckSF(木地板面积)、OpenPorchSF(开放式阳台面积)均与 SalePrice 呈现正相关关系。

此外，图 1.6 也揭示出其他变量之间的相关关系，例如，TotRmsAbvGrd(地上房间数)与 GrLivArea(居住面积)密切相关。

执行程序段 P1.11，绘制与 SalePrice 最为相关的 9 个变量的相关矩阵如图 1.7 所示。

```
P1.11    #最相关矩阵
036      k = 10# 只显示 10 组变量
037      cols = corrmat.nlargest(k, 'SalePrice')['SalePrice'].index
038      cm = np.corrcoef(df_train[cols].values.T)
039      mask = np.zeros_like(cm, dtype = np.bool)
040      mask[np.triu_indices_from(mask)] = True
041      f, ax = plt.subplots(figsize = (8, 6))
042      sns.heatmap(cm, mask = mask, annot = True, fmt = '.2f', cmap = "coolwarm",
                     vmax = 1, vmin = -1, square = True, linewidths = .2, annot_kws = {'size': 12},
                     yticklabels = cols.values, xticklabels = cols.values);
```

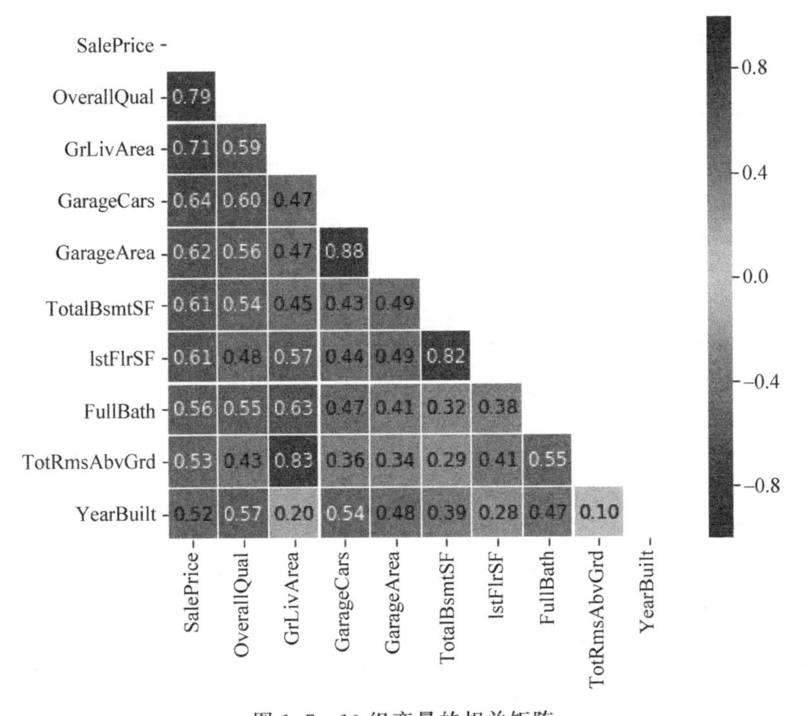

图 1.7　10 组变量的相关矩阵

图 1.7 显示有九组变量与 SalePrice 的正相关程度超过 0.5，最高值为 OverallQual 的 0.79。GarageArea 与 GarageCars 相关性为 0.88，TotRmsAbvGrd 与 GrLiveArea 相关性为 0.83，1stFlrSF 与 TotalBsmtSF 相关性为 0.82，三组变量的相关程度均超过 0.8，证明这三组变量之间的替代性很强，事实上，在后面的多元线性回归分析中，为避免出现多重共线性的问题，每一组只能保留一个变量用于房价预测。

1.5　缺失数据

毫无疑问，原始数据集可能或多或少存在一定的数据缺失，为此，一般有三种处理方法：①删除缺失数据所在的列；②删除缺失数据所在的行；③对缺失数据补全，例如，用

同一列数据的均值或者众数等填充。实践中往往还要考虑丢失的数据有多普遍？简单地删除是否会对样本造成较大影响？丢失的数据是随机的还是有规律的？当然，首先对缺失数据的情况做个统计是必要的。执行程序段 P1.12，得到训练集 train.csv 中的缺失数据统计结果。

```
P1.12    #缺失数据统计
043      total = df_train.isnull().sum().sort_values(ascending=False)
044      percent = (df_train.isnull().sum()/df_train.isnull().count()).sort_values(ascending=False)
045      missing_data = pd.concat([total, percent], axis=1, keys=['Total', 'Percent'])
046      missing_data[missing_data.Total>0]
```

统计结果如表 1.3 所示。

表 1.3　缺失数据统计

列变量	总量	百分比	列变量	总量	百分比
PoolQC	1453	0.995 205	GarageQual	81	0.055 479
MiscFeature	1406	0.963 014	BsmtExposure	38	0.026 027
Alley	1369	0.937 671	BsmtFinType2	38	0.026 027
Fence	1179	0.807 534	BsmtFinType1	37	0.025 342
FireplaceQu	690	0.472 603	BsmtCond	37	0.025 342
LotFrontage	259	0.177 397	BsmtQual	37	0.025 342
GarageCond	81	0.055 479	MasVnrArea	8	0.005 479
GarageType	81	0.055 479	MasVnrType	8	0.005 479
GarageYrBlt	81	0.055 479	Electrical	1	0.000 685
GarageFinish	81	0.055 479			

一般情况下，应该删除缺失值超过 15%的列。由表 1.3 可见，前 6 个变量均应从训练集中删除。

与车库相关的五个变量 GarageCond、GarageType、GarageYrBlt、GarageFinish、GarageQual 均有 81 个丢失数据，难道是巧合？不，打开 train.csv，可以看到缺失数据集中于同一组观察结果。根据图 1.7 的相关系数分析，由于有关车库的最重要信息可由 GarageCars 表示，并考虑到丢失数据量为 5%，因此可毫不犹豫地删除这些带有缺失数据的列。相同的逻辑适用于 BsmtExposure、BsmtFinType2、BsmtFinType1、BsmtCond、BsmtQual 变量。

MasVnrArea、MasVnrType 与 YearBuilt、OverallQual 有很强的相关性，即便删除这两个变量，也不会丢失关键信息。

Electrical(房屋电气系统)变量有一个丢失值，删除丢失值所在行，保留该变量。

经过上述分析，得到的结论是：对于存在丢失数据的 19 个列变量，除变量 Electrical 外，其他 18 个列变量均可删除。执行程序段 P1.13，完成缺失数据的清洗工作。

```
P1.13    #缺失数据清洗
047      df_train = df_train.drop((missing_data[missing_data['Total'] > 1]).index,1)
```

```
048    df_train = df_train.drop(df_train.loc[df_train['Electrical'].isnull()].index)
049    print(df_train.isnull().sum().max())   #重新统计缺失数据
050    print(df_train.shape)
```

重新检查清洗后的数据集，缺失数据量为0。新数据集的维度为(1459，63)，即包含1459个房屋样本数据，房屋特征变量由原来的81个变为63个。

1.6　离群值

离群值(outlier)，也称逸出值，是指一组数据中有一个或几个数值与其他数值相比差异较大。均值、标准差、相关系数等统计量均对离群值高度敏感，离群值的存在会对数据分析和模型训练造成显著影响。离群值的处理方法包括对数转换、缩尾、截尾和插值等。

如图1.2所示，居住面积GrLivArea超过4000平方英尺而价格却低于20万美元的房屋有两套，是离群值，应当删除。房价超过70万美元的房屋也有两套，也是离群值，但这两个离群值落在趋势线方向，可以保留。执行程序段P1.14，删除离群值。

```
P1.14   #删除GrLivArea离群值
051     df_train.sort_values(by = 'GrLivArea', ascending = False)[:2]
052     df_train = df_train.drop(df_train[df_train['Id'] == 1299].index)
053     df_train = df_train.drop(df_train[df_train['Id'] == 524].index)
```

如图1.3所示，地下室面积TotalBsmtSF超过6000平方英尺，房价却低于20万美元的房屋也是离群值。执行程序段P1.15，删除离群值。

```
P1.15   #删除TotalBsmtSF离群值
054     df_train.sort_values(by = 'TotalBsmtSF', ascending = False)[:1]
055     df_train = df_train.drop(df_train[df_train['Id'] == 333].index)
056     print(df_train.shape)
057     df_train_copy = df_train.copy()
```

删除离群值后，训练集规模为(1456，63)。

1.7　正态分布

房价受诸多因素影响，每个因素又不能独立决定房价。根据中心极限定理，在房屋样本数据足够多时，房价应该呈正态分布。

正态分布又名高斯分布，法国物理学家加布里埃尔·李普曼曾直言：每个人都相信正态分布，实验工作者认为它是一个数学定理，数学研究者则认为它是一个实验事实。

为了取得更好的建模效果，在建立房价评估模型之前，应先检查确认样本的分布，如果符合正态分布，则这种训练集是极其理想的，否则，应该补充完善训练集或者通过技术手段对训练集优化。

前面已经分析过，变量 SalePrice 呈右偏正态分布，存在尖顶峰。执行程序段 P1.16，绘制变量 SalePrice 的直方图，如图 1.8 所示。绘制 SalePrice 的 Q-Q 概率图，如图 1.9 所示。

```
P1.16  #绘制 SalePrice 的直方图与概率图
058    sns.distplot(df_train['SalePrice'], fit = norm);
059    fig = plt.figure()
060    res = stats.probplot(df_train['SalePrice'], plot = plt)
```

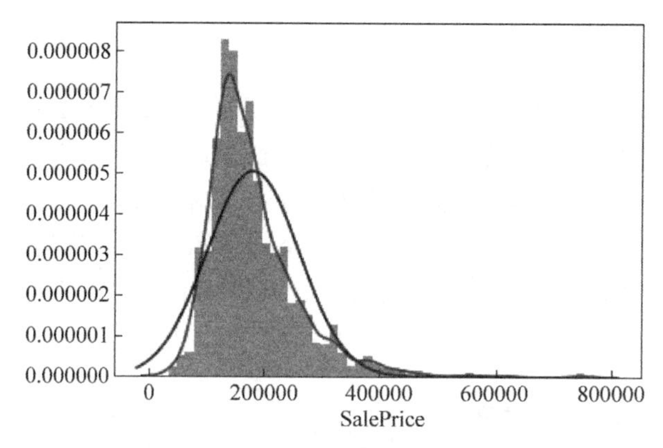

图 1.8　SalePrice 正态分布性检查

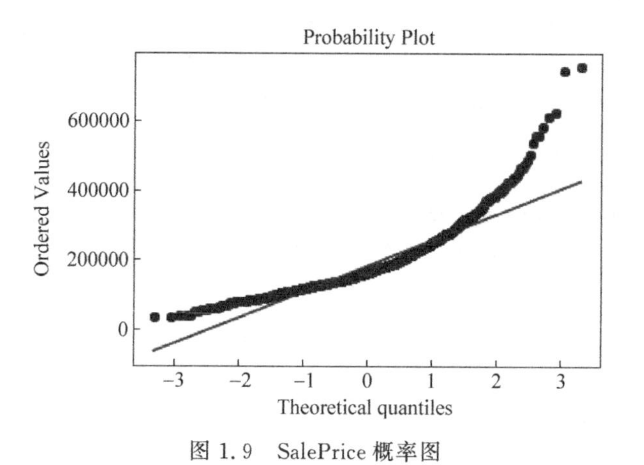

图 1.9　SalePrice 概率图

图 1.8 显示 SalePrice 呈现明显的右偏与尖峰。图 1.9 显示 Q-Q 概率图与理想直线在两端存在明显背离。

执行程序段 P1.17，采用对数变换，重新绘制 SalePrice 的直方图(见图 1.10)与 Q-Q 概率图(见图 1.11)。

```
P1.17  #对数变换，绘制调整后的直方图与概率图
061    df_train['SalePrice'] = np.log1p(df_train['SalePrice'])
062    sns.distplot(df_train['SalePrice'], fit = norm);
063    fig = plt.figure()
064    res = stats.probplot(df_train['SalePrice'], plot = plt)
```

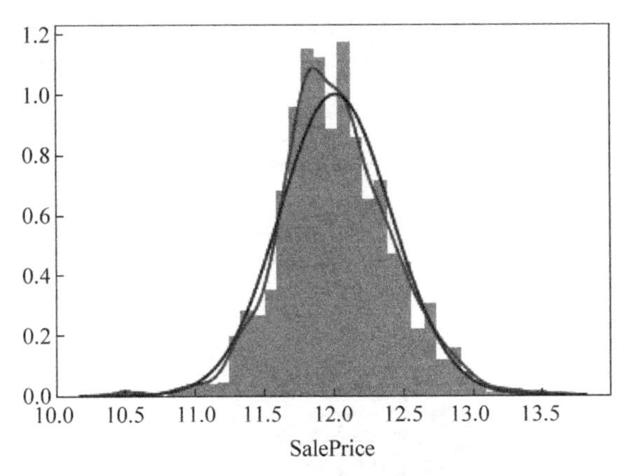

图 1.10　对数变换后的分布图

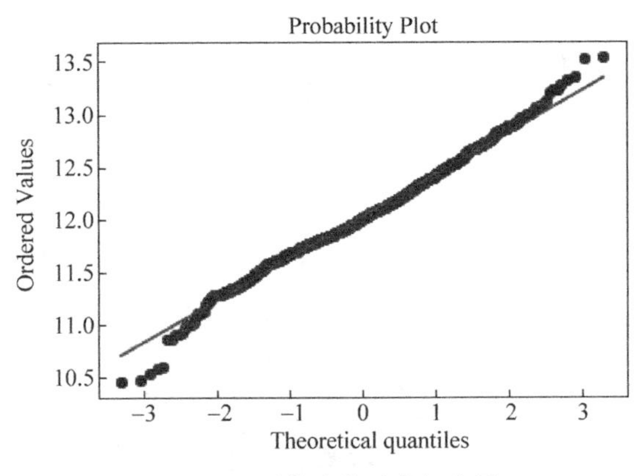

图 1.11　对数变换后的概率图

图 1.8 与图 1.10 对比，SalePrice 的尖峰和右偏得到很好的矫正，反映在 Q-Q 概率图 1.9 与图 1.11 上，调整效果也是非常明显的。

采用类似的方法，对 GrLivArea 和 TotalBsmtSF 等变量的分布做正态性检查，程序编码与分析结果请参见本节案例内容。

1.8　同方差与异方差

为了判断房价预测数据集是否存在异方差问题，执行程序段 P1.18，绘制 GrLivArea 与 SalePrice 线性关系的残差图如图 1.12 和图 1.13 所示。

```
P1.18  # GrLivArea 与 SalePrice 的残差图,对数变换前后对比
065    plt.subplots(figsize = (6,5))
066    sns.residplot(df_train_copy.GrLivArea, df_train_copy.SalePrice)
067    df_train['GrLivArea'] = np.log1p(df_train['GrLivArea'])
068    plt.subplots(figsize = (6,5))
069    sns.residplot(df_train.GrLivArea, df_train.SalePrice);
```

如图 1.12 所示为 GrLivArea 与 SalePrice 做对数变换之前的图形，如图 1.13 所示为对数变换后的图形，前者以 0 线为中心呈发散状，存在异方差，后者以 0 线为中心，分布较为均匀，更接近同方差。

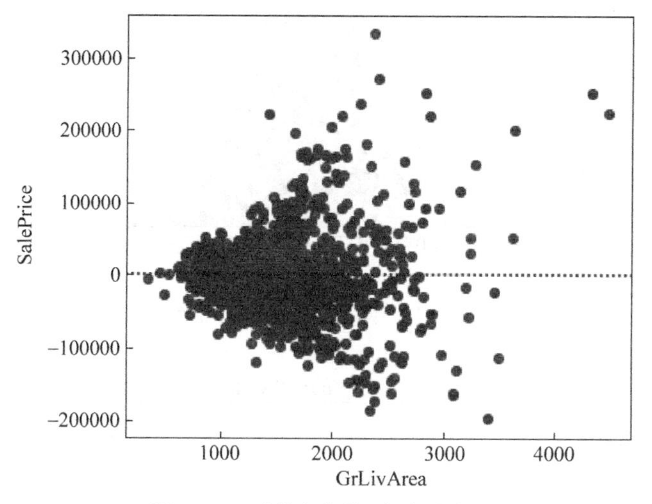

图 1.12 对数变换前，存在异方差

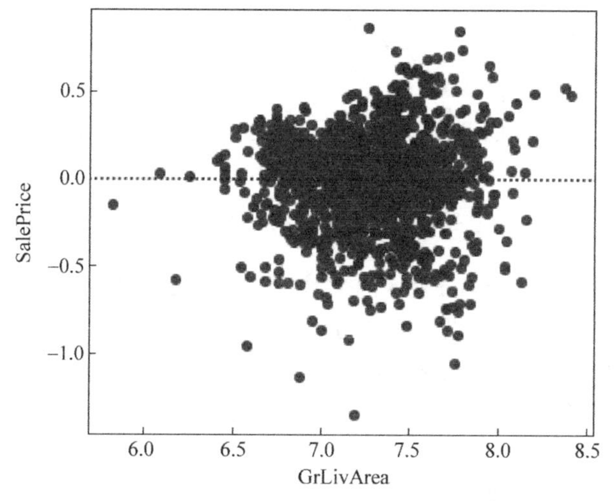

图 1.13 对数变换后，近似同方差

1.9 线性回归假设

线性回归是利用数理统计中的回归分析，来确定一个因变量与一个或多个自变量间相互依赖的定量关系的一种统计分析方法。

只包括一个自变量和一个因变量的回归分析，如果二者的关系可用一条直线近似表示，这种回归分析称为一元线性回归分析。回归函数可表示为公式(1.3)。

$$y=\beta_0+\beta_1 x+\varepsilon \tag{1.3}$$

其中，x 是自变量，y 是需要估计的因变量。β_0 是常数项，表示回归直线在 y 轴上的截距。β_1 是回归系数(或称权重)，即回归直线的斜率，表示 x 变化一个单位，y 会变化 β_1。ε 表示误差项，表示除了 x 与 y 的线性关系之外的随机因素对 y 的影响。

如果回归分析中包括两个或两个以上的自变量，且因变量和自变量之间是线性关系，则称为多元线性回归分析。回归函数可表示为公式(1.4)。

$$y=\beta_0+\beta_1 x_1+\beta_2 x_2+\cdots+\beta_n x_n+\varepsilon \tag{1.4}$$

应用线性回归(一元线性回归或多元线性回归)，需要满足以下五条基本假设。

(1) 线性关系。每个自变量与因变量之间是线性关系。例如，GrLivArea 与 SalePrice 是线性关系，TotalBsmtSF 与 SalePrice 也是线性关系。变量之间的线性关系可以通过散点图观察与分析，如图 1.2 和图 1.3 所示。

(2) 多元正态。所有自变量都呈正态分布，可以通过直方图或 Q-Q 概率图进行检验，如图 1.8 和图 1.9 所示。如果变量是偏态分布，应用对数变换，往往可以起到理想效果，如图 1.10 和图 1.11 所示。

(3) 无多重共线性。多重共线性是指线性回归模型的自变量之间存在精确相关关系或高度相关关系，导致模型估计失真或者不准确。如图 1.7 所示，TotRmsAbvGrd 与 GrLiveArea、1stFlrSF 与 TotalBsmtSF、GarageArea 与 GarageCars 三组自变量的相关程度超过 0.8，证明这三组变量之间存在多重共线性，应该从每组中去掉一个变量。

(4) 无自相关。自相关是指随机误差项的各期望值之间存在着相关关系，例如股票价格，后续价格不独立于先前的价格，存在自相关。本章讨论的房价案例，不存在自相关问题。

(5) 同方差。同方差是指回归函数的方差前后保持一致，否则称之为异方差。残差图可以直观判断是否存在异方差。图 1.2 和图 1.3 均存在异方差。通过对数变换，可以消除异方差。

1.10　参数估计

根据公式(1.3)，如果只考虑自变量 GrLiveArea 对房价 SalePrice 的影响，房价预测的一元线性回归方程可以表示为公式(1.5)。

$$\text{SalePrice}=\beta_0+\beta_1(\text{GrLivArea})+\varepsilon \tag{1.5}$$

β_0 和 β_1 可分别根据公式(1.6)和公式(1.7)估算。

$$\hat{\beta}_1=r_{xy}\frac{s_y}{s_x} \tag{1.6}$$

$$\hat{\beta}_0=\bar{y}-\hat{\beta}_1\bar{x} \tag{1.7}$$

其中，

$\bar{y}$：观测到的因变量(SalePrice)样本平均值。

$\bar{x}$：观测到的自变量(GrLiveArea)样本平均值。

s_y：观测到的因变量(SalePrice)样本标准差。

s_x：观测到的自变量(GrLiveArea)样本标准差。

r_{xy}：观测到的自变量与因变量之间的样本 Pearson 相关系数，如公式(1.8)所示。

$$r_{xy}=\frac{\sum(x_i-\bar{x})(y_i-\bar{y})}{\sqrt{\sum(x_i-\bar{x})^2\sum(y_i-\bar{y})^2}} \tag{1.8}$$

执行程序段 P1.19，手工计算 β_0 和 β_1 的估计值。

```
P1.19  #手工计算 beta 系数值
070    sample_train = df_train.copy()
071    y_avg = sample_train.SalePrice.mean()
072    x_avg = sample_train.GrLivArea.mean()
073    std_y = sample_train.SalePrice.std()
074    std_x = sample_train.GrLivArea.std()
075    r_xy = sample_train.corr().loc['GrLivArea','SalePrice']
076    beta_1 = r_xy * (std_y/std_x)
077    beta_0 = y_avg - beta_1 * x_avg
```

执行程序段 P1.20，计算预测值 y_hat。

```
P1.20  #计算预测值 y_hat
078    sample_train['Yhat'] = beta_0 + beta_1 * sample_train['GrLivArea']
079    sample_train[['SalePrice','Yhat']].head()
```

程序段 P1.20 显示前五个样本的对比结果如表 1.4 所示。

表 1.4 前五个样本的对比结果

序号	SalePrice	Yhat
0	12.247 699	12.182 637
1	12.109 016	11.911 687
2	12.317 171	12.221 425
3	11.849 405	12.186 281
4	12.429 22	12.406 586

执行程序段 P1.21，绘制回归直线如图 1.14 所示。

```
P1.21  #绘制回归直线图
080    fig = plt.figure(figsize = (8,5))
081    ax = plt.gca()
082    ax.scatter(sample_train.GrLivArea, sample_train.SalePrice, c = 'b')
083    ax.plot(sample_train['GrLivArea'], sample_train['Yhat'], color = 'r')
084    plt.show()
```

图 1.14 拟合的回归模型是好还是坏，可以通过均方误差(Mean Squared Error，MSE)判断，如公式(1.9)所示。

$$\mathrm{MSE}=\frac{1}{n}\sum_{i=1}^{n}(\hat{y}_i-y_i)^2 \tag{1.9}$$

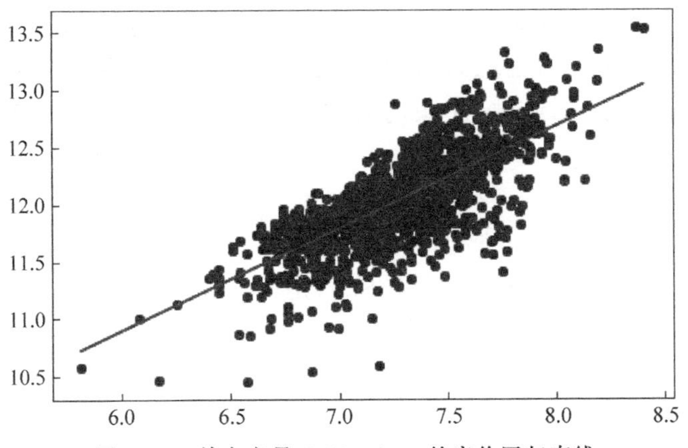

图 1.14　单自变量 GrLiveArea 的房价回归直线

其中，

y_i：观测到的第 i 个真实值。

$\hat{y}_i$：第 i 个自变量对应的回归模型预测值。

执行程序段 P1.22，计算均方误差。

```
P1.22   #均方误差(MSE)
085     print("均方误差(MSE) : {}".
              format(np.square(sample_train['SalePrice'] - sample_train['Yhat']).mean()))
```

结果为：

```
均方误差(MSE) : 0.07281647980414091
```

也可执行程序段 P1.23，调用 sklearn 库函数计算均方误差。

```
P1.23   #均方误差(MSE)
086     from sklearn.metrics import mean_squared_error
087     mean_squared_error(sample_train['SalePrice'], sample_train.Yhat)
```

两种方法得到一致的结果。MSE 的值越小，说明回归直线的拟合度越好。

均方误差也可以采用如公式(1.10)所示的均方根误差(Root Mean Squared Error, RMSE)代替。

$$\text{RMSE} = \sqrt{\frac{1}{n}\sum_{i=1}^{n}(\hat{y}_i - y_i)^2} \tag{1.10}$$

显然，RMSE 与 MSE 本质是一样的，前者是后者的平方根。

1.11　决定系数

统计学采用方差描述随机变量的变异程度，即离散程度。回归预测过程中，将(样本值－平均值)的平方和称为总变异。将(样本值－预测值)的平方和称为不能被解释的变异程度。假如有一个完美的模型可以准确预测每个观测点，则不能解释的变异为0。

回归平方和(Sum of the Squared Regression，SSR)，又称可解释变异(Explained Sum of the Squared Error，ESS)，是预测值和平均值之间的残差平方和，如公式(1.11)所示。

$$\text{SSR}=\sum_{i=1}^{n}(\hat{y}_i-\bar{y})^2 \tag{1.11}$$

和方差(Sum of the Squared Error，SSE)，是拟合数据和观测数据误差的平方和，如公式(1.12)所示。

$$\text{SSE}=\sum_{i=1}^{n}(\hat{y}_i-y_i)^2 \tag{1.12}$$

总变异=可以被解释的变异+不能被解释的变异，如公式(1.13)所示。

$$\text{SST}=\text{SSR}+\text{SSE} \tag{1.13}$$

决定系数(Coefficient of Determination)是用来评价回归模型变异程度的重要统计量，一般用R^2表示，如公式(1.14)所示。

$$R^2=\frac{\text{SSR}}{\text{SST}} \tag{1.14}$$

决定系数是用可以被解释的变异除以总变异。决定系数越高，代表可以被解释的程度越高，回归模型的效果越好，显然公式(1.15)与公式(1.14)等价。

$$R^2=1-\frac{\text{SSE}}{\text{SST}} \tag{1.15}$$

如果样本数据接近完全线性，则和方差SSE≈0，SSR≈SST，意味着Y的变化接近完全由回归线解释，$R^2\approx1$。

如果SSR接近0，则表明X与Y之间几乎毫无关系，SSE≈SST，回归模型无法解释Y，导致$R^2\approx0$。

一般情况下，R^2越大意味着模型越好，但是当解释变量个数增加时，即使回归模型没有实质的提升，R^2也会随之增大。为了解决这个问题，采用修正决定系数，如公式(1.16)所示。

$$R_{\text{adj}}^2=1-\frac{(1-R^2)(n-1)}{n-p-1} \tag{1.16}$$

其中，n表示样本总数，p表示模型中解释变量的总数。

1.12 特征工程

特征工程是采用工程方法，从原始数据中最大限度地提取和规范化有价值特征，用以支持算法和模型的训练与测试。业界流行一种看法：数据和特征决定了机器学习的上限，而模型和算法只是逼近这个上限。特征工程的重要性由此可见一斑。

本节基于前面的工作基础，完成房价数据集的特征提取与构建，主要步骤如下。

(1) 读入训练集与测试集。

(2) 处理缺失数据。

(3) 处理高相关性的特征，避免共线性。

(4) 对非数值型列进行 One-Hot 编码。

(5) 对数值型特征做正态分布检查，必要时做对数变换，实现同方差。

执行程序段 P1.24，读入训练集与测试集，观察数据缺失情况，如图 1.15 和图 1.16 所示。

```
P1.24   #读入数据集,绘图观察缺失数据
088     train = pd.read_csv('./dataset/train.csv')
089     test = pd.read_csv('./dataset/test.csv')
090     plt.style.use('seaborn')
091     sns.set_style('whitegrid')
092     plt.subplots(0,0,figsize = (13,3))
093     train.isnull().mean().sort_values(ascending = False).plot.bar(color = 'black')
094     plt.axhline(y = 0.1, color = 'r', linestyle = '-')
095     plt.title('Missing values average per column: Train set', fontsize = 16)
096     plt.show()
097     plt.subplots(1,0,figsize = (13,3))
098     test.isnull().mean().sort_values(ascending = False).plot.bar(color = 'black')
099     plt.axhline(y = 0.1, color = 'r', linestyle = '-')
100     plt.title('Missing values average per column: Test set ', fontsize = 16)
101     plt.show()
```

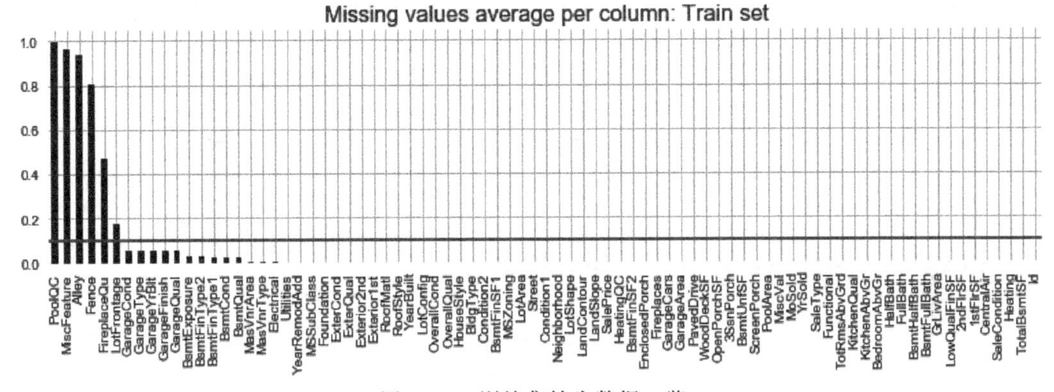

图 1.15　训练集缺失数据一览

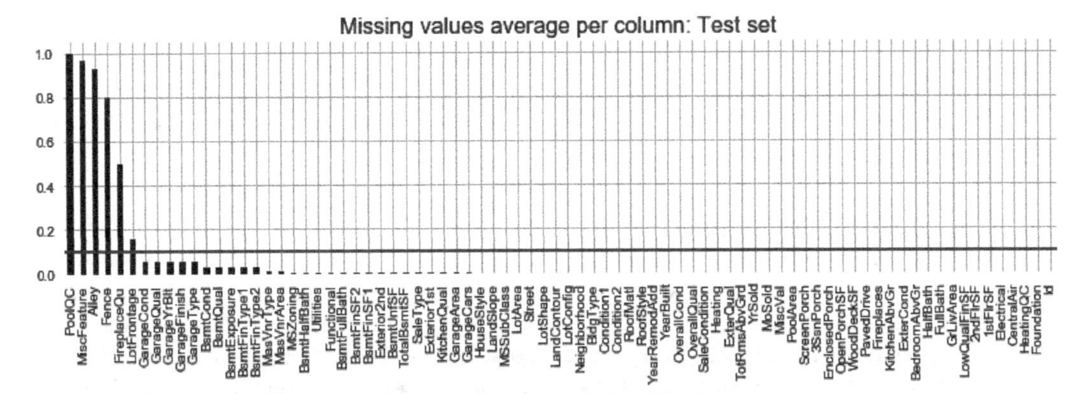

图 1.16　测试集缺失数据一览

图 1.15 与图 1.16 显示，训练集与测试集多数列数据是完整的。测试集缺失的数据列数比训练集稍多。为了按照一个标准处理缺失数据，简化特征提取工作，执行程序段 P1.25，暂且将训练集 train 与测试集 test 合并为一个新的数据集 combined。运行结果为：

```
合并后的数据集维度:(2919,79)
P1.25   #合并训练集与测试集
102     rows_train = train.shape[0]
103     rows_test = test.shape[0]
104     train_label = train['SalePrice'].to_frame()
105     combined = pd.concat((train, test), sort = False).reset_index(drop = True)
106     combined.drop(['SalePrice'], axis = 1, inplace = True)
107     combined.drop(['Id'], axis = 1, inplace = True)
108     print("合并后的数据集维度 :",combined.shape)
```

执行程序段 P1.26，清除合并集中数据缺失率超过 15%的特征，例如，PoolQC 是标识社区泳池质量的特征，数据缺失率超过 90%，极有可能是因为社区没有泳池，所以此项数据空置。如果将缺失数据补全为“No Pool”，会导致该特征低方差，而这与事实不符，容易导致模型更大误差，将这些高缺失率特征删除是更好的做法。

```
P1.26   #清除缺失率超过 15%的特征，绘图显示其他特征缺失率
109     combined2 = combined.dropna(thresh = len(combined) * 0.85, axis = 1)
110     print('从合并集中删除了',combined.shape[1] - combined2.shape[1], '个特征')
111     allna = (combined2.isnull().sum() / len(combined2))
112     allna = allna.drop(allna[allna == 0].index).sort_values(ascending = False)
113     plt.figure(figsize = (8, 5))
114     allna.plot.barh(color = 'purple')
115     plt.title('Missing values average per column', fontsize = 16, weight = 'bold')
116     plt.show()
```

程序段 P1.26 运行结果显示从合并集中删除了 6 个特征，剩余特征缺失率如图 1.17 所示。

如图 1.17 所示，有的特征缺失率很低，有的超过 2%或 5%，有的是数值类型，有的是类别类型，有的虽然是数值型，其含义却是类别型的，缺失值的处理不能一刀切，需要具体问题具体分析。

执行程序段 P1.27，将如图 1.17 所示的 28 个包含缺失值的特征从合并集中分离出来，分为数值型缺失与类别型缺失两种情况予以观察分析。

```
P1.27   #缺失特征的分类与识别
117     Missing = combined2[['GarageType', 'GarageFinish', 'GarageQual', 'GarageCond',
        'GarageYrBlt', 'BsmtFinType2','BsmtFinType1','BsmtCond', 'BsmtQual','BsmtExposure',
        'MasVnrArea','MasVnrType','Electrical','MSZoning','BsmtFullBath','BsmtHalfBath',
        'Utilities','Functional','Exterior1st','BsmtUnfSF','Exterior2nd','TotalBsmtSF','GarageArea',
        'GarageCars','KitchenQual','BsmtFinSF2','BsmtFinSF1','SaleType']]
```

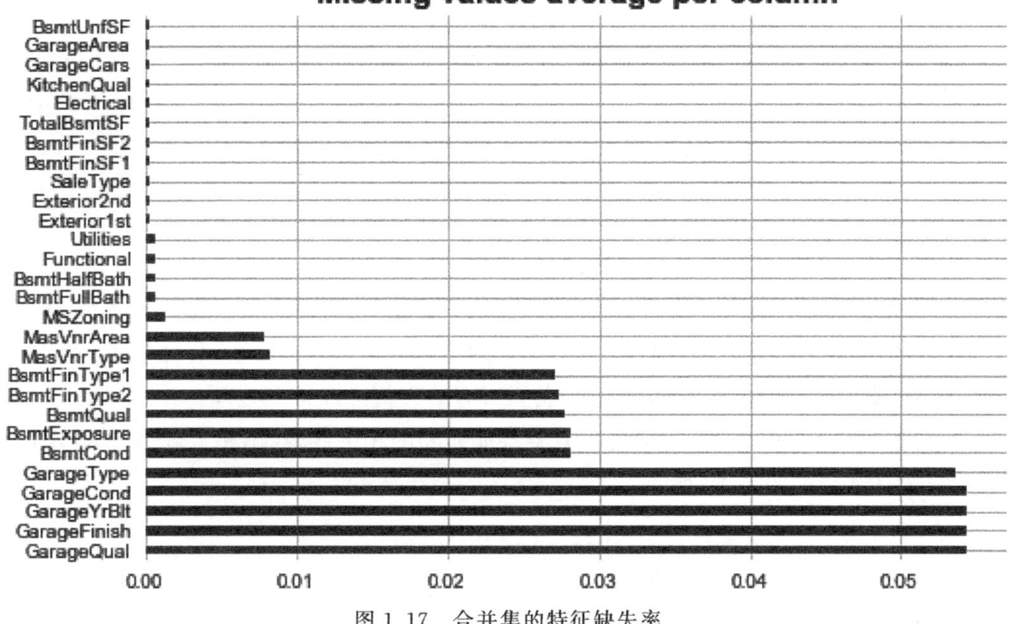

图 1.17 合并集的特征缺失率

```
118      Missing_cat = Missing.select_dtypes(include = 'object')
119      Missing_num = Missing.select_dtypes(exclude = 'object')
120      print('共计 :',Missing_cat.shape[1],'个类别特征有缺失值')
121      print('共计 :',Missing_num.shape[1],'个数值特征有缺失值')
```

运行结果显示：

```
共计 : 18 个类别特征有缺失值
共计 : 10 个数值特征有缺失值
```

执行程序段 P1.28，对数值型缺失值采用不同方法补全数据。

```
P1.28   #补全缺失数据
122     combined2["GarageYrBlt"].fillna(1980, inplace = True)
        #对于缺失数量少的分类特征，用前一个非缺失值填充，以下 8 个特征最多缺失数为 4
123     combined2['Electrical'].fillna(method = 'ffill', inplace = True)
124     combined2['SaleType'].fillna(method = 'ffill', inplace = True)
125     combined2['KitchenQual'].fillna(method = 'ffill', inplace = True)
126     combined2['Exterior1st'].fillna(method = 'ffill', inplace = True)
127     combined2['Exterior2nd'].fillna(method = 'ffill', inplace = True)
128     combined2['Functional'].fillna(method = 'ffill', inplace = True)
129     combined2['Utilities'].fillna(method = 'ffill', inplace = True)
130     combined2['MSZoning'].fillna(method = 'ffill', inplace = True)
        #对于其他类别特征的缺失数据（从几十个到一百多个缺失值），用 None 填充
131     all_cols = combined2.columns
132     for col in all_cols:
```

```
133        if combined2[col].dtype == "object":
134            combined2[col].fillna("None", inplace = True)
    #对于 GarageYrBlt 以外的数值型缺失特征,补 0
135    for col in all_cols:
136        if combined2[col].dtype != "object":
137            combined2[col].fillna(0, inplace = True)
138    combined2.isnull().sum().sort_values(ascending = False).head()
```

程序段 P1.28 对于 GarageYrBlt 缺失,用中位数 1980 补全。MasVnrArea 等九个数值型特征缺失值表示该房产缺乏相关配置,故用 0 补全。对 18 个分类特征缺失值中八个缺失率低的,用缺失处前一个值补充,其余的类别型数据用 None 填充。程序段 P1.28 的第 138 行语句输出缺失数据检查结果为 0,表明所有缺失值已经得到处理。

执行程序段 P1.29,检查训练集数值型特征之间的相关性,找出相关度超过 80%的冗余特征,运行结果如图 1.18 所示。

```
P1.29  #检查训练集相关性,找出高相关的特征
139    corrmat = train.corr()
140    k = corrmat.shape[0]
141    cols = corrmat.nlargest(k, 'SalePrice')['SalePrice'].index
142    cm = (pd.DataFrame(train[cols].values)).corr()
143    mask = np.zeros_like(cm, dtype = np.bool)
144    mask[np.triu_indices_from(mask)] = True
145    f, ax = plt.subplots(figsize = (18, 10))
146    sns.heatmap(cm,mask = mask,annot = True,fmt = '.1f',cmap = "coolwarm",vmax = 1,vmin =
       - 1,square = True,linewidths = .2,annot_kws = {'size': 9},yticklabels = cols.values,
       xticklabels = cols.values)
147    plt.xticks(fontsize = 12)
148    plt.yticks(fontsize = 12)
149    print(corrmat.shape)
150    for i in range(0,k):
151        for j in range(0,k):
152            if (cm[i][j]> 0.8 and i < j):
153                print(cols[i] + '与' + cols[j] + '相关性 = {:.2f}'.format(cm[i][j]))
```

程序段 P1.29 运行结果显示:

```
GrLivArea 与 TotRmsAbvGrd 相关性 = 0.83
GarageCars 与 GarageArea 相关性 = 0.88
TotalBsmtSF 与 1stFlrSF 相关性 = 0.82
YearBuilt 与 GarageYrBlt 相关性 = 0.83
```

执行程序段 P1.30,保留合并集的 GrLivArea、GarageArea、TotalBsmtSF、YearBuilt 这四个特征,删除另外四个特征: TotRmsAbvGrd、GarageCars、1stFlrSF、GarageYrBlt。

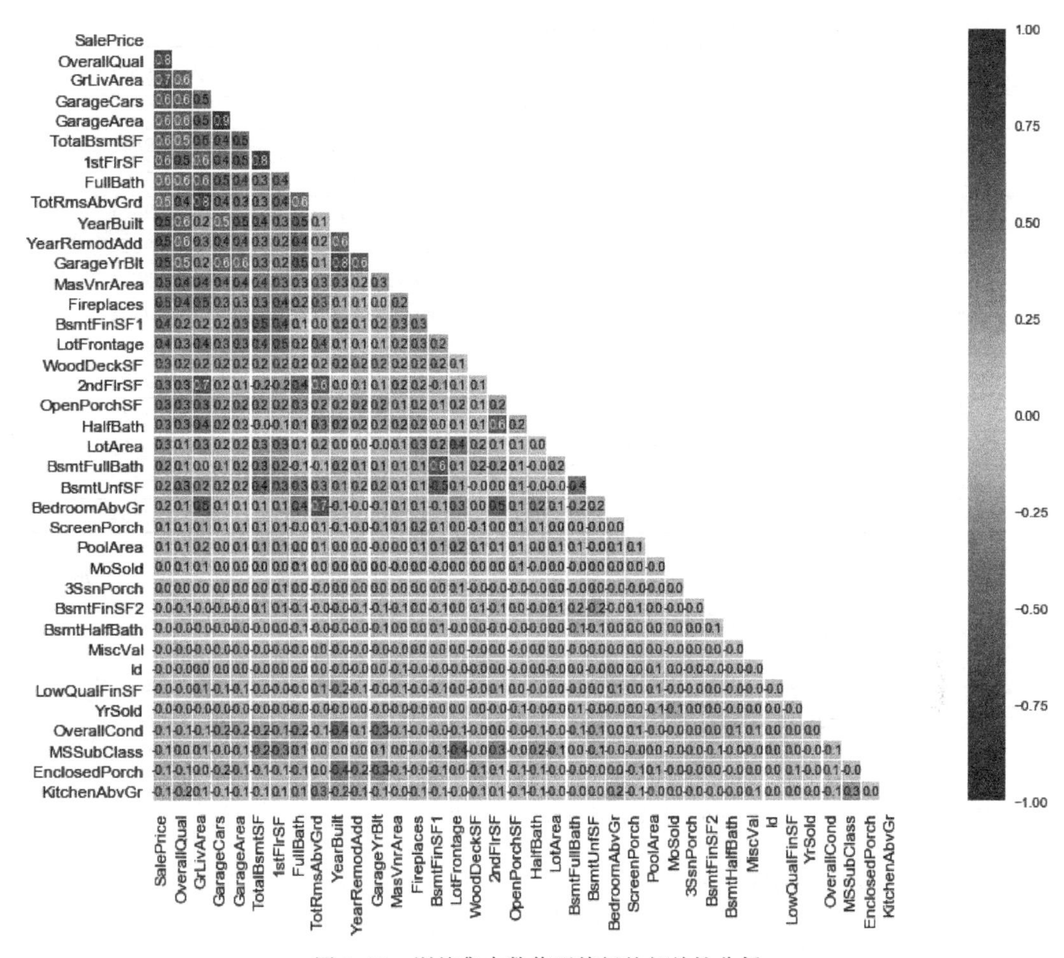

图 1.18　训练集中数值型特征的相关性分析

```
P1.30  #删除特征列(高度相关或单一取值超过 85 % )
154    combined3 = combined2.drop(['TotRmsAbvGrd', 'GarageCars', '1stFlrSF','GarageYrBlt'],
       axis = 1)
       #删除单一取值重复率超过 85 % 的特征
155    drop_col = []
156    columns = combined3.columns
157    for col in columns:
158        percent = combined3.groupby(col)[col].value_counts().max()/combined3.shape[0]
159        if percent > 0.85:
160            print('{0} , {1:.4f}'.format(col,(percent)))
161            drop_col.append(col)
162    combined3 = combined3.drop(drop_col, axis = 1)
163    print(combined3.shape)
```

程序段 P1.30 的运行结果显示当前合并集的维度为(2919,43)。删除的高重复值特征如表 1.5 所示。

表 1.5 单一取值重复率超过 85%的特征

特征名称	单一值重复率	特征名称	单一值重复率
Street	0.9959	Electrical	0.9154
LandContour	0.8983	LowQualFinSF	0.9863
Utilities	0.9997	BsmtHalfBath	0.9400
LandSlope	0.9517	KitchenAbvGr	0.9541
Condition1	0.8602	Functional	0.9315
Condition2	0.9897	GarageQual	0.8921
RoofMatl	0.9853	GarageCond	0.9092
ExterCond	0.8695	PavedDrive	0.9048
BsmtCond	0.8928	3SsnPorch	0.9873
BsmtFinType2	0.8541	ScreenPorch	0.9123
BsmtFinSF2	0.8811	PoolArea	0.9955
Heating	0.9846	MiscVal	0.9647
CentralAir	0.9329	SaleType	0.8654

执行程序段 P1.31，将类型为数值但含义是类别的特征转换为字符型。例如，MoSold 表示房产出售的月份，取值为 1～12，应该转换为类别参与建模。

```
P1.31   #数值型转类别型
164     combined3[['MoSold','MSSubClass','YrSold']] =
                    combined3[['MoSold','MSSubClass','YrSold']].astype(str)
```

执行程序段 P1.32，完成类别特征的 One-Hot 编码。

```
P1.32   #One-Hot 编码
165     combined_new = pd.get_dummies(combined3)
166     print("数据集编码前的维度：",combined3.shape)
167     print("数据集编码后的维度：",combined_new.shape)
168     print("数据集新增了 ",combined_new.shape[1] - combined3.shape[1], '个编码特征')
```

程序段 P1.32 运行结果如下。

```
数据集编码前的维度：(2919, 43)
数据集编码后的维度：(2919, 199)
数据集新增了 156 个编码特征
```

判断特征是否接近正态分布，有两个参考性指标，即偏度值接近 0，峰度值接近 3。

根据前面正态分布和同方差分析，执行程序段 P1.33，完成 GrLivArea、GarageArea、TotalBsmtSF、YearBuilt 和 SalePrice 这五个特征的对数变换。

```
P1.33   #对数变换，正态分布调整
169     cols = ['GrLivArea','TotalBsmtSF','GarageArea','LotArea',
               'YearBuilt','YearRemodAdd','BsmtFinSF1','BsmtUnfSF']
170     for col in cols:
171         combined_new[col] = np.log1p(combined_new[col])
172     train_label['SalePrice'] = np.log1p(train_label['SalePrice'])
```

1.13　数据集划分与标准化

执行程序段 P1.34,将合并集重新拆分为训练集与测试集。

```
P1.34   #合并集拆分为训练集与测试集
173     train = combined_new[:rows_train]
174     test = combined_new[rows_train:]
175     print(train.shape)
176     print(test.shape)
177     print(train_label.shape)
```

训练集 train 维度为(1460,199),测试集 test 维度为(1459,199)。训练集标签 train_label 维度为(1460,1)。

执行程序段 P1.35,划分训练集与验证集。

```
P1.35   #训练集进一步划分为训练集与验证集两部分
178     from sklearn.model_selection import train_test_split
179     x = train
180     y = np.array(train_label)
181     x_train, x_val, y_train, y_val = train_test_split(x, y, test_size = .33, random_
        state = 0)
```

执行程序段 P1.36,标准化训练集、验证集与测试集。

```
P1.36   #标准化训练集、验证集与测试集
182     from sklearn.preprocessing import RobustScaler
183     scaler = RobustScaler()
184     x_train = scaler.fit_transform(x_train)
185     x_val = scaler.transform(x_val)
186     X_train = scaler.transform(train)
187     X_test = scaler.transform(test)
```

1.14　线性回归模型

线性回归用系数拟合线性模型,其求解过程是使得预测值与真实值之间的残差平方和最小,即求解使得 $\min\limits_{w} \| X_w - y \|_2^2$ 最小的 w 值。

执行程序段 P1.37,用线性回归方法预测房价,给出线性回归模型在训练集和验证集上的均方根误差与决定系数。

```
P1.37   #线性回归模型
188     from sklearn.linear_model import LinearRegression
189     from sklearn.model_selection import cross_validate
```

```
190     from sklearn.metrics import mean_squared_error, r2_score
191     import math
192     model_result = []
193     lr_mod = LinearRegression().fit(x_train, y_train)
194     y_train_pred = lr_mod.predict(x_train)
195     y_val_pred = lr_mod.predict(x_val)
196     RMSE_train = math.sqrt(mean_squared_error(y_train, y_train_pred))
197     RMSE_val = math.sqrt(mean_squared_error(y_val, y_val_pred))
198     r2_train = r2_score(y_train, y_train_pred)
199     r2_val = r2_score(y_val, y_val_pred)
200     lr_mod_result = {'RMSE_train':RMSE_train, 'RMSE_val':RMSE_val,
                         'r2_train':r2_train, 'r2_val':r2_val}
201     print("训练集均方根误差: {0:.2f},训练集决定系数: {1:.2f}"
            .format(round(RMSE_train,2), round(r2_train,2)))
202     print("验证集均方根误差: {0:.2f},验证集决定系数: {1:.2f}"
            .format(round(RMSE_val,2), round(r2_val,2)))
```

程序段 P1.37 运行结果如下。

```
训练集均方根误差: 0.10,训练集决定系数: 0.93
验证集均方根误差: 0.14,验证集决定系数: 0.86
```

均方根误差与决定系数两个指标同时显示,模型在训练集上的表现明显好于验证集,模型有明显方差,模型在验证集上的决定系数 0.86 表明该模型有一定的参考价值,证明此前在数据集上采取的一系列特征工程方法是有效的。

1.15 岭回归模型

岭回归是对线性回归的优化,在线性回归的基础上,对损失函数增加了一个 L_2 正则项,目的是降低方差,提高模型泛化能力,如公式(1.17)所示。

$$\min_{w} \| X_w - y \|_2^2 + \alpha \| w \|_2^2 \tag{1.17}$$

其中,

X_w:模型的预测值。

y:真实值。

w:模型参数矩阵。

α:L_2 正则项参数。

正则项参数 $\alpha \geqslant 0$,α 值越大,权重系数 w 的收缩量越大,系数对共线性的鲁棒性越强,如图 1.19 所示。

执行程序段 P1.38,用岭回归方法预测房价,给出岭回归模型在训练集和验证集上的均方根误差与决定系数。

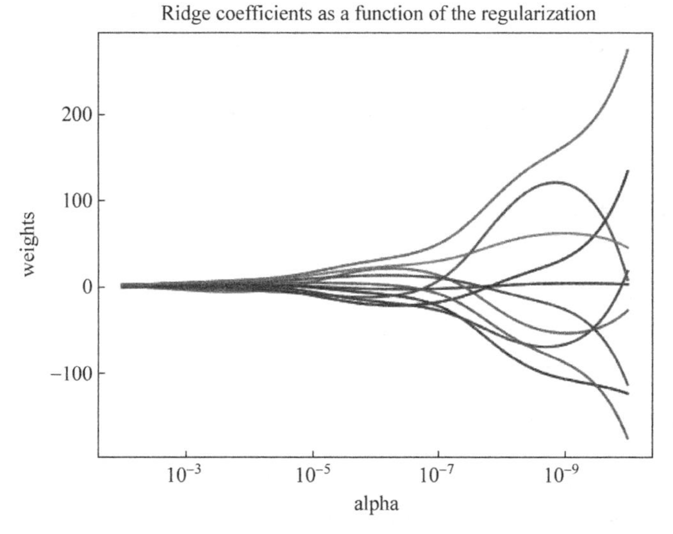

图 1.19　岭回归参数 alpha 对权重系数的影响

```
P1.38   #岭回归模型
203     from sklearn.linear_model import RidgeCV
204     ridge_mod = RidgeCV().fit(x_train, y_train)
205     y_train_pred = ridge_mod.predict(x_train)
206     y_val_pred = ridge_mod.predict(x_val)
207     RMSE_train = math.sqrt(mean_squared_error(y_train, y_train_pred))
208     RMSE_val = math.sqrt(mean_squared_error(y_val, y_val_pred))
209     r2_train = r2_score(y_train, y_train_pred)
210     r2_val = r2_score(y_val, y_val_pred)
211     ridge_mod_result = {'RMSE_train':RMSE_train, 'RMSE_val':RMSE_val,
                            'r2_train':r2_train, 'r2_val':r2_val}
212     print("训练集均方根误差: {0:.2f},训练集决定系数: {1:.2f}"
                .format(round(RMSE_train,2),round(r2_train,2)))
213     print("验证集均方根误差: {0:.2f},验证集决定系数: {1:.2f}"
                .format(round(RMSE_val,2),round(r2_val,2)))
```

程序段 P1.38 运行结果如下。

```
训练集均方根误差: 0.11,训练集决定系数: 0.93
验证集均方根误差: 0.13,验证集决定系数: 0.88
```

显然，岭回归模型在验证集上的表现，比线性回归模型提升了+2%。

1.16　Lasso 回归模型

Lasso 回归也是对线性回归的优化，在线性回归的基础上，对损失函数增加了一个 L_1 正则项，目的也是降低方差，提高模型泛化能力。Lasso 回归相比于岭回归，可以在参

数缩减过程中,将一些参数权重直接缩减为零,间接实现提取有效特征的作用,因此 Lasso 回归在稀疏模型求解问题上具有优势,其损失函数如公式(1.18)所示。

$$\min_{w} \frac{1}{2n_{\text{samples}}} \| X_w - y \|_2^2 + \alpha \| w \|_1 \tag{1.18}$$

其中,

X_w:模型的预测值。

y:真实值。

w:模型参数矩阵。

α:L_1 正则项参数。

执行程序段 P1.39,用 Lasso 回归方法预测房价,给出 Lasso 回归模型在训练集和验证集上的均方根误差与决定系数。

```
P1.39   # Lasso 回归模型
214     from sklearn.linear_model import Lasso
215     from sklearn.model_selection import GridSearchCV
216     parameters = {'alpha':[0.0001,0.0009,0.001,0.002,0.003,0.01,0.1,1,10,100]}
217     lasso = Lasso(max_iter = 30000)
218     lasso_cv = GridSearchCV(lasso, parameters, cv = 10)
219     lasso_cv.fit(x_train,y_train)
220     print('最佳 alpha 参数取值: ',lasso_cv.best_params_)
221     lasso_mod = Lasso(alpha = lasso_cv.best_params_['alpha'],max_iter = 30000)
222     lasso_mod.fit(x_train,y_train)
223     y_train_pred = lasso_mod.predict(x_train)
224     y_val_pred = lasso_mod.predict(x_val)
225     RMSE_train = math.sqrt(mean_squared_error(y_train, y_train_pred))
226     RMSE_val = math.sqrt(mean_squared_error(y_val, y_val_pred))
227     r2_train = r2_score(y_train, y_train_pred)
228     r2_val = r2_score(y_val, y_val_pred)
229     lasso_mod_result = {'RMSE_train':RMSE_train, 'RMSE_val':RMSE_val,
230                         'r2_train':r2_train, 'r2_val':r2_val}
231     print("训练集均方根误差: {0:.2f},训练集决定系数: {1:.2f}"
232             .format(round(RMSE_train,2),round(r2_train,2)))
233     print("验证集均方根误差: {0:.2f},验证集决定系数: {1:.2f}"
234     .format(round(RMSE_val,2),round(r2_val,2)))
```

程序段 P1.39 运行结果如下。

```
最佳 alpha 参数取值: {'alpha': 0.0009}
训练集均方根误差: 0.12,训练集决定系数: 0.92
验证集均方根误差: 0.13,验证集决定系数: 0.89
```

Lasso 回归模型的表现好于岭回归模型,在验证集上的决定系数比岭回归高+1%,在训练集上的决定系数比岭回归低,证明 Lasso 回归的方差低于岭回归,当然这只是 Lasso 回归在本项目数据集上的表现,不代表所有的情况。

执行程序段 P1.40,查看对房价影响最大的特征,如图 1.20 所示。

```
P1.40  #对房价影响最大的特征
235    coefs = pd.Series(lasso_mod.coef_, index = train.columns)
236    imp_coefs = pd.concat([coefs.sort_values().head(10),
                            coefs.sort_values().tail(10)])
237    imp_coefs.plot(kind = "barh", color = 'yellowgreen')
238    plt.xlabel("Lasso coefficient", weight = 'bold')
239    plt.title("Feature importance in the Lasso Model", weight = 'bold')
240    plt.show()
241    print("Lasso 保留了",sum(coefs != 0), "个重要特征,舍弃了", sum(coefs == 0),"个
       非重要特征")
```

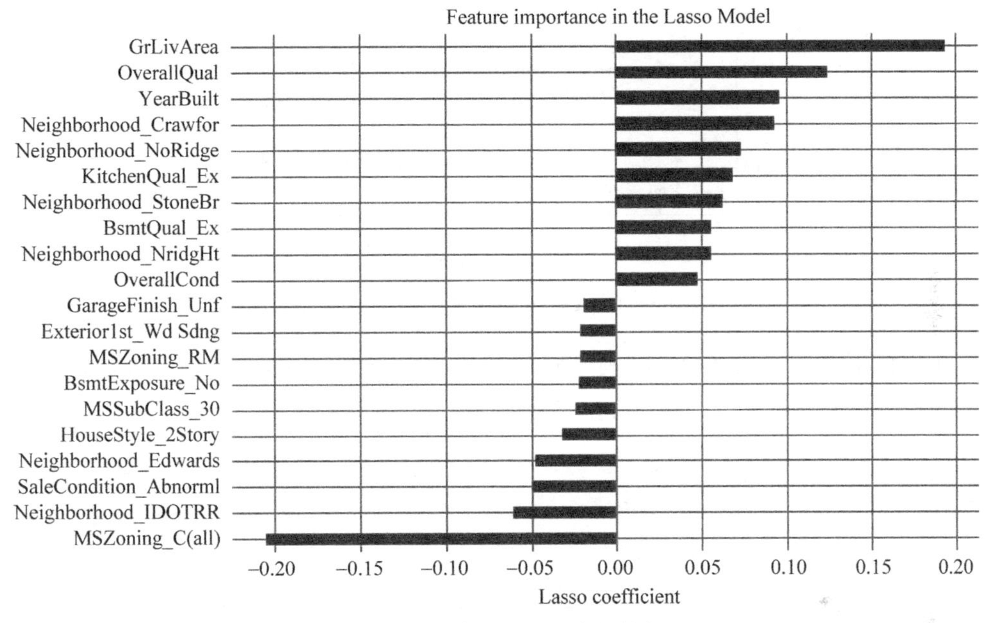

图 1.20 对房价影响最大的特征

程序段 P1.40 运行结果显示，Lasso 模型保留了 84 个重要特征，舍弃了 115 个非重要特征(特征系数为 0)，图 1.20 显示了正相关的前 10 个特征以及负相关的前 10 个特征，居住面积、装修质量、建筑年代、房子地段、房子类型、居住密度、交通情况、销售方式等对房价影响最大。图 1.20 显示的这些重要特征，有助于模型的再分析与再优化。

1.17 ElasticNet 回归模型

ElasticNet 回归综合了 Lasso 回归与岭回归的特点，同时采用 L_1 和 L_2 正则项优化模型，因此兼具 Lasso 回归的稀疏功能和岭回归的稳定性优点，其损失函数如公式(1.19)所示。

$$\min_{w} \frac{1}{2n_{\text{samples}}} \| X_w - y \|_2^2 + \alpha\rho \| w \|_1 + \frac{\alpha(1-\rho)}{2} \| w \|_2^2 \tag{1.19}$$

ElasticNet 正则项参数 α 对权重系数的影响及其与 Lasso 回归的对比，如图 1.21 所示，二者均是参数 α 越小，对系数影响越大，但是 ElasticNet 的参数 α 不如 Lasso 回归的 α 影响幅度大。

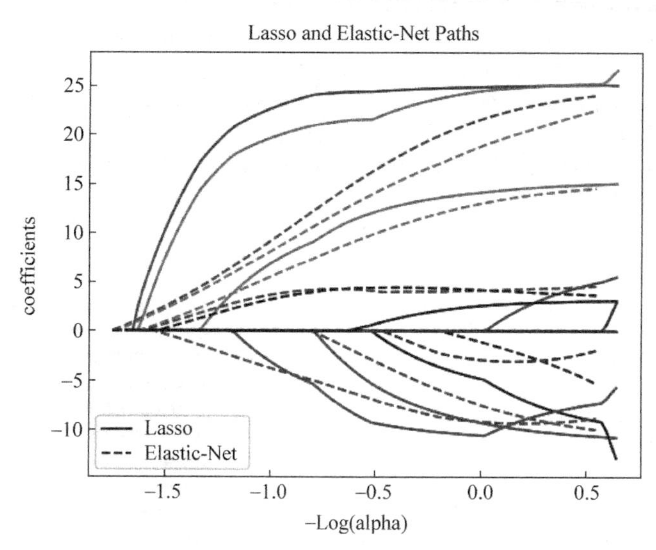

图 1.21　ElasticNet 与 Lasso 回归的参数 alpha 对系数影响对比

执行程序段 P1.41，用 ElasticNet 回归方法预测房价，给出 ElasticNet 回归模型在训练集和验证集上的均方根误差与决定系数。

```
P1.41    #ElasticNet 回归模型
242      from sklearn.linear_model import ElasticNetCV
243      alphas = [10,1,0.1,0.01,0.001,0.002,0.003,0.004]
244      l1ratio = [0.1, 0.2, 0.3, 0.5, 0.7, 0.9, 0.95, 0.99, 1]
245      elastic_cv = ElasticNetCV(cv = 5, max_iter = 1e7, alphas = alphas, l1_ratio = l1ratio)
246      elastic_mod = elastic_cv.fit(x_train, y_train.ravel())
247      print("模型最优 alpha 参数: {0},最优 l1ratio 参数: {1}".format(elastic_mod.
         alpha_,
                 elastic_mod.l1_ratio_))
248      y_train_pred = elastic_mod.predict(x_train)
249      y_val_pred = elastic_mod.predict(x_val)
250      RMSE_train = math.sqrt(mean_squared_error(y_train, y_train_pred))
251      RMSE_val = math.sqrt(mean_squared_error(y_val, y_val_pred))
252      r2_train = r2_score(y_train, y_train_pred)
253      r2_val = r2_score(y_val, y_val_pred)
254      elastic_mod_result = {'RMSE_train':RMSE_train, 'RMSE_val':RMSE_val,
                               'r2_train':r2_train, 'r2_val':r2_val}
255      print("训练集均方根误差: {0:.2f},训练集决定系数: {1:.2f}"
                 .format(round(RMSE_train,2),round(r2_train,2)))
256      print("验证集均方根误差: {0:.2f},验证集决定系数: {1:.2f}"
                 .format(round(RMSE_val,2),round(r2_val,2)))
```

程序段 P1.41 运行结果如下。

```
模型最优 alpha 参数：0.001,最优 l1ratio 参数：0.3
训练集均方根误差：0.11,训练集决定系数：0.93
验证集均方根误差：0.13,验证集决定系数：0.88
```

就验证集上的决定系数而言，ElasticNet 回归模型的表现与岭回归相同，略低于 Lasso 回归模型，但这不是绝对的，模型的表现与数据集的处理密切相关。

1.18　XGBoost 回归模型

XGBoost 是一个经过优化的分布式梯度提升库，可以高效、快速地解决许多大规模数据集的建模工作。XGBoost 有极端梯度增强(Extreme Gradient Boosting)之意，其中，“梯度增强”一词源自 Friedman 的论文《贪婪函数近似：梯度增强机》。XGBoost 是一种关于梯度增强树的集成学习算法，决策树是其底层算法基础，XGBoost 可用于解决回归问题，也可用于分类问题。

执行程序段 P1.42，用 XGBoost 回归方法预测房价，给出 XGBoost 回归模型在训练集和验证集上的均方根误差与决定系数。本节程序需要用 pip3 install xgboost 命令预先安装 XGBoost 框架。

```
P1.42   #XGBoost 回归模型
257     from xgboost.sklearn import XGBRegressor
258     xgbr_mod = XGBRegressor(objective = 'reg:squarederror')
259     xgbr_mod.fit(x_train,y_train)
260     y_train_pred = xgbr_mod.predict(x_train)
261     y_val_pred = xgbr_mod.predict(x_val)
262     RMSE_train = math.sqrt(mean_squared_error(y_train, y_train_pred))
263     RMSE_val = math.sqrt(mean_squared_error(y_val, y_val_pred))
264     r2_train = r2_score(y_train, y_train_pred)
265     r2_val = r2_score(y_val, y_val_pred)
266     xgbr_mod_result = {'RMSE_train':RMSE_train, 'RMSE_val':RMSE_val,
                           'r2_train':r2_train, 'r2_val':r2_val}
267     print("训练集均方根误差：{0:.2f},训练集决定系数：{1:.2f}"
              .format(round(RMSE_train,2),round(r2_train,2)))
268     print("验证集均方根误差：{0:.2f},验证集决定系数：{1:.2f}"
              .format(round(RMSE_val,2),round(r2_val,2)))
```

程序段 P1.42 运行结果如下。

```
训练集均方根误差：0.08,训练集决定系数：0.96
验证集均方根误差：0.13,验证集决定系数：0.89
```

XGBoost 回归模型在验证集上取得 0.89 的决定系数，与 Lasso 回归相同。值得注意的是，本章各个模型的评价指标仅限于本次训练采用的数据集与特征提取方法，不是一成不变的。

1.19 Voting 回归模型

Voting 回归，即投票回归，是一种集成学习算法，基本原理是集合多种基础回归模型，先由这些基础回归模型各自做出独立预测，再对这些预测结果取平均以形成最终预测。

执行程序段 P1.43，用 Voting 回归方法预测房价，给出 Voting 回归模型在训练集和验证集上的均方根误差与决定系数。

```
P1.43  #Voting 回归模型
269    from sklearn.ensemble import VotingRegressor
270    vote_reg = VotingRegressor([('Ridge', ridge_mod), ('Lasso', lasso_mod), ('Elastic',
                   elastic_mod),('XGBRegressor', xgbr_mod)])
271    vote_mod = vote_reg.fit(x_train, y_train.ravel())
272    y_train_pred = vote_mod.predict(x_train)
273    y_val_pred = vote_mod.predict(x_val)
274    RMSE_train = math.sqrt(mean_squared_error(y_train, y_train_pred))
275    RMSE_val = math.sqrt(mean_squared_error(y_val, y_val_pred))
276    r2_train = r2_score(y_train, y_train_pred)
277    r2_val = r2_score(y_val, y_val_pred)
278    vote_mod_result = {'RMSE_train':RMSE_train, 'RMSE_val':RMSE_val,
                   'r2_train':r2_train, 'r2_val':r2_val}
279    print("训练集均方根误差: {0:.2f},训练集决定系数: {1:.2f}"
         .format(round(RMSE_train,2),round(r2_train,2)))
280    print("验证集均方根误差: {0:.2f},验证集决定系数: {1:.2f}"
         .format(round(RMSE_val,2),round(r2_val,2)))
```

程序段 P1.43 运行结果如下。

```
训练集均方根误差: 0.10,训练集决定系数: 0.94
验证集均方根误差: 0.13,验证集决定系数: 0.90
```

Voting 回归模型在验证集上取得 0.9 的决定系数，而且与训练集上的 0.94 接近，表明模型的泛化能力较好。

1.20 Stacking 回归模型

Stacking 回归，即堆叠回归。堆叠回归是一种集成学习技术，采用两级回归模型，第一级采用多种回归模型进行独立训练和预测，然后基于各个回归模型的输出(元特征)，用第二级的元回归模型进行新的拟合，其工作流程如图 1.22 所示。

执行程序段 P1.44，用 Stacking 回归方法预测房价，给出 Stacking 回归模型在训练集和验证集上的均方根误差与决定系数。本节程序需要用命令 pip install mlxtend 预先安装机器学习扩展模块。

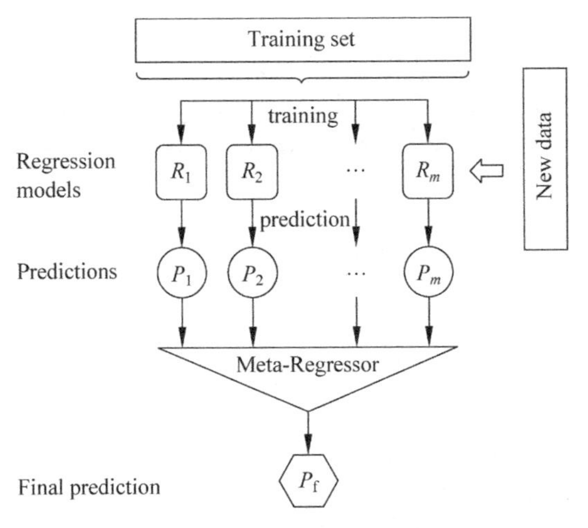

图 1.22　Stacking 回归的工作流程

```
P1.44   #Stacking 回归模型
281     from mlxtend.regressor import StackingRegressor
282     stack_reg = StackingRegressor(regressors = [ridge_mod, lasso_mod, elastic_mod,
                      vote_mod],meta_regressor = xgbr_mod, use_features_in_secondary = True)
283     stack_mod = stack_reg.fit(x_train, y_train.ravel())
284     y_train_pred = stack_mod.predict(x_train)
285     y_val_pred = stack_mod.predict(x_val)
286     RMSE_train = math.sqrt(mean_squared_error(y_train, y_train_pred))
287     RMSE_val = math.sqrt(mean_squared_error(y_val, y_val_pred))
288     r2_train = r2_score(y_train, y_train_pred)
289     r2_val = r2_score(y_val, y_val_pred)
290     stack_mod_result = {'RMSE_train':RMSE_train, 'RMSE_val':RMSE_val,
                           'r2_train':r2_train, 'r2_val':r2_val}
291     print("训练集均方根误差: {0:.2f},训练集决定系数: {1:.2f}"
              .format(round(RMSE_train,2),round(r2_train,2)))
292     print("验证集均方根误差: {0:.2f},验证集决定系数: {1:.2f}"
              .format(round(RMSE_val,2),round(r2_val,2)))
```

程序段 P1.44 运行结果如下。

```
训练集均方根误差: 0.07,训练集决定系数: 0.97
验证集均方根误差: 0.12,验证集决定系数: 0.90
```

Stacking 回归模型在验证集上的决定系数为 0.9,训练集上的决定系数为 0.97,其方差比 Voting 回归模型要大,均方根误差也证明了这一点,Stacking 回归的表现略低于 Voting 回归。

1.21　模型比较

执行程序段 P1.45,将前述 7 种回归模型均方根误差与决定系数做系统比较,如图 1.23 所示。

```
P1.45   #7 种回归模型比较
293     model_result = [lr_mod_result, ridge_mod_result, lasso_mod_result, elastic_mod_result,
            xgbr_mod_result, vote_mod_result, stack_mod_result]
294     xx = ['Linear','Ridge','Lasso','ElasticNet','XGBoost','Voting','Stacking']
295     y1 = []
296     y2 = []
297     y3 = []
298     y4 = []
299     for model in model_result:
300         y1.append(model['RMSE_train'])
301         y2.append(model['RMSE_val'])
302         y3.append(model['r2_train'])
303         y4.append(model['r2_val'])
304     plt.xticks(fontsize = 14)
305     plt.yticks(fontsize = 14)
306     plt.plot(xx, y1, color = 'green', marker = 'o', linestyle = 'dashed', linewidth = 1,
        markersize = 6,
307     label = 'RMSE_train')
308     plt.plot(xx, y2, color = 'blue', marker = 'o', linestyle = 'dashed', linewidth = 1,
        markersize = 6,
309     label = 'RMSE_val')
310     plt.plot(xx, y3, color = 'black', marker = 'o', linestyle = 'solid', linewidth = 2,
        markersize = 8, label = 'R2_train')
311     plt.plot(xx, y4, color = 'red', marker = 'o', linestyle = 'solid', linewidth = 2,
        markersize = 8, label = 'R2_val')
312     plt.legend(loc = 'center', fontsize = 15);
```

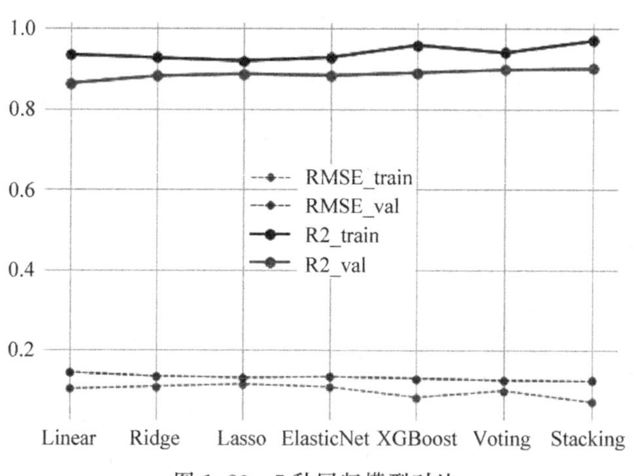

图 1.23　7 种回归模型对比

图 1.23 显示，线性回归的表现明显不如其他六种模型。如果单纯比较均方根误差最低或者决定系数最高，Stacking 模型似乎最好。当考虑模型的泛化能力时，图 1.23 显示 Lasso 回归和 Voting 回归在训练集与验证集上的背离程度最低，所以 Lasso 回归和 Voting 回归表现更好一些。

下面采用 Voting 回归模型，执行程序段 P1.46，完成对测试集的房价评估。

```
P1.46   #应用投票回归模型到测试集
313     vote_pred = vote_mod.predict(X_test)
314     vote_pred = np.expm1(vote_pred)
315     final_submission = pd.DataFrame({
                "Id": test.index + 1,
                "SalePrice": vote_pred
            })
316     final_submission.to_csv("final_submission.csv", index = False)
317     final_submission.head()
```

程序段 P1.46 显示测试集的前 5 条房价预测值如下。

```
Id        SalePrice
1461     119845.345702
1462     162083.778150
1463     175508.181907
1464     192995.594680
1465     187801.430792
```

执行程序段 P1.47 绘制箱形分布图，将投票回归模型对训练集和测试集的房价预测，与训练集真实的房价进行比较，如图 1.24 所示。

```
P1.47   #投票回归模型的房价预测效果对比
318     x_var = 'type'
319     train_true = np.expm1(train_label['SalePrice'])
320     train_pred = train_label
321     train_pred['SalePrice'] = np.expm1(vote_mod.predict(X_train))
322     test_pred = final_submission['SalePrice']
323     train_true = pd.DataFrame(train_true)
324     train_true['type'] = 'train_true'
325     train_pred = pd.DataFrame(train_pred)
326     train_pred['type'] = 'train_pred'
327     test_pred = pd.DataFrame(test_pred)
328     test_pred['type'] = 'test_pred'
329     compare_data = pd.concat((train_true, train_pred, test_pred), sort = False)
            .reset_index(drop = True)
330     f, ax = plt.subplots(figsize = (6, 4))
331     fig = sns.boxplot(x = x_var, y = 'SalePrice', data = compare_data)
332     plt.xticks(fontsize = 14)
333     plt.yticks(fontsize = 14)
334     ax.set_xlabel('')
335     plt.ylabel('SalePrice',fontsize = 14)
336     fig.axis(ymin = 0, ymax = 800000);
```

图 1.24 的箱形分布显示，投票回归模型在训练集与测试集上的预测结果，与真实的标签数据保持了较高的相似性，具有较好的可信度。

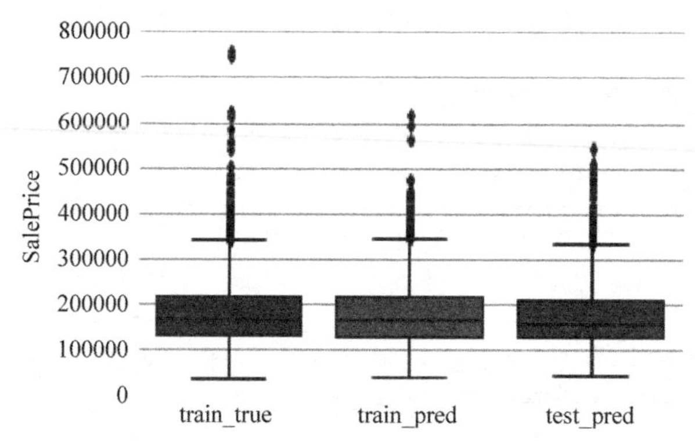

图 1.24　投票回归模型的房价预测效果对比

对本项目全部程序(程序段 P1.1～P1.47,336 行编码)做整体测试,测试主机的 CPU 配置为 Intel® Core™ i7-6700 CPU@3.40Hz,内存配置为 16GB,项目整体运行时间在 30s 以内。

小结

本章以爱荷华州艾姆斯市房价数据集为实践背景,系统讲述了数据分析与挖掘方法,例如,相关矩阵方法、缺失值统计方法与处理方法、离群值处理方法、正态分布的对数变换方法、同方差与异方差、线性回归假设、参数估计、决定系数、均方根误差等。

讲述回归模型的特点与使用方法,比较分析了线性回归、岭回归、Lasso 回归、ElasticNet 回归、XGBoost、Voting 回归和 Stacking 回归七种经典回归模型在该数据集上的表现。本章内容有助于学习掌握一些基本的数据分析方法,有助于提升对回归方法的理解能力与应用能力。

习题

一、单选题

1. Pandas 的 read_csv()函数可以读取下列哪种文件?(　　)

A. csv 文件　　　　B. xls 或 xlsx 文件

C. txt 文件　　　　D. data 文件

2. %matplotlib inline 指令的作用是(　　)。

A. 将 Matplotlib 命令绘制的图形嵌入当前文档中显示

B. Matplotlib 命令可以用于当前文档绘图

C. Matplotlib 命令只能在文档内部运行

D. 必须包含该指令,Matplotlib 命令才能被执行

3. 语句 df_train['SalePrice'].describe()可以描述某个数据列的统计特征,不包括以下哪一项?(　　)

A. 均值　　B. 最大值　　C. 标准差　　D. 方差

4. 语句 sns.distplot(df_train['SalePrice'])可以绘制房价的直方图，直方图不能观察以下哪个特征？(　　)

A. 偏度值　　B. 右偏分布　　C. 左偏分布　　D. 正态分布

5. 语句 pd.concat([df_train['SalePrice'],df_train['OverallQual']],axis=1)可以将数据合并，不正确的是(　　)。

A. axis=1 表示横向合并　　B. axis=0 表示纵向合并

C. axis 参数可以省略　　D. axis 参数不可以省略

6. 对相关矩阵的描述，不正确的是(　　)。

A. 相关矩阵是对称矩阵

B. 相关矩阵对角线的值均为 1

C. 相关矩阵不能显示相关系数

D. 相关矩阵可以用 Seaborn 的 heatmap 函数绘制

7. 语句 df_train.sort_values(by='GrLivArea',ascending=False)的功能描述，正确的是(　　)。

A. 按照 GrLivArea 列升序排序

B. 按照 GrLivArea 列降序排序

C. 不能排序

D. 该语句会影响原有数据集 df_train 的排列

8. 语句 df_train['SalePrice'] = np.log1p(df_train['SalePrice'])完成随机变量的对数变换，关于函数 numpy.log1p()，描述正确的是(　　)。

A. 完成 $\log(1+x)$的计算，目的是防止参数 x 为 0 的情况

B. 与 numpy.log()函数没有区别

C. 与 numpy.log10()函数没有区别

D. 与 numpy.log2()函数没有区别

9. 语句 combined.drop(['SalePrice'],axis=1,inplace=True)中的 drop()函数表示从数据集中删除数据，下面描述不正确的是(　　)。

A. drop()函数只能删除列

B. drop()函数可以删除行

C. drop()函数可以一次删除多列或多行

D. 参数 inplace=True 表示直接在数据集 combined 上删除

10. 语句 combined_new=pd.get_dummies(combined3)中的 get_dummies()函数完成 One-Hot 编码，描述不正确的是(　　)。

A. One-Hot 编码是针对非数值型列做的编码变换，原有的列变为多列

B. One-Hot 编码后，新增列的取值为 1 或 0

C. One-Hot 编码后，原有的列不再存在，新增列以原有列的列名作为前缀，加上一个列值作为新列的名称

D. One-Hot 编码不增加数据集的特征列数

11. 关于数据集的标准化,正确的描述是(　　)。

A. 标准化有助于加快模型的收敛速度

B. 标准化一定是归一化,即数据集的取值分布在[0,1]区间上

C. 数据集的标准化一定是让标准差变为1

D. 所有的模型建模之前,必须进行数据集标准化

12. 语句 train_test_split(x,y,test_size=.33,random_state=0)将数据集 x,y 划分为训练集与验证集两部分,描述不正确的是(　　)。

A. 参数 test_size 的含义是验证集的比例大小

B. 参数 test_size 的含义是训练集的比例大小

C. 参数 random_state 表示随机划分数据集的随机数种子

D. 特征集 x 和标签集 y 同步划分

二、多选题

1. 箱形图可以表示数据的哪些特征?(　　)

A. 四分位　　B. 二分位

C. 离群值　　D. 数据分布情况

2. 缺失数据一般有三种处理方法:(　　)。

A. 删除缺失数据所在的列　　B. 删除缺失数据所在的行

C. 对缺失数据补全　　D. 置之不理

3. 离群值的处理方法包括(　　)。

A. 对数转换　　B. 缩尾　　C. 截尾　　D. 插值

4. 下列哪些语句会返回模型的训练结果?(　　)

A. LinearRegression().fit(x_train,y_train)

B. lr_mod.predict(x_train)

C. lasso_mod.fit(x_train,y_train)

D. vote_mod.predict(x_train)

5. 下列属于集成学习方法的是(　　)。

A. Lasso 回归　　B. Voting 回归

C. Stacking 回归　　D. ElasticNet 回归

6. 下列哪些函数语句可以设置坐标轴的刻度?(　　)

A. plt.xticks()　　B. plt.yticks()

C. plt.xlabel()　　D. plt.ylabel()

7. 某回归模型在训练集上的决定系数为0.96,在验证集上的决定系数为0.80,则说明(　　)。

A. 该模型存在过拟合现象　　B. 该模型的方差较大

C. 该模型的偏差过大,方差过小　　D. 该模型泛化能力较差

三、判断题

1. 相关系数是由统计学家卡尔·皮尔逊提出的统计指标,是研究变量之间线性相关程度的量。

2. Q-Q 概率图可用于观察随机变量的正态分布情况,直方图不可以。

3. 偏度值为 3,峰度值为 0,说明随机变量满足标准正态分布。

4. 同方差是指回归函数的方差前后保持一致。

5. 自相关是指随机误差项的各期望值之间存在着相关关系,股票价格不是自相关。

6. 多重共线性是指线性回归模型的自变量之间存在精确相关关系或高度相关关系导致模型估计失真或者不准确。

7. 变量之间的线性关系可以通过散点图观察与分析。

8. 均方根误差与均方误差二者没有关系。

9. 决定系数表示模型的拟合程度,决定系数越大,表示拟合程度越好。

10. 训练集与验证集的样本是不同的。

11. 岭回归是对线性回归的优化,在线性回归的基础上,对损失函数增加了一个 L_2 正则项,目的是降低方差,提高模型泛化能力。

12. Lasso 回归也是对线性回归的优化,在线性回归的基础上,对损失函数增加了一个 L_1 正则项,目的是降低方差,提高模型泛化能力。

13. Lasso 回归相比于岭回归,可以在参数缩减过程中,将一些参数权重直接缩减为零,间接实现提取有效特征的作用。

14. ElasticNet 回归综合了 Lasso 回归与岭回归的特点,同时采用 L_1 和 L_2 正则项优化模型,因此兼具 Lasso 回归的稀疏功能和岭回归的稳定性优点。

15. XGBoost 是一种关于梯度增强树的集成学习算法,因此决策树是其底层算法基础,可用于解决回归问题或分类问题。

16. Voting 回归,即投票回归,是一种集成学习算法,基本原理是集合多种基础回归模型,先由这些基础回归模型各自做出独立预测,再对这些预测结果取平均以形成最终预测。

17. Stacking 回归,即堆叠回归。堆叠回归是一种集成学习技术,采用两级回归模型,第一级采用多种回归模型进行独立训练和预测,然后基于各个回归模型的输出(元特征),用第二级的元回归模型进行新的拟合。

18. Voting 回归作为一种集成学习方法,一定比 Lasso 回归效果好。

19. Stacking 回归与 Voting 回归都采用了多种基础回归模型,仅在投票策略上不同。

20. 数据和特征决定了机器学习的上限,而模型和算法只是逼近这个上限,这句话表明模型算法不如数据重要。

21. 对于回归的含义,一种通俗的解释是数据的分布回归到某种趋势上,回归一般用于预测连续型的数据。

四、编程题

请使用七种回归方法:线性回归、岭回归、Lasso 回归、ElasticNet 回归、XGBoost 回归、Voting 回归、Stacking 回归,在波士顿房价数据集上建模,对波士顿房价做出预测,根据均方根误差或决定系数对模型做出合理评价。

数据集结构描述与数据集文件,请参见随书课件中的习题 1 文件夹。

第 2 章

人体蛋白图谱与卷积神经网络

卷积神经网络(Convolutional Neural Networks,CNN)是一类以卷积计算为基础的神经网络,一般具有深度结构,是深度学习(Deep Learning)的经典代表算法之一。实践证明,CNN 在计算机视觉和大型图像处理方面表现出色,已经被广泛应用到图像分类、检测和定位等领域。本章以人体蛋白图谱的分类问题为背景,介绍卷积神经网络的基本理论、结构及其应用。

2.1 数据集

高通量显微镜的发展使得对生物系统的观察成像更加容易,如何有效准确地处理大量的图像数据是一个挑战。人类蛋白质图谱(Human Protein Atlas,HPA)项目是由瑞典 Knut&Alice Wallenberg 基金会资助的一个大型研究项目,项目所有数据免费开源访问(项目网站: https://www.proteinatlas.org/)。该项目聚焦人类蛋白质图谱的生物学特征,重点研究组织图谱、细胞图谱、病理图谱、血液图谱、脑图谱和代谢图谱六个领域。

细胞图谱显示了蛋白质在单细胞中的亚细胞定位,本章案例基于大量亚细胞定位图像,来分类标识蛋白在细胞内或细胞间存在的具体部位。该项目于 2019 年在 Kaggle 上发起了竞赛,相关研究成果于 2019 年 11 月在线发表于 *Nature Methods*,论文名称为 *Analysis of the Human Protein Atlas Image Classification Competition*(Ouyang, Winsnes, et al., 2019)。

数据集包含四个文件,存放于 chapter2\dataset 目录中,相关信息如表 2.1 所示。

表 2.1　人体蛋白图谱数据集

文件名	数据规模	文件大小	功　　能
train. csv	2 列,列名：Id、Target,31 072 行	1. 2MB	训练集的 Id 和标签
train. zip	31 072×4(RGBY)=124 288 幅图像	13GB	训练集的全部图像
test. csv	2 列,列名：Id、Predicted,11 702 行	446KB	测试集的 Id 和预测值
test. zip	11 702×4(RGBY)= 46 802 幅图像	4. 36GB	测试集的全部图像

根据项目论文的提示,可以从以下三个途径获取项目数据集。

(1) Kaggle 竞赛网址：https://www. kaggle. com/c/human-protein-atlas-image-classification。

(2) HPA 项目网站：https://v18. proteinatlas. org/。

(3) Github 上提供的脚本下载程序：https://github. com/CellProfiling/HPA-competition。

经过测试,Kaggle 网站的下载链接最为稳定,需要 Kaggle 会员资格才能下载,数据集大小为 18GB。

2.2　训练集观察

启动 Jupyter Notebook,在 chapter2 目录下新建 Protein_Classifier. ipynb 程序。执行程序段 P2. 1,完成库导入。

```
P2.1  #导入库
001   import numpy as np
002   import pandas as pd
003   import matplotlib.pyplot as plt
004   import seaborn as sns
005   import imageio
006   from os import listdir
007   %matplotlib inline
```

执行程序段 P2. 2,读入 train. csv,前五条记录如图 2. 1(a)所示。

```
P2.2  #读入 train.csv,观察训练集
008   train = pd.read_csv("./dataset/train.csv")
009   print('训练集维度：{0}'.format(train.shape))
010   train.head()
```

训练集 train. csv 中共有 31 072 条记录,每个 Id 对应一次成像观察,Target 是蛋白的亚细胞定位观察结果,用数字 0～27 表示,对应 28 种不同的定位名称。

训练集 Id、Target 和文件名称之间的映射关系如图 2. 1 所示。图 2. 1(a)显示首条记录对应的蛋白定位编号为 16 和 0,第 2 条记录对应的蛋白定位为 7、1、2 和 0 四种,其他三条记录各有一个标签,所以这是一个多标签分类问题,有的图像包含一种定位标签,有的图像包含多种定位标签。图 2. 1(b)显示的是同一蛋白定位过程中形成的四通道图像名

称，分别以后缀 green、blue、red 和 yellow 表示绿、蓝、红、黄四个通道。

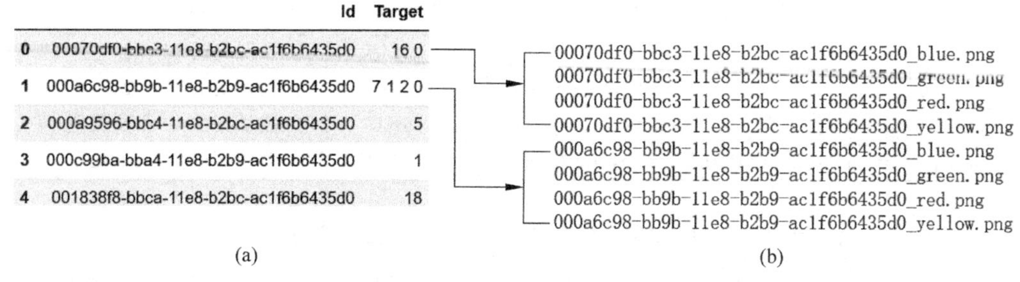

图 2.1 训练集 Id、Target 和文件名称之间的映射关系

整个训练集包含 28 种定位标签，每种标签表示为一个数字，对应关系如表 2.2 所示。

表 2.2 28 种亚细胞蛋白定位标签编码

编码	英文标签名称	中文标签名称
0	Nucleoplasm	核质
1	Nuclear membrane	核膜
2	Nucleoli	核仁
3	Nucleoli fibrillar center	核仁纤维中心
4	Nuclear speckles	核斑点
5	Nuclear bodies	核体
6	Endoplasmic reticulum	内质网
7	Golgi apparatus	高尔基体
8	Peroxisomes	过氧化物酶体
9	Endosomes	内体
10	Lysosomes	溶酶体
11	Intermediate filaments	中间丝
12	Actin filaments	肌动蛋白丝
13	Focal adhesion sites	黏着斑
14	Microtubules	微管
15	Microtubule ends	微管末端
16	Cytokinetic bridge	细胞动力学桥
17	Mitotic spindle	有丝分裂纺锤体
18	Microtubule organizing center	微管组织中心
19	Centrosome	中心体
20	Lipid droplets	脂滴
21	Plasma membrane	质膜
22	Cell junctions	细胞连接
23	Mitochondria	线粒体
24	Aggresome	聚集体
25	Cytosol	胞质溶胶
26	Cytoplasmic bodies	细胞质体
27	Rods & rings	杆和环

解压 train.zip 文件，执行程序段 P2.3，显示 chapter2/dataset/train 目录下共有 124 288 个图像文件，前 8 个图像文件名称如图 2.1(b)所示。

```
P2.3   #train 文件夹图像文件名称
011    files = listdir("./dataset/train")
012    print('train 目录下共有 {0} 个图像文件'.format(len(files)))
013    for n in range(8):
014        print(files[n])
```

如图 2.1 所示，每个 Id 对应四个外部图像文件，文件名称用 Id 加上四种颜色后缀表示，即每个图像 Id 对应四幅图像。

执行程序段 P2.4，显示训练集中第 2 条记录对应的图像如图 2.2 所示。

```
P2.4   #显示指定 Id 对应的图像
015    def load_image(basepath, image_id):
016        images = np.zeros(shape=(4,512,512))
017        images[0,:,:] = imageio.imread(basepath + image_id + "_green" + ".png")
018        images[1,:,:] = imageio.imread(basepath + image_id + "_blue" + ".png")
019        images[2,:,:] = imageio.imread(basepath + image_id + "_red" + ".png")
020        images[3,:,:] = imageio.imread(basepath + image_id + "_yellow" + ".png")
021        return images
022    fig, ax = plt.subplots(1,4,figsize=(20,10))
023    images = load_image('./dataset/train/', train['Id'][1])
024    ax[0].imshow(images[0], cmap="Greens")
025    ax[1].imshow(images[1], cmap="Blues")
026    ax[2].imshow(images[2], cmap="Reds")
027    ax[3].imshow(images[3], cmap="Oranges")
```

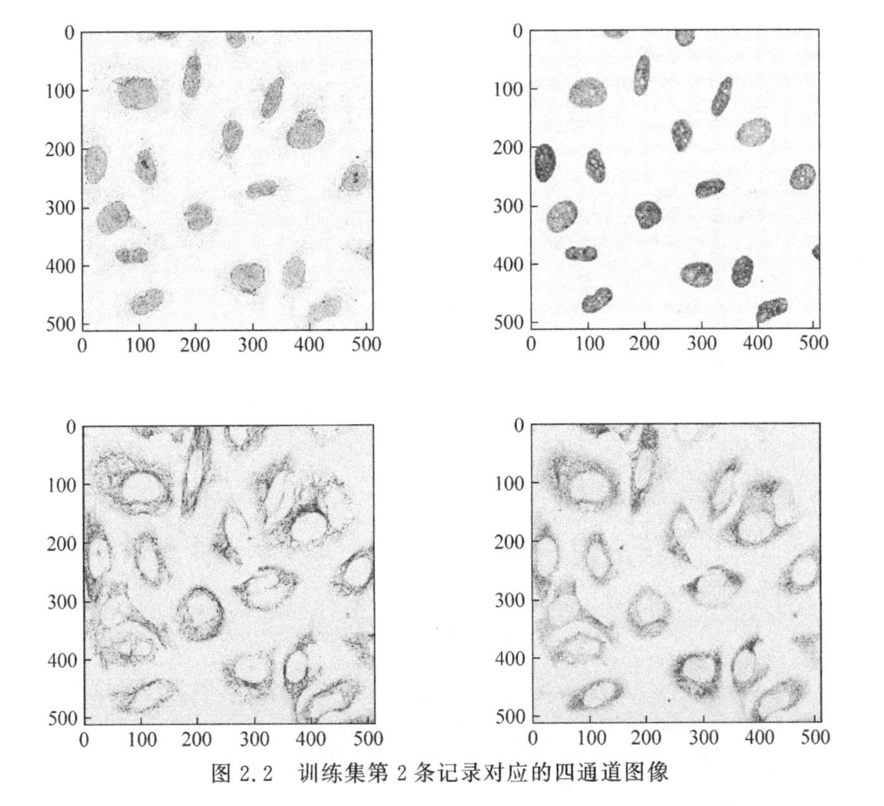

图 2.2 训练集第 2 条记录对应的四通道图像

如图 2.2 所示，每个图像 Id 对应四幅图像，图像分辨率为 512×512px。四种颜色分别表示四种滤镜通道的成像效果，其中，绿色通道表示亚细胞蛋白定位，蓝色通道表示细胞核区域，红色表示微管区域，黄色标识内质网区域。目标蛋白定位应该以绿色通道图像为主，蓝色、红色和黄色这三幅图像刻画的是细胞的轮廓骨架，起辅助参考作用。

2.3 标签向量化

训练集原有的标签用 0～27 表示，为数据分析和建模的需要，对训练集和测试集的标签做向量化变换。执行程序段 P2.5，完成训练集标签的向量化表示，执行结果如图 2.3 所示。

```
P2.5    #训练集标签的向量化
028     label_names = {
029         0: "Nucleoplasm",
030         1: "Nuclear membrane",
031         2: "Nucleoli",
032         3: "Nucleoli fibrillar center",
033         4: "Nuclear speckles",
034         5: "Nuclear bodies",
035         6: "Endoplasmic reticulum",
036         7: "Golgi apparatus",
037         8: "Peroxisomes",
038         9: "Endosomes",
039         10: "Lysosomes",
040         11: "Intermediate filaments",
041         12: "Actin filaments",
042         13: "Focal adhesion sites",
043         14: "Microtubules",
044         15: "Microtubule ends",
045         16: "Cytokinetic bridge",
046         17: "Mitotic spindle",
047         18: "Microtubule organizing center",
048         19: "Centrosome",
049         20: "Lipid droplets",
050         21: "Plasma membrane",
051         22: "Cell junctions",
052         23: "Mitochondria",
053         24: "Aggresome",
054         25: "Cytosol",
055         26: "Cytoplasmic bodies",
056         27: "Rods & rings"
057     }
058     def fill_targets(row):
059         row.Target = np.array(row.Target.split(" ")).astype(np.int)
060         for num in row.Target:
061             name = label_names[int(num)]
```

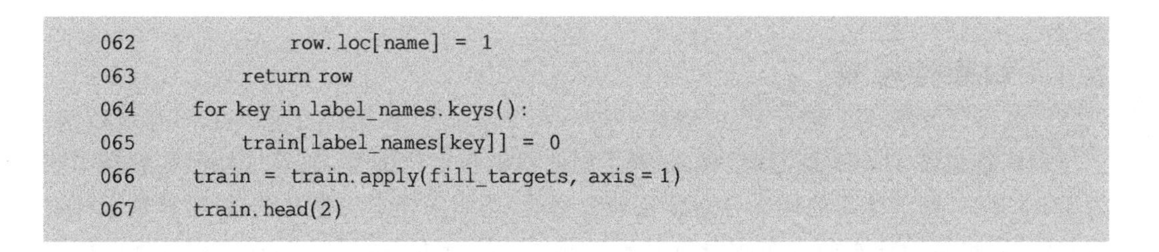

```
062                 row.loc[name] = 1
063             return row
064     for key in label_names.keys():
065         train[label_names[key]] = 0
066     train = train.apply(fill_targets, axis = 1)
067     train.head(2)
```

	Id	Target	Nucleoplasm	Nuclear membrane	Nucleoli	Nucleoli fibrillar center	Nuclear speckles	Nuclear bodies	Endoplasmic reticulum	Golgi apparatus	...
0	00070df0-bbc3-11e8-b2bc-ac1f6b6435d0	[16, 0]	1	0	0	0	0	0	0	0	...
1	000a6c98-bb9b-11e8-b2b9-ac1f6b6435d0	[7, 1, 2, 0]	1	1	1	0	0	0	0	1	...

2 rows × 30 columns

图 2.3 训练集标签向量化

如图 2.3 所示,训练集新增了 28 列,每一列用标签名称命名,只有在 Target 列中标识的标签,取值为 1,其他取值为 0。

执行程序段 P2.6,完成测试集标签的向量化,测试集扩增列之前的维度为(11702,2),扩增后运行结果如图 2.4 所示。

```
P2.6  #测试集标签的向量化
068   test = pd.read_csv("./dataset/test.csv")
069   print('测试集扩增列之前的维度:{0}'.format(test.shape))
070   for col in train.columns.values:
071       if col != "Id" and col != "Target":
072           test[col] = 0
073   test.head(2)
```

	Id	Predicted	Nucleoplasm	Nuclear membrane	Nucleoli	Nucleoli fibrillar center	Nuclear speckles	Nuclear bodies	Endoplasmic reticulum	Golgi apparatus	...
0	00008af0-bad0-11e8-b2b8-ac1f6b6435d0	0	0	0	0	0	0	0	0	0	...
1	0000a892-bacf-11e8-b2b8-ac1f6b6435d0	0	0	0	0	0	0	0	0	0	...

2 rows × 30 columns

图 2.4 测试集标签向量化

图 2.4 显示扩增后测试集包含 30 列,前两列 Id 和 Predicted 是原有列,Predicted 初始值全部为 0。后面 28 列是新增的,默认值均为 0。

2.4 均衡性检查

训练集包含 31 072 条记录，有 28 种不同的亚细胞定位标签，如果每种标签的样本数为 1100 左右，则训练集的样本分布是比较合理的，然而采样不均衡是常态，可能是采样方法的问题，也可能样本的分布本身就是不均衡的。执行程序段 P2.7，观察训练集的样本分布如图 2.5 所示。

```
P2.7  #训练集标签样本分布
074   target_total = train.drop(["Id", "Target"],axis = 1).sum(axis = 0).sort_values
      (ascending = False)
075   plt.figure(figsize = (8,6))
076   sns.barplot(x = target_total.values, y = target_total.index.values, order = target_
      total.index)
```

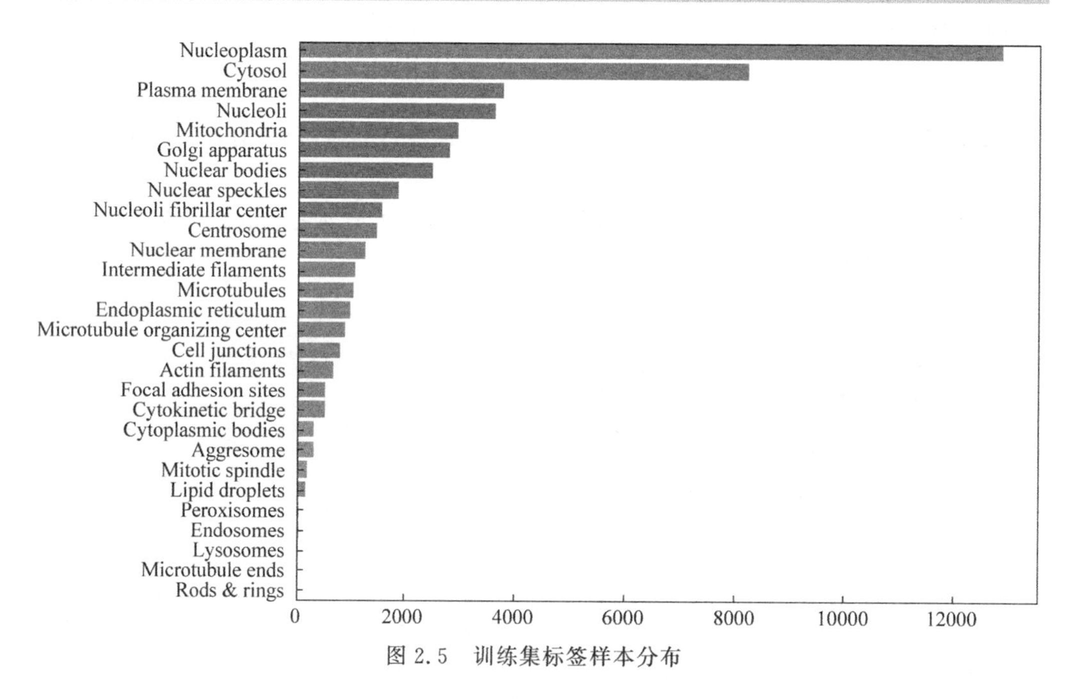

图 2.5 训练集标签样本分布

如图 2.5 所示，训练集的标签样本分布极其失衡，Nucleoplasm、Cytosol 两种标签的数量过多，分别超过 12 000 和 8000，数量超过 2000 的标签有七种，但是有十几种样本如 Rods & rings、Microtubule ends、Lysosomes 等数量过少，其后果是在模型训练过程中，数量多的标签会被强化，数量少的标签会被弱化甚至作为异常值被忽略。

基于上述考虑，本章的案例将不以准确率作为首要评价指标，同时考虑到计算能力，下面执行程序段 P2.8，选取标签总数为 1000～1500 的样本构建新的训练集，运行结果如表 2.3 所示，经过筛选，只剩下五种标签的样本。

```
P2.8   #筛选标签集
077    filter_target = pd.DataFrame(target_total)
078    filter_target.rename(columns = {0:'counts'}, inplace = True)
079    filter_target = filter_target[filter_target.counts.between(1000,1500)]
080    filter_target
```

表 2.3　标签集筛选结果

index	counts	index	counts
Centrosome	1482	Microtubules	1066
Nuclear membrane	1254	Endoplasmic reticulum	1008
Intermediate filaments	1093		

如果计算力允许，标签选择区间定为 1000～5000，则可以保留 10 种标签。

2.5　构建新训练集

按照表 2.3 给出的标签列表，对训练集 train 进行筛选重构，得到新的训练集 filter_train。执行程序段 P2.9，执行结果显示新训练集的维度为(5792,7)，除了其中的 Id 和 Target 列，其余五列为表 2.3 中的标签列，筛选数据集前三行的结果如图 2.6 所示。

```
P2.9   #筛选重构训练集
081    filter_columns = filter_target.index.insert(0,'Id')
082    filter_columns = filter_columns.insert(1,'Target')
083    filter_train = train[train[filter_target.index].sum(axis = 1)> 0][filter_columns]
084    print('筛选训练集的维度为: {0}'.format(filter_train.shape))
085    filter_train.head(3)
```

	Id	Target	Centrosome	Nuclear membrane	Intermediate filaments	Microtubules	Endoplasmic reticulum
1	000a6c98-bb9b-11e8-b2b9-ac1f6b6435d0	[7, 1, 2, 0]	0	1	0	0	0
3	000c99ba-bba4-11e8-b2b9-ac1f6b6435d0	[1]	0	1	0	0	0
14	00357b1e-bba9-11e8-b2ba-ac1f6b6435d0	[6, 2]	0	0	0	0	1

图 2.6　样本数在 1000～1500 区间的标签筛选结果

考虑到本项目是一个多标签分类问题，执行程序段 P2.10，对新训练集的标签数量做分类统计，运行结果如图 2.7 所示。

```
P2.10  #新训练集单个 Id 的标签数量统计
086    filter_train['target_count'] = filter_train[filter_target.index].sum(axis = 1)
087    count_percent = np.round(100 * filter_train["target_count"].value_counts() /
       filter_train.shape[0], 2)
```

```
088    plt.figure(figsize = (6,4))
089    g = sns.barplot(x = count_percent.index.values, y = count_percent.values, palette =
       "Reds")
090    plt.ylabel(" % of train data")
091    for index,row in pd.DataFrame(count_percent).iterrows():
092        g.text(row.name - 1,row.target_count/2 + 5,row.target_count,color = "black", ha =
           "center")
```

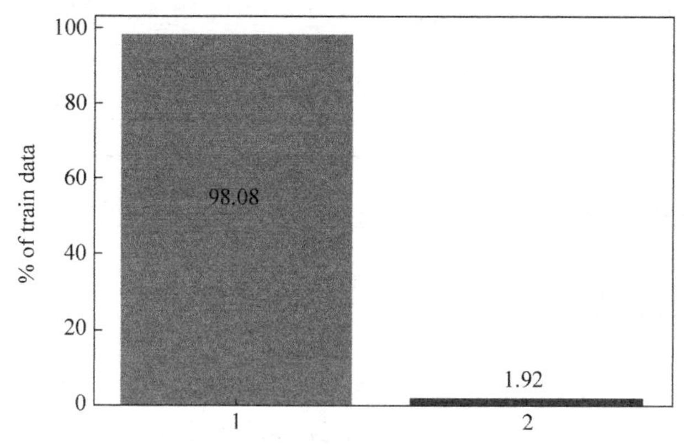

图 2.7　新训练集标签数量分类统计

图 2.7 显示，新训练集超过 98%的样本只含有一种标签，含有两种标签的样本数仅为 1.92%，比例严重失衡，因此，执行程序段 P2.11，删去标签数量为 2 的样本，删除 Target 列和 target_count 列。

```
P2.11   #删除含有两种标签的样本
093     filter_train = filter_train[filter_train['target_count'] < 2]
094     filter_train.reset_index(drop = True, inplace = True)
095     filter_train.drop('Target',axis = 1, inplace = True)
096     print(filter_train.shape)
097     filter_train.head(3)
```

新训练集的维度为(5681,6)，显示前三条记录如图 2.8 所示。

	Id	Centrosome	Nuclear membrane	Intermediate filaments	Microtubules	Endoplasmic reticulum
0	000a6c98-bb9b-11e8-b2b9-ac1f6b6435d0	0	1	0	0	0
1	000c99ba-bba4-11e8-b2b9-ac1f6b6435d0	0	1	0	0	0
2	00357b1e-bba9-11e8-b2ba-ac1f6b6435d0	0	0	0	0	1

图 2.8　单样本只含有一种标签的筛选结果

需要强调指出，将多标签分类问题转换为单标签分类，而且缩小数据集规模，这种数据处理方法并不是实践中解决问题的方法。本章重点在于以复杂问题为背景，构建卷积神经网络的学习演示模型。

2.6 卷积运算

图像识别为什么需要使用卷积运算？先来看一个例子，假设有两幅彩色图像，小图像的分辨率为 64×64×3＝12 288px，大图像的分辨率为 1000×1000×3＝3 000 000px，用一个全连接神经网络进行识别，假定神经网络第一层的神经元数量为 1000 个，如图 2.9 所示。

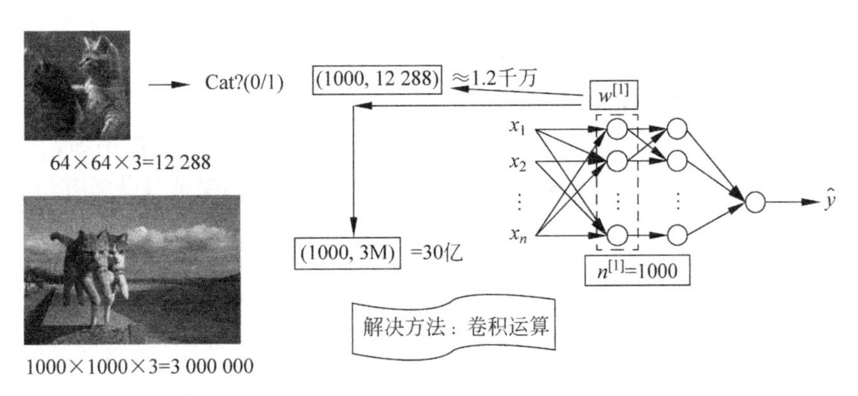

图 2.9 全连接神经网络处理图像面临的挑战

现在只考虑第一层权重矩阵 $\boldsymbol{W}^{[1]}$ 的参数个数，小图像参数数量为 12 288×1000≈1.2 千万，大图像参数数量为 3 百万×1000＝30 亿。事实上，现实世界中 1000×1000 的分辨率算不上大图像，而且这还仅仅是全连接神经网络一层的参数计算量。所以，用全连接神经网络处理大图像数据集，对计算力的需求相当惊人，实践中根本不可行。

卷积运算(Convolution Calculation)则可以摆脱上述困境，如图 2.10 所示，以一幅分辨率为 6×6×1 的灰度图像为例，经过 3×3 的过滤器做卷积运算，得到一幅 4×4×1 的小图像，这幅小图像可以称作对输入图像的一次特征提取，简称特征图。

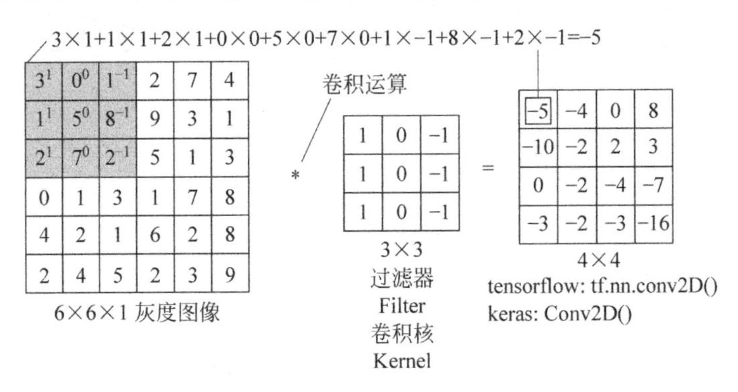

图 2.10 卷积运算过程

图 2.10 中的过滤器，又称卷积核，是一个经典的纵向边缘过滤器。卷积运算过程如下。

(1) 过滤器从原图像左上角开始，用过滤器覆盖的像素与过滤器元素做乘法求和运算，即一次卷积运算，结果为新图像第一行的第一个像素值−5。

(2) 过滤器向右水平滑动一个像素，用过滤器覆盖的新区域的像素与过滤器元素做一次卷积运算，结果为新图像第一行的第二个像素值−4。

(3) 继续向右水平滑动过滤器，做卷积运算，得到新的像素值，直至过滤器超过原图像右边界为止。

(4) 过滤器向下滑动一行像素，从原图像最左端开始，重复(1)～(3)的步骤。

(5) 重复步骤(4)，直至过滤器超过原图像的下边界为止。

运用不同类型的过滤器，可以得到原图像的若干特征图，以图 2.10 为例，过滤器是一个纵向边缘检测器，所以得到的新图像会集中反映原图像的纵向边缘特征。为了得到原图像的众多特征，一般需要使用若干不同类型过滤器做卷积运算。

如果使用框架编程，卷积运算的实现可以通过调用函数直接完成，例如，TensorFlow 中可以使用 tf.nn.conv2D( )完成卷积层的定义和运算，Keras 框架则可以调用 Conv2D( )。

2.7 边缘扩充

原图像经过卷积运算后，新图像的尺寸一般会变小，如图 2.11 所示，6×6 的灰度图像经过 3×3 的过滤器卷积后，将变为 4×4 的图像，但是经过边缘扩充后，可以保持图像尺寸不变。

先考虑不扩充的情况。图 2.11 左上角的阴影方块对应的像素，只有一次参加卷积运算的机会，因为随着过滤器水平或垂直移动，该像素不会被过滤器再次覆盖到。再观察左侧图像中间的实心像素点，则有九次机会参加卷积运算，这意味着该像素的信息会被整合到特征图的九个像素单元格中。显然，实心方块对应的像素(或图像内部的像素)的信息得到充分的保留与体现，而阴影方块对应的像素(或图像边缘的像素)的信息可能会有很大的损失，如果图像边缘的特征很重要，卷积运算无疑会丢失若干关键信息。

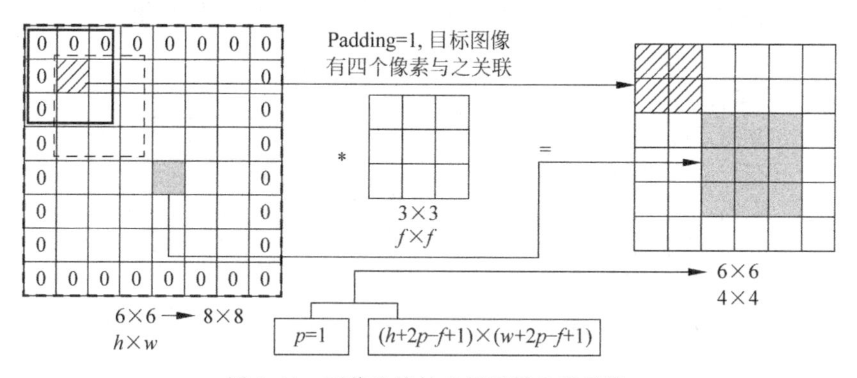

图 2.11 图像边缘扩充后再做卷积运算

再考虑边缘扩充的情况。如图 2.11 所示，在原图像的四周扩充一个像素的宽度，扩充的像素一般用 0 填充即可，此时，扩充的幅度可以记作 $p=1$。$p=1$ 表示的是单个边缘扩充的幅度，原图像的尺寸将由 6×6 变为 8×8，因为上下左右是对称扩充。边缘做 $p=1$ 的扩充后，重新沿着 8×8 的图像做卷积运算，左侧的阴影像素将有四次卷积运算机会，即在目标图像中，有四个像素会体现阴影像素的信息，中央的实心像素则不受边沿扩充影响，在过滤器为 3×3 的前提下，只有靠近边缘的两行或两列元素受影响，所以边缘扩充的目的是为了更好地保留图像的边缘特征。

假设原图像的尺寸为 $h\times w$，过滤器的尺寸为 $f\times f$，边缘扩充幅度为 p，则特征图的尺寸可以记作 $(h+2p-f+1)\times(w+2p-f+1)$。以如图 2.11 所示的 6×6 图像为例，$p=1,f=3$ 时，特征图的尺寸为 $(6+2\times1-3+1)\times(6+2\times1-3+1)=6\times6$。

实践中，一般采取两种卷积模式，如图 2.12 所示。

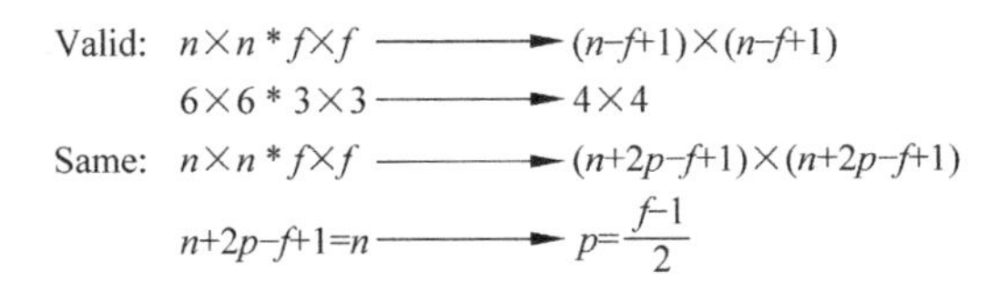

图 2.12 Valid 卷积与 Same 卷积

不做边缘扩充的卷积模式称为 Valid 卷积；做边缘扩充且卷积前后图像尺寸相同的卷积模式称为 Same 卷积。Same 卷积模式中，p 的取值为 $(f-1)/2$。为了保证单次卷积运算的区域有中心点，过滤器 f 的取值一般为奇数。

2.8 卷积步长

卷积运算在水平和垂直方向单次滑动的像素距离称为卷积步长，一般用 s 表示。如图 2.13 所示，一个 7×7 的灰度图像，经过 $p=1$、$f=3$、$s=2$ 的卷积运算后，特征图的尺寸变为 3×3。

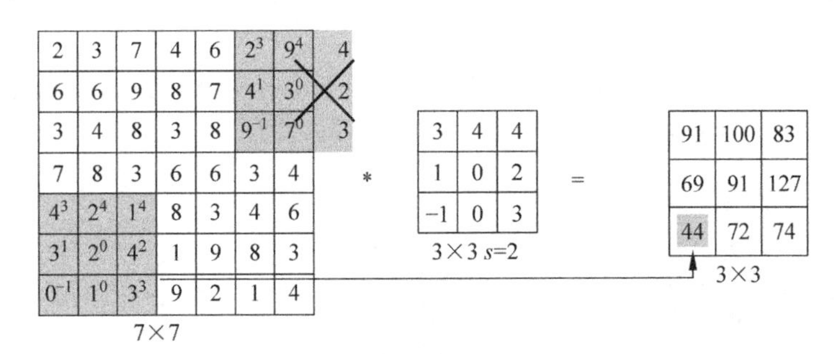

图 2.13 卷积步长为 2 的卷积运算

如图 2.13 所示，当卷积步长 s 取值超过 1 时，往往在右边界或者下边界存在超界现象，即过滤器的一部分还在图像上，另一部分超出图像边缘，这种情况不做卷积运算，图 2.13 中画×的卷积将被舍弃。

考虑卷积步长后，$n\times n$ 的灰度图像卷积运算后特征图的尺寸可以用公式(2.1)计算。

$$\left\lfloor \frac{n+2p-f}{s}+1 \right\rfloor \times \left\lfloor \frac{n+2p-f}{s}+1 \right\rfloor \tag{2.1}$$

公式(2.1)对特征图的高和宽向下做取整运算，可以保证舍弃过滤器超界的情况。

2.9 三维卷积

前面几个例子给出的都是灰度图像，灰度图像属于单通道图像，过滤器也是单通道的，灰度图像的卷积运算是二维卷积。如果处理的是彩色图像，有 RGB(Red、Green、Blue)三个通道或者说三个图层，则过滤器也需要三个通道，对三个图层分别做二维卷积运算，再对三个通道图层的卷积求和，这种卷积称为三维卷积。如图 2.14 所示，给出了一个三维卷积示例，显示了三维卷积的基本特征。

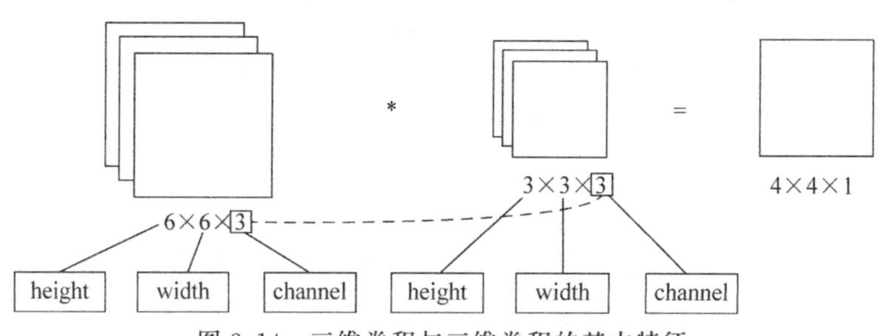

图 2.14　三维卷积与三维卷积的基本特征

三维卷积的基本特征概括如下。

(1) 输入图像拥有 RGB 三个通道，过滤器的通道数必须与输入图像的通道数相同。

(2) 过滤器的通道与输入图像的通道一一对应，过滤器在对应图层上做二维卷积。

(3) 三个 RGB 通道图层各自与过滤器做二维卷积，然后求和后算作一次三维卷积，输出的目标特征图只有一个图层。

如图 2.14 所示，6×6×3 的彩色图像，当 $p=0$、$s=1$，过滤器为 3×3×3 时，特征图的尺寸为 4×4×1，而不是 4×4×3。

为了提取原图像不同类型的特征，需要不同类型的过滤器，图 2.15 展示了两种过滤器对原图像卷积运算的结果。

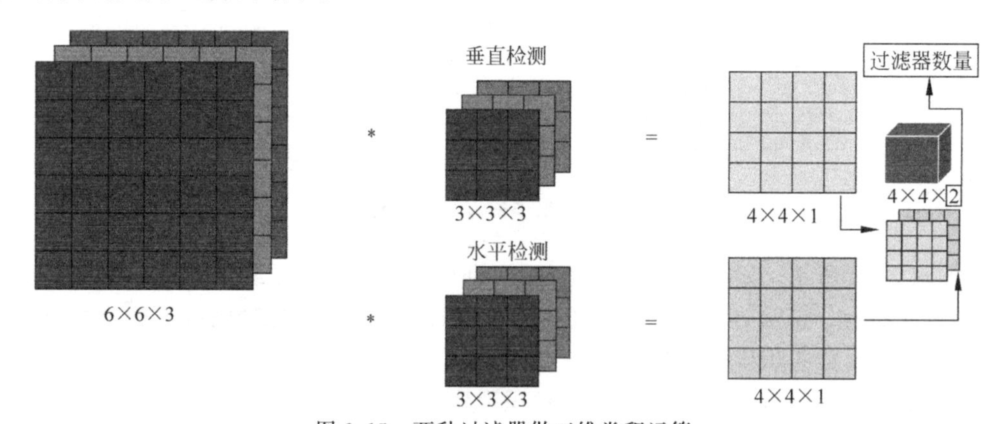

图 2.15　两种过滤器做三维卷积运算

如图 2.15 所示，单个过滤器产生的特征图为 4×4×1，然后堆叠起来，得到整体特征图的尺寸为 4×4×2，输出的整体特征图通道数一定与过滤器的数量相同。

2.10　定义卷积层

所谓卷积层，是将输入的图像，根据过滤器、边缘扩充、卷积步长等参数做卷积运算，输出目标图像的神经网络结构。其实，卷积运算不限于图像数据，声音等序列数据也可以做卷积运算。以卷积网络的第1层为例，卷积层的定义过程如图2.16所示。

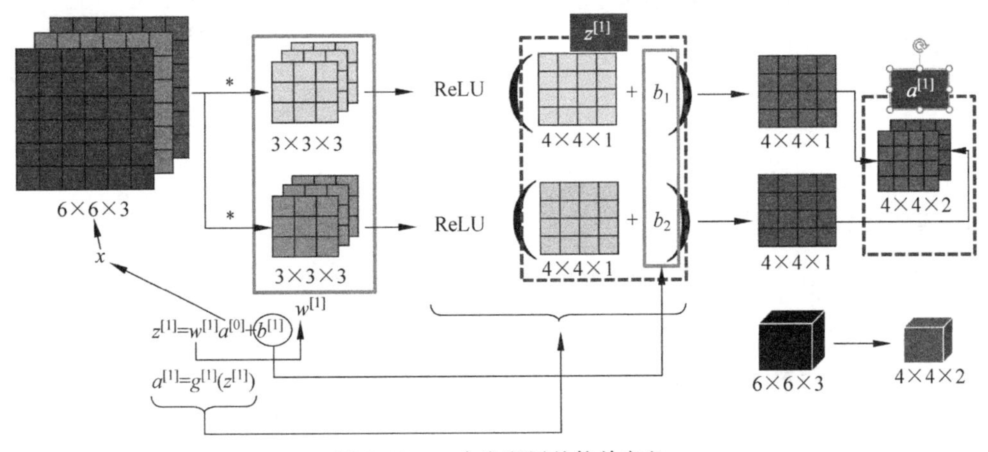

图2.16　一个卷积层的简单定义

卷积层的定义可概括为如下步骤。

(1) 设定过滤器的规格与个数。过滤器相当于卷积层的权重参数，表示为矩阵$\boldsymbol{W}$。

(2) 设定边缘填充参数p、步长s。

(3) 用上述参数与原图像做卷积运算，得到中间结果，对中间结果添加一个偏差项b，可以表示为$\boldsymbol{z}^{[1]}=\boldsymbol{w}^{[1]}\boldsymbol{a}^{[0]}+\boldsymbol{b}^{[1]}$，其中，上标表示所在的卷积层，$\boldsymbol{a}^{[0]}$表示原图像的特征向量。

(4) 对第(3)步得到的z做非线性函数变换(例如ReLU变换)，将输出结果堆叠起来得到卷积层的输出$\boldsymbol{a}^{[1]}$，$\boldsymbol{a}^{[1]}$作为下一个网络层的输入，计算过程可记作：$\boldsymbol{a}^{[1]}=\boldsymbol{g}^{[1]}(\boldsymbol{z}^{[1]})$，其中，函数$g$称作激励函数(激活函数)，关于激励函数，后面再做详细介绍。

假定卷积层采用了10个3×3×3的过滤器，卷积层将有多少个参数需要计算呢？计算过程如图2.17所示。

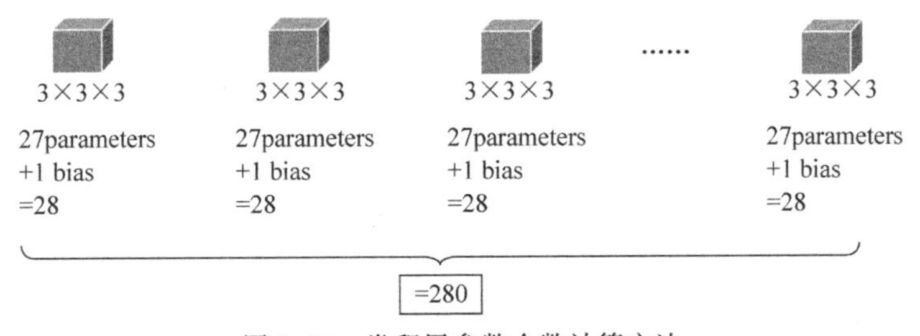

图2.17　卷积层参数个数计算方法

如图2.17所示，单个过滤器产生的参数个数为28个，10个过滤器将产生280个参数。假定第l层为卷积层，则卷积层的相关参数表示与计算方法如图2.18所示。

【1】 $f^{[l]}$ = filter size：第l层过滤器的高和宽为 $f \times f$

【2】 $p^{[l]}$ = padding size：第l层 padding 大小为 p

【3】 $s^{[l]}$ = stride ：第l层卷积步长

【4】 第$l-1$层的输出，即本层的输入表示为：$n_H^{[l-1]} \times n_W^{[l-1]} \times n_c^{[l-1]}$

【5】 第l层的输出表示为：$n_H^{[l]} \times n_W^{[l]} \times n_c^{[l]}$

【6】 $n_c^{[l]}$ = number of filters：第l层过滤器数量

【7】 每个过滤器的维数为：$f^{[l]} \times f^{[l]} \times n_c^{[l-1]}$

【8】 $a^{[l]}$的维数为：$n_H^{[l]} \times n_W^{[l]} \times n_c^{[l]}$

【9】 批量或小批量梯度下降$A^{[l]}$的维数为：$m \times n_H^{[l]} \times n_W^{[l]} \times n_c^{[l]}$

【10】 权重$w^{[l]}$的维数为：$f^{[l]} \times f^{[l]} \times n_c^{[l-1]} \times n_c^{[l]}$

【11】 偏差$b^{[l]}$的维数为：$1 \times 1 \times 1 \times n_c^{[l]}$

【12】 输出图像的高度与宽度计算：

$$n_H^{[l]} = \left\lfloor \frac{n_H^{[l-1]} + 2p^{[l]} - f^{[l]}}{s^{[l]}} + 1 \right\rfloor$$

$$n_W^{[l]} = \left\lfloor \frac{n_W^{[l-1]} + 2p^{[l]} - f^{[l]}}{s^{[l]}} + 1 \right\rfloor$$

图 2.18 卷积层的参数表示与计算方法

2.11 简单卷积神经网络

理解了卷积层的相关定义后，下面给出一个简单的 CNN 的结构示意。如图 2.19 所示，是一个图像分类的卷积网络。输入图像的规格为 39×39×3，经过三个卷积层变换，输出层为逻辑回归或 Softmax 分类，输出最终结果。

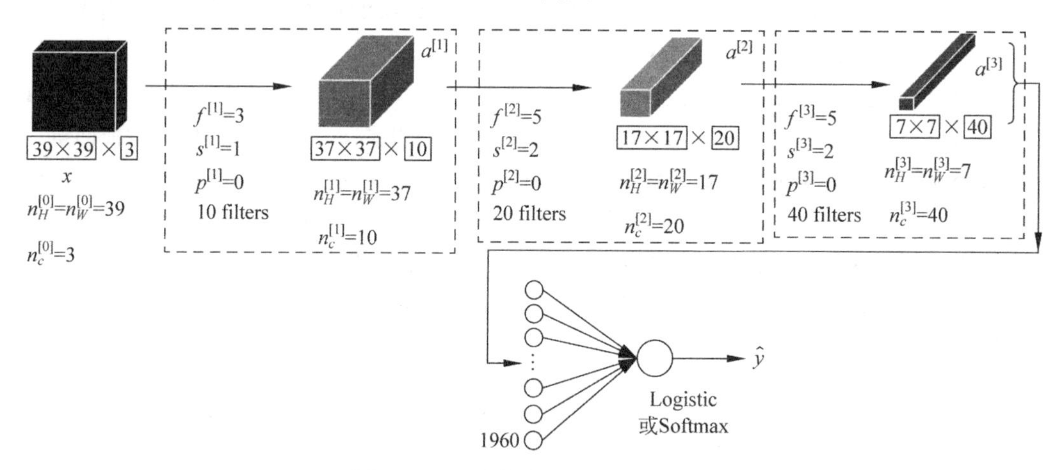

图 2.19 一个简单的卷积网络定义

卷积层 1 采用 10 个 3×3×3 的过滤器，边缘填充 $p=0$，步长 $s=1$，得到的特征图为 37×37×10。

卷积层 2 采用 20 个 5×5×10 的过滤器，边缘填充 $p=0$，步长 $s=2$，得到的特征图为 17×17×20。

卷积层 3 采用 40 个 5×5×20 的过滤器，边缘填充 $p=0$，步长 $s=2$，得到的特征图为 7×7×40。

将卷积层 3 的特征图 7×7×40 展开为向量，维度为(1960,1)。将该向量输入输出层，得到分类结果。

观察如图 2.19 所示的网络结构，可以发现一个规律，卷积网络随着深度的增加，卷积层特征图的通道数也在增加，但是图像的高度和宽度在变小。如图 2.19 所示，通道数的变化规律是 3→10→20→40，这个规律与过滤器的类型数量变化规律一致。

可以这样理解卷积网络的特点，卷积之后，过滤掉了很多冗余或模型认为不重要的信息，图像里面剩下的是提取的特征信息，所以图像的高和宽会越来越小。为什么通道数会增加呢？这是因为单种过滤器提取的特征信息有限，随着卷积深度的增加，图像尺寸在变小，但是往往需要更多的过滤器来从更多角度提取特征信息，所以过滤器的类型会增加，每个过滤器生成的图像即为一个通道。

实践中 CNN 一般总是由若干卷积层、池化层和全连接层组成，三者称为 CNN 的基本结构要素。卷积层和池化层，可以理解为是对输入层的特征进行提取。全连接层(Fully Connected Layer，FC)的作用是分类。

所谓全连接层，是指该层每一个神经元节点都与上一层的所有输入节点相连，从而实现对输入特征的综合评估。图 2.19 中的输出层即为全连接层，与上一层的所有输入单元相连接。

全连接层的密集连接与卷积层的稀疏连接不同，在不知道哪个输入特征具有重要影响力的前提下，假定所有特征一样重要，前后层所有节点全部前后互连，在模型训练过程中，通过参数的学习训练来决定各个连接的权重大小，所以全连接模式往往参数量巨大，算力需求巨大。

全连接层一般作为 CNN 的输出层，或者放在输出层之前，全连接层一般至少包括两层，目的是强化非线性变化，即强化特征提取后的分类效果。

2.12 定义池化层

池化层通过一个类似过滤器的窗口对图像做变换，为了与卷积运算有所区别，池化层的过滤器也可称其为池化窗口，本书统一称为过滤器。过滤器(池化窗口)从原图像的左上角开始，沿着水平和垂直的方向滑动，单次移动的距离称为步长。池化之前，一般不需要对原图像做边缘扩充。

池化层的目的是对卷积层提取的特征做进一步筛选，不需要求解池化窗口的参数。池化分为最大池化(Max Pooling)和平均池化(Average Pooling)两种类型。图 2.20 给出的是一个最大池化的示例。

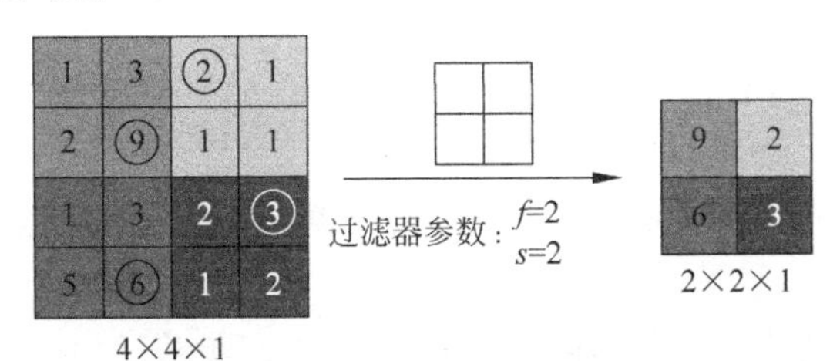

图 2.20 最大池化示例

所谓最大池化，是从过滤器覆盖的图像区域里面选择一个最大的像素值作为目标像素。如图 2.20 所示，原图像为 4×4×1，过滤器为 2×2×1，步长为 $s=2$，得到的特征图为 2×2×1。显然，特征图的像素值来自于原图像中圆圈圈住的数字，这些数字均是过滤器在原图像覆盖区域的最大值，过滤器没有像卷积运算那样，发生了与原图像像素的卷积运算，而是直接从原图像中选择区域的最大值，所以池化层的过滤器不需要像卷积运算那样求解权重矩阵 $\boldsymbol{W}$，不需要学习训练参数。

平均池化与最大池化的唯一区别是：最大池化是选择最大值，平均池化是从过滤器覆盖的区域块中求解平均值作为目标像素值，如图 2.21 所示，是一个平均池化的示例。

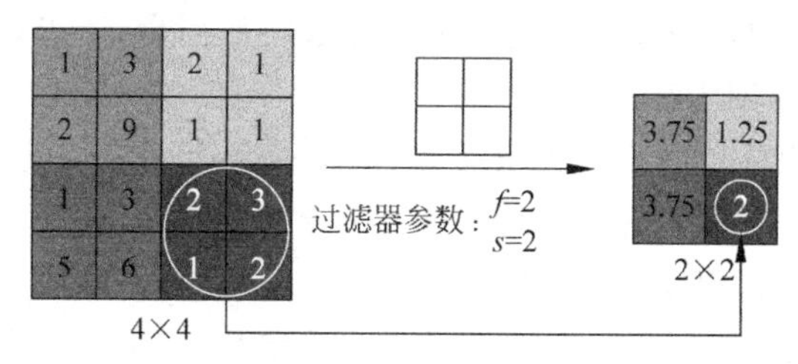

图 2.21 平均池化示例

最大池化与平均池化，过滤器参数是固定的，不需要在梯度下降过程中学习。实践证明，最大池化具备高效性，通常最大池化比平均池化更为常用。当然也有例外，当网络层数很深时，用平均池化分解网络的表示层可能效果更好。所以最大池化与平均池化的效果，一切靠实践的检验，不能一概而论。

池化层一般总是配合卷积层来使用，即在完成一层或多层卷积之后，借助池化层加快图像降维的速度。

当 $f=2, s=2$ 时，池化的效果是输出的特征图像比原图像的高和宽各缩小一半。特征图的尺寸可以通过公式(2.2)计算。

$$\left\lfloor \frac{n_H - f}{s} + 1 \right\rfloor \times \left\lfloor \frac{n_w - f}{s} + 1 \right\rfloor \tag{2.2}$$

2.13 经典结构 LeNet-5

1998 年，Yann LeCun 在其论文 *Gradient-Based Learning Applied to Document Recognition*(LeCun, Bottou, et al., 1998)中完成了卷积神经网络的基本理论架构及其范例应用。如图 2.22 所示为 Yann LeCun 在论文中设计的用于手写数字识别的卷积神经网络(LeNet-5)，这是一个经典的 CNN 结构，Yann LeCun 也被称为 CNN 之父，是 2019 年图灵奖得主之一。

LeNet-5 结构解析如下。

(1) 输入层为 32×32×1 的灰度图像。

(2) C1 层是卷积层，通过 6 个 5×5 的过滤器，对输入图像做卷积运算，得到 28×28×6 的特征图。

(3) S2 层相当于池化层(下采样)，过滤器为 2×2，步长 s 为 2，得到 14×14×6 的特征图。但是 S2 与本章前面介绍的最大池化与平均池化不同，根据 Yann LeCun 在论文中的描述，S2 层实质上是对 C1 层做卷积运算，采用 sigmoid 激励函数做非线性变换得到特征图。

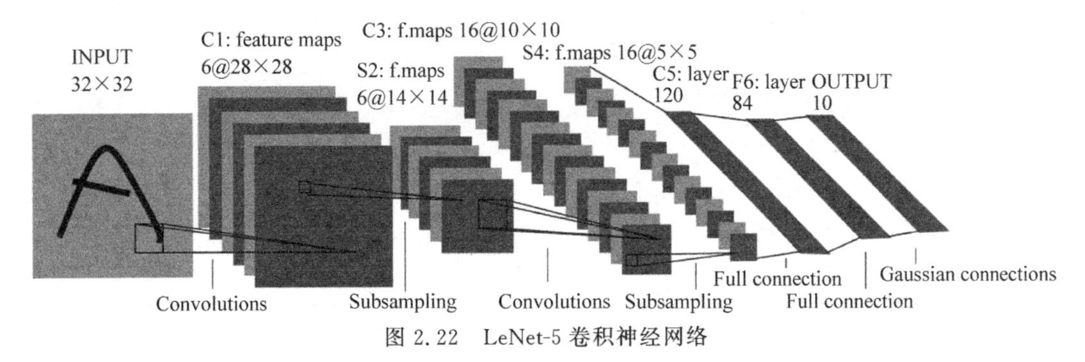

图 2.22 LeNet-5 卷积神经网络

(4) C3 层是卷积层，通过 16 个 5×5 的过滤器，对输入图像做卷积运算，得到 10×10×16 的特征图。

(5) S4 层相当于池化层(下采样)，其实质与 S2 层类似，过滤器为 2×2，步长 s 为 2，做卷积运算，得到 5×5×16 的特征图。

(6) C5 层也是卷积层，相当于对 S4 层使用了 120 个 5×5×16 的过滤器，得到 120 个 1×1 的特征图，此处可以理解 C5 与 S4 是全连接关系。之所以定义 C5 层为卷积层，因为 C5 确实是通过卷积运算得到的。用卷积运算有一个优点，当输入图像变大时，C5 层输出的特征图将变大，从而保证了模型的泛化能力。

(7) F6 层是一个全连接层，定义了 84 个神经元，F6 与 C5 之间是全连接关系。

(8) 输出层有 10 个单元，表示数字 0～9，用高斯核函数作分类函数。从 F6 到输出层，也是全连接关系。

2.14 卷积网络结构剖析

仍然以数字识别为例，图 2.23 定义了一个类似 LeNet-5 的 CNN 结构，与 LeNet-5 不同的，此处输入的是彩色 RGB 图像。卷积层、池化层和全连接层，是 CNN 的基本结构。由于池化层不需要训练学习参数，而且池化层一般跟在卷积层之后，实践中往往把卷积层跟与之相连的池化层作为一层对待，当然也有许多文献是将其分开的，此处采取合并对待的方法。

除了输入层，此处将如图 2.23 所示的 CNN 的结构归并为五层。一般不将输入层计入网络的层数，因为输入层不需要训练参数。分层解析如下。

1. 卷积层 Layer1

用六个 5×5×3 的过滤器对输入层做卷积，步长为 1，无边缘扩充，得到特征图为 28×28×6。其后紧跟一个最大池化层，用 2×2×6 的过滤器，步长为 2，得到特征图为 14×14×6。

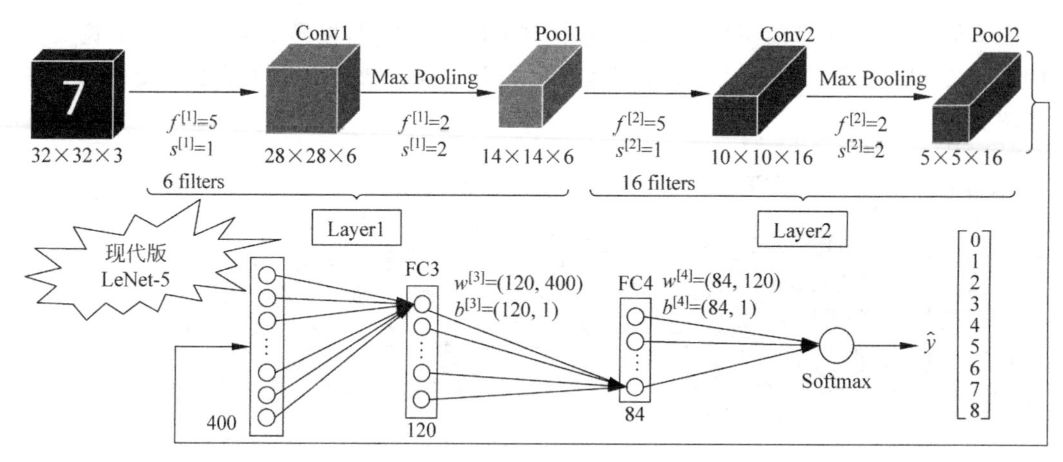

图 2.23 类似 LeNet-5 的经典结构

单个过滤器的 **W** 参数个数为 5×5×3，再加上 1 个偏差参数 b，共六个过滤器，所以 Layer1 需要训练的参数为 6×(5×5×3+1)=456 个。最大池化的过滤器不需要训练参数。

2. 卷积层 Layer2

用 16 个 5×5×6 的过滤器对来自上一层的特征图做卷积，步长为 1，无边缘扩充，得到特征图为 10×10×16。其后紧跟一个最大池化层，用 2×2×16 的过滤器，步长为 2，得到特征图为 5×5×16。

Layer2 需要训练的参数为 16×(5×5×6+1)=2416 个。最大池化的过滤器不需要训练参数。

将 Layer2 的特征图 5×5×16 展开为(400,1)的向量，不需要训练参数，所以不单独作为一层，仍然视作 Layer2 的一部分。

3. 全连接层 FC3

FC3 定义了 120 个神经元，是全连接层，因为它与来自上一层的输出向量(400,1)是全连接状态，即每个神经元连接到向量(400,1)中的每一个元素。

FC3 需要的训练参数为 120×400+120=48 120 个。

4. 全连接层 FC4

FC4 定义了 84 个神经元，是全连接层，因为它与来自上一层的输出向量(120,1)是全连接状态，即每个神经元连接到向量(120,1)中的每一个元素。

FC4 需要的训练参数为 84×120+84=10 164 个。

5. Softmax 输出层

Softmax 层有 10 个神经元，代表 0～9 这 10 个数字，与 FC4 之间是全连接关系，需要的训练参数为 10×84+10= 850 个。

整个网络需要训练的参数如表 2.4 所示。

表 2.4 网络分层参数

网络各层名称	特征图的维度	特征图向量长度	训练参数个数
Input:	(32,32,3)	3072	0
CONV1 ($f=5,s=1$,filters=6)	(28,28,6)	4704	456
POOL1($f=2,s=2$)	(14,14,6)	1176	0
CONV2 ($f=5,s=1$,filters=16)	(10,10,16)	1600	2416
POOL2($f=2,s=2$)	(5,5,16)	400	0
FC3	(120,1)	120	48 120
FC4	(84,1)	84	10 164
Softmax	(10,1)	10	850
合计			62 006

2.15 为什么使用卷积

在 2.6 节已经举例说明,全连接神经网络处理大图像面临海量参数引发的算力挑战,下面通过如图 2.24 所示的卷积层与全连接层做对比分析,进一步佐证卷积网络在图像处理领域的优势。

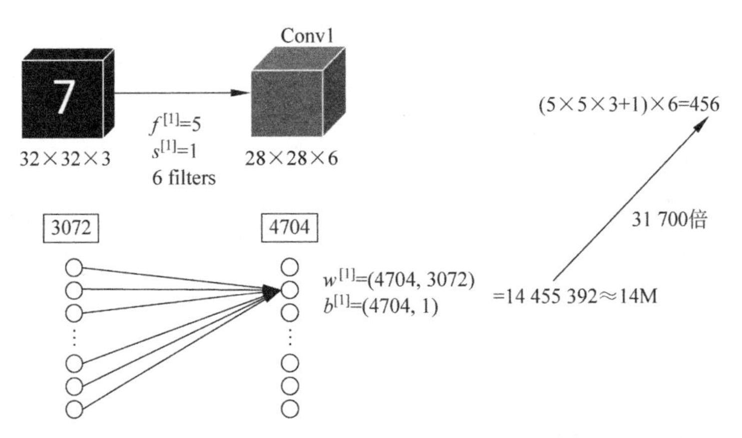

图 2.24 卷积网络与全连接网络的对比分析

如图 2.24 所示,左上角展示的是 32×32×3 的输入图像,经过卷积以后得到 28×28×6 的特征图。左下角是对等实现卷积过程的全连接网络。

对于卷积网络和全连接网络,输入层的维度均为(3072,1),其中,3072=32×32×3。

卷积层 Conv1 输出的 28×28×6 特征图可以视作(4704,1)的向量,如果用全连接模式替换这个卷积层,则全连接层需要 4704 个神经元,所以,全连接网络第 1 层的参数个数为 4704×3072+4704≈1400 万,而卷积网络第 1 层的参数个数为 456。

显然,为了得到相同尺寸的特征图,在输入相同的情况下,全连接网络第 1 层对算力的需求是卷积网络的 31 700 倍。

以做垂直边缘检测的过滤器为例，该过滤器不仅可以在图像的某一处做检测，在图像其他位置都可以做同等类似检测，而且过滤器的参数保持不变，这个特性称为卷积的平移不变性。由于每次卷积运算，过滤器会将输入图像的若干像素合并为一个特征像素表示，因此可以大大缩减前后两层之间的连接数量（相当于稀疏连接），从而加快图像的降维幅度和特征提取速度。

可见，稀疏连接和平移不变性是卷积运算的两个重要的功能性特征。

2.16 数据集划分

为了检验模型的训练效果，数据集一般划分为如图 2.25 所示的三部分：训练集、验证集（开发集）和测试集。训练集用于建模，验证集（开发集）用于模型验证与矫正，测试集用于模型的最终评估。

图 2.25　数据集的划分

图 2.25 是符合工程实践的划分方法，在日常的交流和教学中，也经常见到只包含训练集和验证集两部分的情况，而且有若干资料将验证集称为测试集，事实上二者的作用完全不同，本教材对此严格区分。

关于数据集的划分比例，与数据集的规模相关。如图 2.26 所示，针对不同的数据规模，给出了一个指导性的参照标准。

数据集 Data	训练集 Train Set	验证集 Dev Set	测试集 Test Set
几千到几万条数据	Train Set 60%	Dev Set 20%	Test Set 20%
百万级数据	Train Set 98%	Dev Set 1%	Test Set 1%
更大数据集	Train Set 98.5%	Dev Set 0.25% 0.4%	Test Set 0.25% 0.1%

图 2.26　数据集划分比例指导原则

除了比例上有要求外，训练集、验证集与测试集的样本应该来自同一客观分布，至少应保证验证集和测试集的图像来自同一分布。

本章案例项目提供的数据集已经预先划分为训练集和测试集，考虑到计算力需求较大，本案例将不采用测试集的数据，而且训练集中的数据也是做了大幅度的筛选，筛选后的训练集 filter_train 只包含其中的 5681 条数据。

执行程序段 P2.12，根据训练集创建特征矩阵 $\boldsymbol{X}$ 和标签矩阵 $\boldsymbol{Y}$。

```
P2.12   #创建特征矩阵 X 和标签矩阵 Y
098     X = filter_train['Id'].values.reshape(-1,1)
099     Y = filter_train[filter_target.index].values
100     print(X.shape)
101     print(Y.shape)
```

程序段 P2.12 运行结果显示，特征矩阵 $\boldsymbol{X}$ 的维度为(5681,1)，标签矩阵 $\boldsymbol{Y}$ 的维度为(5681,5)。

执行程序段 P2.13，将训练集划分为训练和验证两部分。

```
P2.13   #训练集划分为训练与验证两部分
102     from sklearn.model_selection import train_test_split
103     x_train, x_val, Y_train, Y_val = train_test_split(X, Y, test_size = .33, random_
        state = 0, stratify = Y)
104     print('训练集的特征维度：{0},标签维度：{1}'.format(x_train.shape,Y_train.shape))
105     print('验证集的特征维度：{0},标签维度：{1}'.format(x_val.shape,Y_val.shape))
```

程序段 P2.13 运行结果如下。

```
训练集的特征维度：(3806, 1),标签维度：(3806, 5)
验证集的特征维度：(1875, 1),标签维度：(1875, 5)
```

2.17　图像的特征表示

图像作为训练样本提交给神经网络之前，需要将像素特征转换为数字特征，图 2.27 演示了这一变换逻辑，即按照 RGB 通道的顺序，水平方向从左到右，垂直方向自上而下，依次用像素值作为特征值，这个过程称为图像的向量化表示。

如图 2.27 所示，输入图像为 64×64×3，共有 12 288 个特征值，每个通道的特征数量为 64×64=4096 个。按照 R、G、B 的顺序将各通道的特征值展开并连接在一起，构成特征向量 $\boldsymbol{x}$，$\boldsymbol{x}$ 的维度为(12 288,1)。

如果训练集中有 m 个样本，用 $\boldsymbol{x}$ 表示图像的特征向量，y 表示标签值，则训练集可表示如下：

$$(\boldsymbol{x}^{(1)},y^{(1)}),(\boldsymbol{x}^{(2)},y^{(2)}),\cdots,(\boldsymbol{x}^{(i)},y^{(i)}),\cdots,(\boldsymbol{x}^{(m)},y^{(m)})$$

如果将样本的数量一起用向量化表示，则特征矩阵可表示为公式(2.3)。

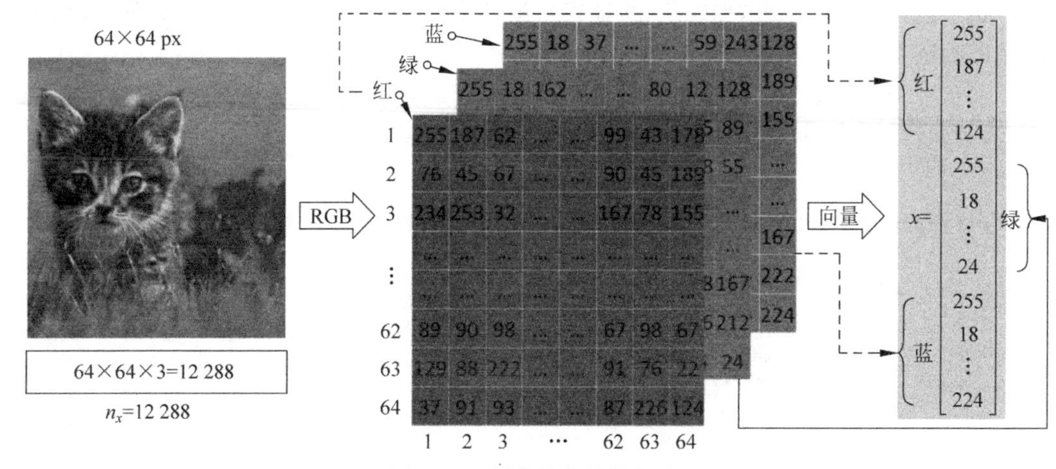

图 2.27　图像的向量化表示

$$
\boldsymbol{X}=\begin{bmatrix} \vdots & \vdots & & \vdots \\ \boldsymbol{x}^{(1)} & \boldsymbol{x}^{(2)} & \cdots & \boldsymbol{x}^{(m)} \\ \vdots & \vdots & & \vdots \end{bmatrix} \tag{2.3}
$$

$$\boldsymbol{X} \in \mathbf{R}^{n\times m}, n = \text{样本特征数}, m = \text{样本数}$$

标签矩阵可表示为公式(2.4)。

$$
\boldsymbol{Y}=[y^{(1)}, y^{(2)}, \cdots, y^{(m)}],\quad \boldsymbol{Y} \in \mathbf{R}^{1\times m} \tag{2.4}
$$

2.18　蛋白图像的特征矩阵

图 2.2 显示了一次实验的观察结果,每个 Id 对应四幅亚细胞蛋白定位效果图,为了观察方便,显示图片时分别用绿色、蓝色、红色和黄色对图像着色,事实上,数据集里提供的图像均为 512×512×1 的灰度图像。执行程序段 P2.14,可以观察到新建训练集中第一个样本对应的绿色通道图片,如图 2.28 所示,由于训练集是随机划分的,故此处显示的图片不是固定不变的。

```
P2.14    #加载并显示绿色通道的图片
106      def load_green_image(basepath, image_id):
107          image = np.zeros(shape = (512,512))
108          image[:,:] = imageio.imread(basepath + image_id + "_green" + ".png")
109          return image
110      fig = plt.figure()
111      image = load_green_image('./dataset/train/', x_train[0][0])
112      plt.imshow(image, cmap = 'gray')
113      print(image.shape)
114      x = image[:, :, np.newaxis]
115      print(x.shape)
```

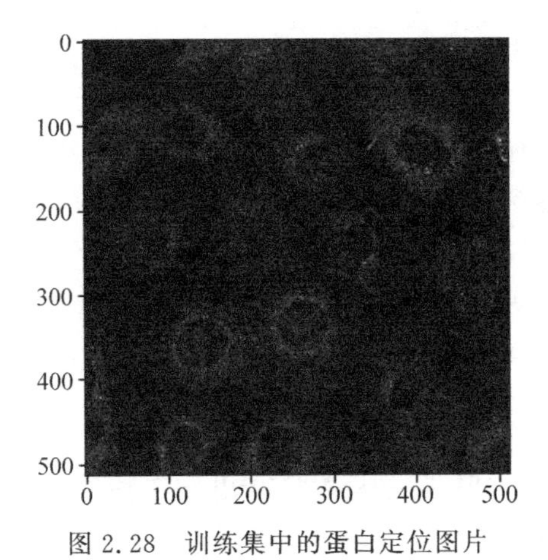

图 2.28 训练集中的蛋白定位图片

考虑到蓝色、红色和黄色三个通道的图片不如绿色通道的重要以及计算力的问题，本章案例只用绿色通道的样本构建训练集和验证集。

程序段 P2.14 中第 109 行返回的 image 变量，是一个维度为(512,512)的图像特征矩阵，第 114 行为特征矩阵(512,512)追加通道维度，转换为(512,512,1)的特征矩阵 ***x***。

执行程序段 P2.15，创建训练集的特征矩阵 X_train。

```
P2.15  #创建训练集的特征矩阵 X_train
116    m = x_train.shape[0]
117    X_train = np.zeros((m,x.shape[0],x.shape[1],x.shape[2]))
118    for i in range(m):
119        image = load_green_image('./dataset/train/', x_train[i][0])
120        image = image[:,:,np.newaxis]
121        X_train[i][:][:][:] = image
122    print(X_train.shape)
```

特征矩阵 X_train 的维度为(3806,512,512,1)。

执行程序段 P2.16，创建验证集的特征矩阵 X_val，维度为(1875,512,512,1)。

```
P2.16  #创建验证集的特征矩阵 X_val
123    m = x_val.shape[0]
124    X_val = np.zeros((m,x.shape[0],x.shape[1],x.shape[2]))
125    for i in range(m):
126        image = load_green_image('./dataset/train/', x_val[i][0])
127        image = image[:,:,np.newaxis]
128        X_val[i][:][:][:] = image
129    print(X_val.shape)
```

2.19 数据标准化

数据标准化(Data Standardization)，又称数据规范化(Data Normalization)，是将原数据变换映射到一个新区间，目的是将原数据转换为无量纲的纯粹数字表达，拉近不同量

级指标的相对尺度，避免“大值指标”对建模的过度不良影响。实践证明，数据标准化有利于加快模型的收敛速度，提升模型的泛化能力。

数据归一化、Z-Score 标准化都是常见的数据标准化方法。

数据归一化是将数据统一映射到区间[0,1]上。Max-Min 归一化，也称离差标准化，是一种归一化方法，计算方法如公式(2.5)所示。

$$x'^{(i)}=\frac{x^{(i)}-\min\limits_{1\leqslant i\leqslant m}\{x^{(i)}\}}{\max\limits_{1\leqslant i\leqslant m}\{x^{(i)}\}-\min\limits_{1\leqslant i\leqslant m}\{x^{(i)}\}} \tag{2.5}$$

max 为样本数据的最大值，min 为样本数据的最小值，公式(2.5)的分母是样本集的最大差值，分子是样本与最小值的差值，Max-Min 归一化计算方法很简单，确保得到的新样本值落在区间[0,1]上。

Min-Max 归一化的缺点是当有新数据加入时，可能导致 max 和 min 的变化，需要重新定义。

Min-Max 归一化经常用于图像数据的标准化，因为像素值的最大最小区间[0,255]是不变的。在 sklearn 机器学习库中，可以用 MinMaxScaler 来做 Max-Min 标准化。

并非所有标准化的结果都会映射到区间[0,1]，Z-Score 标准化的目标是将原数据转换为均值为 0，标准差为 1 的标准正态分布，如图 2.29 所示，展示了一群样本点的 Z-Score 标准化过程。

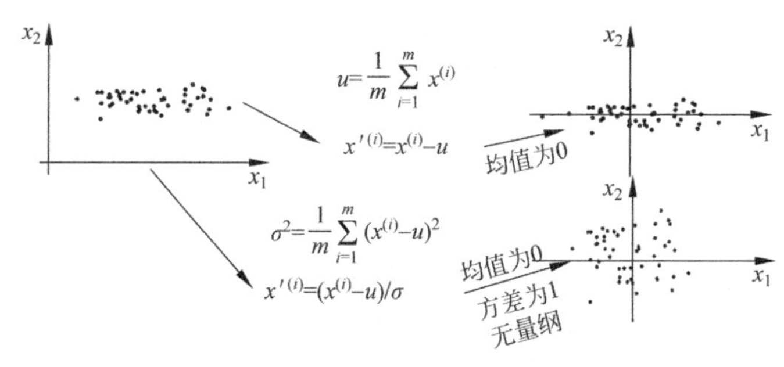

图 2.29 样本的 Z-Score 标准化过程

转换函数需要计算样本的均值 u，样本的标准差 σ。如果只做“去均值”变换，如图 2.29 右上角的坐标图所示，样本数据以原点为中心，均值为 0；如果同时做“去均值”和“去标准差”变换，结果如图 2.29 右下角的坐标图所示，新数据集将以原点为中心，均值为 0，标准差为 1，符合标准正态分布。在 sklearn 机器学习库中，可以用 StandardScaler 来做 Z-Score 标准化。

2.18 节创建的样本特征矩阵 X_train 和 X_val，其中存放的是图像 RGB 通道的像素值，取值为区间[0,255]的整数。实践证明，对像素值做标准化，有利于加快深度神经网络的收敛速度，同时，将整数转换为浮点数，可以有效避免深度学习过程中出现过多的被 0 除。

执行程序段 P2.17，完成特征矩阵的标准化。

```
P2.17  #特征矩阵的标准化
130    X_train = X_train / 255.
131    X_val = X_val / 255.
132    print(X_train[0][:][:][0])
```

观察输出结果，X_train 的首行元素全部为浮点型且落在区间[0,1]上。

2.20 模型定义

考虑到提供的蛋白图像是灰度图，局部特征很重要，但是又有较多的黑色背景，所以设计一个相对较深的 CNN 完成识别任务，定义模型的结构如图 2.30 所示。

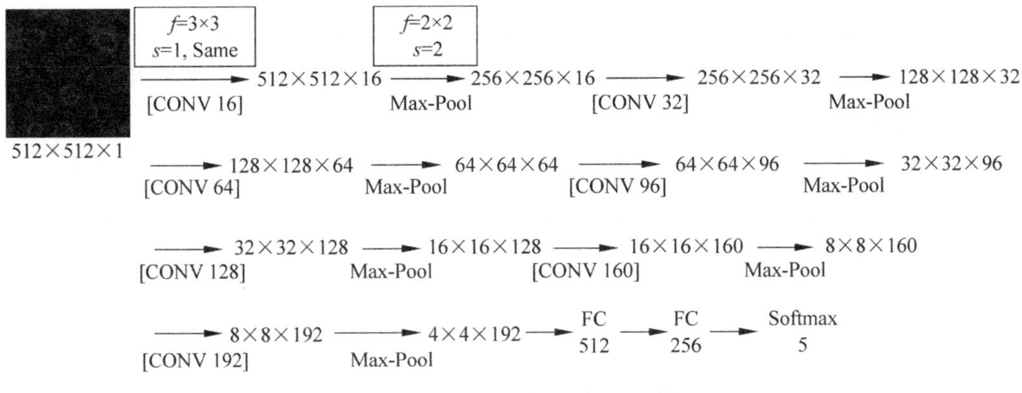

图 2.30　自定义蛋白识别 CNN 模型

模型共包含 10 层，卷积层一律采用 3×3 的过滤器，用 Same 模式做卷积，步长均为 1，过滤器数量参照图中的标注。最大池化层一律用 2×2、步长为 2 的模式，各层解析如下。

第 1 层：卷积层，对输入图像做 Same 卷积，过滤器数量为 16，输出特征图为 512×512×16。

第 1 层之后是池化层，图像缩小一半，输出特征图为 256×256×16。池化层不单独作为一层计数。

第 2 层：卷积层，对上一层得到的特征图做 Same 卷积，过滤器数量为 32，输出特征图为 256×256×32。

第 2 层之后是池化层，图像缩小一半，输出特征图为 128×128×32。

第 3 层：卷积层，对上一层得到的特征图做 Same 卷积，过滤器数量为 64，输出特征图为 128×128×64。

第 3 层之后是池化层，图像缩小一半，输出特征图为 64×64×64。

第 4 层：卷积层，对上一层得到的特征图做 Same 卷积，过滤器数量为 96，输出特征图为 64×64×96。

第 4 层之后是池化层，图像缩小一半，输出特征图为 32×32×96。

第 5 层：卷积层，对上一层得到的特征图做 Same 卷积，过滤器数量为 128，输出特征图为 32×32×128。

第 5 层之后是池化层，图像缩小一半，输出特征图为 16×16×128。

第 6 层：卷积层，对上一层得到的特征图做 Same 卷积，过滤器数量为 160，输出特征图为 16×16×160。

第 6 层之后是池化层，图像缩小一半，输出特征图为 8×8×160。

第 7 层：卷积层，对上一层得到的特征图做 Same 卷积，过滤器数量为 192，输出特征图为 8×8×192。

第 7 层之后是池化层，图像缩小一半，输出特征图为 4×4×192。

第 8 层：全连接层，该层神经元数量为 512，与上一层的输出做全连接。

第 9 层：全连接层，该层神经元数量为 256，与上一层的输出做全连接。

第 10 层：Softmax 层，该层神经元数量为 5，与上一层的输出做全连接。

执行程序段 P2.18，基于 TensorFlow 和 Keras 框架完成如图 2.30 所示模型的定义，模型结构与参数摘要如表 2.5 所示。

```
P2.18   #自定义 CNN 模型
133     from keras.models import Sequential
134     from keras.layers import Dense, Dropout, Flatten, Conv2D, MaxPooling2D
        #自定义 CNN 模型
135     model = Sequential(name = "Protein_Model")
        #Layer1: 卷积
136     model.add(Conv2D(16, (3, 3), padding = 'same', activation = 'relu', input_shape =
        (512, 512, 1)))
        #最大池化
137     model.add(MaxPooling2D(pool_size = (2, 2)))
        #Layer2: 卷积
138     model.add(Conv2D(32, (3, 3), padding = 'same', activation = 'relu'))
        #最大池化
139     model.add(MaxPooling2D(pool_size = (2, 2)))
        #Layer3: 卷积
140     model.add(Conv2D(64, (3, 3), padding = 'same', activation = 'relu'))
        #最大池化
141     model.add(MaxPooling2D(pool_size = (2, 2)))
        #Layer4: 卷积
142     model.add(Conv2D(96, (3, 3), padding = 'same', activation = 'relu'))
        #最大池化
143     model.add(MaxPooling2D(pool_size = (2, 2)))
        #Layer5: 卷积
144     model.add(Conv2D(128, (3, 3), padding = 'same', activation = 'relu'))
        #最大池化
145     model.add(MaxPooling2D(pool_size = (2, 2)))
        #Layer6: 卷积
146     model.add(Conv2D(160, (3, 3), padding = 'same', activation = 'relu'))
        #最大池化
```

```
147    model.add(MaxPooling2D(pool_size=(2, 2)))
       #Layer7: 卷积
148    model.add(Conv2D(192, (3, 3), padding='same', activation='relu'))
       #最大池化
149    model.add(MaxPooling2D(pool_size=(2, 2)))
       #展开为向量
150    model.add(Flatten())
       #Layer8: 全连接
151    model.add(Dense(512, activation='relu'))
152    model.add(Dropout(0.25))
       #Layer9: 全连接
153    model.add(Dense(256, activation='relu'))
154    model.add(Dropout(0.25))
       #Layer10: Softmax 分类
155    model.add(Dense(5, activation='softmax'))
156    model.summary()
```

表 2.5 自定义 CNN 模型分层参数

Layer(Type)	Output Shape	Param #
conv2d_1 (Conv2D)	(None,512,512,16)	160
max_pooling2d_1	(None,256,256,16)	0
conv2d_2 (Conv2D)	(None,256,256,32)	4640
max_pooling2d_2	(None,128,128,32)	0
conv2d_3 (Conv2D)	(None,128,128,64)	18 496
max_pooling2d_3	(None,64,64,64)	0
conv2d_4 (Conv2D)	(None,64,64,96)	55 392
max_pooling2d_4	(None,32,32,96)	0
conv2d_5 (Conv2D)	(None,32,32,128)	110 720
max_pooling2d_5	(None,16,16,128)	0
conv2d_6 (Conv2D)	(None,16,16,160)	184 480
max_pooling2d_6	(None,8,8,160)	0
conv2d_7 (Conv2D)	None,8,8,192)	276 672
max_pooling2d_7	(None,4,4,192)	0
flatten_1 (Flatten)	(None,3072)	0
dense_1 (Dense)	(None,512)	1 573 376
dropout_1 (Dropout)	(None,512)	0
dense_2 (Dense)	(None,256)	131 328
dropout_2 (Dropout)	(None,256)	0
dense_3 (Dense)	(None,5)	1285

Total params: 2 356 549

Trainable params: 2 356 549

Non-trainable params: 0

2.21 模型训练

本章前述工作已经完成了数据集特征工程和模型定义，接下来继续基于 Keras 框架进行模型编译和训练，评估模型训练效果。

所谓模型编译，是在模型训练之前指定超参数，例如，模型采用的优化算法、损失函数和评价指标等。执行程序段 P2.19，完成模型的编译工作。

```
P2.19   #模型编译
157     model.compile(optimizer = 'rmsprop',
                      loss = 'categorical_crossentropy',
                      metrics = ['accuracy'])
```

所谓模型训练，是指实时向模型喂入数据集，启动模型训练过程直至训练结束。模型训练耗费的时间与问题规模、计算能力等因素相关，执行程序段 P2.20，观察模型反馈的训练过程，注意对比训练集与验证集上的准确率对比以及损失函数的损失值对比。模型在训练集和验证集上随着 epochs 的变化，准确率与损失值也在变化。

```
P2.20   #模型训练
158     epochs = 10
159     batch_size = 32
160     history = model.fit(X_train, Y_train, epochs = epochs,
                            batch_size = batch_size,
                            validation_data = (X_val,Y_val))
```

模型训练前需要指定一组超参数，例如，训练的代数 epochs、批处理大小 batch_size 等。模型训练过程反馈的参数如表 2.6 所示。

表 2.6 模型训练过程反馈的参数

Train on 3806 samples,validate on 1875 samples
Epoch 1/10 3806/3806 [==============] - 386s 101ms/step - loss: 1.6128 - accuracy: 0.2874 - val_loss: 1.5322 - val_accuracy: 0.3099
Epoch 2/10 3806/3806 [==============] - 420s 110ms/step - loss: 1.5287 - accuracy: 0.3439 - val_loss: 1.5059 - val_accuracy: 0.3483
Epoch 3/10 3806/3806 [==============] - 414s 109ms/step - loss: 1.4394 - accuracy: 0.4041 - val_loss: 1.4195 - val_accuracy: 0.4000
Epoch 4/10 3806/3806 [==============] - 412s 108ms/step - loss: 1.3297 - accuracy: 0.4580 - val_loss: 1.4721 - val_accuracy: 0.4411

续表

Epoch 5/10 3806/3806 [==============] - 405s 107ms/step - loss: 1.2664 - accuracy: 0.4848 - val_loss: 1.2121 - val_accuracy: 0.5163
Epoch 6/10 3806/3806 [==============] - 403s 106ms/step - loss: 1.1874 - accuracy: 0.5265 - val_loss: 1.3621 - val_accuracy: 0.4608
Epoch 7/10 3806/3806 [==============] - 392s 103ms/step - loss: 1.0977 - accuracy: 0.5625 - val_loss: 1.2360 - val_accuracy: 0.5259
Epoch 8/10 3806/3806 [==============] - 398s 105ms/step - loss: 0.9884 - accuracy: 0.6088 - val_loss: 1.3727 - val_accuracy: 0.5061
Epoch 9/10 3806/3806 [==============] - 412s 108ms/step - loss: 0.8359 - accuracy: 0.6752 - val_loss: 1.4207 - val_accuracy: 0.5275
Epoch 10/10 3806/3806 [==============] - 398s 105ms/step - loss: 0.6929 - accuracy: 0.7444 - val_loss: 1.6124 - val_accuracy: 0.5104
Wall time: 1h 7min 21s

关于表 2.6 中各参数含义,请参见视频讲解。

2.22 模型评估

模型评估有多种方法,例如,在机器问答一章中采用的精确率、召回率、F1-Score 等,本节采用模型的准确率和损失值对模型做出评价。模型训练完成后,执行程序段 P2.21,绘制模型在训练集和验证集上的准确率曲线如图 2.31 所示,损失函数下降曲线如图 2.32 所示。

```
P2.21  #训练集和验证集上的趋势对比
161    x = range(1, len(history.history['accuracy']) + 1)
162    plt.plot(x, history.history['accuracy'])
163    plt.plot(x, history.history['val_accuracy'])
164    plt.title('Model accuracy')
165    plt.ylabel('Accuracy')
166    plt.xlabel('Epoch')
167    plt.xticks(x)
168    plt.legend(['Train', 'Val'], loc = 'upper left')
169    plt.show()
170    plt.plot(x, history.history['loss'])
171    plt.plot(x, history.history['val_loss'])
172    plt.title('Model loss')
```

```
173    plt.ylabel('Loss')
174    plt.xlabel('Epoch')
175    plt.xticks(x)
176    plt.legend(['Train', 'Val'], loc = 'lower left')
177    plt.show()
```

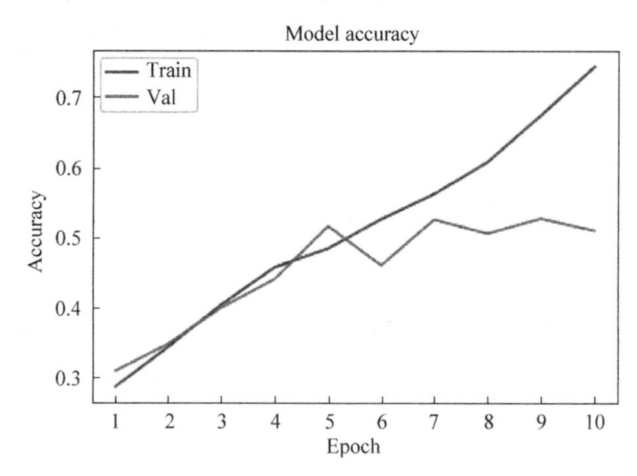

图 2.31　训练集与验证集准确率趋势对比

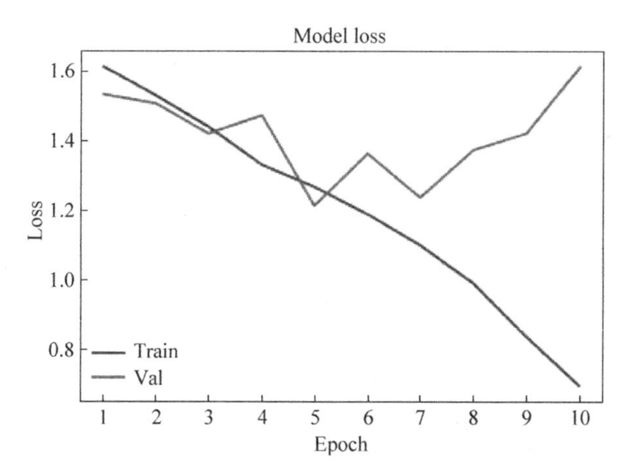

图 2.32　训练集与验证集损失函数下降趋势对比

无论是准确率还是损失值，图 2.31 和图 2.32 均显示，在第 5 个 epoch 处模型效果最好。此后随着迭代次数的增多，模型在训练集和验证集上出现背离趋势，即方差越来越大，模型的过拟合情况越来越显著。

3806 张 512×512 蛋白图片构成的训练集，1875 张 512×512 蛋白图片构成的验证集，经历 5 代训练，训练集和验证集上的准确率均接近 0.5，此时模型泛化能力最好。

Nature Methods 论文中给出了 Kaggle 竞赛获奖团队和高评分团队的模型效果，如表 2.7 所示。前四名是获奖团队，后面五名是模型得分较高的团队。

表 2.7　*Nature Methods* 论文给出的模型评分

Table 1 | Models and their performance for top ranking and selected teams

Rank	Team Name	Member(s)	Score	Award(USS)
1	Team 1：bestfitting	D. Shubin	0.593	14 000
2	Team 2：WAIR	J. Lan	0.571	10 000
3	Team 3：pudae	P. Jinmo	0.570	8000
4	Team 4：Wienerschnitzelgemeinschalt	S. Mahmood Galib，C. Henkel，K. Hwang. D. Poplavskiy. B. Tunguz，R. Wolfinger	0.567	5000
5	Team 5：vpp	Y. Gu，C. Li，J. Xie	0.566	—
8	Team 8：One More Layer (Of Stacking)	D. Buslov，S. Fironov，A. Kiselev，D. Panchenko	0.563	—
10	Team 10：conv is all u need	X. Cao，R. Wei，Y. Wu，X. Zhu	0.557	—
16	Team 16：NTU_MiRA	K-L. Tseng	0.553	—
39	Team 39：Random Walk	Z. Gao，C. Ju，X. Yi，H. Zheng	0.540	—

表 2.7 中的 Score 指标，采用的是 F1-Score 评分法。F1-Score 综合了精确率与召回率两个指标的特点，适合用作多分类模型的评价指标。

本章案例由于样本的选择问题以及计算力的问题，没有考虑多标签分类问题，只采用了绿色通道的图像进行模型训练，所以不能反映问题全貌。

执行程序段 P2.22，将训练好的模型保存到外部存储器，以后可以越过训练过程直接调用。

```
P2.22  #保存模型
178    import os
179    save_dir = os.path.join(os.getcwd(), 'saved_models')
180    if not os.path.isdir(save_dir):
181        os.makedirs(save_dir)
182    model_path = os.path.join(save_dir, model.name)
183    model.save(model_path)
184    print('训练模型保存到: {0}'.format( model_path))
```

2.23　模型预测

执行程序段 P2.23，加载 2.22 节保存的训练模型，随机指定一幅蛋白图像绿色通道图，用模型做出预测，比较预测结果与真实结果。

```
P2.23  #加载模型,检验预测效果
185    from keras.models import load_model
186    Protein_Model = load_model('./saved_models/Protein_Model') #加载模型
       #随机指定一幅测试图像
187    img_path = './dataset/train/000a6c98 - bb9b - 11e8 - b2b9 - ac1f6b6435d0_green.png'
```

```
188     img = imageio.imread(img_path)
189     plt.imshow(img) #显示原图
190     train = pd.read_csv("./dataset/train.csv")
191     index = train[train.Id == '000a6c98-bb9b-11e8-b2b9-ac1f6b6435d0']["Target"].values
192     index = index[0].split(' ')
193     for i in index:
194         print('真实的标签为：{0}'.format(label_names[int(i)]))
195     x = np.expand_dims(img, axis=2)
196     x = np.expand_dims(x, axis=0)
197     pred = Protein_Model.predict(x) #模型预测
198     i = np.argmax(pred)
199     pred_labels = filter_target.index
200     print('模型预测的标签为：{0}'.format(pred_labels[i]))
201     train.head()
```

输入的测试图像如图 2.33 所示。

预测的标签与真实标签对比结果如下。

```
真实的标签为：Golgi apparatus
真实的标签为：Nuclear membrane
真实的标签为：Nucleoli
真实的标签为：Nucleoplasm
模型预测的标签为：Nuclear membrane
```

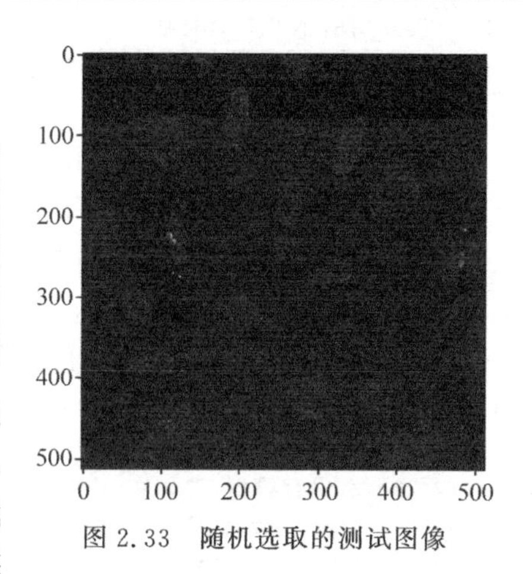

图 2.33　随机选取的测试图像

该图像原有的真实标签值有四个，由于模型只选取了五种标签的样本，所以只预测出一种标签。当然，模型距离实际应用还有巨大差距。但是当我们试图用卷积神经网络的方法在蛋白亚细胞分类问题上开启探索之旅时，已经是一个良好的开端，将机器学习应用于复杂的生物科学，探索生命奥秘，实在令人鼓舞。

对本项目全部程序(程序段 P2.1～P2.23，201 行编码)做整体测试，测试主机的 CPU 配置为 Intel® Core™ i7-6700 CPU@3.40Hz，内存配置为 16GB，项目整体运行时间为 80min 以内，其中，模型训练耗时 70min 左右(epochs=10 的情况)。对于耗时可能较多的程序段，请参见源程序中的计时。

小结

本章以亚细胞蛋白分类为背景，介绍了数据预处理方法、图像的特征编码方法，导入了卷积网络的基本内容，包括卷积运算过程、边缘扩充、卷积步长、三维卷积、卷积层、池化层、简单的卷积网络和经典模型 LeNet-5，自定义 CNN 模型完成了在人体蛋白图谱数据集上的训练、评估和预测。

习题

一、单选题

1. 假定有一幅 300×300px 的 RGB 图像，不使用卷积网络，而是采用全连接网络，网络第一层包含 100 个神经元，每个神经元与输入层是全连接关系，那么网络的第一层将有多少个需要学习训练的参数(包括偏差参数)？(　　)

A. 9 000 001　　B. 9 000 100

C. 27 000 001　　D. 27 000 100

2. 假定有一幅 300×300px 的 RGB 图像作为输入，卷积网络第一层为卷积层，使用 100 个 5×5 的过滤器，则该卷积层包含多少个参数(包括偏差参数)？(　　)

A. 2501　　B. 2600　　C. 7500　　D. 7600

3. 假定输入图像的尺寸为 63×63×16，卷积层包含 32 个 7×7 的过滤器，stride=2，padding=0，则输出图像的尺寸为(　　)。

A. 29×29×32　　B. 29×29×16

C. 16×16×32　　D. 16×16×16

4. 输入图像的尺寸为 15×15×8，padding=2，则图像在完成 padding 之后的尺寸为(　　)。

A. 17×17×10　　B. 17×17×8

C. 19×19×8　　D. 19×19×12

5. 假定输入图像的尺寸为 63×63×16，卷积层包含 32 个 7×7 的过滤器，stride=1，如果希望采用 Same 卷积模式，则 padding 为(　　)。

A. 1　　B. 2　　C. 3　　D. 7

6. 输入图像的尺寸为 32×32×16，做最大池化，stride=2，过滤器尺寸为 2×2，则输出为(　　)。

A. 32×32×8　　B. 15×15×16

C. 16×16×16　　D. 16×16×8

7. 随着卷积网络层数的增加，以下描述正确的是(　　)。

A. 图像的高度与宽度减小，通道数量增加

B. 图像的高度与宽度减小，通道数量减少

C. 图像的高度与宽度增加，通道数量增加

D. 图像的高度与宽度增加，通道数量减少

8. 输入层图像尺寸为 32×32×3，用 6 个 5×5×3 的过滤器对输入层做卷积，步长为 1，无边缘扩充，得到特征图为 28×28×6。该卷积层参数数量为(　　)。

A. 456　　B. 450　　C. 156　　D. 150

9. 以下关于卷积神经网络描述正确的是(　　)。

A. 多个卷积层后面可以跟一个池化层

B. 多个池化层后面跟一个卷积层

C. 全连接层不能出现在网络的最后几层

D. 全连接层一般出现在网络的开始几层

二、判断题

1. 因为池化层没有需要学习训练的参数，所以不影响神经网络的梯度计算。

2. 卷积运算具有平移不变性和稀疏连接特性。

3. 为了创建更深层的卷积网络，避免图像的尺寸下降过快，一般只通过池化层降维，并且 padding 采用“Valid 模式”。

4. Keras 框架可以使用 Conv2D()函数定义卷积层。

5. 为了保证单次卷积运算的区域有中心点，过滤器 f 的取值一般为奇数。

6. 卷积运算在水平和垂直方向单次滑动的像素距离称为卷积步长。

7. 卷积运算时，过滤器的通道数必须与输入图像的通道数相同。

8. 为了提取原图像不同类型的特征，需要不同类型的过滤器。

9. 卷积运算不限于图像数据，声音等序列数据也可以做卷积运算。

10. 卷积层中包含激励函数，目的是对卷积层做非线性变换。

11. 假定卷积层采用了 10 个 3×3×3 的过滤器，则卷积层将有 280 个参数需要学习训练(包括权重参数和偏差参数)。

12. CNN 一般总是由若干卷积层、池化层和全连接层组成。

13. 实践证明最大池化总是比平均池化更为有效。

14. Yann LeCun 设计的经典卷积神经网络 LeNet-5 中的 S2 层和 S4 层，采用的是平均池化技术。

15. 用 6 个 5×5×3 的过滤器对输入层做卷积，参数数量为 456 个。

16. 数据集一般划分为训练集、验证集和测试集三部分，训练集用于建模，验证集(开发集)用于模型验证与矫正，测试集用于模型的最终评估。

17. 图像用像素值作为特征值。

18. 数据标准化有利于加快模型的收敛速度，提升模型的泛化能力。

19. Min-Max 归一化的缺点是当有新数据加入时，可能导致 max 和 min 的变化。

20. Min-Max 归一化经常用于图像数据的标准化。

21. Keras 框架调用 compile()函数完成模型编译，模型编译是在模型训练之前设定一些超参数，例如，模型采用的优化算法、损失函数和评价指标等。

22. 模型训练时指定的 epochs 参数值越大越好，批处理参数 batch_size 越小越好。

23. 完成的训练模型可以保存为外部文件，再次使用模型时，不需要重新训练。

三、编程题

请根据提供的数据集和模型结构，自行编写一个手写体数字识别程序。

模型结构参照 2.14 节定义的卷积网络，模型结构和参数配置如图 2.23 所示。要求编程完成模型定义、模型训练和模型预测与评估。绘制模型的准确率曲线图，对模型做出评价。

手写体数据集存放在随书课件的 digit-Recognizer 文件夹，包括三个文件，文件目录如图 2.34 所示。

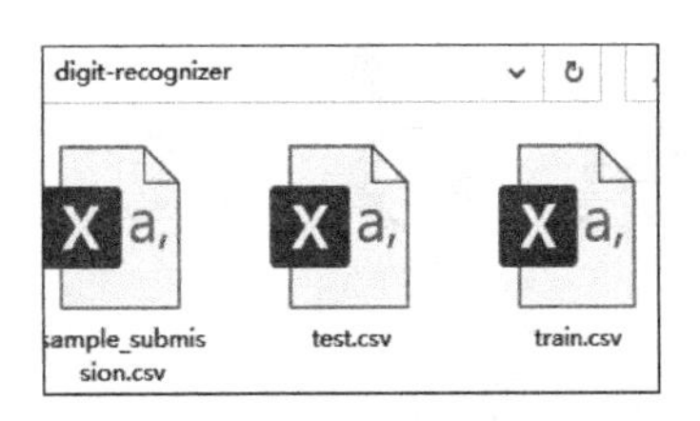

图 2.34　手写体 0～9 数字的数据集

1. 数据集描述

数据文件 train.csv 和 test.csv 包含从 0 到 9 的手绘数字的灰度图像。每个图像的高度为 28px，宽度为 28px，总计 784px。每个像素都有一个与之关联的像素值，表示该像素的亮度或暗度。像素取值范围为 0～255 的整数。

2. 训练集描述

训练集(train.csv)包含 785 列。第 1 列称为"标签"，是用户绘制的数字。其余列包含关联图像的像素值。训练集包含 42 000 行，表示 42 000 个手写体数字图像。

训练集中的每个像素列都有一个类似 pixelx 的名称，其中，x 是 0～783(包括 0 和 783)的整数。为了在图像上定位该像素，假如将 x 分解为 $x=i\times 28+j$，其中，i 和 j 是 0～27(包括 0 和 27)的整数，则可将 x 映射到第 i 行和第 j 列上。例如，pixel31 表示从左数第 4 列，从上数第 2 行的像素，如图 2.35 所示。在视觉上，如果省略"pixel"前缀，则像素编号将组成如图 2.35 所示的图像矩阵。

3. 测试集描述

测试集(test.csv)除了"标签"列，其他列与训练集相同。测试集包含 28 000 行，表示 28 000 个手写数字图像。

4. 预测结果文件描述

预测的结果可以采用以下格式：对于测试集中的每幅图像，输出一行，其中包含 ImageId 和预测的数字。例如，如果预测第一幅图像是 3，第二幅图像是 7，第三幅图像是 8，那么提交的预测文件 sample_submission.csv 的结构如图 2.36 所示。

```
000 001 002 003 ... 026 027
028 029 030 031 ... 054 055
056 057 058 059 ... 082 083
 |   |   |   |  ...  |   |
728 729 730 731 ... 754 755
756 757 758 759 ... 782 783
```

图 2.35　像素坐标图

	A	B
1	ImageId	Label
2	1	3
3	2	7
4	3	8
5	...	...

图 2.36　预测结果文件的结构

第3章

细胞图像与深度卷积

应用机器学习方法对生物显微镜生成的细胞图像进行分类识别，与一般的图像识别（如 ImageNet 图像集）相比，面临更为严峻的挑战。这是由细胞微观荧光成像特点决定的。即使采用严苛的实验条件保障同等实验环境，同样的样本在不同批次的成像，往往也会因为实验噪声而存在显著的差异。实验噪声给实验结果带来的不确定性影响，是机器学习面临的另一个挑战。本章系统介绍神经网络与深度卷积技术，探索深度卷积技术在细胞图像分类中的应用。

3.1 数据集

本章项目采用的细胞数据集源自美国生物技术公司 Recursion 发布的 RxRx1 数据集，该公司致力于运用机器学习方法基于大型生物数据集进行药物创新。RxRx1 是一个由显微镜荧光图像组成的数据集，代表 1108 个类别，细胞图像尺寸为 2048×2048×6，共 125 510 个细胞图像，约为 296GB。

本项目是 NeurIPS 2019 的竞赛项目，发布在 Kaggle 上。为了便于建模，Recursion 公司提供了缩小版的数据集，图像尺寸缩小为 512×512×6，数据集规模约为 46GB，可以通过 RxRx1 项目网站下载（https://www.rxrx.ai/）。

数据集包含的文件存放于 chapter3\dataset 目录中，相关信息如表 3.1 所示。

表 3.1　RxRx1 数据集信息描述

文件名	数据规模	文件大小	功能
train.csv	5 列，36 517 行	1.35MB	Id、细胞类型、实验批次、实验微孔和标签
train_controls.csv	6 列，4097 行	225KB	训练集对照组，比训练集多 well_type 列

续表

文件名	数据规模	文件大小	功能
train.zip	487 356 张图片	30GB	训练集共 81 226 张 6 通道细胞图
test.csv	4 列,19 899 行	562KB	测试集,比训练集少标签列
test_controls.csv	6 列,2246 行	123KB	测试集对照组,比测试集多 well_type、sirna 两列
test.zip	265 728 张图片	16GB	测试集共 44 288 张 6 通道细胞图
pixel_stats.csv	11 列,753 084 行	58.3MB	全部图片像素的统计特征值

3.2 数据采集

RxRx1 项目数据全部来自实验,理解数据采集过程,有助于厘清模型设计的关键点。

RxRx1 项目采用四种细胞系 HUVEC、RPE、HEPG2 和 U2OS 共进行了 51 批次实验,每批次实验采用一种细胞系,实验批次与数据集划分如表 3.2 所示。

表 3.2 实验批次与数据集划分

细胞系	批次编号	训练集	测试集
HUVEC	01～24	HUVEC-01～HUVEC-16	HUVEC-17～HUVEC-24
RPE	01～11	RPE-01～RPE-07	RPE-08～RPE-11
HEPG2	01～11	HEPG2-01～HEPG2-07	HEPG2-08～HEPG2-11
U2OS	01～05	U2OS-01～U2OS-03	U2OS-04～U2OS-05
合计	51 批次	33 批次	18 批次

图像数据的来源与成像原理,请参照图 3.1 的逻辑示意,左上角方格区域表示 384 微孔板。顾名思义,384 微孔板上有 384(16 列×24 行)个微孔,每个微孔像一个微型试管。为降低实验环境的影响,384 微孔板最外面的行列被空置,因此每块实验板只用 308(14 列×22 行)个微孔。

每一批次的实验,采用四块 384 微孔板,细胞样本分别注入 308×4=1232 个微孔中。每块实验板上的 30 个微孔添加固定相同的 30 种 siRNA 试剂作为阳性对照组,一个微孔不添加 siRNA 试剂作为阴性对照组,277 个微孔添加 277 种不同的 siRNA 试剂。四块实验板的 277×4=1108 个微孔共添加 1108 种 siRNA 试剂,1108 种 siRNA 试剂将成为 1108 种基因表达,因此,1108 种 siRNA 将代表 1108 种标签用以标识细胞图像。

四块 384 实验板的 1232 个微孔按照用途分布如下。

(1) 30 个阳性对照微孔/板×4=120 个(阳性对照样本)。

(2) 1 个阴性对照微孔/板×4=4 个(阴性对照样本)。

(3) 277 个 siRNA 微孔×4=1108 个(实验测试样本)。

在单个微孔的两个不同位置(site)采样两次,分别形成两组 512×512×6 图像,图 3.1 右下角显示了在 site1 位置上形成的 6 通道仿彩色图像以及与细胞结构的对应关系,用 6 幅通道图可以合成为一张细胞图。通道图的存储位置与命名规则如图 3.1 左下角所示。

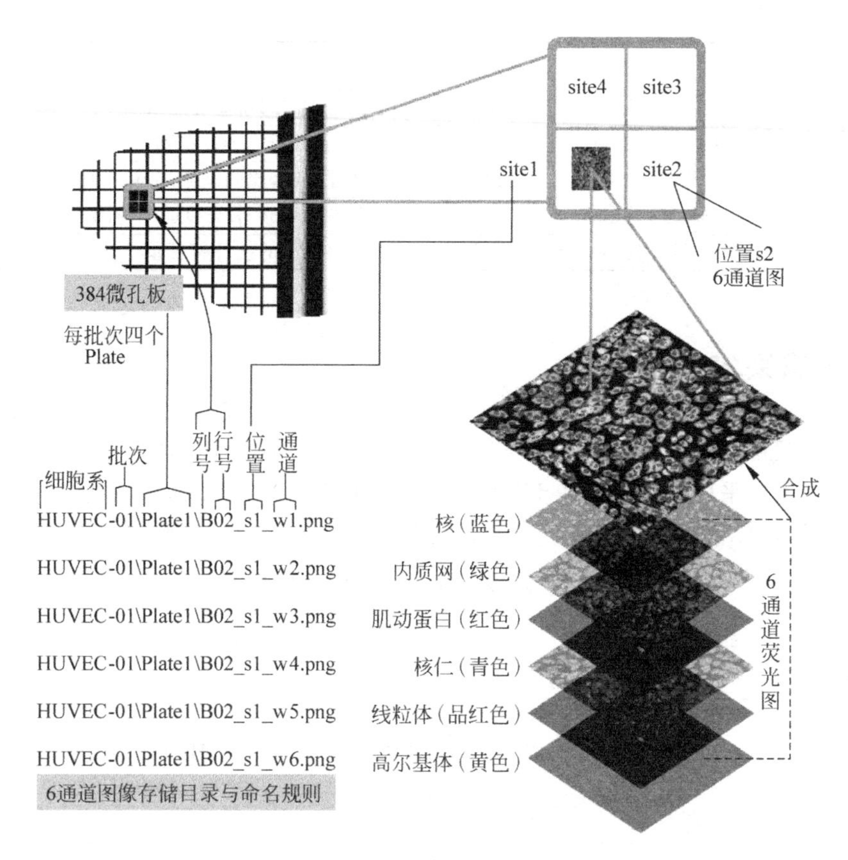

图 3.1　384 微孔板单微孔成像过程示意

单批次实验形成的通道图像数量可以计算如下。

$$1232(\text{微孔})\times 2(\text{site})\times 6(\text{幅通道图})=14\,784(\text{幅通道图})$$

整个数据集包含 51 批次实验，如果实验成功率为 100%，理想情况下，通道照片数量总数为 14 784×51=753 984(幅)，以 6 通道图片合成一幅图像方式计算，细胞图像数量为 753 984/6=125 664(张)。照片总数 753 984 与表 3.1 给出的 753 084 略有出入，可以理解为数据采集过程中有舍弃，实践中以实际给出的数据集为准。

3.3　数据集观察

启动 Jupyter Notebook，在 chapter3 目录下新建 Cellular_Classification.ipynb 程序。执行程序段 P3.1，完成库导入。

```
P3.1  #导入库
001   import numpy as np
002   import pandas as pd
003   import matplotlib.pyplot as plt
004   import seaborn as sns
```

```
005     import imageio
006     import h5py
007     % matplotlib inline
```

RxRx1 项目的元数据分别定义在 train. csv、train_controls. csv、test. csv 和 test_controls. csv 四个文件中。执行程序段 P3. 2～P3. 11，将四个文件合并在一起，以便于对数据做系统性观察与分析。

执行程序段 P3. 2，观察训练集，训练集维度为(36 517,5)，前 5 条记录如图 3. 2 所示。

```
P3.2   #训练集 train 观察
008    train = pd.read_csv("./dataset/train.csv")
009    print('训练集维度: {0}'.format(train.shape))
010    train.head()
```

	id_code	experiment	plate	well	sirna
0	HEPG2-01_1_B03	HEPG2-01	1	B03	sirna_250
1	HEPG2-01_1_B04	HEPG2-01	1	B04	sirna_62
2	HEPG2-01_1_B05	HEPG2-01	1	B05	sirna_1115
3	HEPG2-01_1_B06	HEPG2-01	1	B06	sirna_602
4	HEPG2-01_1_B07	HEPG2-01	1	B07	sirna_529

图 3. 2　训练集的前 5 条记录

执行程序段 P3. 3，训练集 train 扩增三列，扩增后前五条记录如图 3. 3 所示。

```
P3.3   #训练集 train 扩增三列
011    train['dataset'] = 'train'
012    train['well_type'] = 'treatment'
013    train['cell_type'] = [train['experiment'][i].partition('-')[0] for i in
       range(train.shape[0])]
014    train.head()
```

	id_code	experiment	plate	well	sirna	cell_type	dataset	well_type
0	HEPG2-01_1_B03	HEPG2-01	1	B03	sirna_250	HEPG2	train	treatment
1	HEPG2-01_1_B04	HEPG2-01	1	B04	sirna_62	HEPG2	train	treatment
2	HEPG2-01_1_B05	HEPG2-01	1	B05	sirna_1115	HEPG2	train	treatment
3	HEPG2-01_1_B06	HEPG2-01	1	B06	sirna_602	HEPG2	train	treatment
4	HEPG2-01_1_B07	HEPG2-01	1	B07	sirna_529	HEPG2	train	treatment

图 3. 3　训练集扩增后的前 5 条记录

执行程序段 P3. 4，观察训练集的实验对照集，维度为(4097,6)，前五条记录如图 3. 4 所示。

```
P3.4  #实验对照集 train_controls 观察
015   train_controls = pd.read_csv("./dataset/train_controls.csv")
016   print('训练对照集维度: {0}'.format(train_controls.shape))
017   train_controls.head()
```

	id_code	experiment	plate	well	sirna	well_type
0	HEPG2-01_1_B02	HEPG2-01	1	B02	UNTREATED	negative_control
1	HEPG2-01_1_C03	HEPG2-01	1	C03	sirna_852	positive_control
2	HEPG2-01_1_C07	HEPG2-01	1	C07	sirna_702	positive_control
3	HEPG2-01_1_C11	HEPG2-01	1	C11	sirna_618	positive_control
4	HEPG2-01_1_C15	HEPG2-01	1	C15	sirna_272	positive_control

图 3.4　实验对照集的前五条记录

执行程序段 P3.5，训练集的实验对照集 train_controls 扩增两列，扩增后前五条记录如图 3.5 所示。

```
P3.5  #实验对照集 train_controls 扩增两列
018   train_controls['dataset'] = 'train_controls'
019   train_controls['cell_type'] = [train_controls['experiment'][i].partition('-')[0]
                      for i in range(train_controls.shape[0])]
020   train_controls.head()
```

	id_code	experiment	plate	well	sirna	well_type	dataset	cell_type
0	HEPG2-01_1_B02	HEPG2-01	1	B02	UNTREATED	negative_control	train_controls	HEPG2
1	HEPG2-01_1_C03	HEPG2-01	1	C03	sirna_852	positive_control	train_controls	HEPG2
2	HEPG2-01_1_C07	HEPG2-01	1	C07	sirna_702	positive_control	train_controls	HEPG2
3	HEPG2-01_1_C11	HEPG2-01	1	C11	sirna_618	positive_control	train_controls	HEPG2
4	HEPG2-01_1_C15	HEPG2-01	1	C15	sirna_272	positive_control	train_controls	HEPG2

图 3.5　实验对照集扩增后的前五条记录

执行程序段 P3.6，观察测试集，测试集维度为(19 899，4)，前五条记录如图 3.6 所示。

```
P3.6  #测试集 test 观察
021   test = pd.read_csv("./dataset/test.csv")
022   print('测试集维度: {0}'.format(test.shape))
023   test.head()
```

执行程序段 P3.7，测试集 test 扩增四列，扩增后前五条记录如图 3.7 所示。

```
P3.7  #测试集 test 扩增四列
024   test['dataset'] = 'test'
025   test['well_type'] = 'unknow'
```

	id_code	experiment	plate	well
0	HEPG2-08_1_B03	HEPG2-08	1	B03
1	HEPG2-08_1_B04	HEPG2-08	1	B04
2	HEPG2-08_1_B05	HEPG2-08	1	B05
3	HEPG2-08_1_B06	HEPG2-08	1	B06
4	HEPG2-08_1_B07	HEPG2-08	1	B07

图 3.6　测试集前五条记录

```
026    test['cell_type'] = [test['experiment'][i].partition('-')[0] for i in range(test.
       shape[0])]
027    test['sirna'] = 'unknow'
028    test.head()
```

	id_code	experiment	plate	well	dataset	well_type	cell_type	sirna
0	HEPG2-08_1_B03	HEPG2-08	1	B03	test	unknow	HEPG2	unknow
1	HEPG2-08_1_B04	HEPG2-08	1	B04	test	unknow	HEPG2	unknow
2	HEPG2-08_1_B05	HEPG2-08	1	B05	test	unknow	HEPG2	unknow
3	HEPG2-08_1_B06	HEPG2-08	1	B06	test	unknow	HEPG2	unknow
4	HEPG2-08_1_B07	HEPG2-08	1	B07	test	unknow	HEPG2	unknow

图 3.7　测试集扩增后的前五条记录

执行程序段 P3.8，观察测试集的实验对照集，维度为(2246,6)，前五条记录如图 3.8 所示。

```
P3.8   #测试实验组的对照集 test_controls 观察
029    test_controls = pd.read_csv("./dataset/test_controls.csv")
030    print('测试对照集维度: {0}'.format(test_controls.shape))
031    test_controls.head()
```

	id_code	experiment	plate	well	sirna	well_type
0	HEPG2-08_1_B02	HEPG2-08	1	B02	UNTREATED	negative_control
1	HEPG2-08_1_C03	HEPG2-08	1	C03	sirna_650	positive_control
2	HEPG2-08_1_C07	HEPG2-08	1	C07	sirna_323	positive_control
3	HEPG2-08_1_C11	HEPG2-08	1	C11	sirna_810	positive_control
4	HEPG2-08_1_C15	HEPG2-08	1	C15	sirna_577	positive_control

图 3.8　测试集的实验对照集前五条记录

执行程序段 P3.9，test_controls 扩增两列，扩增后前五条记录如图 3.9 所示。

```
P3.9   #测试实验组的对照集 test_controls 扩增两列
032    test_controls['dataset'] = 'test_controls'
033    test_controls['cell_type'] = [test_controls['experiment'][i].partition('-')[0]
                                     for i in range(test_controls.shape[0])]
034    test_controls.head()
```

	id_code	experiment	plate	well	sirna	well_type	dataset	cell_type
0	HEPG2-08_1_B02	HEPG2-08	1	B02	UNTREATED	negative_control	test_controls	HEPG2
1	HEPG2-08_1_C03	HEPG2-08	1	C03	sirna_650	positive_control	test_controls	HEPG2
2	HEPG2-08_1_C07	HEPG2-08	1	C07	sirna_323	positive_control	test_controls	HEPG2
3	HEPG2-08_1_C11	HEPG2-08	1	C11	sirna_810	positive_control	test_controls	HEPG2
4	HEPG2-08_1_C15	HEPG2-08	1	C15	sirna_577	positive_control	test_controls	HEPG2

图 3.9 测试集的实验对照集扩增后前五条记录

执行程序段 P3.10，将四个数据文件合并为一个数据集 combined，维度为(62 759,8)。

```
P3.10  #四个数据集文件合并
035    frames = [train, train_controls, test, test_controls]
036    combined = pd.concat(frames, sort = False)
037    print(combined.shape)
038    combined.head()
```

执行程序段 P3.11，检查缺失值，结果显示所有列无缺失值存在。

```
P3.11  #缺失值检查
039    combined.isnull().sum()
```

3.4 数据分布

执行程序段 P3.12，统计分析 train、test、train_controls、test_controls 四种数据集的细胞系分布情况，结果如图 3.10 所示。

```
P3.12  #细胞系类型分布统计
040    for col in ['train','test','train_controls','test_controls']:
041        x = combined[combined.dataset == col]['cell_type'].value_counts().index
042        y = combined[combined.dataset == col]['cell_type'].value_counts()
043        plt.bar(x,y,label = col,alpha = 0.7)
044        plt.legend()
```

图 3.10 显示四种细胞系的分布与实验设计保持一致。U2OS 细胞系的实验最少，HUVEC 细胞系实验最多，RPE 和 HEPG2 一样多。图 3.10 柱形图自下而上，依次为测试对照、训练对照、测试集、训练集样本的数据量。

执行程序段 3.13，统计分析 train、test、train_controls、test_controls 四种数据集的标签数量与分布情况，结果如表 3.3 所示。

```
P3.13  #标签分布统计
045    for col in ['train','test','train_controls','test_controls']:
046        labels = combined[combined.dataset == col]['sirna'].value_counts()
047        print('\n{0}标签数: {1},重复数前五名的标签为:
                 \n{2}'.format(col,len(labels),labels.head(5)))
```

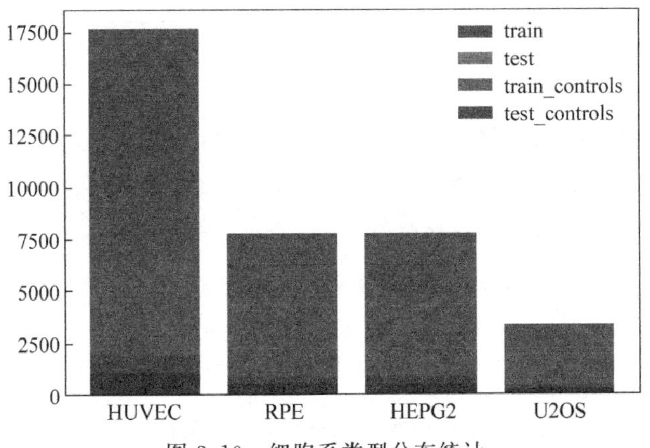

图 3.10　细胞系类型分布统计

表 3.3　标签分布统计

数　据　集	标签数	说　　明
train	1108	对应实验设计中的 1108 种 siRNA 标签
test	1	均为未知标签 unknown
train_controls	31	30 种阳性对照组标签，1 种阴性对照组标签
test_controls	31	30 种阳性对照组标签，1 种阴性对照组标签

执行程序段 P3.14，将 train 标签与 train_controls 标签做汇总统计，运行结果显示二者没有重复的 siRNA 标签，这说明对照组的 siRNA 与非对照组的 siRNA 是不同的。

```
P3.14   #train 标签与 train_controls 标签是否有重复?
048     set1 = set(list(combined[combined.dataset == 'train']['sirna'].unique())).intersection(
             set(list(combined[combined.dataset == 'train_controls']['sirna'].unique())))
049     print('标签重复数: {0}'.format(len(set1)))
```

那么训练对照组与测试对照组的 siRNA 是否有差别呢？执行程序段 P3.15，将 train_controls 与 test_controls 标签汇总统计，结果显示重复标签数为 31，证明二者完全相同。

```
P3.15   #train_controls 标签与 test_controls 标签是否有重复?
050     set2 = set(list(combined[combined.dataset == 'train_controls']['sirna'].unique())).
        intersection(
             set(list(combined[combined.dataset == 'test_controls']['sirna'].unique())))
051     print('标签重复数: {0}'.format(len(set2)))
```

基于上述分析，将 train 与 train_controls 两个数据集合并为训练集是比较合理的做法，但是一般的台式计算机难以承担其计算力需求，所以本章案例只选取实验批次数量最少的 U2OS 细胞系的数据集做模型训练与测试，将注意力放在解决复杂问题的方法步骤上。读者仍可以随时根据计算能力调整训练集规模。

3.5 筛选数据集

为了简化计算规模，执行程序段 P3.16，选取 U2OS 细胞系三个批次的实验数据，构建数据集 U2OS_train，结果显示数据集维度为(3324,2)。后面会将该数据集按照一定比例划分为训练集与验证集。

```
P3.16   #筛选用于训练和验证的数据集
052     all_train = combined[(combined.dataset == 'train')]
053     U2OS_train = all_train[all_train['experiment'].str.contains('U2OS')]
054     U2OS_train = U2OS_train[['id_code', 'sirna']]
055     U2OS_train = U2OS_train.reset_index(drop = True)
056     print(U2OS_train.shape)
```

程序段 P3.16 得到的数据集只保留了实验 Id 列和标签列，后面需要进一步做特征提取工作。

为了直观观察训练数据的特点，执行程序段 P3.17，完成单个实验 Id 对应的 site1 位置的 6 通道图像的特征提取与图像显示，运行结果如图 3.11 所示。

```
P3.17   #显示指定 Id 对应的 site1 位置的 6 通道图像
057     def load_image(basepath, id_code, site):
058         images = np.zeros(shape = (6,512,512))
059         path = id_code.partition('_')[0] + '/plate' + id_code.partition('_')[2][0] \
            + '/' + id_code.rpartition('_')[2]
060         images[0,:,:] = imageio.imread(basepath + path + site + '_w1' + '.png')
061         images[1,:,:] = imageio.imread(basepath + path + site + '_w2' + ".png")
062         images[2,:,:] = imageio.imread(basepath + path + site + '_w3' + ".png")
063         images[3,:,:] = imageio.imread(basepath + path + site + '_w4' + ".png")
064         images[4,:,:] = imageio.imread(basepath + path + site + '_w5' + ".png")
065         images[5,:,:] = imageio.imread(basepath + path + site + '_w6' + ".png")
066         return images
067     fig, ax = plt.subplots(2,3,figsize = (18,10))
068     images = load_image('./dataset/train/', U2OS_train['id_code'][40], '_s1')
069     ax[0][0].imshow(images[0], cmap = "Blues")
070     ax[0][1].imshow(images[1], cmap = "Greens")
071     ax[0][2].imshow(images[2], cmap = "hot")
072     ax[1][0].imshow(images[3], cmap = "viridis")
073     ax[1][1].imshow(images[4], cmap = "gist_heat")
074     ax[1][2].imshow(images[5], cmap = "pink")
```

如图 3.11 所示为数据集 U2OS_train 中第 40 个实验 Id 对应的 site1 位置的 6 通道图像，从左到右，第一行依次为核、内质网和肌动蛋白，第二行为核仁、线粒体和高尔基体。

图 3.11 中的颜色是为了便于观察添加的滤镜效果，这些图像在 train 目录下都是灰度图像，3.23 节将介绍将其聚合为一张彩图的方法。

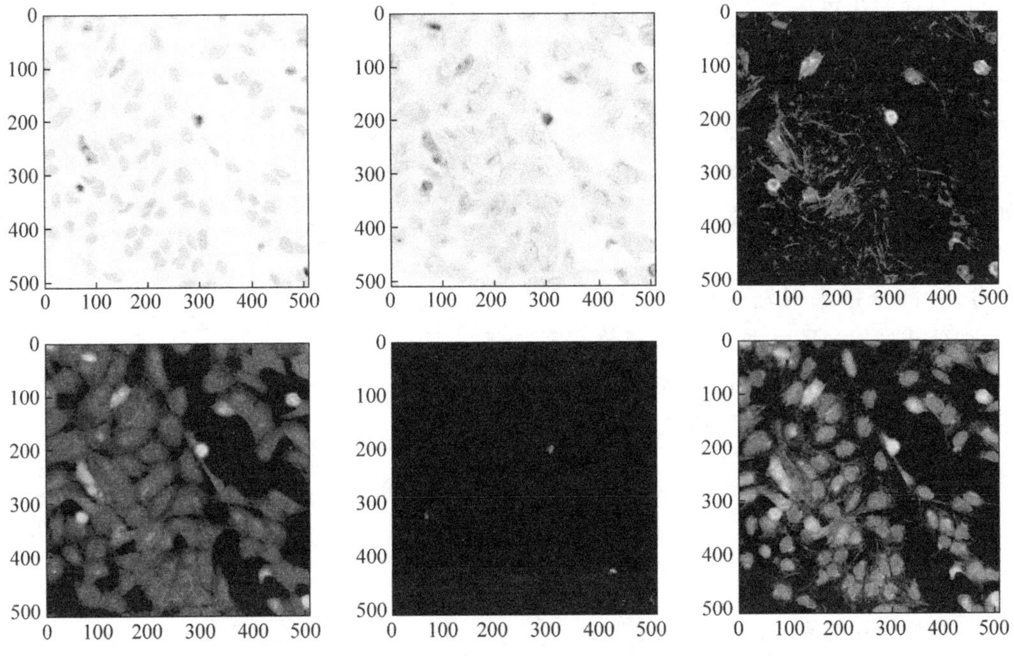

图 3.11　单个实验 Id 对应的 site1 位置的 6 通道图像

3.6　神经网络

人工神经网络(Artificial Neural Network,ANN)的灵感源于人类对生物神经网络的理解与认知,为简单起见,本书将人工神经网络简称为神经网络。

神经网络的基本构成单位是神经元,又称计算单元。

神经元按照一定的规则相互连接形成神经网络。

单个神经元可接受外部输入,完成数学计算,形成目标输出,可以视作最简单的神经网络。图 3.12 是一个能够预测房价的简单神经网络结构图。

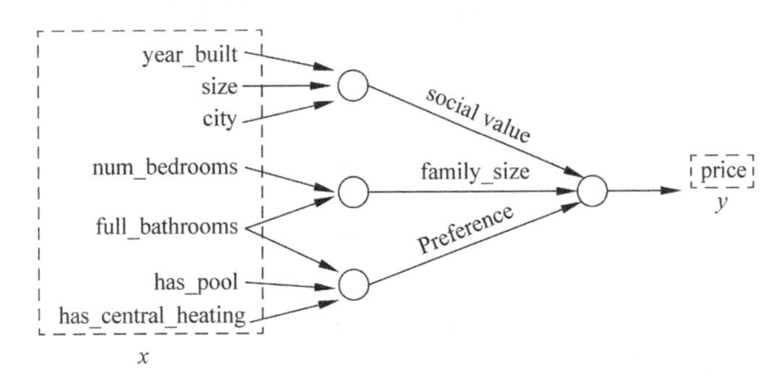

图 3.12　一个预测房价的神经网络结构

如图 3.12 所示,房价评估逻辑是:左侧虚线框里的指标称为房子特征,房子的建筑年代、面积和所在的城市,可能会决定房子的基本社会价值;卧室数量和带淋浴的洗手间数量,可能会决定房子适宜居住的家庭人数;有的人会认为带淋浴的洗手间、小区泳池、集中供暖等便利设施会为房产带来更高的性价比。社会价值、家庭人数和性价比等因素综合决定房价。

图中的圆圈○称为神经元,神经元是能够把输入变为合理输出的功能单元。神经元是如何完成功能计算的呢?如图 3.13 所示,神经元除了输入和输出,内部结构上可以分为两部分,一部分用来对输入的特征值做线性变换,如公式(3.1)所示,称作输入函数。第二部分对线性变换的结果再做非线性变换,形成神经元的输出值,称作激励函数,激励函数有多种类型可用,此处的激励函数 σ 如公式(3.2)所示。

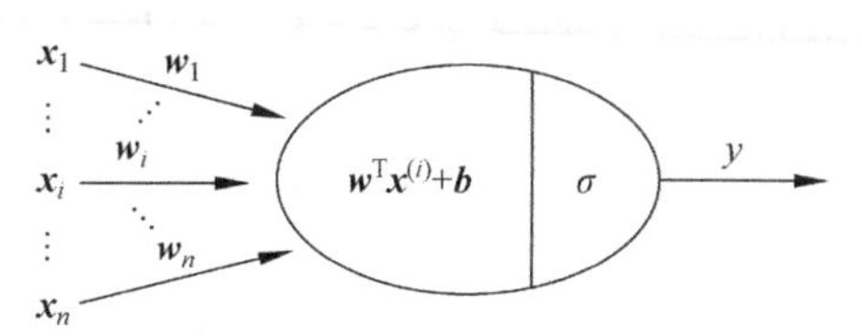

图 3.13　神经元的基本结构

$$z^{(i)}=w^{T}x^{(i)}+b \tag{3.1}$$

$$y=\sigma(z)=\frac{1}{1+e^{-z}} \tag{3.2}$$

其中,

x:神经元的输入。

w:参数矩阵。

b:偏差向量。

z:线性计算值。

e:自然常数。

σ:激励函数。

y:神经元的输出。

如图 3.12 所示的房价预测模型,在神经元的前后连接关系上,选用某些特征定义房子的价值,这是融入了人类的先验知识与经验判断,事实上对于更多的问题建模,人类难以预先判断各种特征对目标值的准确影响,这个时候,用一个全连接的网络(假定所有元素之间都有联系)作为初始模型,让机器在训练过程中去学习连接的权重参数,让权重参数决定元素之间的相关程度是一个不错的选择。所以,如图 3.12 所示的模型,实践中会定义为如图 3.14 所示的全连接模型。

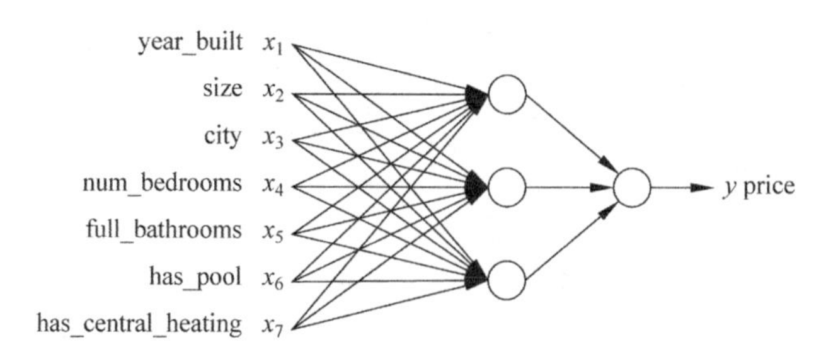

图 3.14　房价全连接神经网络模型

不难看出,神经网络是一个分层结构,如图 3.15 所示的网络可分为四层,第一层又称为输入层,最后一层称作输出层,中间的各层统称为隐藏层。由于输入层仅表示特征输入，没有神经元，在统计神经网络层数时，一般不把输入层计算在内，所以图3.15是一个三层神经网络，包括两个隐藏层和一个输出层。

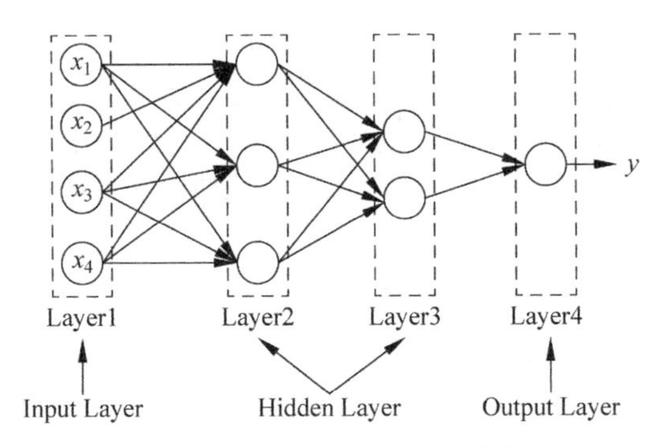

图3.15　神经网络的分层结构

3.7　符号化表示

如图3.16所示是一个拥有三层结构的神经网络，这个神经网络能够解决什么问题？有多少个输入特征？有多少层？有多少个输出？这些都是必须回答的问题。

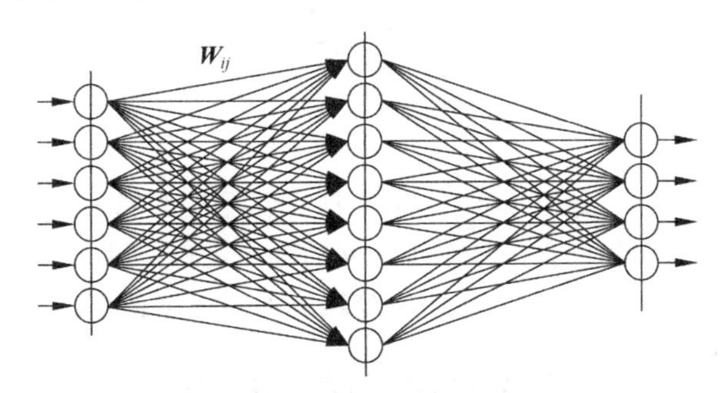

图3.16　神经网络的图形化示意

将神经网络从图形化示意图变换到抽象的数学模型表示，离不开图形的符号化表示。如图3.17所示，以一个两层网络为例，输入层如何符号化？隐藏层如何符号化？输出层如何符号化？

输入层用向量 $\boldsymbol{x}=(\boldsymbol{x}_1,\boldsymbol{x}_2,\boldsymbol{x}_3)$ 表示。输入函数用 $\boldsymbol{z}=\boldsymbol{w}^{\mathrm{T}}\boldsymbol{x}+\boldsymbol{b}$ 表示，$\boldsymbol{w}$ 和 $\boldsymbol{b}$ 是需要学习和训练的参数，$\boldsymbol{z}$ 是输入函数的输出值。非线性变换的激励函数用 $\boldsymbol{a}=g(z)$表示，g 表示激励函数，$\boldsymbol{a}$ 表示激励函数的输出值。输出层的输出用 $\hat{y}$ 表示。一些常见符号代表的含义如下。

(1) $n^{[l]}$：第 ℓ 层神经元的数量。

(2) $\boldsymbol{w}^{[l]}$：第 ℓ 层的权重矩阵。

(3) $\boldsymbol{b}^{[l]}$：第 ℓ 层的偏差向量。

(4) $\boldsymbol{a}^{[l]}$：第 ℓ 层的输出向量。输入层可以表示为 $\boldsymbol{a}^{[0]}$，最后一层(L 层)的输出可表示为 $\hat{y}=\boldsymbol{a}^{[L]}$。

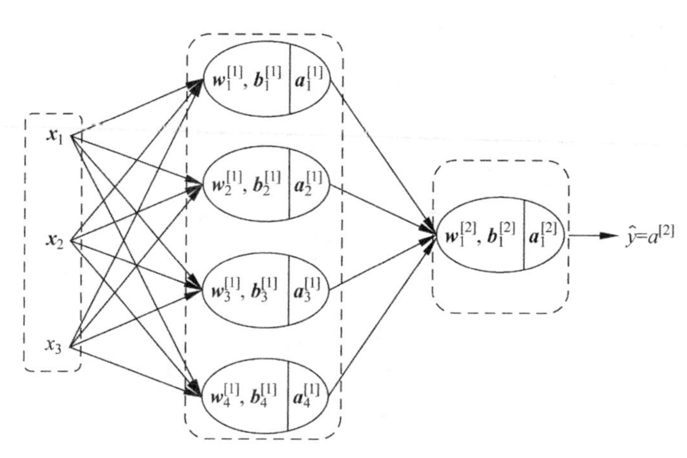

图 3.17 神经网络的符号化表示

(5) $\boldsymbol{z}^{[l]}$：第 ℓ 层线性变换的输出向量。

(6) $\boldsymbol{x}^{(i)}$：第 i 个样本的输入向量。

(7) $\boldsymbol{a}_j^{[l](i)}$：第 i 个样本在第 ℓ 层的第 j 个神经元的输出值。

(8) $\boldsymbol{w}_{jk}^{[l]}$：第 ℓ 层的第 j 个神经元对应第 k 个特征的权重参数。

(9) $\boldsymbol{b}_j^{[l]}$：第 ℓ 层的第 j 个神经元的偏差参数。

3.8 激励函数

神经元是构成神经网络的基本单位，定义神经元输出逻辑的函数，称为激励函数，也称激活函数。激励函数不但表征了单个神经元的输出逻辑，而且作为下一层的输入，也在建构着层与层之间神经元的关系，对整个神经网络的功能逻辑有重要影响。如图 3.18 所示，输入函数 $\boldsymbol{z}=\sum_{i=1}^{n}\boldsymbol{w}_i\boldsymbol{x}_i+\boldsymbol{b}$ 是线性函数，如果激励函数 $\sigma(\boldsymbol{z})$也是线性函数，那么不管神经网络有多少层，最后迭代的结果必然是线性的。所以，激励函数一般选用非线性函数。

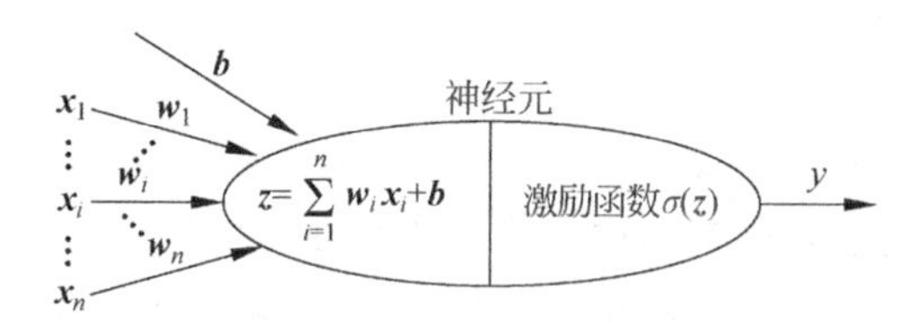

图 3.18 神经元与激励函数

历史上，感知机一度因为无法解决线性不可分问题陷入困境。以分类识别为例，如图 3.19 所示，a 是线性可分的，b 和 c 都是非线性可分的，对于 b 和 c，$\sigma(\boldsymbol{z})$采用线性函数则无解，此时 $\sigma(\boldsymbol{z})$应该表示为非线性函数。

下面给出一些常见的激励函数。

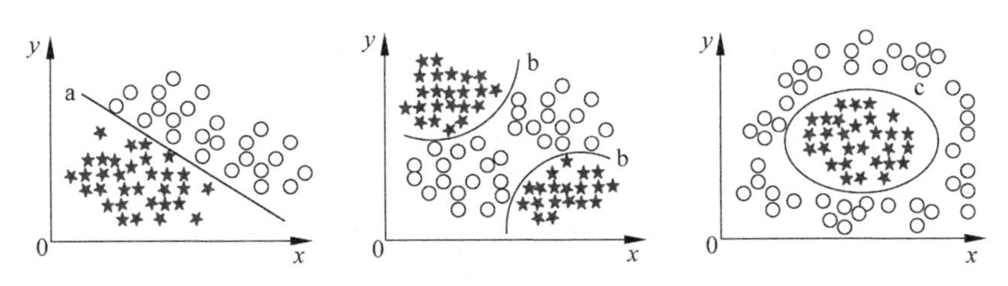

图 3.19　线性可分与非线性可分

1. Sigmoid 函数

函数形式：$\sigma(z)=\dfrac{1}{1+e^{-z}}$。导数形式：$\sigma'(z)=\sigma(z)(1-\sigma(z))$。

Sigmoid 函数能够把输入的连续实值变换为 0 和 1 之间的输出，如果是非常大的负数，那么输出则无限逼近 0；如果是非常大的正数，则输出无限逼近 1。

主要特点如下。

(1) Sigmoid 函数的值域为(0,1)，又称逻辑回归函数。

(2) Sigmoid 函数连续并严格单调递增，其反函数也单调递增。

(3) Sigmoid 函数关于点(0,0.5)对称。

(4) Sigmoid 函数的导数是以它本身为自变量的函数，即 $\sigma'(z)=F(\sigma(z))$。

(5) Sigmoid 函数源于生物学现象，其曲线被称为 S 形生长曲线。

函数图像如图 3.20 所示。

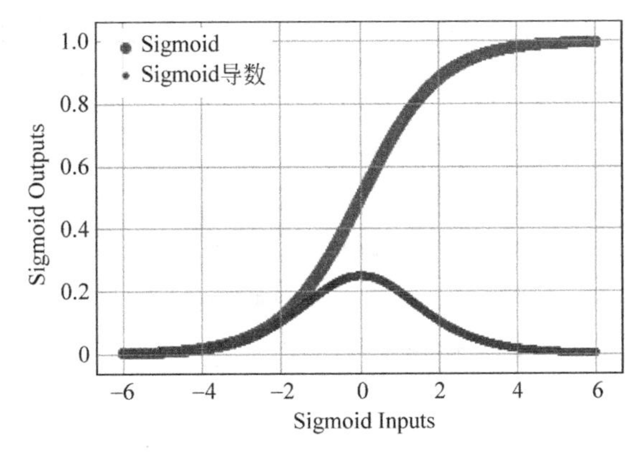

图 3.20　Sigmoid 函数及其导数

Sigmoid 函数在远离原点的两端，存在梯度消失的缺点。

2. 双曲正切(tanh)函数

函数形式：$f(z)=\tanh(z)=\dfrac{e^z-e^{-z}}{e^z+e^{-z}}$。导数形式：$f'(z)=1-f(z)^2$。

函数图像如图 3.21 所示。

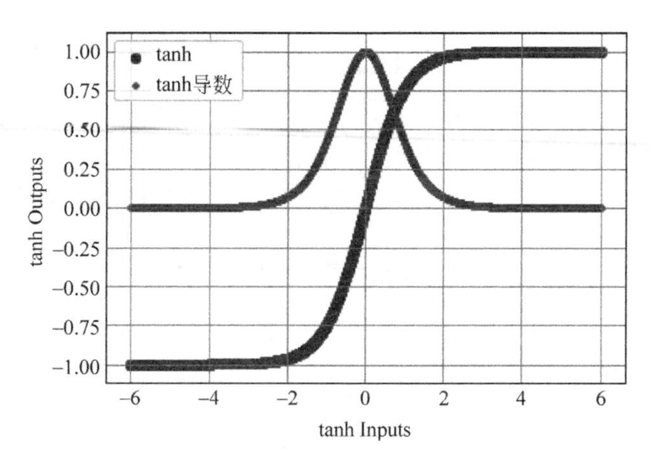

图 3.21 双曲正切函数及其导数

双曲正切函数解决了 Sigmoid 函数不是(0,0)对称的问题，但是从其导数曲线不难看出，在 z 取较大的负值或正值时，仍然存在梯度消失问题。

3. 修正线性单元(Rectified Linear Unit，ReLU)函数

ReLU 函数形式：$f(z)=\begin{cases}0, & z<0\\ z, & z\geqslant 0\end{cases}$。导数形式：$f'(z)=\begin{cases}0, & z<0\\ 1, & z\geqslant 0\end{cases}$。

函数图像如图 3.22 所示。

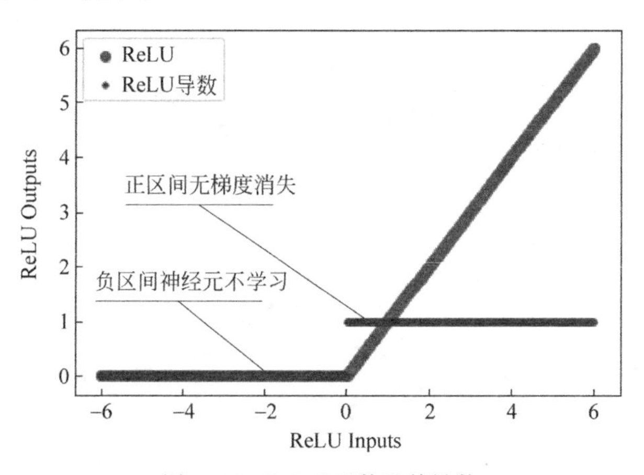

图 3.22 ReLU 函数及其导数

ReLU 函数其实是一个取最大值函数，函数形式也可以表示为 $f(z)=\max(0,z)$。ReLU 函数优点如下。

(1) 在正区间解决了梯度消失问题。

(2) 计算速度非常快，只需要判断输入是否大于 0。

(3) 收敛速度远快于 Sigmoid 函数和 tanh 函数。

其缺点如下。

（1）ReLU 的输出不是(0,0)对称的。

（2）存在死亡神经元问题(Dead ReLU Problem)。如图 3.22 所示，导数在 x<0 时恒为 0，这意味着某些神经元可能永远不会被激励，导致相应的权重参数可能永远不能被更新。

尽管如此，ReLU 因其显著的实践效果，是最受欢迎的激励函数之一。ReLU 有多个改进版本，例如，双极修正线性单元(Bipolar Rectified Linear Unit，BReLU)、泄漏修正线性单元(Leaky Rectified Linear Unit，Leaky ReLU)、参数修正线性单元(Parametric Rectified Linear Unit，PReLU)和随机泄漏修正线性单元(Randomized Leaky Rectified Linear Unit，RReLU)。下面单独介绍 Leaky ReLU 函数。

4. Leaky ReLU 函数

函数形式：$f(z)=\begin{cases}0.01z, & z<0\\ z, & z\geqslant 0\end{cases}$。导数形式：$f'(z)=\begin{cases}0.01, & z<0\\ 1, & z\geqslant 0\end{cases}$。

函数图像如图 3.23 所示。

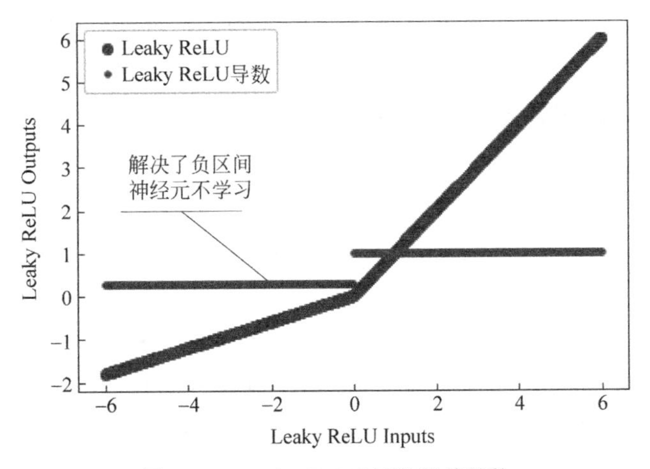

图 3.23 Leaky ReLU 函数及其导数

Leaky ReLU 将 $z<0$ 时的取值修改为 $0.01z$，这样一来，Leaky ReLU 的导数在负区间为非 0 值，从而解决了负区间存在的不学习问题。

5. 指数线性单元(Exponential Linear Unit，ELU)函数

函数形式：$f(\alpha,z)=\begin{cases}\alpha(e^{z}-1), & z\leqslant 0\\ z, & z>0\end{cases}$。导数形式：$f'(\alpha,z)=\begin{cases}f(\alpha,z)+\alpha, & z\leqslant 0\\ 1, & z>0\end{cases}$。

函数图像如图 3.24 所示。

ELU 函数是针对 ReLU 函数的一个改进，相比于 ReLU 函数，在输入为负数的情况下，有一定的输出且鲁棒性好。

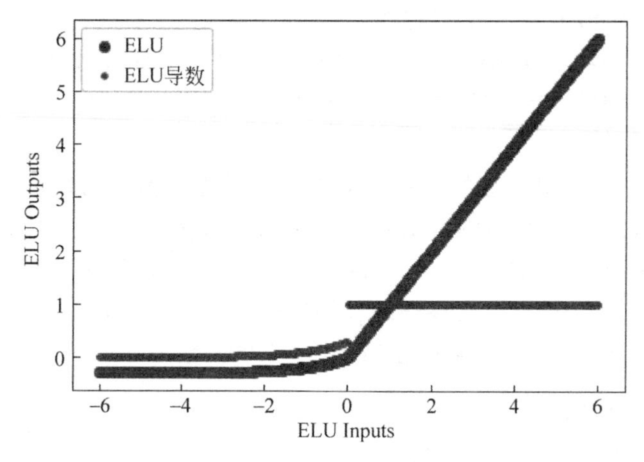

图 3.24 ELU 函数及其导数

6. Softmax 函数

Softmax 函数一般只用在输出层，在多分类应用中可将神经元的输入函数 z 归一化到(0,1)区间，所有 $f(z_i)$之和为 1。

假定有 k 个分类，则函数形式可表示为：

$$f(z_i)=\frac{e^{z_i}}{\sum_{j=1}^{k} e^{z_j}} \quad i,j=1,2,\cdots,k$$

导数形式为：

$$\frac{\partial f(z_i)}{\partial z_j}=f(z_i)(\delta_{ij}-f(z_j)) \quad \delta_{ij}=\begin{cases}0, & i\neq j\\ 1, & i=j\end{cases} \quad i,j=1,2,\cdots,k$$

函数图像如图 3.25 所示。

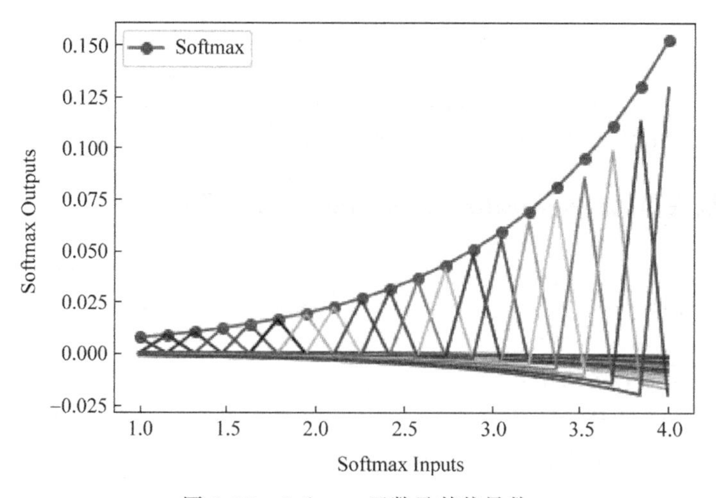

图 3.25 Softmax 函数及其偏导数

实践中常常根据应用的需要，选用不同的激励函数，也可自定义激励函数，一切以实践效果为依据。例如，如果是二分类问题，用 Sigmoid 函数作为输出层的激励函数是一个好的选择，如果是中间各层的变换，ReLU 函数的计算量较小，而且往往效果显著。

3.9　损失函数

损失函数(Lost Function)，又称成本函数、代价函数、目标函数或优化函数。损失函数不但能够衡量模型预测值与真实值偏离的程度，而且通过求解损失函数的最小值，可以实现求解模型参数、优化模型参数和评价模型学习效果的目的。

假设样本集的规模为 m，训练集表示为$(x^{(1)},y^{(1)}),(x^{(2)},y^{(2)}),\cdots,(x^{(i)},y^{(i)}),\cdots,(x^{(m)},y^{(m)})$。

m 个样本的特征矩阵表示为：

$$\boldsymbol{X}=\begin{bmatrix} \vdots & \vdots & & \vdots \\ x^{(1)} & x^{(2)} & \cdots & x^{(m)} \\ \vdots & \vdots & & \vdots \end{bmatrix} \quad \boldsymbol{X}\in \mathrm{R}^{n\times m}$$

标签矩阵表示为：

$$\boldsymbol{Y}=[y^{(1)},y^{(2)},\cdots,y^{(m)}] \quad \boldsymbol{Y}\in \mathrm{R}^{1\times m}$$

模型的预测值表示为：

$$\hat{\boldsymbol{Y}}=[\hat{y}^{(1)},\hat{y}^{(2)},\cdots,\hat{y}^{(m)}] \quad \hat{\boldsymbol{Y}}\in \mathrm{R}^{1\times m}$$

一种理想的情况是，对于每一个样本$(x^{(i)},y^{(i)})$，都有 $\hat{y}^{(i)}\approx y^{(i)}$。为了衡量第 i 个样本预测值与真实值的误差，可用预测值与真实值差值的平方表示，即可定义单样本损失函数为：$L(\hat{y}^{(i)},y^{(i)})=(\hat{y}^{(i)}-y^{(i)})^2$。

评估 m 个样本的损失，一般用全部样本损失的均方误差表示，如公式(3.3)所示。

$$J(w,b)=\frac{1}{m}\sum_{i=1}^{m}L(\hat{y}^{(i)},y^{(i)})=\frac{1}{m}\sum_{i=1}^{m}(\hat{y}^{(i)}-y^{(i)})^2 \tag{3.3}$$

公式(3.3)是一个关于参数 w 和 b 的函数，模型求解和优化的目标，可以理解为求解损失函数 $J(w,b)$在整个样本集上的最小值。

公式(3.3)适合作为回归类问题的损失函数，对于分类问题，损失函数一般用交叉熵函数表示。以逻辑回归(Logistic Regression)为例，单样本交叉熵损失函数如公式(3.4)所示。

$$L(\hat{y}^{(i)},y^{(i)})=-(y^{(i)}\log(\hat{y}^{(i)})+(1-y^{(i)})\log(1-\hat{y}^{(i)})) \tag{3.4}$$

m 个样本的交叉熵损失函数可表示为公式(3.5)。

$$J(w,b)=\frac{1}{m}\sum_{i=1}^{m}L(\hat{y}^{(i)},y^{(i)})=-\frac{1}{m}\sum_{i=1}^{m}[y^{(i)}\log(\hat{y}^{(i)})+(1-y^{(i)})\log(1-\hat{y}^{(i)})] \tag{3.5}$$

在各种流行的机器学习框架中，预定义了多种损失函数，实践中可灵活选择，也可根据问题需要自定义损失函数。

3.10 梯度下降

梯度下降，就是沿着函数的梯度(导数)方向更新自变量，使得函数的取值越来越小，直至达到全局最小或者局部最小。

先看一维梯度下降问题。假定 $J(w)$是关于 w 的损失函数，欲求 w 取何值时 $J(w)$达到最小值，可以采用如图 3.26 所示的算法。

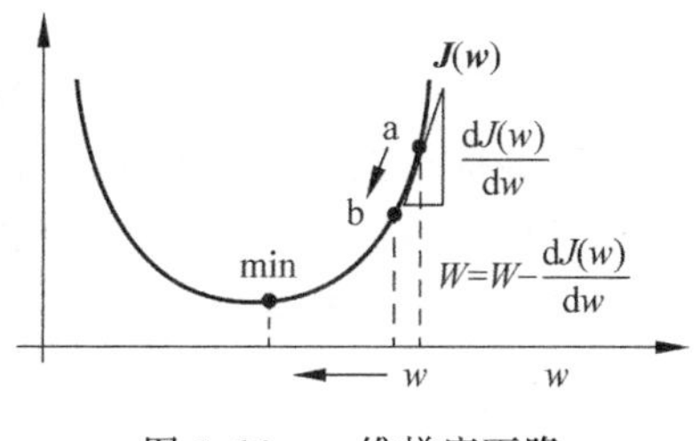

图 3.26 一维梯度下降

(1) 随机选择一个 w 值，求得此处的 $J(w)$，如 a 点所示。

(2) 求得 a 点的导数$\frac{dJ(w)}{dw}$，即 a 点的梯度。

(3) 沿着梯度方向，移动点 a 到点 b，此时有 $w_b = w_a - \frac{dJ(w)}{dw}$，称 w_b 是通过梯度下降求得的一个值。其实梯度是一个很小的值，图 3.26 是为了便于观察，拉大了 b 点与 a 点的距离。

(4) 为了调整单步下降的幅度，通常对梯度项乘以一个系数 α，即有 $w_b = w_a - \alpha\frac{dJ(w)}{dw}$，其中，$\alpha$ 被称作学习率。

(5) 沿着梯度方向反复迭代，可以无限逼近 min 点，此时求得的 $w_{\min}$，即为使得 $J(w)$最小的最优值。

图 3.26 中的随机初值在曲线的右半部分，随着梯度下降，w 的取值越来越小，直至逼近最优值；如果初值取在左半部分，此时梯度值为负，随着梯度下降，w 的取值会越来越大，直至逼近最优值，两种情况都是梯度下降方法，与初值位置无关。

对于多维梯度下降问题，即目标函数有多个自变量，其梯度可以通过偏导数计算。以二维函数 $J(w,b)$为例，有 w 和 b 两个方向，需要计算沿着两个方向的梯度下降，其迭代过程如公式(3.6)和公式(3.7)所示。

$$W = W - \alpha\frac{\partial J(w,b)}{\partial(w)} \tag{3.6}$$

$$b = b - \alpha\frac{\partial J(w,b)}{\partial(b)} \tag{3.7}$$

下面以单个神经元为例，假定该神经元只有两个输入特征 x_1 和 x_2，则其单步梯度下降计算过程如图 3.27 所示。

图 3.27 的计算过程解释如下。

(1) 输入函数中的 w_1、w_2 和 b 是需要学习训练的参数。

(2) 激励函数采用 Sigmoid 函数，损失函数用交叉熵表示。

(3) 梯度计算从损失函数开始向前倒推，先计算 da，然后是 dz，最后是在三个参数方向的梯度 dw_1、dw_2 和 db。

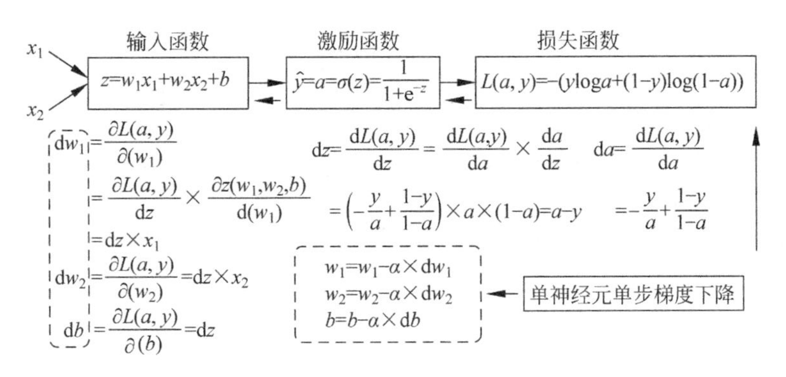

图 3.27 单个神经元的单步梯度下降计算过程

(4) 用得到的三个方向的梯度,计算得到新的 w_1、w_2 和 b 的值,如图 3.27 中虚线框中的公式所示。

图 3.27 可以理解为神经元的单样本单步梯度下降过程。

假定训练集有 m 个样本,那么梯度下降应该如何进行?如果一次输入一个样本,即完成梯度下降一步,这种方法称为随机梯度下降。如果 m 个样本同时输入网络,得到 m 个样本的梯度后取各个维度方向上的平均梯度,这种梯度下降方法称为批量梯度下降法。如果将 m 个样本划分为若干批,每次用一批样本的梯度均值决定下降的幅度,称为小批量梯度下降。

理解了单神经元的梯度下降,再来学习神经网络的梯度下降就会水到渠成。神经网络是由若干层组成的,每一层又有若干神经元,因此,神经网络的梯度下降首先以层为考量,层又以神经元为考量,梯度下降的进一步描述,请参见正向传播与反向传播。

3.11 正向传播

正向传播(Forward Propagation),又称前向传播,计算过程是:将输入层的样本值 x,传递给第一层的输入函数得到 z 值,z 值传递给激励函数得到 a 值,a 值既是第一层的输出,也是第二层的输入,以此类推,从前向后逐层计算,直至得到输出层的估计值 $\hat{y}$,这种根据样本值从输入到输出的计算过程称作神经网络的正向传播。

以图 3.17 所示的两层网络为例,假定各层采用的激励函数为 σ,其正向传播的逐层计算过程如图 3.28 所示。

图 3.29 给出了一个四层神经网络的结构化表示与参数提示,各层正向传播的计算可分为两个步骤,一是输入函数的计算,如公式(3.8)所示;二是激励函数的计算,如公式(3.9)所示。

$$z^{[l]}=w^{[l]}a^{[l-1]}+b^{[l]} \tag{3.8}$$

$$a^{[l]}=g^{[l]}(z^{[l]}) \tag{3.9}$$

根据公式(3.8)和公式(3.9),样本 $x^{(i)}$ 的正向传播计算过程如图 3.30 所示。

请结合微课视频,深入理解正向传播的计算过程。

Layer1

$$z^{[1](i)}=\begin{bmatrix}z_1^{[1](i)}\\z_2^{[1](i)}\\z_3^{[1](i)}\\z_4^{[1](i)}\end{bmatrix}=\begin{bmatrix}w_1^{[1]}\\w_2^{[1]}\\w_3^{[1]}\\w_4^{[1]}\end{bmatrix}x^{(i)}+b^{[1]}=\begin{bmatrix}w_{11}^{[1]}&w_{12}^{[1]}&w_{13}^{[1]}\\w_{21}^{[1]}&w_{22}^{[1]}&w_{23}^{[1]}\\w_{31}^{[1]}&w_{32}^{[1]}&w_{33}^{[1]}\\w_{41}^{[1]}&w_{42}^{[1]}&w_{43}^{[1]}\end{bmatrix}\begin{bmatrix}x_1^{(i)}\\x_2^{(i)}\\x_3^{(i)}\end{bmatrix}+\begin{bmatrix}b_1^{[1]}\\b_2^{[1]}\\b_3^{[1]}\\b_4^{[1]}\end{bmatrix}=\begin{bmatrix}w_{11}^{[1]}x_1^{(i)}+w_{12}^{[1]}x_2^{(i)}+w_{13}^{[1]}x_3^{(i)}+b_1^{[1]}\\w_{21}^{[1]}x_1^{(i)}+w_{22}^{[1]}x_2^{(i)}+w_{23}^{[1]}x_3^{(i)}+b_2^{[1]}\\w_{31}^{[1]}x_1^{(i)}+w_{32}^{[1]}x_2^{(i)}+w_{33}^{[1]}x_3^{(i)}+b_3^{[1]}\\w_{41}^{[1]}x_1^{(i)}+w_{42}^{[1]}x_2^{(i)}+w_{43}^{[1]}x_3^{(i)}+b_4^{[1]}\end{bmatrix}$$

$$a^{[1](i)}=\begin{bmatrix}a_1^{[1](i)}\\a_2^{[1](i)}\\a_3^{[1](i)}\\a_4^{[1](i)}\end{bmatrix}=\sigma\begin{bmatrix}z_1^{[1](i)}\\z_2^{[1](i)}\\z_3^{[1](i)}\\z_4^{[1](i)}\end{bmatrix}=\sigma(z^{[1](i)})$$

Layer2

$$z^{[2](i)}=\left[z_1^{[2](i)}\right]=\left[w_1^{[2]}\right]a^{[1](i)}+b^{[2]}=\left[w_{11}^{[2]}\ w_{12}^{[2]}\ w_{13}^{[2]}\ w_{14}^{[2]}\right]\begin{bmatrix}a_1^{[1](i)}\\a_2^{[1](i)}\\a_3^{[1](i)}\\a_4^{[1](i)}\end{bmatrix}+\left[b_1^{[2]}\right]=w_{11}^{[2]}a_1^{[1](i)}+w_{12}^{[2]}a_2^{[1](i)}+w_{13}^{[2]}a_3^{[1](i)}+w_{14}^{[2]}a_4^{[1](i)}+b_1^{[2]}$$

$$\hat{y}^{(i)}=a^{[2](i)}=\sigma(z^{[2](i)})$$

图 3.28 两层网络的正向传播计算过程

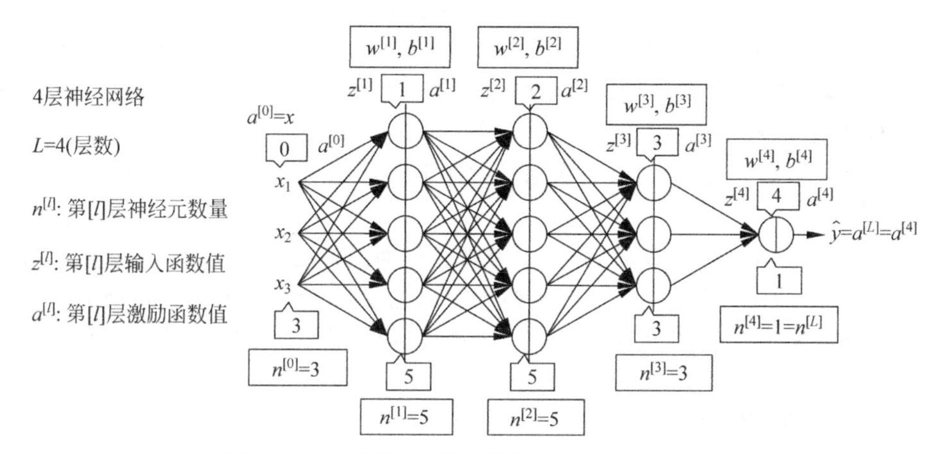

图 3.29 四层神经网络的结构化表示与参数提示

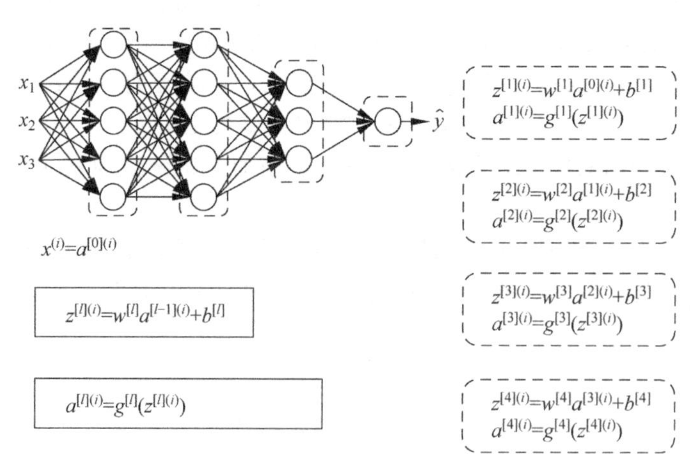

图 3.30 四层网络的正向传播计算过程

3.12 反向传播

正向传播结束后，就可以根据输出值 $\hat{y}$ 与真实值 y 来计算损失函数，根据损失函数进行反向传播。

反向传播(Backward Propagation)，又称后向传播，基本原理是根据损失函数反方向计算每一层的 z、a、w 和 b 的偏导数，得到 w 和 b 在每一层各个参数方向的梯度，用各层的梯度 $\mathrm{d}w$ 和 $\mathrm{d}b$ 逐层更新各层的参数 w 和 b，从而得到由新的 w 和 b 构成的新的网络。

反向传播与正向传播是密切联系的两个过程，正向传播是反向传播的计算基础，正向传播与反向传播迭代进行下去，直至找到最优的 w 和 b。

正向传播与反向传播的逻辑对比，如图 3.31 所示。

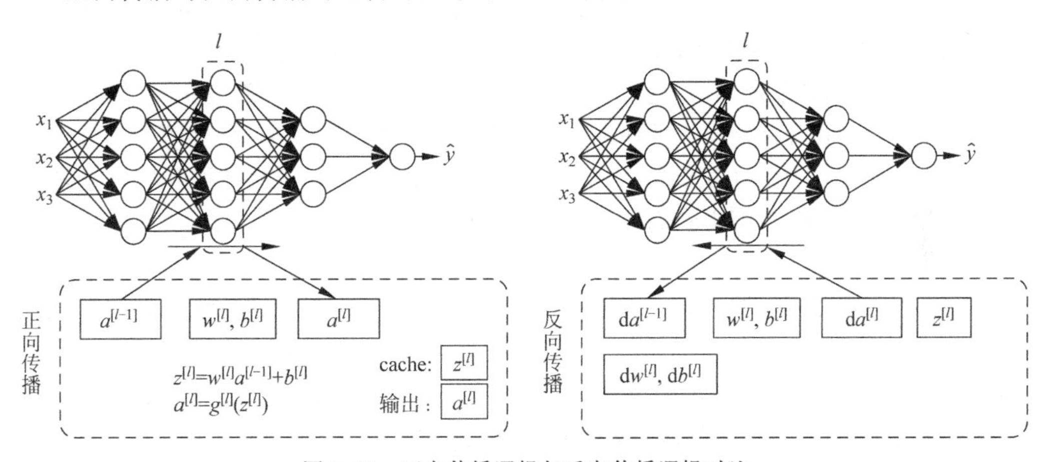

图 3.31 正向传播逻辑与反向传播逻辑对比

以第 ℓ 层的正向传播为例，其计算过程如下。

(1) 接受来自第 $\ell-1$ 层的 $a^{[l-1]}$ 作为输入。

(2) 根据 $a^{[l-1]}$、$w^{[l]}$ 和 $b^{[l]}$ 计算 $a^{[l]}$。

(3) 输出 $a^{[l]}$ 到 $\ell+1$ 层，同时缓存本层的 $w^{[l]}$、$b^{[l]}$、$z^{[l]}$ 和 $a^{[l]}$，缓存参数将用于反向传播。

第 ℓ 层的反向传播计算过程如下。

(1) 接受来自第 $\ell+1$ 层的 $\mathrm{d}a^{[l]}$ 作为输入。

(2) 根据本层缓存的 $w^{[l]}$、$b^{[l]}$、$z^{[l]}$ 和 $a^{[l]}$，计算 $\mathrm{d}w^{[l]}$、$\mathrm{d}b^{[l]}$ 和 $\mathrm{d}a^{[l-1]}$。

(3) 输出 $\mathrm{d}a^{[l-1]}$ 到第 $\ell-1$ 层，同时缓存本层的 $\mathrm{d}w^{[l]}$ 和 $\mathrm{d}b^{[l]}$，用于反向传播结束时，更新本层的参数 $w^{[l]}$ 和 $b^{[l]}$。

用模块图的方式表示第 ℓ 层的正向传播与反向传播更为简洁，如图 3.32 所示。

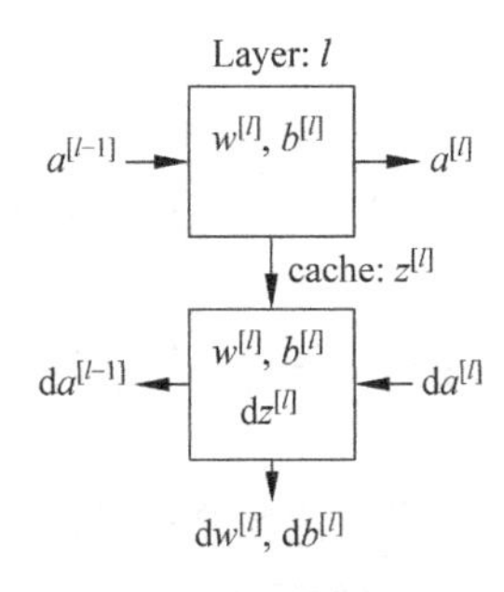

图 3.32 正向传播与反向传播模块

现在给出神经网络正向传播与反向传播的完整迭代计算过程，如图 3.33 所示。假定输出层采用 Sigmoid 函数，其他各层

激励函数为 ReLU,采用交叉熵作损失函数。

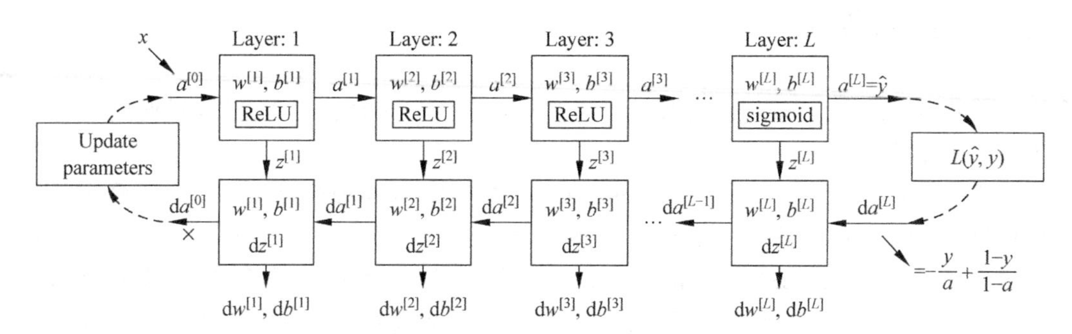

图 3.33 神经网络的正向与反向传播迭代过程

如图 3.33 所示,为了让第 1 层的正向输入与反向输出与其他各层的表示一致,用 $a^{[0]}$替代表示输入层的特征向量 $\boldsymbol{x}$。

神经网络反向传播的实质,是为了完成神经网络的一次梯度下降,正向传播与反向传播合在一起,就是神经网络模型的训练过程。其完整迭代计算可归纳为如下四个步骤。

(1) 正向迭代:从第 1 层到第 L 层,根据参数和激励函数,依次计算各层的输出,同时缓存相关的参数值,直至得到输出层的$\hat{y}$,正向传播结束。

(2) 计算损失函数 L。

(3) 反向迭代:从损失函数开始,反向逐层计算各层的 dw、db、dz 和 da,同时缓存各层的梯度值 dw 和 db,直至完成第 1 层的反向计算。值得注意的是,第 1 层的输出 d$a^{[0]}$没有实际意义,因为输入层不存在激励函数。用 $a^{[0]}$表示特征向量 $\boldsymbol{x}$ 是符号表达的需要。

(4) 更新参数:用各层缓存的梯度值 dw 和 db,更新各层的参数 w 和 b。

重复上述步骤(1)~(4),反复迭代计算,直至损失函数达到理想的目标值,此时各层的参数 w 和 b,即为神经网络的求解结果。

结合图 3.33 所示的传播过程,这里顺便理清两个概念。

(1) 关于迭代和梯度下降。从正向传播开始,经过损失函数计算、反向传播到参数更新结束,称为一次梯度下降或一次迭代。

(2) 关于一代(epoch)训练。训练集中的所有样本均参与了一次梯度下降,则称模型完成了一代训练。在神经网络模型训练时指定的参数 epochs,表示需要模型训练多少代。

各种深度学习框架,如 TensorFlow、Keras 等,只需要构建和定义正向传播过程,反向传播的计算过程是在函数内部自动完成的,这为神经网络模型的开发带来极大的便利。

3.13 偏差与方差

当讨论预测模型时,预测误差可以分为两个角度进行讨论:“偏差”引起的误差和“方差”引起的误差。

偏差(bias)是模型的预期预测值(或平均预测值)与正确值之间的误差。偏差越大,越偏离真实数据，偏差可用于度量模型在数据集上的拟合程度。

方差(variance)是指模型预测结果的离散程度，方差可用于度量模型在不同数据集上的稳定性，即模型在不同数据集上的泛化能力。

在机器学习领域，偏差与方差可用于指导模型的训练与优化。以一个二维数据集的分类为例，如图 3.34 所示，给出了训练集上三种不同模型的表现。

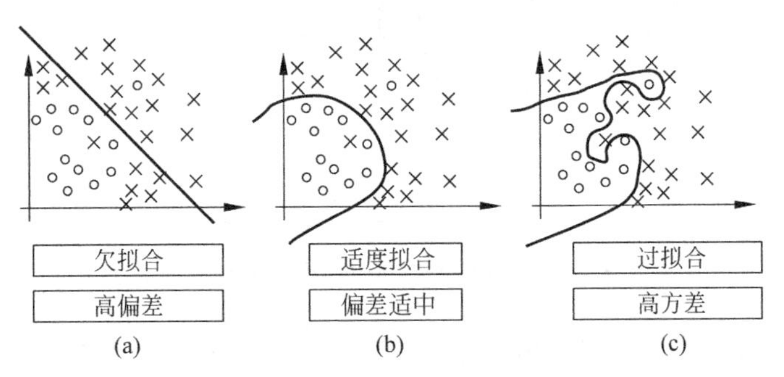

图 3.34 训练集上三种不同模型的表现

图 3.34(a)用直线模型分隔数据集过于简单，导致有较多的×被划为○类，直线无法准确表达数据关系导致偏差较高，这种情况也称为模型欠拟合。

图 3.34(c)用复杂曲线将两种数据完美分隔，与图 3.34(a)相比是另一个极端，这种情况称模型为低偏差，或者模型过拟合。因为一旦将这种模型部署于不同的数据集，极有可能导致高方差，即模型的泛化能力低。

图 3.34(b)是一个适中的方案，用相对简单的曲线分隔数据集，既照顾了数据之间的非线性关系，又没有刻意追求低偏差，没有为了几个孤立数据点或者噪声点刻意过度增加模型的复杂性，这种情况称作模型的适度拟合。

偏差与方差这两个指标可以指引模型优化的方向。如图 3.35 所示，根据一个模型实例在训练集与验证集上的误差表现，给出了模型的整体判断。

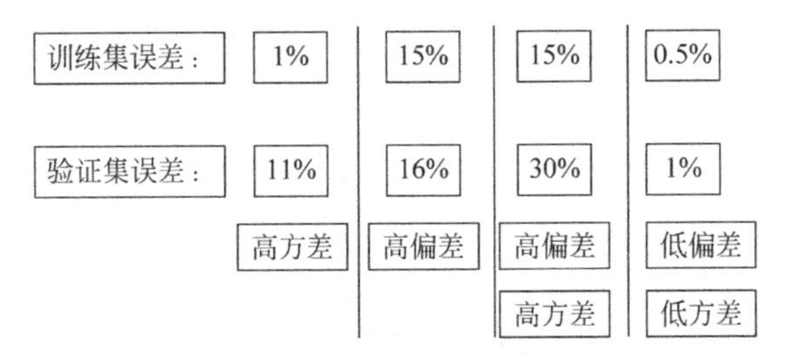

图 3.35 模型的偏差与方差判断

参照图 3.35 的数据，共有以下四个结论。

(1) 验证集的误差 11%显著高于训练集的误差 1%，证明模型存在高方差，模型过拟合，泛化能力不强。

(2) 验证集的误差 16%与训练集的误差 15%极其接近，证明模型的泛化能力较好，在两种数据集上的表现趋于一致，具有稳定性，但是偏差过高，模型的准确率不好。

(3) 训练集误差 15%，验证集误差 30%，证明模型不但偏差高，而且方差也高，图 3.36

给出了一个高偏差与高方差的直观理解。

(4) 训练集误差 0.5%,验证集误差 1%,这是比较理想的情况,偏差与方差均处于低水平。

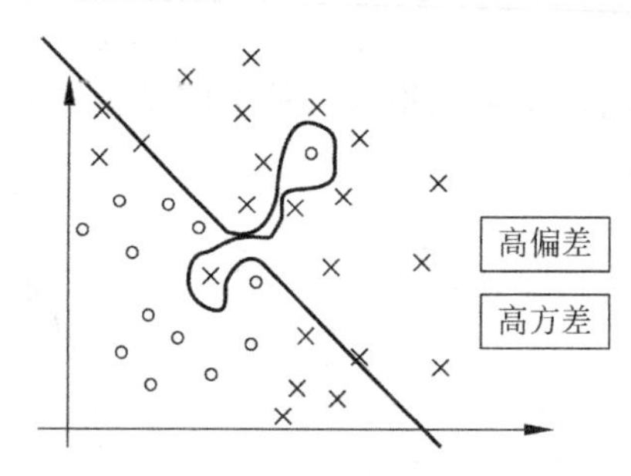

图 3.36 对高偏差与高方差模型的直观理解

理解了偏差与方差在模型优化方向的指导作用,下面给出一些具体的优化指导措施,如图 3.37 所示。

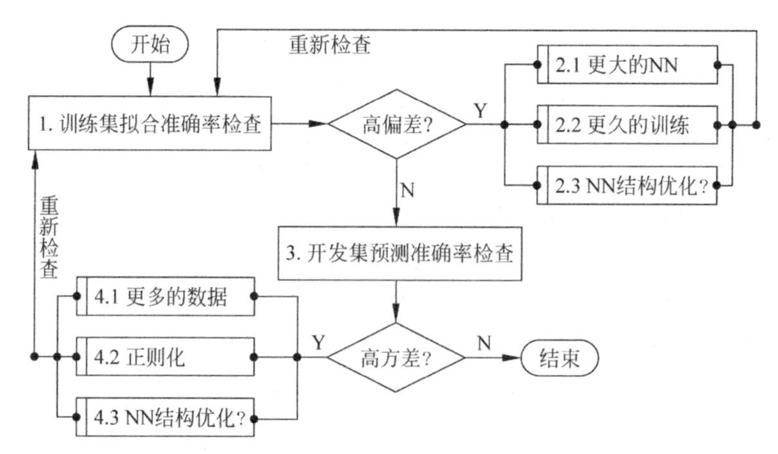

图 3.37 模型的偏差与方差优化流程

模型可按照如下步骤优化。

(1) 首先对模型在训练集上的准确率做出检测,判断是否为高偏差。

(2) 如果是高偏差,可以从以下三个方面对模型做出调整。

① 采用更大的神经网络,例如,增加层数或者增加某些层的神经元数量。

② 采用更多的迭代步数,增加模型训练时间。

③ 对神经网络的结构做出优化,例如,采用新算法等。

返回第(1)步,重新检查准确率,直至偏差降低到可以接受的程度为止。

(3) 如果是低偏差,则在开发集(验证集)上做准确率检测,判断方差高低。

(4) 如果是低方差,则模型优化结束。

(5) 如果第(3)步给出的是高方差,则从以下三个方面优化模型。

① 采用更大的数据集,增加模型的鲁棒性。

② 采用正则化方法,降低过拟合,增强模型泛化能力。

③ 修改模型结构或采用新模型，例如，采用新算法等。

(6) 返回第(1)步，重新从训练集开始逐项检查，直至优化结束。

3.14 正则化

神经网络由于密集的连接关系、深度的层数设计和众多的 $\boldsymbol{w}$、b 参数，很容易导致过拟合现象。

正则化(Regularization)是为了防止模型过拟合而引入额外信息，对模型原有逻辑进行外部干预和修正，从而提高模型的泛化能力。

L2 正则化和 Dropout 正则化，是神经网络常用的正则化方法。

求解模型参数 $\boldsymbol{w}$、b 的过程是以求解损失函数的最小值为目标导向的，所以改善损失函数求解逻辑，可以降低模型的过拟合。

L2 正则化是在损失函数上额外增加一个关于参数 $\boldsymbol{w}$ 的 L2 范数项(惩罚项)，这个 L2 范数项可以起到衰减权重的作用，弱化某些参数，从而降低过拟合，如公式(3.10)所示。

$$J(\boldsymbol{w},b)=\frac{1}{m}\sum_{i=1}^{m}L(\hat{y}^{(i)},y^{(i)})+\frac{\lambda}{2m}\|\boldsymbol{w}\|_2^2 \tag{3.10}$$

其中，$\|\boldsymbol{w}\|_2^2=\sum_{j=1}^{n}\boldsymbol{w}_j^2=\boldsymbol{w}^{\mathrm{T}}\boldsymbol{w}$ 是参数 $\boldsymbol{w}$ 的 L2 范数的平方，λ 是超参数。

由于神经网络是分层的，每一层都有自己的权重矩阵 $\boldsymbol{w}$，所以第 ℓ 层的 L2 范数的平方可以表示为公式(3.11)。

$$\|\boldsymbol{w}^{[l]}\|_2^2=\sum_{i=1}^{n^{[l]}}\sum_{j=1}^{n^{[l-1]}}(\boldsymbol{w}_{ij}^{[l]})^2,\quad \text{其中，}\boldsymbol{w}^{[l]}\text{ 的维度为}(n^{[l]},n^{[l-1]}) \tag{3.11}$$

公式 3.11 实质上是矩阵范数的平方，又称 Frobenius 范数平方，简称 F-范数平方，记做 $\|\cdot\|_F^2$ 或者 $\|\cdot\|^2$，而不是 $\|\cdot\|_2^2$。

神经网络的 L2 正则化可以表示为公式(3.12)。

$$J(\boldsymbol{w}^{[1]},b^{[1]},\boldsymbol{w}^{[2]},b^{[2]},\cdots,\boldsymbol{w}^{[L]},b^{[L]})=\frac{1}{m}\sum_{i=1}^{m}L(\hat{y}^{(i)},y^{(i)})+\frac{\lambda}{2m}\sum_{l=1}^{L}\|\boldsymbol{w}^{[l]}\|^2 \tag{3.12}$$

为什么正则化可以降低过拟合？可以从如图 3.38 所示的反向传播梯度计算规律中窥见一斑。

$$\text{梯度计算：}\mathrm{d}\boldsymbol{w}^{[l]}=\left[\frac{\partial J}{\partial \boldsymbol{w}^{[l]}}\text{无正则项时的反向梯度}\right]+\frac{\lambda}{m}\boldsymbol{w}^{[l]}$$

$$\begin{aligned}\text{参数更新：}\boldsymbol{w}^{[l]}&=\boldsymbol{w}^{[l]}-\alpha\mathrm{d}\boldsymbol{w}^{[l]}\\&=\boldsymbol{w}^{[l]}-\alpha\left[\frac{\partial J}{\partial \boldsymbol{w}^{[l]}}\text{无正则项时的反向梯度}\right]-\alpha\frac{\lambda}{m}\boldsymbol{w}^{[l]}\\&=\boldsymbol{w}^{[l]}-\alpha\frac{\lambda}{m}\boldsymbol{w}^{[l]}-\alpha\left[\frac{\partial J}{\partial \boldsymbol{w}^{[l]}}\text{无正则项时的反向梯度}\right]\\&=\left(1-\alpha\frac{\lambda}{m}\right)\boldsymbol{w}^{[l]}-\alpha\left[\frac{\partial J}{\partial \boldsymbol{w}^{[l]}}\text{无正则项时的反向梯度}\right]\end{aligned}$$

图 3.38 加入正则项后的权重衰减规律

如图 3.38 所示，梯度计算需要考虑 F-范数正则项，参数更新时，权重 w 前面的系数是一个小于 1 的整数，这意味着随着迭代次数增加，参数更新呈衰减趋势，所以 F-范数又名权重衰减范数。这种衰减在一定程度上弱化了参数的作用，不排除参数衰减为 0 的情况出现，从而间接降低了模型复杂度，有助于弱化过拟合问题。

另一种预防神经网络模型过拟合的有效方法是 Dropout 正则化，其基本原理是对神经网络某些层的神经元施加一个舍弃概率，使得每次模型训练，只用其中一部分神经元来完成，如图 3.39 所示。

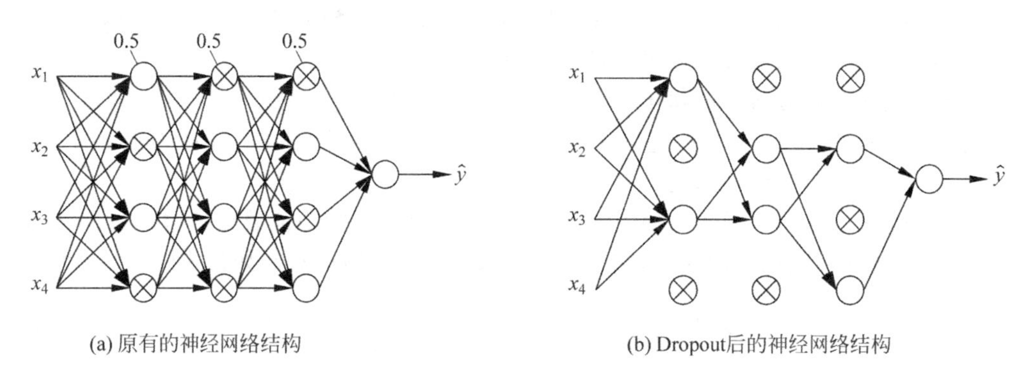

图 3.39　Dropout 正则化后网络结构对比

如图 3.39(a)所示代表 Dropout 正则化之前的网络结构，图 3.39(b)表示一次随机 Dropout 之后的网络结构。假定图 3.39(a)中的三个隐藏层均施加 0.5 的舍弃概率，图中标×的单元为舍弃的神经元，则实质上用于模型训练的神经元如图 3.39(b)所示，显然这是一个比原结构简化的网络模型。

值得注意的是，图 3.39 只是一个示意图，Dropout 正则化，每次迭代中舍弃的神经元是随机选择的，这种机制一方面使得模型得到随机简化，另一方面又使得不同的神经元得到随机重视，其效果是有助于降低原模型的过拟合，使得最后得到的模型的鲁棒性和泛化能力更好。

不难看出，Dropout 正则化与 F-范数正则化在预防过拟合方面具有类似作用。

3.15　Mini-Batch 梯度下降

梯度下降是贯穿神经网络的算法灵魂，根据样本数据参加训练的方式，可分为如下三种模式的梯度下降。

(1) 批量梯度下降(Batch Gradient Descent，BGD)：全部训练样本一起完成一次正向与反向传播，即一次梯度下降。这种方法的优点是所有样本共同决定梯度下降的方向，可以用最少的迭代步数逼近最优值，缺点是一次性装入过多样本，对内存的需求很大，对计算力要求很高。

(2) 随机梯度下降(Stochastic Gradient Descent，SGD)：一次用一个样本完成一次正向与反向传播。这种方法的优点是单个样本决定梯度的下降方向，适合在线学习，计算速度快，内存需求小。但是单个样本决定下降的梯度方向，过于依赖样本的数据质量，容易导致下降的方向飘忽不定，需要更多的迭代，而且难以逼近最优值。

(3) 小批量梯度下降（Mini-Batch Gradient Descent，MBGD）：是对上述两种梯度下降方法的改进，将整个训练集随机划分为若干不同的组，每次输入一组数据，一次用一组数据完成一次正向与反向传播，既可以保障梯度下降的方向，又可以降低对内存与算力的过高需求。

图 3.40 给出了一个 Mini-Batch 梯度下降的数据集划分方法。

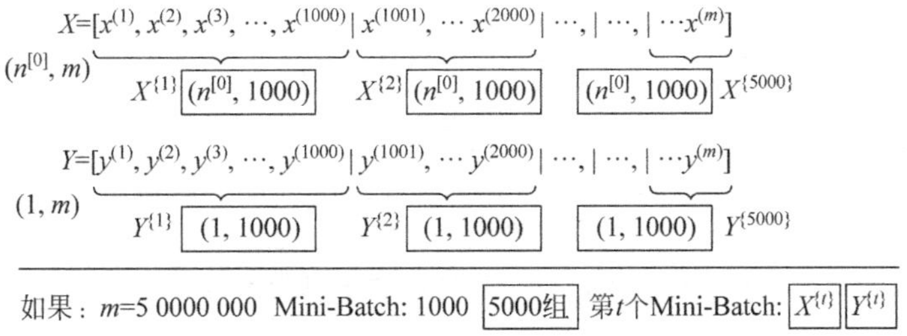

$X=[x^{(1)}, x^{(2)}, x^{(3)}, \cdots, x^{(1000)} \mid x^{(1001)}, \cdots x^{(2000)} \mid \cdots, \mid \cdots, \mid \cdots x^{(m)}]$

$(n^{[0]}, m)$　$X^{\{1\}}$ $(n^{[0]}, 1000)$　$X^{\{2\}}$ $(n^{[0]}, 1000)$　$(n^{[0]}, 1000)$ $X^{\{5000\}}$

$Y=[y^{(1)}, y^{(2)}, y^{(3)}, \cdots, y^{(1000)} \mid y^{(1001)}, \cdots y^{(2000)} \mid \cdots, \mid \cdots, \mid \cdots y^{(m)}]$

$(1, m)$　$Y^{\{1\}}$ $(1, 1000)$　$Y^{\{2\}}$ $(1, 1000)$　$(1, 1000)$ $Y^{\{5000\}}$

如果：m=5 0000 000　Mini-Batch: 1000　5000组　第t个Mini-Batch: $X^{\{t\}}$ $Y^{\{t\}}$

图 3.40　Mini-Batch 划分方法与符号表示示例

假定样本数据集的规模为 500 万，单个 Mini-Batch 的大小为 1000，则整个样本集可以分为 5000 组。每一组的特征矩阵用 $\boldsymbol{X}^{\{t\}}$ 表示，标签矩阵用 $\boldsymbol{Y}^{\{t\}}$ 表示。图 3.40 中标出了每一组的映射关系与维度关系。

必须强调的是，训练集的全部样本通过网络的一次训练称作一代（epoch）训练，一组 Mini-Batch 通过网络的训练是一次迭代（一次梯度下降）。一般来说，网络需要进行多代（epoch）训练，进行每一代训练之前，都要重新随机划分 Mini-Batch。Mini-Batch 的大小是固定不变的，但是每一个 Mini-Batch 的样本是随机确定的，这样做的目的是为了保证网络模型更好地适应数据随机分布带来的影响。如图 3.41 所示，在特征矩阵随机洗牌的同时，要保证标签矩阵也是同步洗牌的。

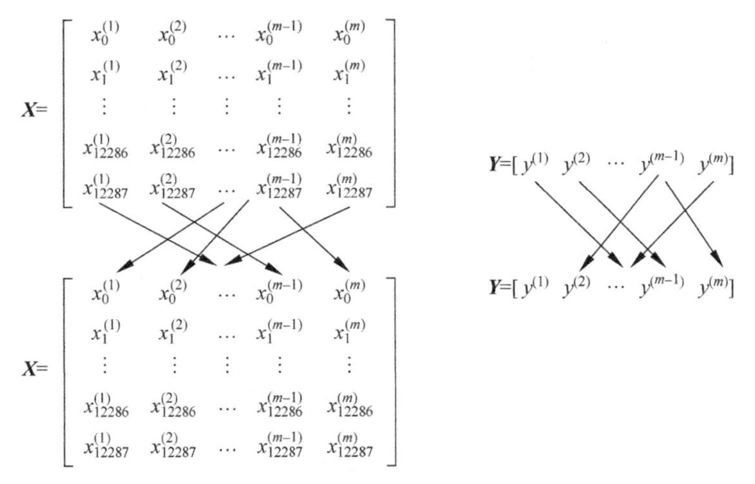

图 3.41　整个样本集的随机洗牌

图 3.42 给出了一个基于 Mini-Batch 的梯度下降算法的案例描述。

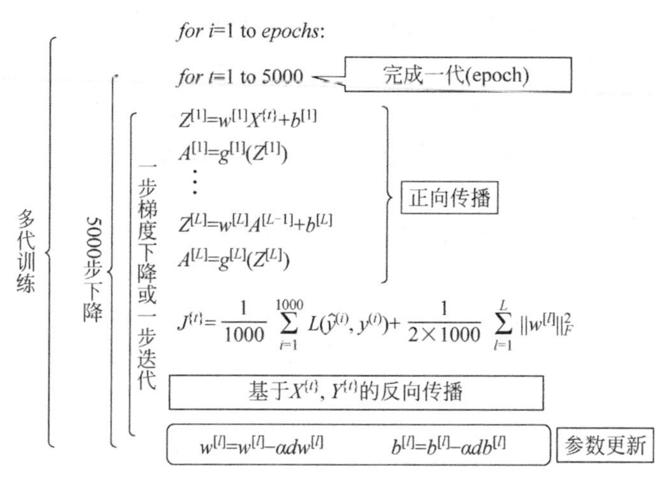

图 3.42 基于 Mini-Batch 的梯度下降算法描述

将 Mini-Batch 大小设定为 1000,只是为了问题描述的便利,实践中一般取 2 的整数次幂,例如 32、64、128 等。显然,Mini-Batch 取值为 1,相当于随机梯度下降,Mini-Batch 取值为 m(m 是样本集的大小),相当于批量梯度下降。

3.16 优化算法

本节介绍梯度下降的四种优化算法:Momentum 梯度下降法,RMSprop 梯度下降法,Adam 梯度下降法和学习率衰减法。前面三种都是基于移动指数加权平均的思想,平滑梯度的计算,进而加快模型的收敛速度。RMSprop 可以看作是对 Momentum 的改进,Adam 是对 Momentum 和 RMSprop 的综合改进。

Momentum 梯度下降法的算法描述如图 3.43 所示。

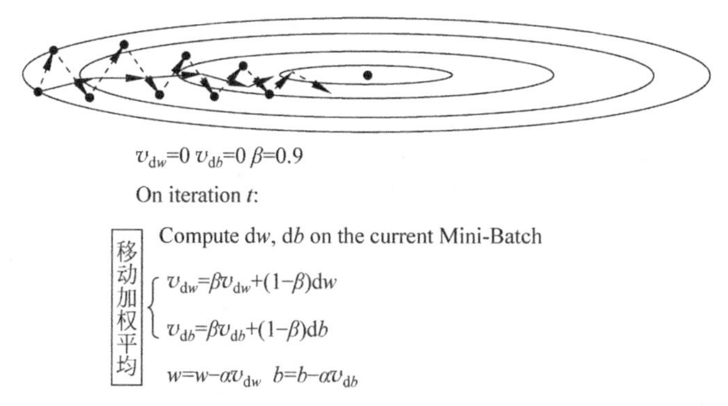

图 3.43 Momentum 梯度下降法

如图 3.43 所示,Momentum 梯度下降法是对 Mini-Batch 梯度下降法的一种改进,在 Mini-Batch 完成单步梯度计算后,没有立即更新参数,而是用移动指数加权平均的思想计算当前梯度的移动平均值 v_{dw} 和 v_{db},然后用 v_{dw} 和 v_{db} 去更新 w 和 b。图 3.43 上方的平面图展示了这样做的直观效果，图中虚线表示不做移动平均时的梯度下降路径，实线表示 Momentum 梯度下降路径，显然后者纵向波动更小，横向收敛速度更快。

RMSprop 是另一种能够加速梯度下降的算法，其描述与直观理解如图 3.44 所示。

$S_{dw}=0\ S_{db}=0\ \beta_2=0.999\ \varepsilon=10^{-8}$

On iteration t:

移动加权平均

Compute dw, db on the current Mini-Batch

$$\begin{cases} S_{dw}=\beta_2 S_{dw}+(1-\beta_2)dw^2 \\ S_{db}=\beta_2 S_{db}+(1-\beta_2)db^2 \end{cases}$$

$$w=w-\alpha\frac{dw}{\sqrt{S_{dw}}+\varepsilon} \qquad b=b-\alpha\frac{db}{\sqrt{S_{db}}+\varepsilon}$$

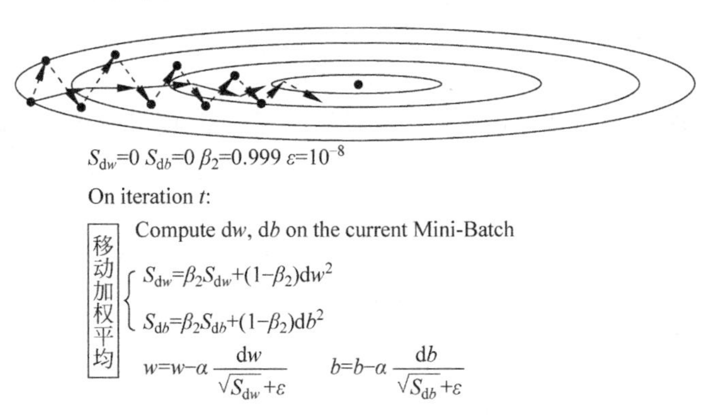

图 3.44 RMSprop 梯度下降法

RMSprop 梯度下降法亦采用移动指数加权平均的思想，平滑梯度纵向的波动，加快横向的收敛速度。与 Momentum 不同的是，其移动平均的计算采用 dw^2 和 db^2，参数更新的策略也发生变化，分别用 dw 和 db 去除以各自的移动均方根，为了避免分母为 0，分母增加一个 ε 调节项。

Adam 梯度下降是对 Momentum 和 RMSprop 两种方法的综合改进，兼顾了二者的优点，如图 3.45 所示。

$v_{dw}=0, v_{db}=0, S_{dw}=0, S_{db}=0, \beta_1=0.9, \beta_2=0.999$

On iteration t:

Compute dw, db on the current Mini-Batch

$v_{dw}=\beta_1 v_{dw}+(1-\beta_1)dw \qquad v_{db}=\beta_1 v_{db}+(1-\beta_1)db$ Momentum

$S_{dw}=\beta_2 S_{dw}+(1-\beta_2)dw^2 \qquad S_{db}=\beta_2 S_{db}+(1-\beta_2)db^2$ RMSprop

$v_{dw}^{corrected}=v_{dw}/(1-\beta_1^t) \qquad v_{db}^{corrected}=v_{db}/(1-\beta_1^t)$

$S_{dw}^{corrected}=S_{dw}/(1-\beta_2^t) \qquad S_{db}^{corrected}=S_{db}/(1-\beta_2^t)$ 移动平均修正

$w=w-\alpha\frac{v_{dw}^{corrected}}{\sqrt{S_{dw}^{corrected}}+\varepsilon} \qquad b=b-\alpha\frac{v_{db}^{corrected}}{\sqrt{S_{db}^{corrected}}+\varepsilon}$ 参数更新

图 3.45 Adam 梯度下降法

Adam 方法同时用 Momentum 和 RMSprop 方法的移动平均去平滑各个方向的梯度，并进行移动平均修正，在参数更新阶段，分子用 Momentum 的移动均值，分母用 RMSprop 均方根，实践中 Adam 的效果往往优于前两种方法，但是 Adam 算法的计算量也要大一些。

学习率衰减也是一种常用的优化算法，从直观上理解，越是逼近目标点，参数的更新幅度应该越小，图 3.46 演示了一种基于 epoch 的学习率衰减方法。

图 3.46 左下角给出了学习率 α 的衰减计算公式，右图给出了一个衰减实例。学习率

的衰减有各种方法可用，如公式(3.13)和公式(3.14)所示，其中，α_0 表示初始学习率，k 为一个常数。

$$\alpha = 0.95^{\text{epochNum}}\alpha_0 \tag{3.13}$$

$$\alpha = \frac{k}{\sqrt{\text{epochNum}}}\alpha_0 \tag{3.14}$$

请结合视频讲解，深入学习优化算法的设计原理。特别提醒，读者在阅读中遇到的任何困惑，随时都可以查看视频讲解，文字与视频，二者总是相互补充，相得益彰。

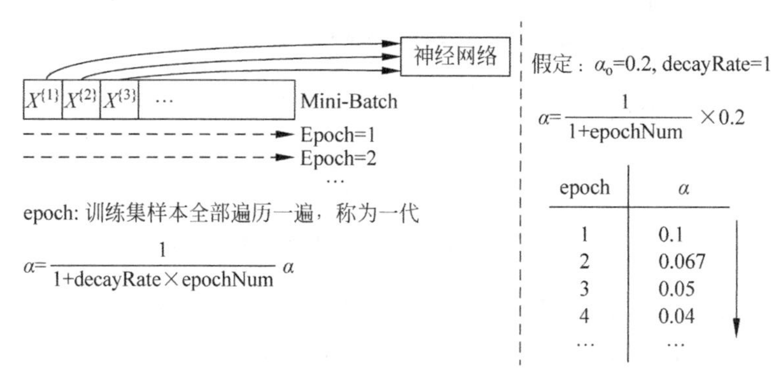

图 3.46　基于 epoch 的学习率衰减方法

3.17　参数与超参数

神经网络有两类参数，一类是分布在各层的参数 w 和 b，这是需要求解的模型参数；另一类是用来优化模型或设定模型规模的参数，称为超参数，如表 3.4 所示。

表 3.4　常见超参数

参数名称	参数说明
学习率 α	用于调整梯度下降的步幅
各层神经元数量 Units	调整网络的宽度
Mini-Batch 大小	单步迭代的效果
网络层数 Layers	调整网络的深度
过滤器参数	过滤器数量、尺寸、步长及是否填充边距等
正则化方法	是否采用正则化，采用何种正则化方法
训练代数 Epochs	决定梯度下降的迭代步数和训练持久程度
各层激励函数	影响模型各层之间的联系
优化算法	根据问题需要比较优化算法的效果
损失函数	评估模型误差的函数

学习率是最为重要的超参数，对模型的影响很大，因此，模型的优化与超参数调整往往是从学习率开始的。但是实践中往往需要多个参数同时搜索，下面介绍两种常见的参数搜索策略。

(1) 参数随机取值策略,如图 3.47 所示。

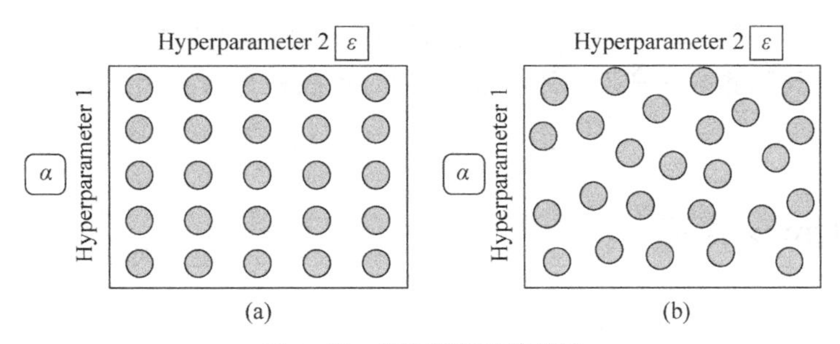

图 3.47 参数随机取值策略

假定需要同时调整的参数为 α 和 ε,显然 α 的重要性远远高于 ε,此时若采用均匀网格取值法,如图 3.47(a)所示,对寻找最佳 α 参数是不利的,因为 α 只取了 5 个不同值,而相对不重要的 ε 却取到了 25 个值。如图 3.47(b)所示的随机策略,同时兼顾了两个参数的取值范围,效果更好一些。

(2) 由粗糙到精细策略,如图 3.48 所示。

最优参数的选择往往难以一步到位,如果发现某个参数值的效果较好,如图 3.48 中的粗线参数点所示,可以围绕这个参数点画出一个范围,在这个范围内取更多的值进行检查,如阴影矩形中的实心原点所示。

在指定范围内随机取值时,应该注意取值的分布合理性。例如,假定 α 需要在[0.0001,1]随机取 10 个值,如果简单地采用随机数取值法,可能会有 90%的点落在[0.1,1]的 10 倍幅度区间,而忽略了[0.0001,0.1]的 1000 倍幅度区间,如图 3.49 所示。

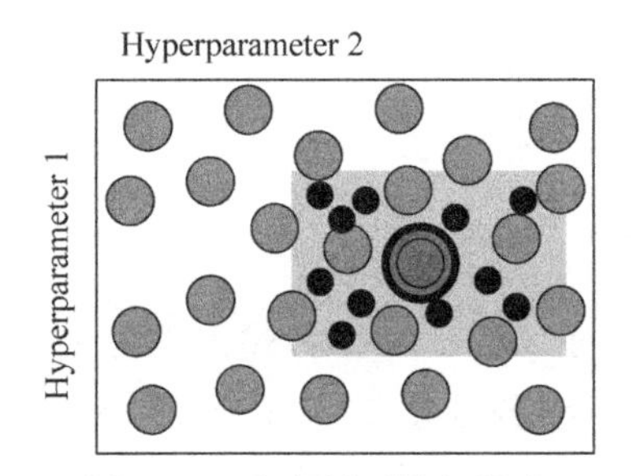

图 3.48 由粗糙到精细策略

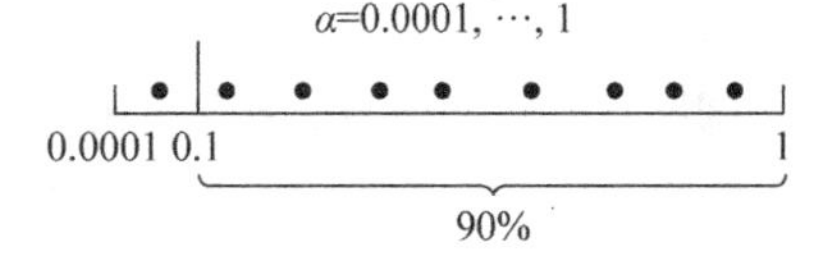

图 3.49 随机取值的不合理性

采用对数法修正取值范围,是一种更好的随机方法,如图 3.50 所示。

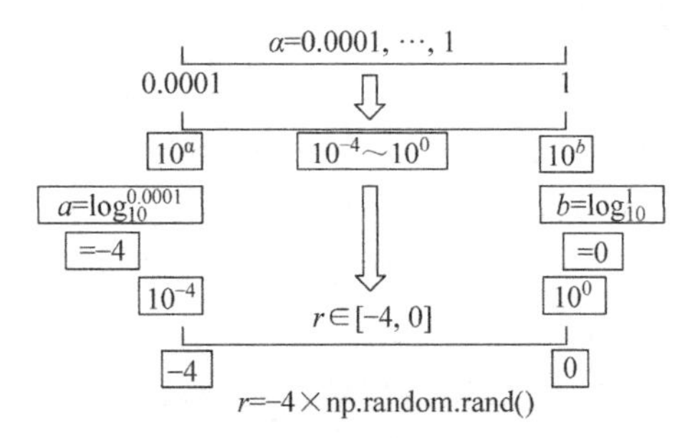

图 3.50 更好的随机取值方法

通过对数界定随机取值区间，将取值范围的起点与终点映射到同一数量级，可以保证随机取值的合理分布。如图3.50所示，先用对数方法将取值区间变换为[-4,0]，在此区间随机取值后，再用指数法还原为原有取值区间，可以避免如图3.49所示的不合理取值分布。

3.18 Softmax回归

逻辑回归解决的是二分类问题，Softmax回归解决的是多分类问题。对于二分类问题，神经网络的输出层一般用Sigmoid函数（逻辑回归）作为激励函数，对于多分类问题，神经网络输出层用Softmax函数（Softmax回归）作为激励函数。

假定第L层为网络的输出层，包含四个神经元，采用Softmax作四分类器。L层四个神经元的输入函数值$Z^{[L]}$已经获得，则Softmax回归的输出结果与计算过程如图3.51所示。

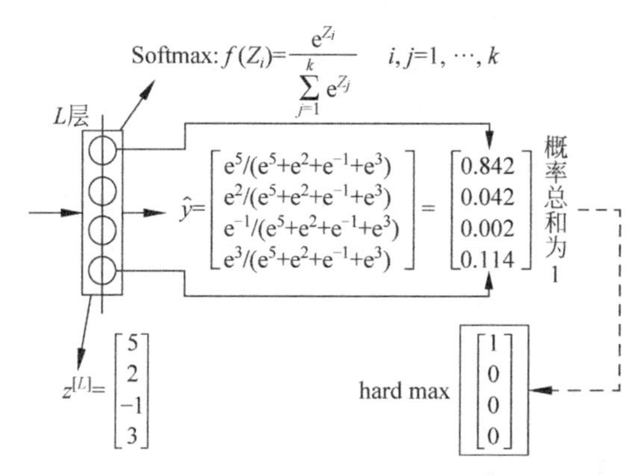

图3.51 Softmax回归计算过程示例

与逻辑回归的Sigmoid函数输出一个概率值不同，Softmax回归输出的是一组概率值，每个概率值对应一个类别，所有概率值之和为1。顾名思义，Softmax是一种软编码，还需要将其转换到硬编码（hard max）形式，又称One-Hot编码，即将概率值最大的类别设定为1，其他类别均设为0。

3.19 VGG-16卷积网络

VGG-16是牛津大学计算机视觉组（Visual Geometry Group Network，VGG）研发的经典卷积网络（Simonyan and Zisserman，2014），结构优美简洁，由13个卷积层和3个全链接层组成，共16层。不包括池化层，因为池化层不需要学习参数。卷积层过滤器大小为(3,3)，池化层过滤器大小为(2,2)，结构定义如图3.52所示。

VGG-16有一个显著特点：随着网络层数增长，特征图尺寸减半，过滤器数量翻倍。这种思路，也为其他模型的设计与演化提供了借鉴与灵感。

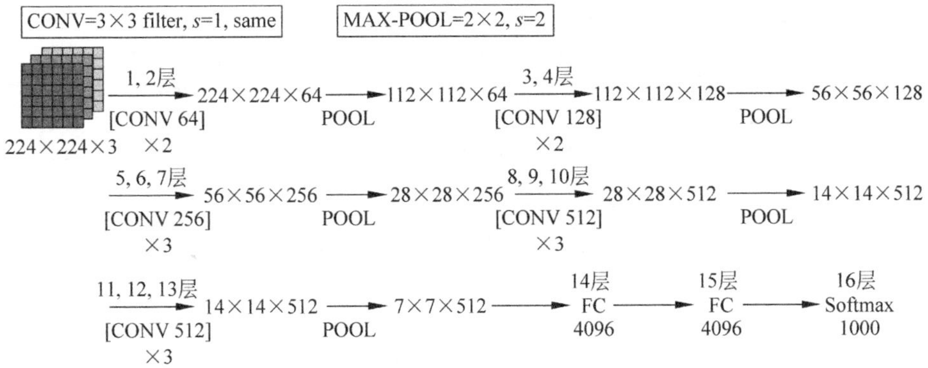

图 3.52　VGG-16 结构定义

执行程序段 P3.18，可借助 Keras 框架，完成如图 3.52 所示的 VGG-16 模型的定义。

```
P3.18   #标准 VGG - 16 模型的定义
075     from keras import Sequential
076     from keras.layers import Dense, Activation, Conv2D, MaxPooling2D, Flatten, Dropout
077     model = Sequential(name = 'VGG16')
        #BLOCK 1
078     model.add(Conv2D(filters = 64, kernel_size = (3, 3), activation = 'relu',
                         padding = 'same', name = 'block1_conv1', input_shape = (224, 224, 3)))
079     model.add(Conv2D(filters = 64, kernel_size = (3, 3), activation = 'relu',
                         padding = 'same', name = 'block1_conv2'))
080     model.add(MaxPooling2D(pool_size = (2, 2), strides = (2, 2), name = 'block1_pool'))
        #BLOCK2
081     model.add(Conv2D(filters = 128, kernel_size = (3, 3), activation = 'relu',
                         padding = 'same', name = 'block2_conv1'))
082     model.add(Conv2D(filters = 128, kernel_size = (3, 3), activation = 'relu',
                         padding = 'same', name = 'block2_conv2'))
083     model.add(MaxPooling2D(pool_size = (2, 2), strides = (2, 2), name = 'block2_pool'))
        #BLOCK3
084     model.add(Conv2D(filters = 256, kernel_size = (3, 3), activation = 'relu',
                         padding = 'same', name = 'block3_conv1'))
085     model.add(Conv2D(filters = 256, kernel_size = (3, 3), activation = 'relu',
                         padding = 'same', name = 'block3_conv2'))
086     model.add(Conv2D(filters = 256, kernel_size = (3, 3), activation = 'relu',
                         padding = 'same', name = 'block3_conv3'))
087     model.add(MaxPooling2D(pool_size = (2, 2), strides = (2, 2), name = 'block3_pool'))
        #BLOCK4
088     model.add(Conv2D(filters = 512, kernel_size = (3, 3), activation = 'relu',
                         padding = 'same', name = 'block4_conv1'))
089     model.add(Conv2D(filters = 512, kernel_size = (3, 3), activation = 'relu',
                         padding = 'same', name = 'block4_conv2'))
```

```
090    model.add(Conv2D(filters = 512, kernel_size = (3, 3), activation = 'relu',
                        padding = 'same', name = 'block4_conv3'))
091    model.add(MaxPooling2D(pool_size = (2, 2), strides = (2, 2), name = 'block4_pool'))
       # BLOCK5
092    model.add(Conv2D(filters = 512, kernel_size = (3, 3), activation = 'relu',
                        padding = 'same', name = 'block5_conv1'))
093    model.add(Conv2D(filters = 512, kernel_size = (3, 3), activation = 'relu',
                        padding = 'same', name = 'block5_conv2'))
094    model.add(Conv2D(filters = 512, kernel_size = (3, 3), activation = 'relu',
                        padding = 'same', name = 'block5_conv3'))
095    model.add(MaxPooling2D(pool_size = (2, 2), strides = (2, 2), name = 'block5_pool'))
096    model.add(Flatten())
       # FC1
097    model.add(Dense(4096, activation = 'relu', name = 'fc1'))
098    model.add(Dropout(0.5))
       # FC2
099    model.add(Dense(4096, activation = 'relu', name = 'fc2'))
100    model.add(Dropout(0.5))
       # Softmax
101    model.add(Dense(1108, activation = 'softmax', name = 'prediction'))
102    model.summary()
```

模型结构摘要显示，VGG-16 模型包含 138 800 020 个需要学习训练的参数，计算量较大。如果使用标准的 VGG-16 模型，可以通过 Keras 中内置的 VGG-16 函数直接创建，或者采用基于 ImageNet 的预训练模型实现迁移学习。

3.20 ResNet 卷积网络

ResNet 是微软研究院的何恺明等人于 2015 年在其 *Deep Residual Learning for Image Recognition* 论文中提出的一种深度卷积学习模型（He，Zhang，et al.，2016）。通过使用残差块（Residual Unit）成功训练 152 层深的神经网络，在 ImageNet 2015 比赛中获得冠军，取得 3.57%的 top5 错误率，而且参数量较低，性能突出。

长期以来，随着层数的增加，梯度消失或梯度爆炸一直是伴随深度神经网络的一个难题，为此，何恺明等人定义了残差块，重构了神经网络的学习流程，如图 3.53 所示。

图 3.53 左侧虚线框表示的是一个残差块结构，右侧公式分步演示了其计算过程。ResNet 之前的神经网络，每一层只与其上一层和下一层有关系，而残差块则打破了这一逻辑。

如虚线框内所示，以 l 层、$l+1$ 层、$l+2$ 层这三层为例，l 层的输出 $a^{[l]}$ 是 $l+1$ 层的输入，即在传统神经网络模型中，l 层的输出信息只能通过 $l+1$ 层处理后向前传递，残差块要做的是增加一个快捷连接（跳连），l 层的输出除了传递给 $l+1$ 层进行学习，也同时跳过

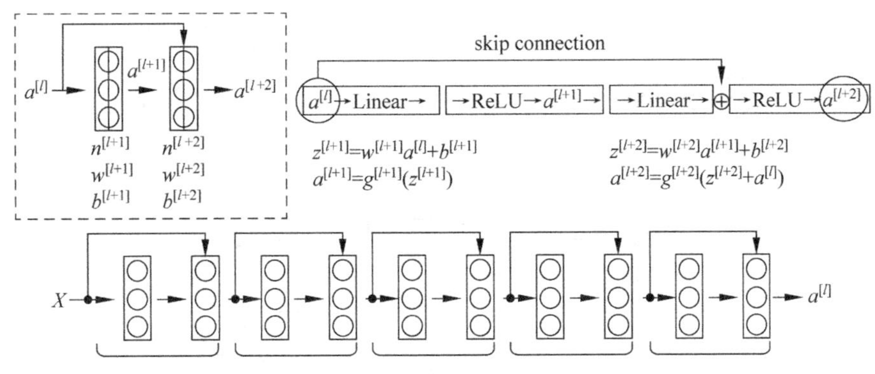

图 3.53　残差块的学习流程

$l+1$ 层传递给 $l+2$ 层(甚至更远的层)，注意观察 $a^{[l]}$ 在 $l+2$ 层中的插入位置，是在 $l+2$ 层的输入函数之后，激励函数之前。也就是说，对于 $l+2$ 层的激励函数，是用 $a^{[l]}+z^{[l+2]}$ 作为输入。对于 $l+2$ 层来说，从 l 层直接复制过来的 $a^{[l]}$ 不需要经过学习训练，只有 $z^{[l+2]}$ 是学习参数得到的，即：$l+2$ 层的学习任务，有一部分是由 l 层完成的，剩余的是由 $l+1$ 层和 $l+2$ 层完成的，所以把这种网络结构称为残差块。

当然，残差块跳连(或称旁连、直连)，不一定只间隔一层，也可以间隔跳连多层。

传统的卷积层或全连接层在信息传递时，或多或少会存在信息丢失、损耗等问题，残差块模型相当于一定程度弥补了信息损耗，不增加额外的参数和计算量，却可以显著提高模型的训练速度和训练效果，并且当模型的层数加深时，这个简单的结构能够很好地平滑梯度消失问题。图 3.53 展示了由若干个残差块构成的网络结构。

图 3.54 为残差网络的作者在论文中设计的实验对比。实验中以 VGGNet-19、34 层深的普通卷积神经网络和 34 层深的 ResNet 做对比，可以看到普通的卷积神经网络和 ResNet 的最大区别在于，ResNet 有很多旁路的分支将前面层的输入直连到后面的层，使得后面的层只学习残差。

实验证明，ResNet 34 层网络的效果比其他两种结构更好，而且收敛速度更快。

ResNet 34 的模型结构图中，有实线和虚线两种跳连方式，实线跳连前后的通道数相同；虚线跳连前后的通道数不一致，前面的输入需要做卷积变换才能参与到后面的计算中。模型在 ImageNet 上的训练效果如图 3.55 所示。细曲线表示训练误差，粗曲线表示验证误差。图 3.55(a)是 18 层和 34 层的普通网络对比，图 3.55(b)是 18 层和 34 层的 ResNet 对比。

论文作者在前述工作基础上，提出了 50 层、101 层、152 层的 ResNet，不仅没有出现梯度消失问题，错误率也大大降低，同时计算复杂度也保持在很低的程度。相关模型参数如表 3.5 所示。

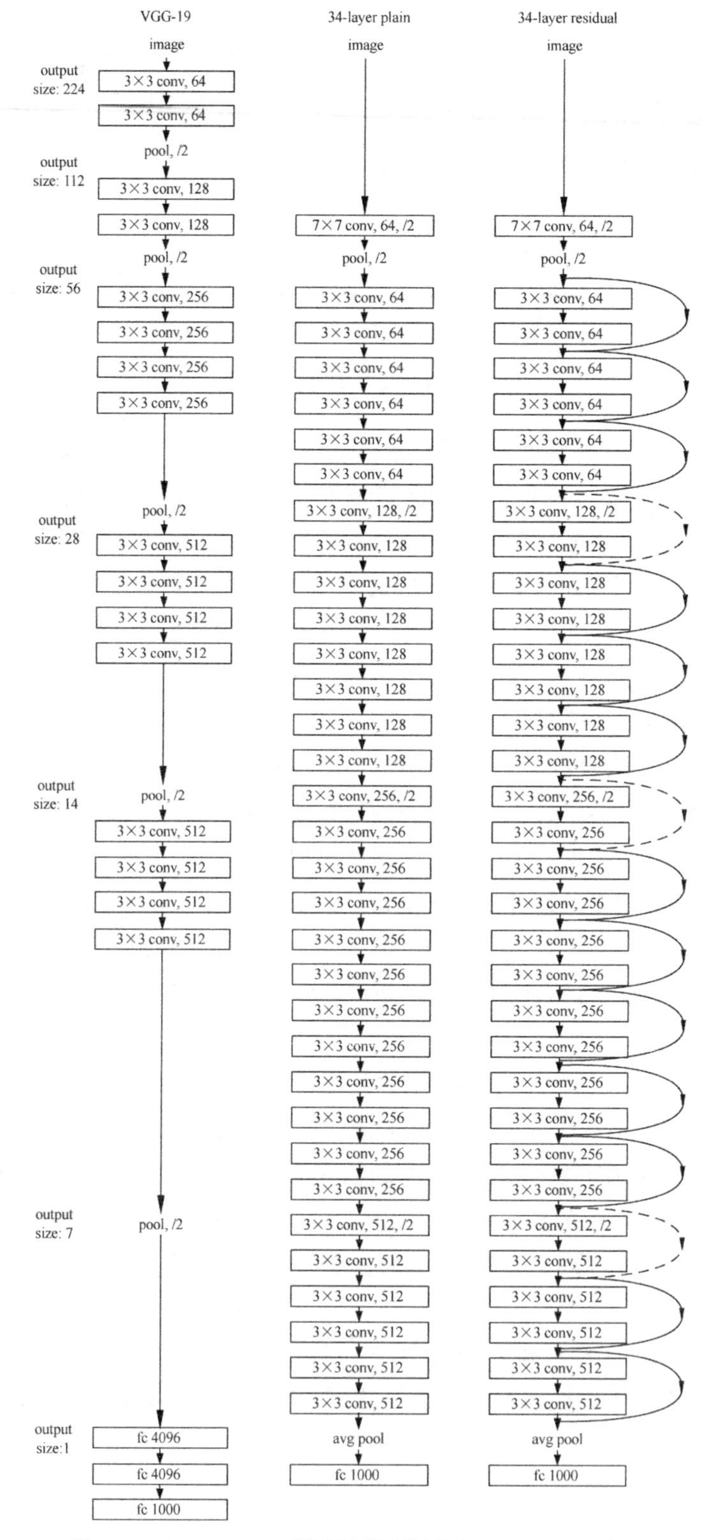

图 3.54　VGG-19、34 层普通卷积网络与 ResNet 34 对比

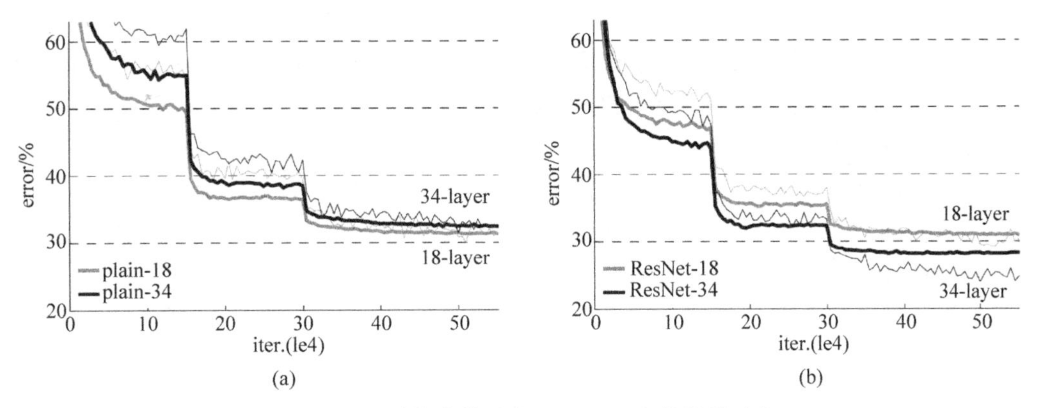

图 3.55 两种深度模型在 ImageNet 上的效果对比

表 3.5 ResNet 模型结构参数

layer name	output size	18-layer	34-layer	50-layer	101-layer	152-layer
conv1	112×112	7×7,64,stride 2				
conv2_x	56×56	3×3 max pool,stride 2				
		$\begin{bmatrix}3\times3,64\\3\times3,64\end{bmatrix}\times2$	$\begin{bmatrix}3\times3,64\\3\times3,64\end{bmatrix}\times3$	$\begin{bmatrix}1\times1,64\\3\times3,64\\1\times1,256\end{bmatrix}\times3$	$\begin{bmatrix}1\times1,64\\3\times3,64\\1\times1,256\end{bmatrix}\times3$	$\begin{bmatrix}1\times1,64\\3\times3,64\\1\times1,256\end{bmatrix}\times3$
conv3_x	28×28	$\begin{bmatrix}3\times3,128\\3\times3,128\end{bmatrix}\times2$	$\begin{bmatrix}3\times3,128\\3\times3,128\end{bmatrix}\times4$	$\begin{bmatrix}1\times1,128\\3\times3,128\\1\times1,512\end{bmatrix}\times4$	$\begin{bmatrix}1\times1,128\\3\times3,128\\1\times1,512\end{bmatrix}\times4$	$\begin{bmatrix}1\times1,128\\3\times3,128\\1\times1,512\end{bmatrix}\times8$
conv4_x	14×14	$\begin{bmatrix}3\times3,256\\3\times3,256\end{bmatrix}\times2$	$\begin{bmatrix}3\times3,256\\3\times3,256\end{bmatrix}\times6$	$\begin{bmatrix}1\times1,256\\3\times3,256\\1\times1,1024\end{bmatrix}\times6$	$\begin{bmatrix}1\times1,256\\3\times3,256\\1\times1,1024\end{bmatrix}\times23$	$\begin{bmatrix}1\times1,256\\3\times3,256\\1\times1,1024\end{bmatrix}\times36$
conv5_x	7×7	$\begin{bmatrix}3\times3,512\\3\times3,512\end{bmatrix}\times2$	$\begin{bmatrix}3\times3,512\\3\times3,512\end{bmatrix}\times3$	$\begin{bmatrix}1\times1,512\\3\times3,512\\1\times1,2048\end{bmatrix}\times3$	$\begin{bmatrix}1\times1,512\\3\times3,512\\1\times1,2048\end{bmatrix}\times3$	$\begin{bmatrix}1\times1,512\\3\times3,512\\1\times1,2048\end{bmatrix}\times3$
	1×1	average pool,1000-d fc,softmax				
FLOPs		1.8×10^9	3.6×10^9	3.8×10^9	7.6×10^9	11.3×10^9

表中最后一行表示模型的计算量大小,FLOPs(floating point operations)表示模型做一次前向传播需要完成的浮点运算次数。这里需要注意区别 FLOPS(floating point operations per second),FLOPS 意指每秒浮点运算次数,是用来衡量硬件计算性能的指标。从形式上看,前者以小写 s 结尾,后者以大写 S 结尾。显然,随着网络层数的增加,ResNet 的计算量的增长并不显著。

关于 ResNet 模型的深入解析,请参见本节视频讲解。

3.21 1×1 卷积

所谓 1×1 卷积,是指卷积核大小为 1×1 的卷积运算。1×1 卷积在 ResNet 的卷积残差块、Inception 网络的 Inception 卷积块等结构中都有应用。此外,1×1 卷积可以替换全连接层,这部分知识将在第 4 章的 YOLO 算法中讲述。

先看一个简单的例子，如图 3.56 所示，假定图像维度为 6×6×1，有一个 1×1×1 的卷积核，卷积核参数值为 2，经过卷积，得到的图像维度仍然为 6×6×1，只是像素值变为原值的 2 倍，这个卷积看起来似乎没有什么实质性作用。

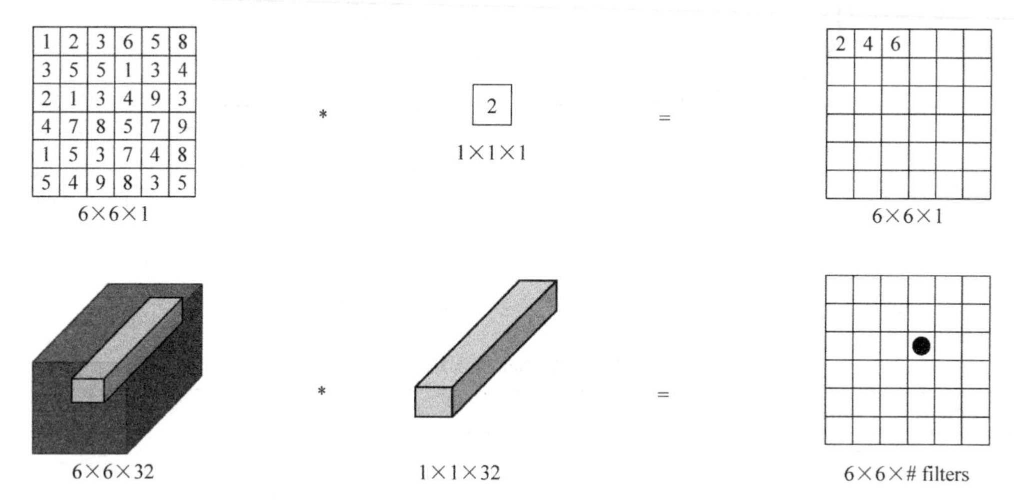

图 3.56 1×1 卷积工作逻辑示意

然而，当输入图像维度变为 6×6×32，卷积核维度为 1×1×32，则情况发生了质变。

这个时候，每次卷积操作，需要从输入图像上切出一个深度为 32 的数据条与卷积核相乘求和，然后填入右侧对应的圆点位置。

如果把 1×1×32 卷积核看成是 32 个权重 w 构成的参数集，输入图像上切出的数据条看作 1×1×32 的输入特征，那么每一个卷积操作相当于一个 $z=wx$ 线性变换过程，此时如果指定激励函数进行非线性变换，则单个 1×1 卷积核相当于扮演了一个神经元的作用。

例如，8 个 1×1×32 卷积核，则相当于有 8 个神经元，每个神经元有 32 个 w 参数，与输入层构建了一个全连接网络，如图 3.57 所示。

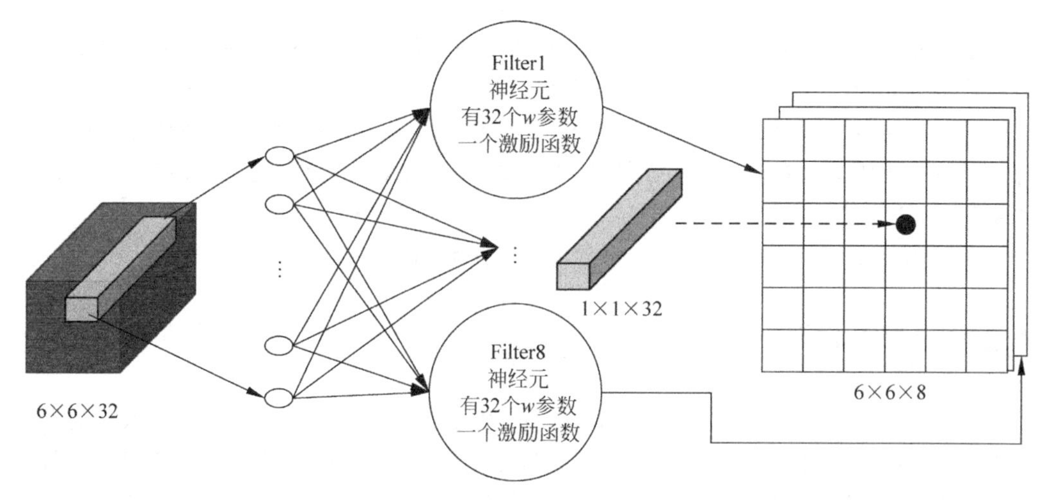

图 3.57 1×1 卷积相当于一个全连接网络

有多少个卷积核，就有多少个神经元，每个卷积核(神经元)对应一个输出通道。如图 3.57 所示，6×6×32 的输入图像经过 8 个 1×1×32 卷积，得到输出特征图的维度为 6×6×8。

1×1 卷积的作用归纳如下。

(1) 通道数放缩。池化层只能改变输入图像的高度和宽度，无法改变通道数量，1×1 卷积通过控制卷积核的数量，可以实现通道数量的增加或者减少。

(2) 1×1 卷积核的卷积过程相当于全连接层的计算过程，通过加入非线性激励函数，可以增加网络的非线性，使得网络可以表达更复杂的特征。

(3) 1×1 卷积在模型设计中，可以起到模型优化和减少参数量的作用。3.22 节介绍的 Inception 网络，可以观察到 1×1 卷积在降低模型计算量方面带来的巨大改进。

3.22 Inception 卷积网络

Inception 又称 GoogLeNet，不写为 GoogleNet，是为了向 Yann LeCuns 设计的卷积网络先驱 LeNet 5 致敬。

Inception 是 2014 年由 Christian Szegedy 等人提出的一种全新的深度学习结构(Szegedy，Liu，et al.，2015)，获得 2014 年的 ILSVRC 比赛冠军，后来又衍生出 Inception v2(Ioffe and Szegedy，2015)、Inception v3(Szegedy，Vanhoucke，et al.，2016)和 Inception v4(Szegedy，Ioffe，et al.，2017)等多个版本。

在 Inception 出现之前，大部分流行 CNN 仅仅是把卷积层堆叠得越来越多，使网络越来越深，希望能够得到更好的性能。但层数的增加会带来很多副作用，比如过拟合、梯度消失、梯度爆炸等。

构建卷积网络时，往往需要决定如何配置参数，例如，卷积核的尺寸、卷积核的个数、是否需要添加池化层等。Inception 网络的优势是在同一层上并联多种卷积方法，当然这种并联结构也增加了复杂性。如图 3.58 所示，给出了一个 Inception 卷积块的结构示例。

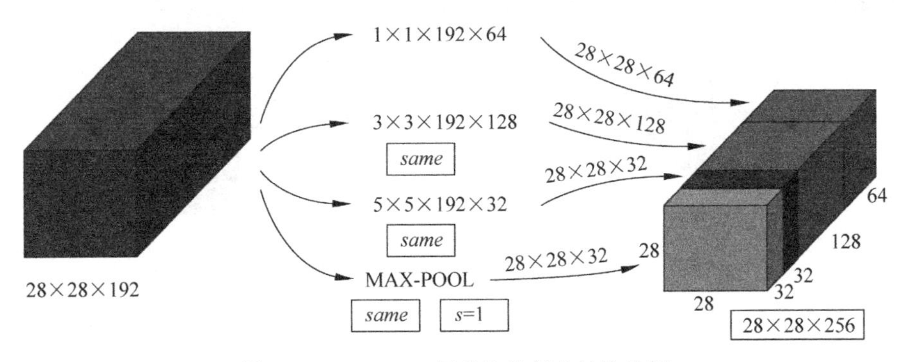

图 3.58 Inception 网络块的基本结构示例

输入图像的维度为 28×28×192，为了构建下一层特征图像的结构，分以下四步进行。

(1) 定义 64 个 1×1×192 卷积核，输出特征图的维度为 28×28×64。

(2) 定义 128 个 3×3×192 卷积核，same 卷积，保持图像高度与宽度尺寸不变，输出特征图的维度为 28×28×128,将其堆叠到步骤(1)得到的特征块上。

(3) 定义 32 个 5×5×192 卷积核,same 卷积,保持图像高度与宽度尺寸不变,输出特征图的维度为 28×28×32,将其堆叠到步骤(1)、(2)得到的特征块上。

(4) 定义最大池化层,same 池化,步长为 1,保持图像高度与宽度尺寸不变,输出特征图的维度为 28×28×32,将其堆叠到步骤(1)、(2)、(3)得到的特征块上。注意池化层是不改变输入层的通道数量的,这里输出的特征图之所以为 32 通道,是因为最大池化层后面跟了一个 1×1 卷积。

图 3.58 演示的 Inception 卷积块相当于一个有 4 条并行线路的网络模块。4 条并行线路通过不同的卷积核形状来并行学习参数,发挥各种卷积核的长处,集成为一个综合目标输出,这个综合后的目标输出有可能包含更多来自上一层的特征信息。Inception 卷积块的 4 条并行线路的逻辑描述如图 3.59 所示。

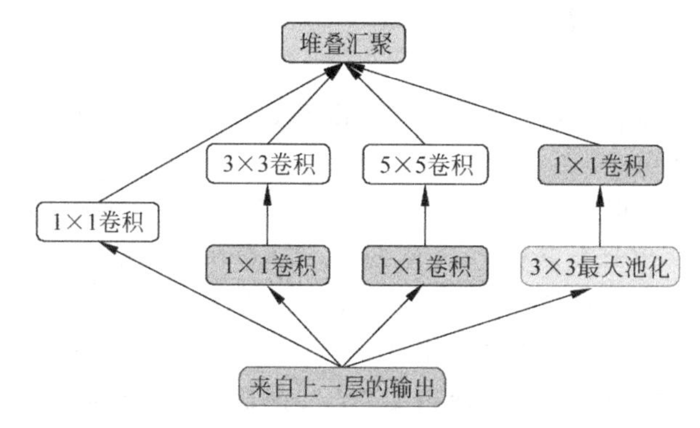

图 3.59 Inception 卷积块逻辑描述示例

3.21 节介绍过 1×1 卷积可以缩放通道数量,图 3.59 中最大池化层后面跟着 1×1 卷积是为了降维,将 192 通道降维到 32 通道。此外,如图 3.59 所示,在做 3×3 卷积、5×5 卷积之前都采用了 1×1 卷积,为什么要这样做?答案是为了降低计算量。以 5×5 卷积分支的计算为例,需要训练的参数量如图 3.60 所示。

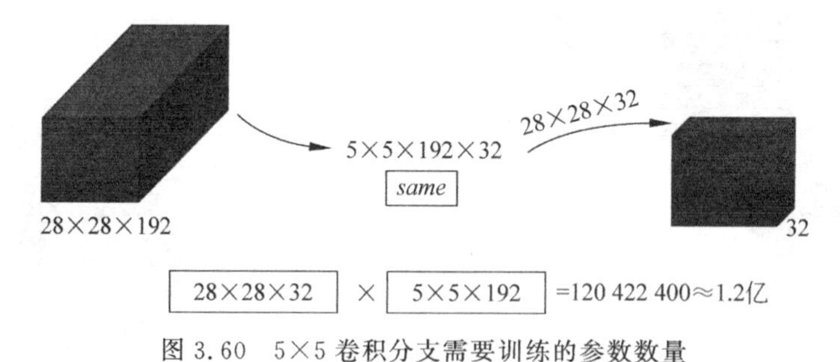

图 3.60 5×5 卷积分支需要训练的参数数量

如果在做 5×5 卷积之前,添加一个 1×1 卷积,如图 3.61 所示,则参数数量可以由 1.2 亿降为 1200 万。

不仅是降低计算量,如果输入的特征存在冗余信息,1×1 卷积层相当于为网络增加了一个特征提取层。

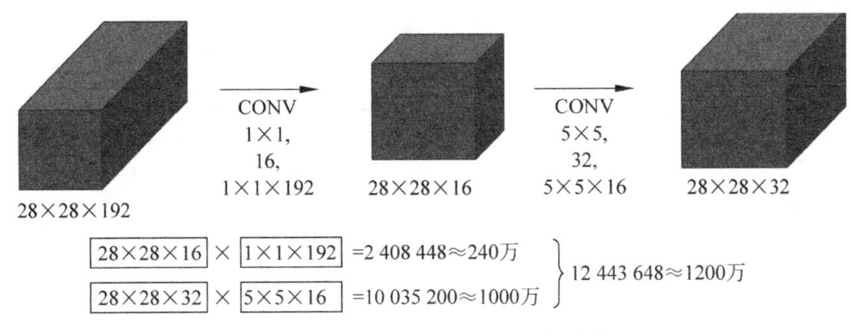

图 3.61　1×1 卷积可以大幅降低计算量

GoogLeNet 将 9 个设计精细的 Inception 卷积块和其他层串联起来。其中，Inception 卷积块的通道数分配是在 ImageNet 数据集上通过大量的实验得来的。如果只统计含有学习参数的层，GoogLeNet 网络有 22 层，如果将池化层也统计在内，则共有 27 层，如图 3.62 所示。

为了解决梯度消失问题，及时获取模型反馈，Inception 在网络中间位置引入两个辅助分类器 softmax0 和 softmax1 加强模型监督。

请参见视频讲解，加深对 Inception 网络结构的理解。

3.23　合成细胞彩色图像

RxRx1 项目组发布了一个开源辅助工具包 rxrx1-utils，提供了将 6 通道灰度图像合成为彩色图像以及图像可视化的函数库，可以通过 git 命令直接从 GitHub 下载安装到当前项目的工作目录中。

如果是 Windows 系统，切换到 MS-DOS 命令行窗口，将当前工作目录切换为 D:\MyTeaching\MyAI\chapter3(读者可根据自己的工作目录做出修改)，执行如下 git 命令(需要预先安装 git 软件)。

```
git clone https://github.com/recursionpharma/rxrx1-utils
```

git 命令完成后，当前工作目录中会新增一个名称为 rxrx1-utils 的文件夹，里面包含对细胞通道图像合并与可视化的一些方法。

如果是其他操作系统，做类似操作，将 rxrx1-utils 安装到项目的工作目录即可。

如果不采用上述 git 命令安装模式，本节的项目素材中包含 rxrx1-utils 的压缩文件，读者可自行将其解压到项目工作目录。

执行程序段 P3.19，将实验批次为 HUVEC-01，3 号实验板，K09 微孔在 s1 位置处的 6 幅灰度图像合成为细胞的彩色图像，如图 3.63 所示。

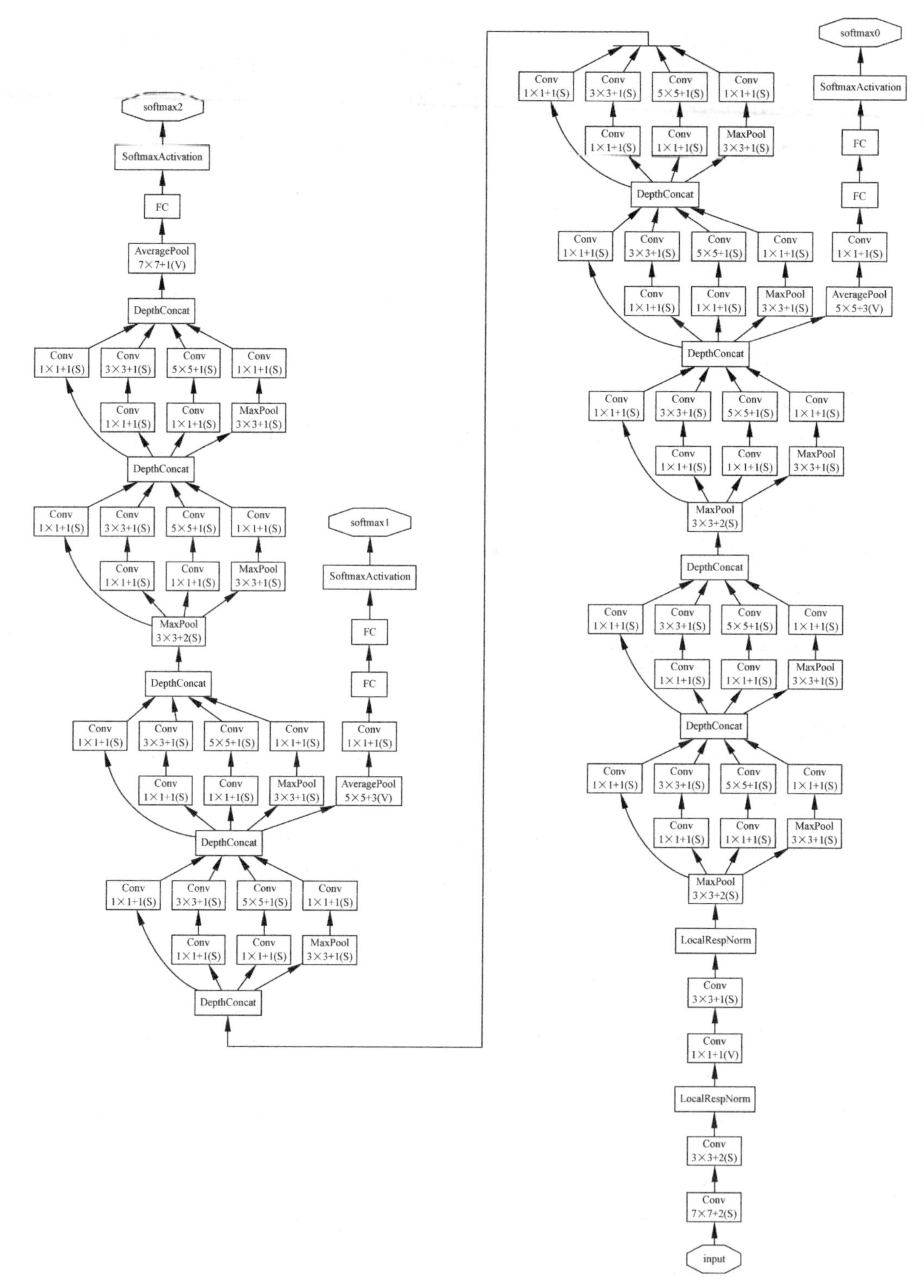

图 3.62　Inception 网络结构

```
P3.19   # 将 6 通道灰度图合成细胞彩色图像
103     import sys
104     sys.path.append('rxrx1 - utils')
105     import rxrx.io as rio # 导入 rxrx 工具包
        # 加载并合成细胞图像,指定数据集,指定实验批次、实验板、微孔和位置参数
106     cell_image = rio.load_site_as_rgb('train', 'HUVEC - 01', 3, 'K09', 1)
107     plt.figure(figsize = (5, 5))
108     plt.imshow(cell_image)
```

合成的彩色图像尺寸与灰度图相同,高度、宽度均为 512px。

后面为了使用 VGG-16 网络做迁移学习,需要将图片尺寸缩减为 224×224×3。执行程序段 P3.20,运用 TensorFlow 的图像缩放函数,完成彩色图像的尺寸变换,如图 3.64 所示。

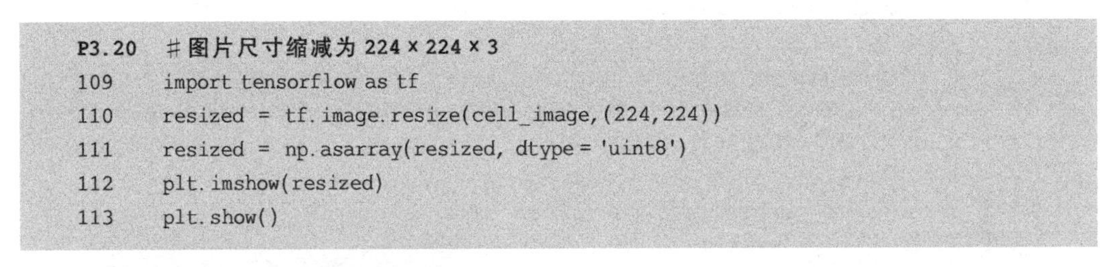

```
P3.20   # 图片尺寸缩减为 224 × 224 × 3
109     import tensorflow as tf
110     resized = tf.image.resize(cell_image, (224,224))
111     resized = np.asarray(resized, dtype = 'uint8')
112     plt.imshow(resized)
113     plt.show()
```

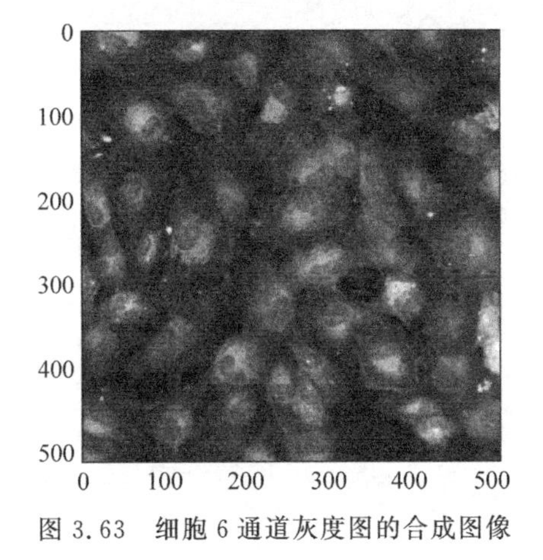

图 3.63　细胞 6 通道灰度图的合成图像

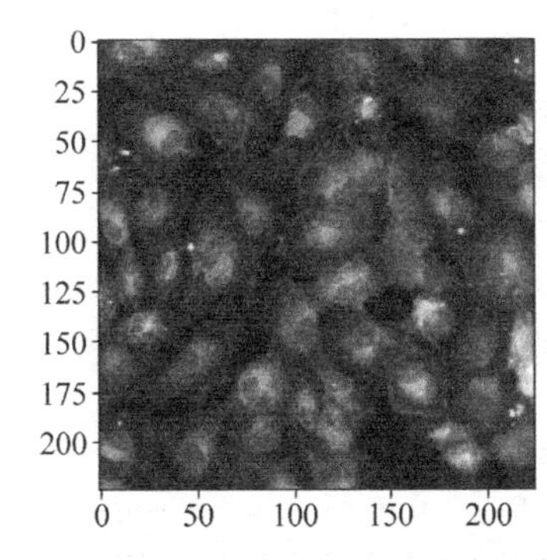

图 3.64　缩减为 224×224×3 后的细胞图像

3.24　数据集划分

3.5 节已经完成了数据的筛选,生成了 U2OS_train 数据集,并且只保留了 id_code 和 sirna 标签这两列,显然仅靠这两列数据无法完成学习建模工作。但是可以根据 id_code 去组织图像数据,这个工作放在 3.25 节完成。标签列共有 1108 种 sirna 标签,需要进行 One-Hot 编码,此工作通过执行程序段 P3.21 完成。

```
P3.21   #完成标签的 One-Hot 编码
114     sirna_code = pd.get_dummies(U2OS_train, columns = ['sirna'])
115     train_data_x = U2OS_train
116     train_data_y = sirna_code.drop(['id_code'], axis = 1)
117     print(train_data_x.shape)
118     print(train_data_y.shape)
119     train_data_y.head()
```

结果显示,train_data_x 数据集维度为(3324,2),train_data_y 数据集维度为(3324,1108)。

执行程序段 P3.22,完成训练集与验证集的划分。

```
P3.22   #数据集划分为训练集与验证集两部分
120     from sklearn.model_selection import train_test_split
121     x_train_id, x_val_id, Y_train, Y_val = train_test_split(
            train_data_x, train_data_y, test_size = .33, random_state = 0)
122     print('训练集的特征维度: {0},标签维度: {1}'.format(x_train_id.shape,Y_train.shape))
123     print('验证集的特征维度: {0},标签维度: {1}'.format(x_val_id.shape,Y_val.shape))
124     x_train_id.reset_index(drop = True, inplace = True)
125     Y_train.reset_index(drop = True, inplace = True)
126     x_val_id.reset_index(drop = True, inplace = True)
127     Y_val.reset_index(drop = True, inplace = True)
```

运行结果如下。

```
训练集的特征维度: (2227, 2),标签维度: (2227, 1108)
验证集的特征维度: (1097, 2),标签维度: (1097, 1108)
```

执行程序段 P3.23,定义标签名称列表。类名称列表可用于后续的预测结果与真实标签的对照。

```
P3.23   #定义标签名称列表
128     classes = pd.concat([x_train_id['sirna'],x_val_id['sirna']],axis = 0).to_list()
129     for i in range(len(classes)):
130         classes[i] = classes[i].encode(encoding = 'utf-8')
```

3.25 制作 HDF5 数据集

层次数据格式第 5 版(Hierarchical Data Format Version 5,HDF5)是一种存储与管理大型复杂数据的开源框架,提供了管理、操纵、查看和分析数据集的便捷高效方法,可优化数据访问效率和存储效率,支持大规模并行计算。

程序段 P1.1 已经用语句 import h5py 将 Python 版 HDF5 框架导入,本节直接调用即可。执行程序段 P3.24,根据训练集与验证集中 id_code 读取 6 通道灰度图像,将其合并为彩图，重定义尺寸并保存为外部文件，存放到当前工作目录的 cell 子目录下，并同步制作 HDF5 数据集文件。

```
P3.24  #6 通道图像合并为彩图，重定义尺寸并保存为外部文件，同步制作 HDF5 数据集
       #此段程序只运行一遍即可
131    def make_dataset(x_data,y_data,x_data_id,Y_data):
132        i = 0
133        for code in x_data_id['id_code']:
134            cell_type = code.partition('_')[0]  #细胞系类型
135            plate = int(code.partition('_')[2][0])  #实验板编号
136            well = code.rpartition('_')[2]  #微孔编号
137            #读取 s1 位置的 6 通道图像，合成彩图
138            img = rio.load_site_as_rgb('train', cell_type, plate, well, 1)
139            resized = tf.image.resize(img,(224,224)) #重定义尺寸
140            resized = np.asarray(resized, dtype = 'uint8')
141            filename = './cell/' + code + '.jpg'
142            plt.imsave(filename,resized) #保存文件
143            x_data[i] = resized #图像特征
144            y_data[i] = Y_data.loc[i].ravel() #标签
145            i += 1
146    x_train_shape = (x_train_id.shape[0],224,224,3) #训练集样本空间的维度
147    x_val_shape = (x_val_id.shape[0],224,224,3) #验证集样本空间的维度
148    with h5py.File('cell.h5','w') as f:
149        x_train = f.create_dataset("x_train", x_train_shape ,'i1') #训练集特征
150            y_train = f.create_dataset("y_train", Y_train.shape ,'i1') #训练集标签
151            x_val = f.create_dataset("x_val", x_val_shape ,'i1') #验证集特征
152            y_val = f.create_dataset("y_val", Y_val.shape ,'i1') #验证集标签
153            classes = f.create_dataset('classes',data = classes) #数据集类名称
154            make_dataset(x_train,y_train,x_train_id,Y_train) #制作训练集
155            make_dataset(x_val,y_val,x_val_id,Y_val) #制作验证集
```

程序段 P3.24 需要读取 3324×6 张灰度图，并将其合并为 3324 张彩色图像，然后将尺寸缩减为 224×224×3，并同步生成含有训练集、验证集和标签名称的 HDF5 数据集文件。

运行结束后，可以将该段程序注释掉，避免反复运行，因为需要的建模数据已经保存到 cell.h5 文件中，图像文件则存放在 cell 子目录下。

3.26 迁移学习与特征提取

机器学习往往依赖大规模数据集和高昂的计算支撑，那么是否可以将别人花费数周乃至数月训练好的开源模型结构以及模型的权重参数下载下来，用于自己的实验项目呢？例如，你手里有一个图像识别分类的项目，但苦于数据集不够充分，或者计算力不能满足需要，此时完全可以借鉴那些在 ImageNet 领域表现良好的开源模型。

ImageNet 拥有来自生活领域的 1400 多万幅图像，那些能够在 ImageNet 上进行 1000 种目标分类的稳定模型，其模型结构和权重参数经过了大量的学习训练与实践检

验，因此，基于 ImageNet 上的成功模型开始你的建模，可能是一个非常不错的选择。这种将某个领域或任务上学习到的知识或模式应用到其他相关领域的方法，称为迁移学习(Transfer Learning)。

Keras 框架中不但提供了 VGG-16、VGG-19、ResNet、Inception、DenseNet 等经典模型的结构定义函数，而且提供了这些模型基于 ImageNet 训练好的权重参数，用户既可以单独使用这些模型的结构，用自己的数据集去训练自己的模型参数；也可以直接将这些经典模型的预训练权重下载下来，直接用这些模型进行预测或者特征提取等工作。

执行程序段 P3.25，用 VGG-16 的 ImageNet 预训练模型进行细胞图像的特征提取。

```
P3.25   #用 VGG-16 的 ImageNet 预训练模型进行特征提取
156     from keras.applications.vgg16 import VGG16
157     from keras.preprocessing import image
158     from keras.applications.vgg16 import preprocess_input
        #下载或读取预训练模型，首次执行时需要下载模型参数
159     model = VGG16(weights = 'imagenet', include_top = False)
        #单个图像的特征提取
160     def VGG16_extract_features(img):
161         x = np.expand_dims(img, axis = 0)
162         features = model.predict(x)
163         return features
        #用前面的 resized 图像测试
164     features = VGG16_extract_features(resized)
165     features.shape
```

其中，第 159 行程序表示采用 ImageNet 训练的权重参数，特征提取时，不采用最后的三个全连接层，即特征提取模型只包括 VGG-16 前面的 13 层，VGG-16 的结构参见前面的图 3.52。P3.25 输出的特征图维度为(1,7,7,512)。

为了对训练集与测试集进行特征提取，执行程序段 P3.26，加载细胞图像数据集。

```
P3.26   #加载细胞图像数据集
166     def load_dataset():
167         with h5py.File('cell.h5','r') as f:
168             x_train = f['x_train'][:]      #读取训练集特征
169             y_train = f['y_train'][:]      #读取训练集标签
170             x_val = f['x_val'][:]          #读取验证集特征
171             y_val = f['y_val'][:]          #读取验证集标签
172             classes = f['classes'][:]      #类名称
173             return x_train, y_train, x_val, y_val, classes
174   X_train, Y_train, X_val, Y_val, classes = load_dataset()
```

程序段 P3.26 可能会被其他程序反复用到，所以将其单独保存为 Python 程序文件 cell_utils.py，放到项目文件夹中，便于其他程序引用。

执行程序段 P3.27，完成训练集特征提取。得到的特征集维度为(2227,7,7,512)。

```
P3.27  #用 VGG - 16 对训练集进行特征提取,此段程序只运行一遍即可
175    m = X_train.shape[0]
176    x_train = np.zeros((m,7,7,512))
177    for i in range(m):
178        x_train[i] = VGG16_extract_features(X_train[i])
179    print(x_train.shape)
```

执行程序段 P3.28,完成验证集特征提取。得到的特征集维度为(1097,7,7,512)。

```
P3.28  #用 VGG - 16 对验证集进行特征提取,此段程序只运行一遍即可
180    m = X_val.shape[0]
181    x_val = np.zeros((m,7,7,512))
182    for i in range(m):
183        x_val[i] = VGG16_extract_features(X_val[i])
184    print(x_val.shape)
```

执行程序段 P3.29,将训练集特征与验证集特征保存为 HDF5 特征集文件 cell_features.h5。

```
P3.29  #保存用 VGG - 16 提取的特征,此段程序只运行一遍即可
185    with h5py.File('cell_features.h5','w') as f:
186        x_train = f.create_dataset("x_train", data = x_train) #训练集特征
187        y_train = f.create_dataset("y_train", data = Y_train) #训练集标签
188        x_val = f.create_dataset("x_val", data = x_val) #验证集特征
189        y_val = f.create_dataset("y_val", data = Y_val) #验证集标签
190        classes = f.create_dataset('classes',data = classes) #数据集类名称
```

程序段 P3.27、P3.28 和 P3.29,这三段程序运行结束后,可以注释起来,因为提取的特征已经保存到外部的 HDF5 数据集文件中,后面根据需要直接从特征文件读取即可。

至此,细胞图像数据的预处理工作全部完成,保存当前程序文档。

3.27 基于 VGG-16 的迁移学习

关闭此前建立的程序文档,重启 NoteBook 后台服务器,释放前述特征提取占用的内存资源。新建一个程序文档 Cell_Model.ipynb,执行程序段 P3.30,读取特征集。

```
P3.30  #加载 VGG16 提取的特征数据集
191     import h5py
192    def load_VGG16_dataset():
193        with h5py.File('cell_features.h5','r') as f:
194            x_train = f['x_train'][:] #读取训练集特征
195            y_train = f['y_train'][:] #读取训练集标签
196            x_val = f['x_val'][:]     #读取验证集特征
197            y_val = f['y_val'][:]     #读取验证集标签
198            classes = f['classes'][:] #类名称
```

```
199            return x_train, y_train, x_val, y_val, classes
200     X_train, Y_train, X_val, Y_val, classes = load_VGG16_dataset()
```

自行定义一个基于 VGG-16 的细胞图像分类模型,不妨将新模型命名为 VGG16-Cell-Transfer。模型结构如图 3.65 所示。模型包含两部分,一部分称作特征提取,一部分是自主学习。

左边虚线框表示模型的输入部分,相当于用 VGG-16 模型的前 13 层的 ImageNet 参数做细胞图像的特征提取,这部分工作称作迁移学习。

右边的虚线框表示自主学习部分。自主学习定义了一个 1×1 卷积进行降维,卷积核数量可以调整,程序测试时采用了 32。1×1 卷积后面跟着三个全连接层,类似 VGG-16 后面的三层结构,不同的是神经元的数量做了调整,为了降低计算量,由 4096 调整为 2048,如果计算力允许,建议还是采用 4096 更好一些。Softmax 层的单元数量为 1108,与 sirna 的标签数保持一致。

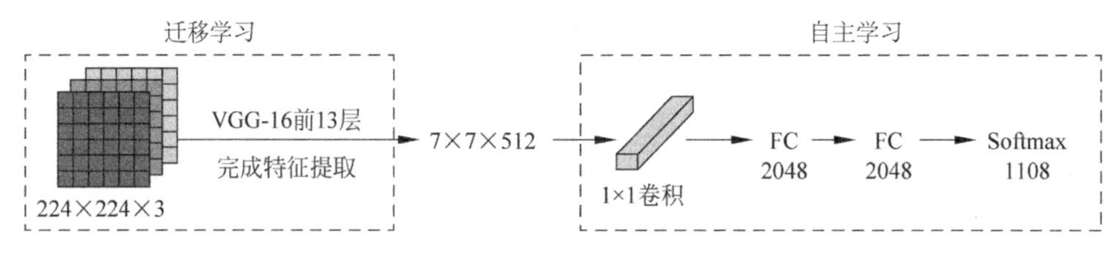

图 3.65　自定义基于 VGG-16 的迁移学习模型

根据图 3.65 的结构,执行程序段 P3.31,自定义基于 VGG-16 的迁移学习模型。

```
P3.31   #基于 VGG-16 的 ImageNet 预训练模型,定义迁移学习模型
201     from keras import Sequential
202     from keras.layers import Dense, Conv2D, Flatten, Dropout
203     model = Sequential(name = 'VGG16-Cell-Transfer')
204     model.add(Conv2D(filters = 64, kernel_size = (1, 1), activation = 'relu',
                  padding = 'same', input_shape = (7, 7, 512)))
205     model.add(Flatten())
206     model.add(Dense(2048, activation = 'relu', name = 'fc1'))
207     model.add(Dropout(0.5))
208     model.add(Dense(2048, activation = 'relu', name = 'fc2'))
209     model.add(Dropout(0.5))
210     model.add(Dense(1108, activation = 'softmax', name = 'prediction'))
211     model.summary()
```

模型摘要显示参数量为 12 924 052 个,不到 VGG-16 参数数量的十分之一。

执行程序段 P3.32,指定优化算法、损失函数和模型评价指标,编译模型。

```
P3.32   #编译模型
212     model.compile(optimizer = 'RMSProp',
                      loss = 'categorical_crossentropy',
                      metrics = ['accuracy'])
```

执行程序段 P3.33，指定训练代数、批处理大小、训练集和验证集参数，开始模型训练。

```
P3.33    #训练模型
213      epochs = 10
214      batch_size = 32
215      history = model.fit(X_train, Y_train, epochs = epochs, batch_size = batch_size,
                  validation_data = (X_val,Y_val))
```

由于采用了迁移学习，节省了大量的计算，所以模型训练速度很快。

执行程序段 P3.34，观察模型在训练集与验证集上准确率与损失值对比。

```
P3.34    #训练集和验证集上的准确率与损失值对比
216      import matplotlib.pyplot as plt
217      %matplotlib inline
218      x = range(1, len(history.history['accuracy']) + 1)
219      plt.plot(x, history.history['accuracy'])
220      plt.plot(x, history.history['val_accuracy'])
221      plt.title('Model accuracy')
222      plt.ylabel('Accuracy')
223      plt.xlabel('Epoch')
224      plt.xticks(x)
225      plt.legend(['Train', 'Val'], loc = 'upper left')
226      plt.show()
227      plt.plot(x, history.history['loss'])
228      plt.plot(x, history.history['val_loss'])
229      plt.title('Model loss')
230      plt.ylabel('Loss')
231      plt.xlabel('Epoch')
232      plt.xticks(x)
233      plt.legend(['Train', 'Val'], loc = 'lower left')
234      plt.show()
```

模型准确率对比如图 3.66 所示，损失值对比如图 3.67 所示。

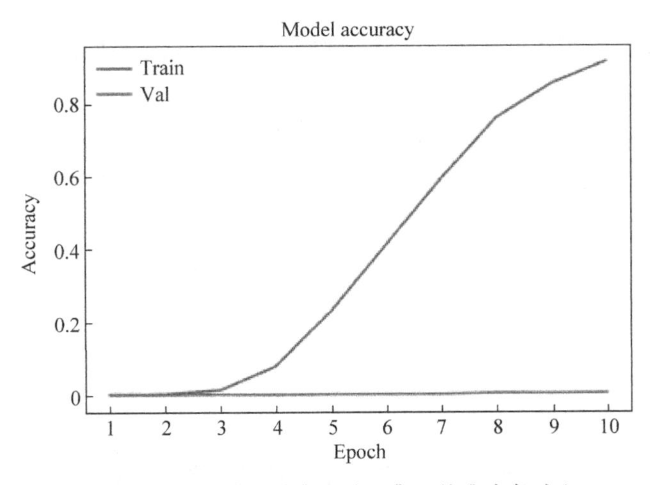

图 3.66　模型在训练集和验证集上的准确率对比

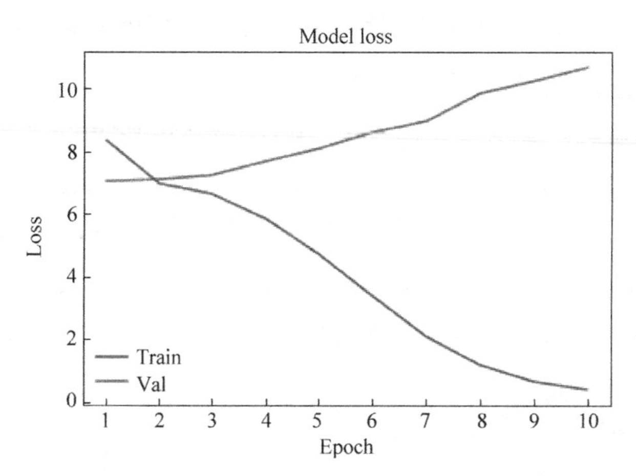

图 3.67　模型在训练集和验证集上的损失值对比

显然，这个结果令人失望！虽然模型在训练集上表现出了良好的学习能力，但是在验证集上的学习效果几乎为 0，确实令人沮丧，模型的方差很高，泛化能力极低。

如何解决上述问题？是模型算法不够好吗？如果此时回顾 3.13 节介绍的偏差与方差优化方法，则不难发现，问题出在数据集本身，归纳如下。

(1) 数据量不够充分。本章案例没有让全部数据参与学习训练，因为多数情况下，读者并不具备所需要的计算能力。选取的 U2OS 四个批次的实验数据远远不够。

(2) 迁移学习在细胞图像特征提取上的意义不大，虽然 ImageNet 数据集庞大，但是 ImageNet 包含的细胞图像的数据可能并不充分。

(3) 实验本身的不确定性，导致即使同一批次实验，在同一个实验板的同一微孔上的 s1 位置和 s2 位置的成像，也会呈现显著的不同，读者可以自行修改程序段 P3.19 中的第 106 行语句，将其中的位置参数 1 修改为 2，进行对比观察。至于不同批次或不同实验板，差别更大。RxRx1 项目网站(https://www.rxrx.ai/)对此有专门的描述与图像展示。

可以想见，模型之所以在验证集上表现糟糕，是因为验证集的图像与训练集不是同类分布，训练集上学习到的参数无法有效应用到验证集上去。

业界流行一种说法：数据和特征决定学习的上限，算法和模型只是逼近这个上限。此处再次得到印证。如果缺乏足够的算力支持，不能充分合理使用 RxRx1 项目数据集，则无法期待更好的模型效果。

3.28　训练 ResNet50 模型

既然直接基于 ImageNet 的迁移学习对细胞图像的分类效果不够理想，本节采用 ResNet50 模型，从头开始训练。

前面的程序段 P3.29 已经完成了数据集的 HDF5 格式存储，执行程序段 P3.35 直接读取数据集，用于 ResNet50 模型的训练。

```
P3.35  #加载细胞图像数据集
235    from cell_utils import load_dataset
236    X_train, Y_train, X_val, Y_val, classes = load_dataset()
```

执行程序段 P3.36,加载 ResNet50 模型用于细胞图像的分类训练。

```
P3.36  #基于 ResNet50 模型的建模训练
237    from keras.applications.resnet50 import ResNet50
       #加载 ResNet50 模型,不带 ImageNet 训练权重,分类数为 1108
238    ResNet50_model = ResNet50(include_top = True, weights = None, classes = 1108)
       #模型编译
239    ResNet50_model.compile(optimizer = 'RMSProp',
                       loss = 'categorical_crossentropy',
                       metrics = ['accuracy'])
       #开始训练
240    epochs = 5
241    batch_size = 32
242    history = ResNet50_model.fit(X_train, Y_train, epochs = epochs, batch_size = batch_size,
                     validation_data = (X_val,Y_val))
```

程序段 P3.36 只定义了 ResNet50 模型的 5 代训练,在普通台式计算机(8 核 i7 处理器)上大约需要 80min,训练完成后,模型准确率对比如图 3.68 所示,损失值对比如图 3.69 所示。

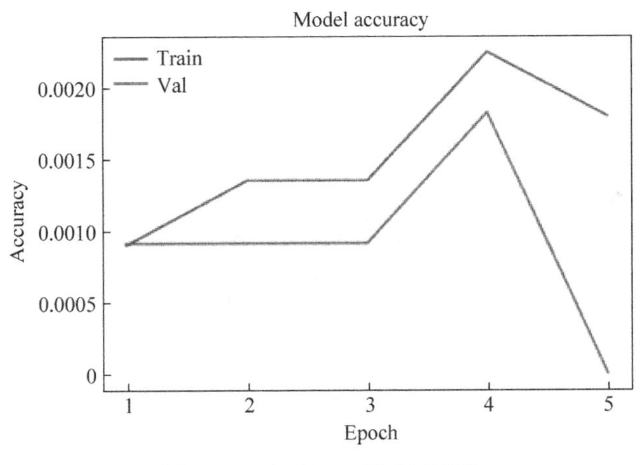

图 3.68　ResNet50 准确率对比

上述训练结果仍然很糟糕,甚至图 3.68 与图 3.69 的曲线趋势是矛盾和背离的,这不是 ResNet50 模型的错,选用的数据量不够充分,训练集与验证集数据分布极其不平衡,迭代次数也很少,因此图 3.68 和图 3.69 的观察结果不具参考价值。

获得本次 RxRx1 项目比赛第一名的作者团队,已经将项目代码开源在 Github 上,感兴趣的读者可以继续观摩学习,项目网址:https://github.com/maciej-sypetkowski/kaggle-rcic-1st。

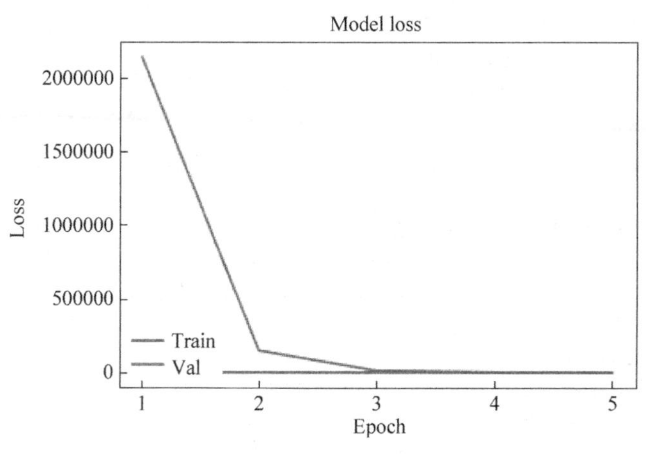

图 3.69 ResNet50 损失值对比

执行程序段 P3.37，保存 3.27 节完成的 VGG-16 迁移学习模型和本节完成的 ResNet50 的学习模型。

```
P3.37  #保存模型
243  model.save('VGG16_Transfer_model.h5')     #保存 VGG-16 迁移学习的结构和参数
244  ResNet50_model.save('ResNet50_model.h5')  #保存 ResNet50 模型结构和参数
```

3.29 ResNet50 模型预测

执行程序段 P3.38，加载 3.28 节完成的 ResNet50 模型，随机指定一幅细胞图像，用模型对其分类预测，显示其真实标签与模型预测的标签。

```
P3.38  #读取模型,检验预测效果
245  from keras.models import load_model
246  from keras.preprocessing import image
247  from keras.applications.resnet50 import preprocess_input
248  import pandas as pd
249  import numpy as np
250  ResNet50_model = load_model('ResNet50_model.h5')    #加载模型
251  img_path = './cell/U2OS-01_2_B12.jpg'                #随机指定一幅测试图像
252  img = image.load_img(img_path, target_size=(224, 224))
253  plt.imshow(img)                                       #显示原图
254  train = pd.read_csv("./dataset/train.csv")
255  print('真实的标签为: {0}'.format(
         train[train.id_code == 'U2OS-01_2_B12']['sirna'].values))
256  x = image.img_to_array(img)
257  x = np.expand_dims(x, axis=0)
258  x = preprocess_input(x)
259  pred = ResNet50_model.predict(x)                      #模型预测
     #将预测得到的概率值进行 One-Hot 编码
```

```
260     pred = pred.ravel()
261     index = np.argmax(pred)
262     pred = np.zeros(1108)
263     pred[index] = 1
264     print('模型预测值为: {0}'.format(pred))
265     for i, y in enumerate(Y_train):
266         if (y == pred).all():
267             print('模型预测的标签为: {0}'.format(classes[i].decode('utf-8')))
268             break
```

本次模型预测，真实的图像如图 3.70 所示，真实的标签为 sirna_1018。模型预测的标签为 sirna_988。

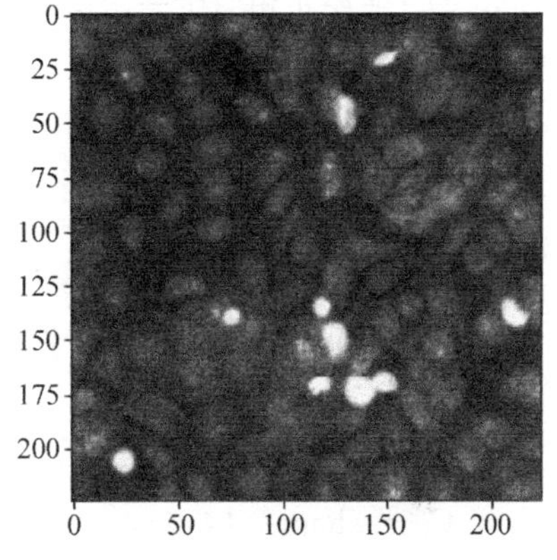

图 3.70　真实标签对应的图像

显然不必对预测结果抱有过高期望，受限于计算能力不够充分和项目的数据集过于庞大，本章在项目处理上以学习和演示为主。本章完成的项目结构，可能比爱因斯坦的小板凳糟糕很多，但是仍然值得庆贺的是，你基于真实的项目背景完成了一次历练。

需要着重指出的是，前面将 6 通道细胞图像合并为彩色图像，作为训练输入并不是最优方案，因为合成的彩色图像可能会丢失很多细节，如果算力允许，更好的方案是直接输入 6×512×512 的灰度图像。

对本项目全部程序(程序段 P3.1～P3.38，268 行编码)的全部编码做整体测试，测试主机的 CPU 配置为 Intel® Core™ i7-6700 CPU@3.40Hz，内存配置为 16GB，项目整体运行时间在 100 分钟左右。

小结

本章以细胞图像分类为背景，夯实了神经网络的理论基础，系统梳理了神经网络的基本理论与方法，包括神经网络的基本结构、符号化表示方法、激励函数、损失函数、梯度下降、正向传播、反向传播、偏差与方差、正则化、Mini-Batch 梯度下降、优化算法、参数与超参数、Softmax 回归函数等基础内容，深入学习了 VGG-16 卷积网络、ResNet 卷积网络、1×1 卷积网络和 Inception 卷积网络的方法与原理。

基于 VGG-16 和 ResNet50 网络的迁移学习方法，完成了细胞图像分类学习模型的构建、训练与评估，在数据集预处理与数据集 HDF5 文件制作等实践探索层面前进了一大步。

习题

一、单选题

1. 神经元的计算逻辑是什么？(　　)

　A. 激励函数后面跟着线性计算，形如 $z=wx+b$

　B. 神经元计算所有输入特征的平均值，然后传递给激励函数处理

　C. 神经元先做线性计算，形如 $z=wx+b$，然后传递给激励函数

　D. 神经元相当于一个函数 g，对输入的值 x 进行放缩，例如 $wx+b$

2. 有程序段：

```
a = np.random.randn(4,3)
b = np.random.randn(3,2)
c = a * b
```

根据数组 a、b、c 的定义，推断 c 的维度为(　　)。

　A. c.shape=(3,3)

　B. c.shape=(4,2)

　C. c.shape=(4,3)

　D. c 的计算会出错，因为 a 和 b 的维度不匹配

3. 假设每个样本的特征数量为 n，用 $\boldsymbol{X}$ 表示整个样本矩阵：

$$\boldsymbol{X}=[x^{(1)},x^{(2)},x^{(3)},\cdots,x^{(m)}]$$

则 $\boldsymbol{X}$ 的维度为(　　)。

　A. (1,m)　　B. (m,1)　　C. (n,m)　　D. (m,n)

4. 哪一个是正确的正向传播表示方法？(　　)

　A. $Z^{[l]}=w^{[l]}A^{[l-1]}+b^{[l]}\quad A^{[l]}=g^{[l]}(Z^{[l]})$

　B. $Z^{[l]}=w^{[l]}A^{[l]}+b^{[l]}\quad A^{[l+1]}=g^{[l]}(Z^{[l]})$

　C. $Z^{[l]}=w^{[l]}A^{[l-1]}+b^{[l-1]}\quad A^{[l]}=g^{[l]}(Z^{[l]})$

　D. $Z^{[l]}=w^{[l]}A^{[l]}+b^{[l]}\quad A^{[l+1]}=g^{[l+1]}(Z^{[l]})$

5. 假定你正在构建一个神经网络，用于区分西瓜($y=1$)与西红柿($y=0$)。下列哪个函数可用于输出层的激励函数？(　　)

　A. tanh　　B. ReLU　　C. Leaky ReLU　　D. sigmoid

6. 正向传播过程中，需要缓存一些变量，目的是(　　)。

　A. 用于跟踪超参数的变化，加快参数搜索

　B. 将缓存变量用于同一层的反向传播计算过程

　C. 用于将反向传播块计算的值传回对应的正向传播块

　D. 缓存变量包含用于计算损失函数的值

7. 如果你有 10 000 000 个样本，将如何划分数据集？(　　)

　A. 98% train，1% dev，1% test

B. 33% train,33% dev,33% test

C. 60% train,20% dev,20% test

D. 50% train,20% dev,30% test

8. 验证集和测试集,应该(　　)。

A. 样本来自同一分布　　B. 样本来自不同分布

C. 样本之间有一一对应关系　　D. 拥有相同数量的样本

9. 什么是权重衰减?(　　)

A. 一种为了避免梯度消失增加权重参数值的技术

B. 一种 L2 正则化技术,目的是每次迭代都降低权重参数值

C. 一种训练过程中降低学习率的技术

D. 如果训练集有噪声数据,权重会逐渐下降

10. 如果增加正则化超参数 lambda 的值,则(　　)。

A. 权重参数趋向变得越来越小(更接近于 0)

B. 权重参数趋向变得越来越大(更远离 0)

C. Lambda 参数值翻倍,将导致权重参数值翻倍

D. 梯度下降将因 Lambda 值的增加,梯度变得更大

11. 如果需要表示第 8 组 mini-batch 的第 7 个样本在网络第 3 层的输出值,以下正确的是(　　)。

A. $a^{[3]\{7\}(8)}$　　B. $a^{[8]\{7\}(3)}$　　C. $a^{[8]\{3\}(7)}$　　D. $a^{[3]\{8\}(7)}$

12. 关于 mini-batch 梯度下降,描述正确的是(　　)。

A. 基于 mini-batch 的一次梯度下降,比基于 batch gradient descent 的一次梯度下降计算速度快

B. 基于 mini-batch 完成一个 epoch 训练,比基于 batch gradient descent 完成一代训练计算速度快

C. 为了节省时间,所有的 mini-batch 可以一次输入网络完成训练

D. mini-batch 梯度下降与随机梯度下降相比,需要更多的迭代步数

13. 假定训练模型的损失函数下降曲线如图 3.71 所示。则以下描述正确的是(　　)。

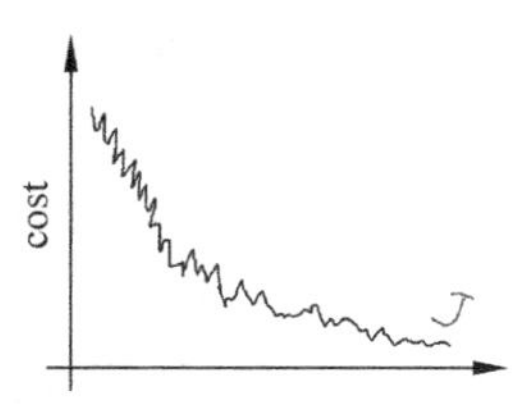

图 3.71　损失函数下降曲线

A. 不管使用的是 batch gradient descent 还是 mini-batch gradient descent,肯定是有严重的问题存在

B. 不管使用的是 batch gradient descent 还是 mini-batch gradient descent,这条曲线看起来是可以接受的正常情况

C. 如果使用的是 mini-batch gradient descent,说明有问题存在,但是如果使用的是 batch gradient descent,则看起来是可以接受的正常情况

D. 如果使用的是 mini-batch gradient descent,这看起来是可以接受的正常情况,但是如果使用的是 batch gradient descent,则说明某些环节存在严重的问题

14. 以下方法,哪种不是一个好的学习率衰减模式?这里 epochNum 表示 epoch 的编号(　　)。

A. $\alpha = e^{\text{epochNum}}\alpha_0$

B. $\alpha = 0.95^{\text{epochNum}}\alpha_0$

C. $\alpha = \frac{k}{\sqrt{\text{epochNum}}}\alpha_0$

D. $\alpha = \frac{1}{1+\text{decayRate}\times\text{epochNum}}\alpha_0$

二、多选题

1. 以下描述正确的是(　　)。

A. $w^{[2]}$, $b^{[2]}$表示网络第 2 层的训练参数

B. $\boldsymbol{a}^{[2]}$表示网络第 2 层激励函数的输出向量

C. $\boldsymbol{z}^{[2]}$表示网络第 2 层线性计算的输出向量

D. $\boldsymbol{a}^{[2](12)}$表示第 12 个样本在网络第 2 层的输出向量

2. 对于如图 3.72 所示的神经网络:

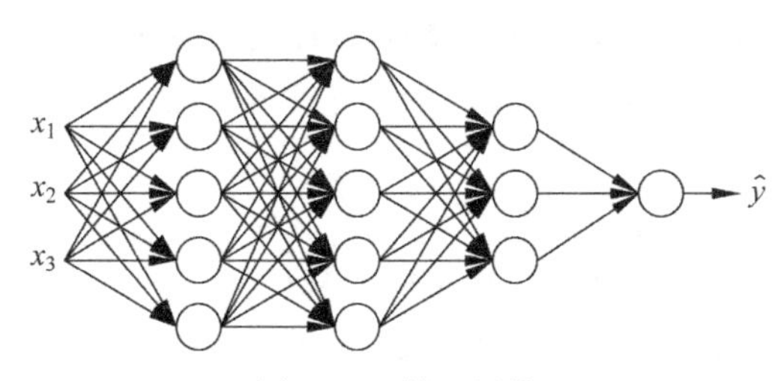

图 3.72　神经网络

以下描述正确的是(　　)。

A. $w^{[1]}$的维度为(5,3)　　B. $b^{[1]}$的维度为(1,1)

C. $w^{[1]}$的维度为(3,5)　　D. $w^{[3]}$的维度为(3,5)

3. 对于如图 3.72 所示的神经网络,以下描述正确的是(　　)。

A. $z^{[1]}$的维度为(5,3)　　B. $a^{[1]}$的维度为(5,1)

C. $z^{[1]}$的维度为(5,1)　　D. $z^{[2]}$的维度为(5,1)

4. 以下属于超参数的是(　　)。

A. 学习率 α

B. 网络的层数 L

C. 各层的参数矩阵 $\boldsymbol{w}$ 和偏差向量 $\boldsymbol{b}$

D. 各层激励函数的输出向量 $\boldsymbol{a}$

5. 如果网络模型具有高方差,以下哪些措施可以尝试?(　　)

A. 采用正则化方法

B. 增加网络的层数或者增加神经元的数量

C. 获取更多的测试数据

D. 获取更多的训练数据

6. 如果给一个超市构建了一个水果分类器，能够识别香蕉、苹果、西瓜、猕猴桃，假定训练集的误差为 0.5%，验证集的误差为 7%。

以下哪些措施有可能改善模型性能？（　　）

A. 增加正则化参数 lambda 的值

B. 降低正则化参数 lambda 的值

C. 获取更多的训练数据

D. 增加网络规模，例如层数和神经元数量

7. 增加 dropout 正则化的 keep_prob 参数值，例如从 0.5 修改为 0.6，将导致（　　）。

A. 增加正则化效果

B. 降低正则化效果

C. 导致神经网络在训练集上的误差增加

D. 导致神经网络在训练集上的误差降低

8. 为什么 mini-batch 的大小不能为 1，也不能为样本总数 m？（　　）

A. 如果 mini-batch 大小为 1，将不得不每次处理整个样本集才能完成一次梯度计算

B. 如果 mini-batch 大小为 m，将不得不采用随机梯度下降，其计算量比 mini-batch 大很多

C. 如果 mini-batch 大小为 1，将不能获得向量化计算的优势，难以收敛到最优值

D. 如果 mini-batch 大小为 m，每次迭代都需要计算整个训练集，对计算力要求高

9. 关于 Adam 算法，以下正确的是（　　）。

A. Adam 算法的学习率需要调整

B. Adam 算法综合了 RMSprop 和 Momentum 的优点

C. Adam 算法应该用于 Batch Gradient Descent，不能用于 mini-batch Gradient Descent

D. Adam 算法的计算量比 RMSprop 和 Momentum 大

三、判断题

1. 用 tanh 作隐藏层的激励函数，一般情况下要好于 sigmoid 函数，因为 tanh 函数的均值更接近为 0，有利于数据中心化和规范化。

2. 网络的深层结构比浅层的结构更易于计算和提取复杂的特征。

3. m 个样本，可以整体完成正向传播的一次迭代。

4. 正向传播经过第 L 层时，需要知道该层的激励函数，反向传播经过第 L 层时，不需要知道该层的激励函数。

5. 如果要在多个参数中协同寻找最优参数值，应该使用均匀网格取值而不是随机取值。

6. 超参数如果选择不当，对模型将有较大的负面影响，所以在参数调整策略方面，所有超参数都同等重要。

7. 寻找最优超参数费时费力，所以，应该在模型训练之前就指定最优参数。

8. 机器学习算法在图像识别领域的性能表现可能超过人类的能力。

9. 四块 384 微孔板(16 列,24 行),最外层的行和列空置,则共有 308×4=1232 个微孔可用。

10. RxRx1 数据集项目中,从同一个微孔的 site1 和 site2 两个位置各采集 6 幅图像。

11. 人工神经网络的基本构成单位是神经元,又称计算单元。

12. $a_j^{[l](i)}$ 表示第 i 个样本在第 ℓ 层的第 j 个神经元的输出值。

13. $w_{jk}^{[l]}$ 表示第 ℓ 层的第 j 个神经元对应第 k 个特征的权重参数。

14. 激励函数不但表征了单个神经元的输出逻辑,而且作为下一层的输入,也在建构着层与层之间神经元的关系,对整个神经网络的功能逻辑有重要影响。

15. Sigmoid 函数能够把输入的连续实值变换为 0～1 的输出。

16. Sigmoid 函数的导数是以它本身为因变量的函数。

17. 通过求解损失函数的最小值,可以实现求解模型参数、优化模型参数和评价模型学习效果的目的。

18. 梯度下降,就是沿着函数的梯度(导数)方向更新自变量,使得函数的取值越来越小,直至达到全局最小或者局部最小。

19. 从正向传播开始,经过损失函数计算、反向传播到参数更新结束,称为一次梯度下降或一次迭代。

20. 训练集中的所有样本均完成一次梯度下降迭代,则称模型完成了一代训练。

21. 方差是指模型预测结果的离散程度,方差可用于度量模型在不同数据集上的稳定性,即模型在不同数据集上的泛化能力。

22. 正则化是为了防止模型过拟合而引入额外信息,对模型原有逻辑进行外部干预和修正,从而提高模型的泛化能力。

23. L2 正则化和 Dropout 正则化,是神经网络模型经常采用的正则化方法。

24. 训练集共有 64 000 个样本,mini-batch 大小为 64,模型经过了 5 个 epoch 训练,意味着模型迭代了 5000 次。

25. 残差块的跳连模式,可以一次跳连 5 个卷积层。

26. 1×1 卷积不但可以实现通道数量放缩效果,而且可以大大降低计算量。

27. VGG-19 比 VGG-16 多了三个卷积层。

28. Inception V1 网络包含 9 个 Inception 卷积块,每个 Inception 卷积块包含四个并行的计算通路,每个通路都包含 1×1 卷积。

29. HDF5 数据集可优化数据访问效率和存储效率,支持大规模并行计算。

30. 迁移学习是将某个领域或任务上学习到的知识或模式应用到其他相关领域的学习方法。

31. ResNet152 一定比 ResNet34 预测的准确率高。

四、编程题

请根据如图 3.73 所示的模型结构与参数,定义一个卷积模型,对 10 种植物花朵做出分类识别和预测。绘制模型在训练集和验证集上的准确率曲线。

1. 数据集描述。

包含 10 种开花植物的 210 幅图像(128×128×3),图像文件为.png 格式。flower-

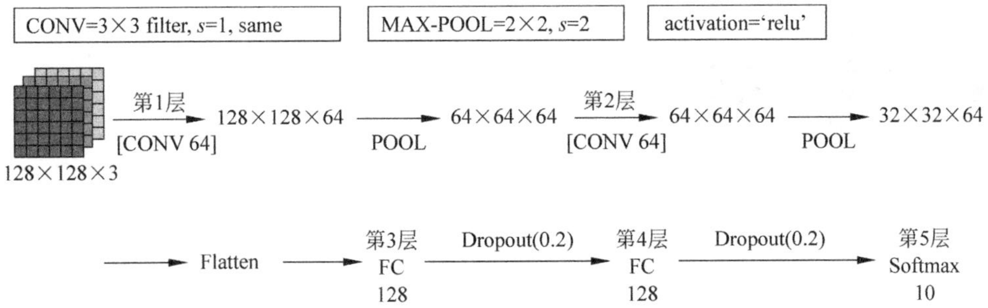

CONV=3×3 filter, s=1, same　MAX-POOL=2×2, s=2　activation='relu'

128×128×3 → 第1层 [CONV 64] → 128×128×64 → POOL → 64×64×64 → 第2层 [CONV 64] → 64×64×64 → POOL → 32×32×64

→ Flatten → 第3层 FC 128 → Dropout(0.2) → 第4层 FC 128 → Dropout(0.2) → 第5层 Softmax 10

图 3.73　卷积网络的基本结构及其参数

labels.csv 为标签文件，标签用数字 0～9 表示。

2. 10 种植物花朵的标签意义如下。

0⇒phlox；1⇒rose；2⇒calendula；3⇒iris；

4⇒leucanthemum maximum；5⇒bellflower；6⇒viola；

7⇒rudbeckia laciniata (Goldquelle)；8⇒peony；9⇒aquilegia

3. 需要完成的编程工作。

本章习题课件中包含数据集和程序文档 flower_classification_begin.ipynb，程序文档已经完成了数据集制作和划分工作。请在此基础上完成模型的定义和训练工作。

4. 具体要求包括：

(1) 特征集归一化。

(2) 对标签进行 One-Hot 编码。

(3) 定义训练模型。

(4) 模型编译。

(5) 模型训练。

(6) 完成 20 代训练，绘制准确率与损失函数曲线。

第 4 章

自动驾驶与YOLO算法

自动驾驶(Autonomous Driving 或 Self-driving)是人工智能最为炙热的应用领域之一。自动驾驶分为六个等级(0～5 级),5 级为完全自动驾驶,是最高级别的自动驾驶,目标是能够在任何可行驶条件下持续完成全部驾驶任务。

尽管自动驾驶还没有完全达到与人类驾驶智慧相媲美的程度,无法像人类那样对驾驶行为做出深度预判与预见,但毫无疑问,这个领域取得的快速进展令人欢欣鼓舞,某些特定场景中,自动驾驶已经可以不知疲倦、安全高效地完全取代人类的工作。

自动驾驶过程中,激光雷达和高速相机相当于汽车的眼睛,能够快速、实时感知捕获大量外界信息,这些信息成为汽车精准识别定位外部目标的依据。本章基于 YOLO 算法、OpenCV 计算机视觉库和深度学习三个维度,探讨自动驾驶中的目标检测与对象定位问题。工业化的自动驾驶已经在遍地奔跑,自动驾驶进入日常生活不再是梦想。

4.1　认识自动驾驶

自动驾驶的关键技术为感知定位、规划决策和执行控制三部分。感知定位如同驾驶员的眼睛,规划决策相当于驾驶员的大脑,执行控制则好比驾驶员的手脚。本章研究内容聚焦于目标的感知定位,即自动驾驶汽车如何通过深度学习方法从传感器数据中感知和定位目标对象。

本章的自动驾驶数据集来自 Lyft 公司,Lyft 公司是美国一家提供共享骑乘服务的公司,Lyft Level 5 是 Lyft 公司研究 5 级自动驾驶技术的部门,以重塑人类汽车生活为己任,如图 4.1 所示为 Lyft 自动驾驶汽车(Autonomous Vehicles)激光雷达和高速相机的布局示意图。

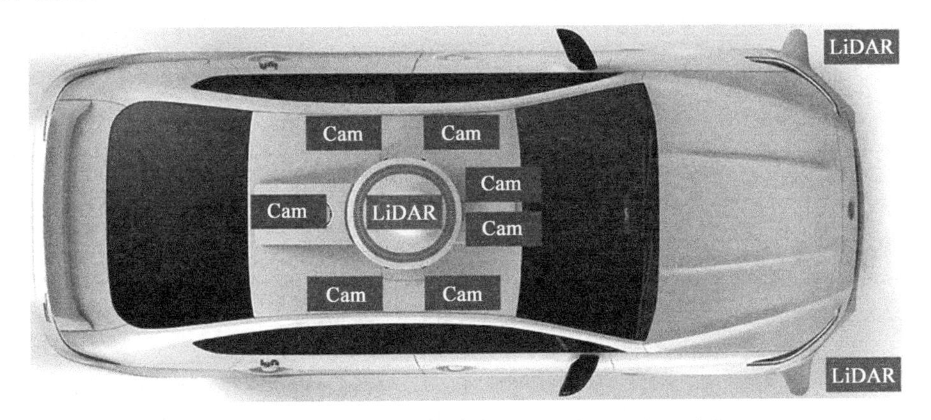

图 4.1 Lyft 自动驾驶汽车激光雷达与高速相机布局

Lyft 自动驾驶车队有两种车型配置，分别称为 BETA_V0 车型和 BETA_PLUS_PLUS 车型，两种车型均配置三个激光 LiDAR 和七个高速摄像机，如图 4.1 所示。

BETA_V0 车型的配置如下。

(1) 三个 40 光束激光 LiDAR，一个 LiDAR 位于汽车顶部正中位置，另外两个分别位于前保险杠的左右两侧。每个 LiDAR 的方位角分辨率为 0.2°。三个 LiDAR 在 10Hz 时共同产生约 216 000 个点。三个 LiDAR 的发射方向是同步的。

(2) 六台广视野(WFOV)摄像机位于汽车顶部 LiDAR 的四周，均匀覆盖 360°视场(FOV)。每个摄像机的分辨率为 1224×1024px，FOV 为 70°×60°。

(3) 单独有一台长焦距摄像机位于汽车顶部正前方，仰角稍微朝上，主要用于检测交通信号灯。分辨率为 2048×864px，FOV 为 35°×15°。

(4) 每个摄像头都与 LiDAR 同步，以便在摄像头捕获图像时，LiDAR 光束位于摄像头视场的中心。

BETA_PLUS_PLUS 车型的不同点如下。

(1) BETA_PLUS_PLUS 的车顶 LiDAR 是 64 光束，其他与 Beta-V0 相同。

(2) 六台广视野摄像机的分辨率均为 1920×1080px，FOV 为 82°×52°。

(3) 用于检测交通信号灯的长焦距摄像机稍微朝上安装，分辨率为 1920×1080px，FOV 为 27°×17°。其他配置与 Beta-V0 相同。

4.2 数据集

自 2019 年开始，若干自动驾驶公司纷纷发布了来自实践中的数据集，这些数据集反映了自动驾驶领域取得的一系列进展。

2019 年，Lyft Level 5 技术部门公开发布了其在自动驾驶实践中采集的部分工业化数据集，并在 Kaggle 上发起了自动驾驶 3D 对象检测竞赛，相关研究成果分享在 2019 年 CVPR 学术大会上。

数据集采用 nuScenes 格式，可以在 https://level5.lyft.com/dataset/下载。与数据集相关的开发文档请参见 https://github.com/lyft/nuscenes-devkit。数据集文件的构成如表 4.1 所示。

表 4.1 Lyft Level 5 自动驾驶数据集

文　件　名	数 据 规 模	大小	功　　能
train.csv	两列，22 680 行	61MB	包含训练集的所有 sample_token 和对象标签
sample_submission.csv	两列，27 468 行	1.7MB	包含测试集中的所有 sample_token，预测值暂为空
train_data.zip test_data.zip	13 个文件 11 个文件	641MB 208MB	train_data.zip 和 test_data.zip 包含若干个 JSON 文件，其中最重要的是 sample_data.json，包含样本的 Id 以及指向图像和 LiDAR 数据文件的路径信息
train_images.zip test_images.zip	158 757 图像 192 276 图像	21.4GB 25.6GB	包含与 sample_data.json 中的样本相对应的.jpeg 文件
train_lidar.zip test_lidar.zip	30 744 个文件 27 468 个文件	36.8GB 33.1GB	包含与 sample_data.json 中的样本相对应的 LiDAR 数据文件，文件扩展名为.bin
train_maps.zip test_maps.zip	1 幅地图 1 幅地图	12.4MB 12.4MB	全部样本的采集区域地图

train_data.zip 和 test_data.zip 由多个 JSON 文件构成，这些 JSON 文件描述了数据集的基本结构信息，各个 JSON 文件的功能描述如表 4.2 所示。

表 4.2 数据集的组织结构描述

文　件　名	功　　能
scene.json	汽车行驶 25～45s 经历的场景信息，场景由采集的样本快照组成
sample.json	场景快照，每个快照包含若干对象
sample_data.json	从各个传感器(7 台摄像机和 3 台 LiDAR)收集的数据
sample_annotation.json	对象标签
instance.json	所有对象实例
category.json	对象类别，例如车辆、行人等
attribute.json	实例的属性
visibility.json	当前未使用
sensor.json	传感器类型
calibrated_sensor.json	校准的特定传感器
ego_pose.json	自动驾驶汽车的位置与方向信息
log.json	采集数据的日志信息
map.json	驾驶场景俯视地图的语义掩码数据

数据集以摄像机捕获的图像数据和 LiDAR 捕获的 3D 数据为核心，图像数据为 RGB 彩色图像，采用 JPEG 格式，图像数据用四维矩阵（batch_size，channels，width，height）存储。

可以尝试在 Lyft 数据集上解决许多不同的任务，例如，3D 对象检测、激光雷达点分割、3D 跟踪、方向和速度预测等。

4.3 数据集观察

在观察数据集之前，安装 Lyft 数据集的可视化工具包，执行命令：

```
pip install lyft_dataset_sdk
```

在 chapter4 文件夹下新建程序文档 explore_data.ipynb。

执行程序段 P4.1，完成库的导入。

```
P4.1  #导入库
001   import numpy as np
002   import pandas as pd
003   import matplotlib.pyplot as plt
004   from matplotlib import animation
005   import seaborn as sns
006   from pathlib import Path
007   from tqdm import tqdm
008   from lyft_dataset_sdk.lyftdataset import LyftDataset
009   %matplotlib inline
```

执行程序段 P4.2，读入训练集 train.csv。

```
P4.2  #读入训练集 train.csv
010   train = pd.read_csv('./dataset/train.csv')
011   print(train.shape)
012   train.head()
```

运行结果显示 train.csv 的维度为(22680,2)。行数 22 680 表示样本数量，每个样本包含 7 台摄像机和 3 台 LiDAR 的数据信息。train.csv 只有 Id 和 PredictionString 两列，Id 表示样本的唯一编号 token，token 是 64 位的十六进制编码；PredictionString 是文本串，描述了样本检测到的所有目标的位置信息和目标类型。

为了清晰地观察 PredictionString 的数据内容，将 PredictionString 中包含的数据拆分为 8 个单独列，分别表示对象的坐标（center_x，center_y，center_z）、对象的尺寸（width，length，height）、对象的偏航角度 yaw 以及对象的类型 class_name，为此需要对 train 数据重构，重构的数据集为 train_objects，train_objects 中的一个对象单独为一个数据行。执行程序段 P4.3，完成 tain_objects 的重构工作。

```
P4.3   #将 PredictionString 列解析为 8 列，重构 train.csv 数据表
013    object_columns = ['sample_id', 'object_id', 'center_x', 'center_y', 'center_z',
                 'width', 'length', 'height', 'yaw', 'class_name']
014    objects = []
015    for sample_id, ps in tqdm(train.values[:]):
016        object_params = ps.split()     #将预测字符串分割为列表
017        n_objects = len(object_params) #列表长度
018        for i in range(n_objects // 8):  #遍历所有目标对象
019            x, y, z, w, l, h, yaw, c = tuple(object_params[i * 8: (i + 1) * 8]) #单个
                                                                        #目标对象的参数
020            objects.append([sample_id, i, x, y, z, w, l, h, yaw, c])
021    train_objects = pd.DataFrame(objects, columns = object_columns) #列表转换为 DataFrame
022    train_objects.shape
```

结果显示 train_objects 的维度为(638179,10)。10 列变量的名称分别为：sample_id、object_id、center_x、center_y、center_z、width、length、height、yaw 和 class_name。

执行程序段 P4.4，将字符串列转换为数字型列，显示前 60 行数据，观察数据特点。限于篇幅，表 4.3 显示了前 10 行数据，即前 10 个对象的定位信息。sample_id 和 object_id 共同决定对象的唯一标识。sample_id 表示对象所在样本的 token，object_id 表示对象在一个样本中的序号。如果观察前 60 行，不难发现，第一个样本共包含 52 个目标对象信息。

```
P4.4   #把数字类型的特征从字符串转换为 float32，显示前 60 行数据
023    numerical_cols = ['object_id', 'center_x', 'center_y', 'center_z', 'width', 'length',
       'height', 'yaw']
024    train_objects[numerical_cols] = np.float32(train_objects[numerical_cols].values)
025    train_objects.head(60)
```

关于 center_x、center_y、center_z、width、length、height、yaw 这 7 项数据，请结合如图 4.2 所示的汽车坐标系统(Vehicle Axis System ISO 8855—2011)进行理解。

汽车顺着道路行进的方向为 x 轴，左右两侧(道路宽度方向)为 y 轴，垂直于 xy 平面(地面)的为 z 轴。重力中心(Center of Gravity，CG)为坐标原点，汽车行驶过程中，围绕 x 轴的转动称为 Roll(滚动)，围绕 y 轴的转动称为 Pitch(俯仰)，围绕 z 轴的转动称为 Yaw(偏航)。

center_x、center_y、center_z 这三个参数表示目标对象中心点的坐标位置，width、length、height 分别表示目标对象宽度、长度和高度，长、宽、高构成对象的边界轮廓 Bounding-Box，yaw 表示目标对象的偏航角度。

表 4.3 train_object 前 10 行数据

序号	sample_id	object_id	center_x	center_y	center_z	width	length	height	yaw	class_name
0	db8b47bd4ebdf3b3...	0.0	2680.282959	698.196899	−18.047768	2.064	5.488	2.053	2.604164	car
1	db8b47bd4ebdf3b3...	1.0	2691.997559	660.801636	−18.674259	1.818	4.570	1.608	−0.335176	car
2	db8b47bd4ebdf3b3...	2.0	2713.607422	694.403503	−18.589972	1.779	4.992	1.620	2.579456	car
3	db8b47bd4ebdf3b3...	3.0	2679.986816	706.910156	−18.349594	1.798	3.903	1.722	2.586166	car
4	db8b47bd4ebdf3b3...	4.0	2659.352051	719.417480	−18.442999	1.936	4.427	1.921	2.601799	car
5	db8b47bd4ebdf3b3...	5.0	2705.199463	687.605347	−18.136087	1.849	4.586	1.801	2.618767	car
6	db8b47bd4ebdf3b3...	6.0	2712.706299	690.895874	−18.431797	1.848	4.829	1.528	2.571937	car
7	db8b47bd4ebdf3b3...	7.0	2755.555176	646.299500	−18.041416	2.003	5.109	1.875	−0.558352	car
8	db8b47bd4ebdf3b3...	8.0	2721.868164	685.159607	−17.641554	2.539	7.671	3.287	2.609720	truck
9	db8b47bd4ebdf3b3...	9.0	2723.602295	680.166687	−17.298964	2.557	7.637	3.594	2.598577	truck

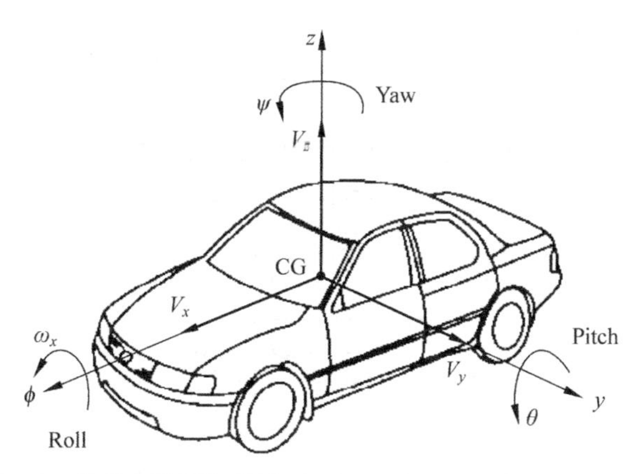

图 4.2　汽车坐标系统(Vehicle Axis System ISO 8855—2011)

4.4　变量观察

执行程序段 P4.5,选取 1000 辆 car 的坐标数据,绘制变量 center_x 和 center_y 的 KDE 图形,观察二者之间的关系,如图 4.3 所示。

```
P4.5   #统计 1000 辆 car 的 center_x 与 center_y 关系,绘制 KDE 图形
026    car_objects = train_objects.query('class_name == "car"')
027    plot = sns.jointplot(x = car_objects['center_x'][:1000], y = car_objects['center_y'][:1000],
                 kind = 'kde', color = 'blueviolet')
028    plot.set_axis_labels('center_x', 'center_y', fontsize = 16)
029    plt.show()
```

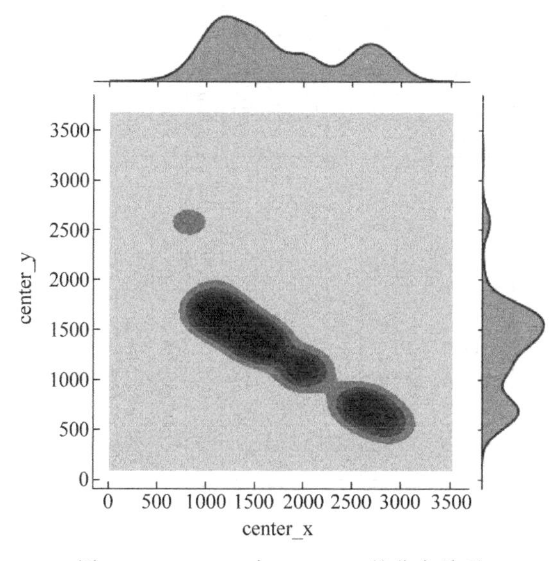

图 4.3　center_x 与 center_y 的分布关系

center_x 与 center_y 呈负相关，符合视觉的基本规律，也符合实际的交通情况。因为选取的对象是 car，距离较远的目标，可能集中在道路前方或者后方的远处，这些区域的 center_y 的值会较小。近距离的目标，视野宽度大，center_y 的取值相对大。从密度分布上看，center_x 与 center_y 均有两个峰值区域，center_x 的峰值区域为[1000,2000]和[2500,3000]；center_y 的峰值区域为[400,800]和[1000,2000]。有一小部分数据落在 center_x 的[800,1000]区间和 center_y 的[2500,2700]区间，这部分 car 的 center_x 小，center_y 取值大，应该是位于侧前方或者侧后方的 car。

用类似程序段 P4.5 的方法，可以对其他变量(center_z、width、length、height、yaw)等做出观察分析。

执行程序段 P4.6，对训练集中的目标对象类型 class_name 做汇总统计，运行结果如图 4.4 所示。

```
P4.6   #对象类型与分布
030    fig, ax = plt.subplots(figsize = (5, 3))
031    plot = sns.countplot(y = "class_name", data = train_objects)
                      .set_title('Object Frequencies', fontsize = 12)
032    plt.yticks(fontsize = 14)
033    plt.xlabel("Count", fontsize = 12)
034    plt.ylabel("Class Name", fontsize = 12)
035    plt.show(plot)
```

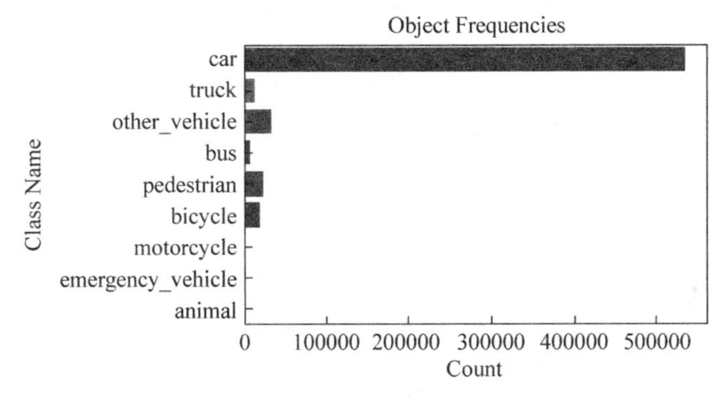

图 4.4　训练集中的目标类型与出现次数统计

car 的数量最多，摩托车、紧急车辆(救护车、消防车等)、动物这三种类别出现的频率很低。卡车、公共汽车、行人、自行车和其他机动车辆，出现频率相近。

执行程序段 P4.7，观察不同类别对象与自动驾驶汽车之间的距离关系，以 center_x 为例，其箱形分布与对比关系如图 4.5 所示。

```
P4.7   #不同对象的 center_x 分布
036    fig, ax = plt.subplots(figsize = (8, 6))
037    plot = sns.boxplot(x = "class_name", y = "center_x",
              data = train_objects.query('class_name != "motorcycle" and
              class_name != "emergency_vehicle" and class_name != "animal"'),
              palette = 'YlOrRd', ax = ax).set_title('center_x (for different objects)',
              fontsize = 16)
```

```
038  plt.yticks(fontsize = 14)
039  plt.xticks(fontsize = 14)
040  plt.xlabel("Class Name", fontsize = 15)
041  plt.ylabel("center_x", fontsize = 15)
042  plt.show(plot)
```

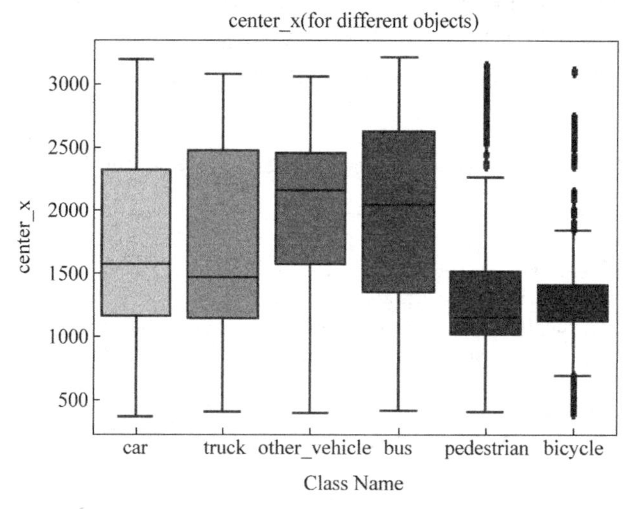

图 4.5 不同对象的 center_x 分布对比

显然,行人与自行车多数情况下出现在距离自动驾驶汽车较近的位置,因为行人与自行车更多地会出现在等待红绿灯或者通过人行道的场景中,当然有一部分离群值,表征的是远处的行人与自行车。bus 与 other_vehicle 出现在距离更远的位置,这反映了体型越大(或者高度越高)的目标更容易被远距离捕捉到。

4.5 场景观察

执行程序段 P4.8,获取整个数据集的结构信息。

```
P4.8  #数据集总体结构
043   lyft_dataset = LyftDataset(data_path = './dataset/', json_path = './dataset/train_data')
```

运行结果如下。

```
9 category,
18 attribute,
4 visibility,
18421 instance,
10 sensor,
148 calibrated_sensor,
177789 ego_pose,
180 log,
```

```
180 scene,
22680 sample,
189504 sample_data,
638179 sample_annotation,
1 map,
Done loading in 11.4 seconds.
======
Reverse indexing ...
Done reverse indexing in 3.3 seconds.
======
```

10个传感器(7台摄像机和3台LiDAR),捕获了180个场景(scene),共包含22 680个样本(每个样本是摄像机与LiDAR的一次同步快照),平均每个场景包含126个快照(关键帧)。共检测到18 421个对象实例,这些对象实例在180个场景中共被检测到638 179次。

执行程序段P4.9,获取第1个场景的元数据描述信息。

```
P4.9   #数据集第1个场景的元数据描述信息
044    my_scene = lyft_dataset.scene[0]
045    my_scene
```

运行结果如下。

```
{'log_token': 'da4ed9e02f64c544f4f1f10c6738216dcb0e6b0d50952e158e5589854af9f100',
 'first_sample_token': '24b0962e44420e6322de3f25d9e4e5cc3c7a348ec00bfa69db21517e4ca92cc8',
 'name': 'host-a101-lidar0-1241893239199111666-1241893264098084346',
 'description': '',
 'last_sample_token': '2346756c83f6ae8c4d1adec62b4d0d31b62116d2e1819e96e9512667d15e7cec',
 'nbr_samples': 126,
 'token': 'da4ed9e02f64c544f4f1f10c6738216dcb0e6b0d50952e158e5589854af9f100'}
```

每个场景都包含一个JSON格式的信息字典。name表示场景数据采集自哪一台车辆,token是场景的唯一标识,log_token是场景日志的标识,first_sample_token是场景中的第一个关键帧(快照)的标识,last_sample_token是最后一个关键帧的标识,nbr_samples是场景包含的关键帧数量,description是场景的描述信息。

执行程序段P4.10,显示场景1中的第1个样本的所有图像信息,即来自7台摄像机和3台LiDAR的数据。

```
P4.10   #显示场景中的第1个sample
046     def render_scene(index):
047         my_scene = lyft_dataset.scene[index]
048         my_sample_token = my_scene["first_sample_token"]
049         lyft_dataset.data_path = Path('./dataset/train/')
050         lyft_dataset.render_sample(my_sample_token)
051     render_scene(0)
```

程序运行结果参见程序文档,更改第51行的参数值,继续对其他场景做出观察。

执行程序段P4.11,显示场景中第1个样本的元数据结构信息。

```
P4.11   #提取场景中的第1个样本元数据信息
052     first_token = my_scene["first_sample_token"]
053     first_sample = lyft_dataset.get('sample', first_token)
054     first_sample
```

运行结果如下。


```
{'next': 'c2ba18e4414ce9038ad52efab44e1a0a211ff1e6b297a632805000510756174d',
 'prev': '',
 'token': '24b0962e44420e6322de3f25d9e4e5cc3c7a348ec00bfa69db21517e4ca92cc8',
 'timestamp': 1557858039302414.8,
 'scene_token': 'da4ed9e02f64c544f4f1f10c6738216dcb0e6b0d50952e158e5589854af9f100',
 'data': {'CAM_BACK': '542a9e44f2e26221a6aa767c2a9b90a9f692c3aee2edb7145256b61e666633a4',
  'CAM_FRONT_ZOOMED': '9c9bc711d93d728666f5d7499703624249919dd1b290a477fcfa39f41b26259e',
  'LIDAR_FRONT_RIGHT': '8cfae06bc3d5d7f9be081f66157909ff18c9f332cc173d962460239990c7a4ff',
  'CAM_FRONT': 'fb40b3b5b9d289cd0e763bec34e327d3317a7b416f787feac0d387363b4d00f0',
  'CAM_FRONT_LEFT': 'f47a5d143bcebb24efc269b1a40ecb09440003df2c381a69e67cd2a726b27a0c',
  'CAM_FRONT_RIGHT': '5dc54375a9e14e8398a538ff97fbbee7543b6f5df082c60fc4477c919ba83a40',
  'CAM_BACK_RIGHT': 'ae8754c733560aa2506166cfaf559aeba670407631badadb065a9ffe7c337a7d',
  'CAM_BACK_LEFT': '01c0eecd4b56668e949143e02a117b5683025766d186920099d1e918c23c8b4b',
  'LIDAR_TOP': 'ec9950f7b5d4ae85ae48d07786e09cebbf4ee771d054353f1e24a95700b4c4af',
  'LIDAR_FRONT_LEFT': '5c3d79e1cf8c8182b2ceefa33af96cbebfc71f92e18bf64eb8d4e0bf162e01d4'},
 'anns': ['2a03c42173cde85f5829995c5851cc81158351e276db493b96946882059a5875',
  'c3c663ed5e7b6456ab27f09175743a551b0b31676dae71fbeef3420dfc6c7b09',
  '4193e4bf217c8a0ff598d792bdd9d049b496677d5172e38c1ed22394f20274fb',
  ………………………………………………… ]}
```


样本的元数据也是一个JSON格式的字典结构。next表示下一个关键帧的token,prev是上一个关键帧的token,scene_token表示样本所在的场景,data字典表示10个传感器捕获数据的token,anns列表包含检测到的所有对象的token,为节省篇幅,这里只列出了一部分。timestamp表示采样的时间戳。

执行程序段P4.12,提取第1个场景中第1个样本包含的所有token,这些token反映了样本与目标对象的关联关系。

```
P4.12   #提取第1个场景中第1个样本包含的所有 token
055     lyft_dataset.list_sample(first_sample['token'])
```

执行程序段P4.13,显示场景1的第1个样本正前方摄像机捕获的图像,如图4.6所示。

```
P4.13   #场景1的第1个样本正前方摄像机捕获的图像
056     sensor_channel = 'CAM_FRONT'
057     my_sample_data = lyft_dataset.get('sample_data', first_sample['data'][sensor_channel])
058     lyft_dataset.render_sample_data(my_sample_data['token'])
```

图 4.6　正前方摄像机捕获的目标图像

执行程序段 P4.14，显示场景 1 的第 1 个样本正后方摄像机捕获的图像，如图 4.7 所示。

```
P4.14   # 场景 1 的第 1 个样本正后方摄像机捕获的图像
059     sensor_channel = 'CAM_BACK'
060     my_sample_data = lyft_dataset.get('sample_data', first_sample['data'][sensor_channel])
061     lyft_dataset.render_sample_data(my_sample_data['token'])
```

CAM_BACK

图 4.7　正后方摄像机捕获的目标图像

左前方、右前方、左后方和右后方的摄像机捕获的图像，可以用同样的办法做出观察。也可以从样本中指定对象，仅对该对象做出观察分析；或者直接指定对象实例，做出观察分析。

执行程序段 P4.15，观察顶部 LiDAR 绘制的场景 1 的第 1 个样本的点云图，运行结果如图 4.8 所示。

```
P4.15   # 观察顶部 LiDAR 绘制的场景 1 的第 1 个样本的点云图
062     my_scene = lyft_dataset.scene[0]
063     my_sample_token = my_scene["first_sample_token"]
064     my_sample = lyft_dataset.get('sample', my_sample_token)
065     lyft_dataset.render_sample_data(my_sample['data']['LIDAR_TOP'], nsweeps = 5)
```

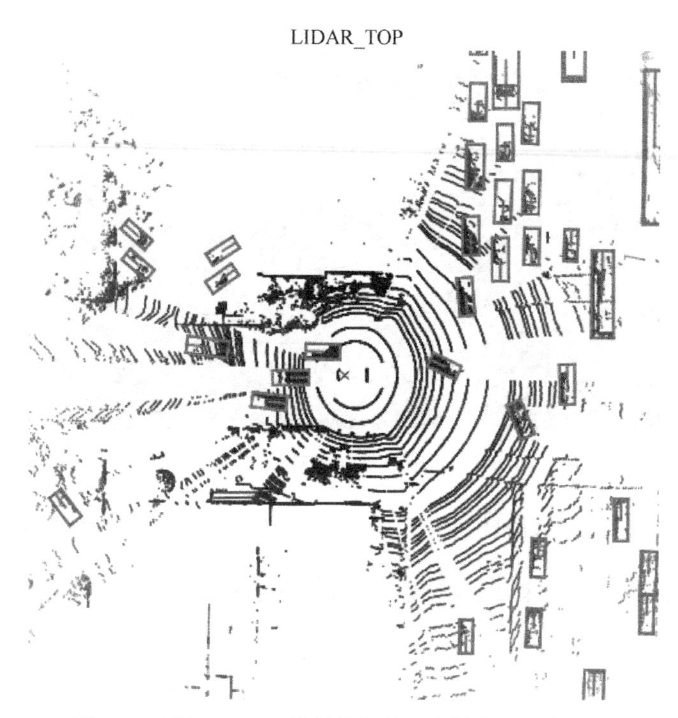

图 4.8 顶部 LiDAR 绘制的场景 1 中样本 1 的点云图

同样的方法，可以绘制出左前方 LiDAR 和右前方 LiDAR 的点云图。

请参见本节视频讲解，进一步加深对场景的理解。

4.6 场景动画

为了完整观察一个场景的目标捕获过程，执行程序段 P4.16，定义图像动画函数。

```
P4.16   # 由 Kaggle 作者 xhlulu 设计
        # https://www.kaggle.com/xhlulu/lyft-eda-animations-generating-csvs
066     def generate_next_token(scene):
067         scene = lyft_dataset.scene[scene]
068         sample_token = scene['first_sample_token']
069         sample_record = lyft_dataset.get("sample", sample_token)
070         while sample_record['next']:
071             sample_token = sample_record['next']
072             sample_record = lyft_dataset.get("sample", sample_token)
073             yield sample_token
074     def animate_images(scene, frames, pointsensor_channel = 'LIDAR_TOP', interval = 1):
075         cams = [
                'CAM_FRONT',
                'CAM_FRONT_RIGHT',
                'CAM_BACK_RIGHT',
                'CAM_BACK',
                'CAM_BACK_LEFT',
```

```
            'CAM_FRONT_LEFT',
        ]
076     generator = generate_next_token(scene)
077     fig, axs = plt.subplots(
078         2, len(cams), figsize=(3 * len(cams), 6),
079         sharex=True, sharey=True, gridspec_kw = {'wspace': 0, 'hspace': 0.1}
080     )
081     plt.close(fig)
082     def animate_fn(i):
083         for _ in range(interval):
084             sample_token = next(generator)
085         for c, camera_channel in enumerate(cams):
086             sample_record = lyft_dataset.get("sample", sample_token)
087             pointsensor_token = sample_record["data"][pointsensor_channel]
088             camera_token = sample_record["data"][camera_channel]
089             axs[0, c].clear()
090             axs[1, c].clear()
091             lyft_dataset.render_sample_data(camera_token, with_anns=False, ax=axs
                [0, c])
092             lyft_dataset.render_sample_data(camera_token, with_anns=True, ax=axs
                [1, c])
093             axs[0, c].set_title(camera_channel)
094             axs[1, c].set_title(camera_channel)
095     anim = animation.FuncAnimation(fig, animate_fn, frames=frames, interval=interval)
096     return anim
```

执行程序段 P4.17,用场景 1 中的 6 台摄像机(不包括专门拍交通信号灯的摄像机)的 100 个关键帧图像,做动画演示,同时对 6 台摄像机分 6 路观察场景变化,如图 4.9 所示。

```
P4.17   # 场景 1 动画演示
097     import matplotlib
098     matplotlib.rcParams['animation.embed_limit'] = 2 ** 32
099     from IPython.display import HTML
100     anim = animate_images(scene=0, frames=100, interval=1)
101     HTML(anim.to_jshtml(fps=8))
```

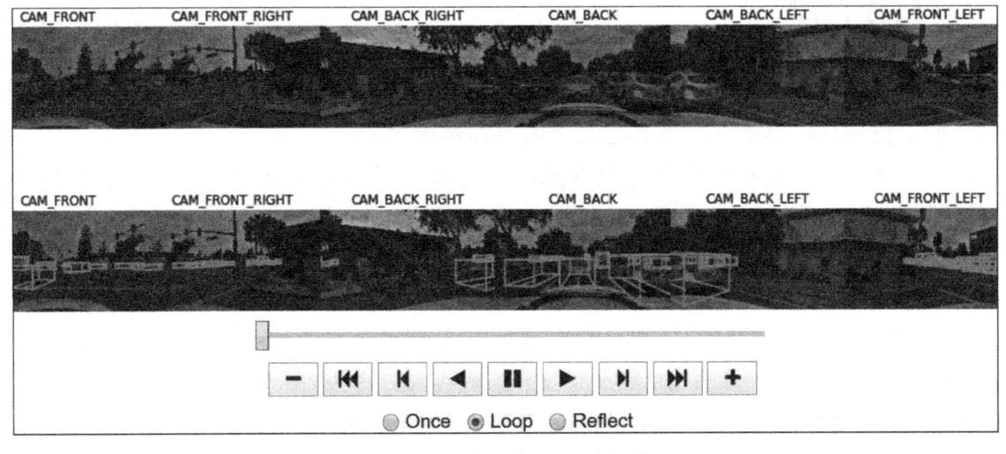

图 4.9 场景动画演示(6 路摄像机)

执行程序段 P4.18，完成 LiDAR 图像的动画函数定义。

```
P4.18   #由 Kaggle 作者 xhlulu 设计
        # https://www.kaggle.com/xhlulu/lyft-eda-animations-generating-csvs
102     def animate_lidar(scene, frames, pointsensor_channel = 'LIDAR_TOP', with_anns =
        True,
103     interval = 1):
104         generator = generate_next_token(scene)
105         fig, axs = plt.subplots(1, 1, figsize = (8, 8))
106         plt.close(fig)
107         def animate_fn(i):
108             for _ in range(interval):
109                 sample_token = next(generator)
110             axs.clear()
111             sample_record = lyft_dataset.get("sample", sample_token)
112             pointsensor_token = sample_record["data"][pointsensor_channel]
113             lyft_dataset.render_sample_data(pointsensor_token, with_anns = with_anns,
                ax = axs)
114         anim = animation.FuncAnimation(fig, animate_fn, frames = frames, interval = interval)
115         return anim
```

执行程序段 P4.19，用场景 1 中的顶部 LiDAR 的 100 个关键帧的点云图像，做动画演示。

```
P4.19   场景 1 动画演示
116     anim = animate_lidar(scene = 0, frames = 100, interval = 1)
117     HTML(anim.to_jshtml(fps = 8))
```

相关动画效果请参见程序演示。

LiDAR 和摄像机的同步快照信息还需要经过深度神经网络的目标检测与定位，才能为自动驾驶汽车提供行为依据。从 4.7 节开始学习目标检测相关内容。

4.7 目标检测

目标检测是实现计算机视觉任务的基础，也是计算机视觉的热点技术领域。目标分类、目标定位和目标检测对初学者是几个容易混淆的概念。

(1) 目标分类：目标分类关注包含哪些目标以及目标是什么或不是什么，不关心目标的具体位置。

(2) 目标定位：给出目标在图像中的坐标位置。

(3) 目标检测：在给定的图像中检测判断目标的类型，同时标定目标的位置。

下面通过一个案例分析，说明目标检测到底在检测什么。如图 4.10 所示，图像中出现了多辆汽车。假定现在有一个目标检测任务，需要区分图像中包含的行人(Pedestrian)、汽车(Car)和自行车(Bicycle)及其位置，上述三种目标以外的对象，标识为背景(Background)。

图 4.10 目标检测及坐标定位

为了标识目标的位置，首先需要定义坐标参照系。如果是三维(3D)目标定位，则需要考虑 z 轴，需要同时考虑目标的宽度、长度和高度。为简单起见，这里讨论二维(2D)目标定位问题。

二维目标定位常见的做法是设定图像左上角坐标为(0,0)，右下角坐标为(1,1)。用一个矩形框，根据目标的宽度与高度将目标框在其中，这个矩形框称作 Bounding Box，Bounding Box 的几何中心(汽车)即为目标的坐标。如图 4.10 所示，左边这辆汽车的坐标为 (b_x, b_y)，高度为 b_h，宽度为 b_w。其中，高度 b_h 用占整幅图像高度的比例表示，宽度 b_w 用占整幅图像的宽度比例表示。

图 4.10 中左侧汽车的目标定位可表示为：

$$b_x = 0.4, \quad b_y = 0.7, \quad b_h = 0.3, \quad b_w = 0.4$$

用向量表示目标输出，表示为维度为(8,1)的向量。如果 $p_c = 1$，表示检测到目标，c_1、c_2 和 c_3 分别表示三种类别：行人、汽车和自行车。如果 $p_c = 0$，表示此处没有检测到目标，向量其他位置的取值不予考虑，用“?”表示。

$$\text{输出标签：} \hat{\boldsymbol{y}} = \begin{bmatrix} \hat{p}_c \\ \hat{b}_x \\ \hat{b}_y \\ \hat{b}_h \\ \hat{b}_w \\ \hat{c}_1 \\ \hat{c}_2 \\ \hat{c}_3 \end{bmatrix}, \text{真实标签：} \boldsymbol{y} = \begin{bmatrix} p_c \\ b_x \\ b_y \\ b_h \\ b_w \\ c_1 \\ c_2 \\ c_3 \end{bmatrix}, \text{检测到目标：} \begin{bmatrix} 1 \\ 0.4 \\ 0.7 \\ 0.3 \\ 0.4 \\ 0 \\ 1 \\ 0 \end{bmatrix}, \text{无目标：} \begin{bmatrix} 0 \\ ? \\ ? \\ ? \\ ? \\ ? \\ ? \\ ? \end{bmatrix}$$

如果 $p_c = 1$，单样本的损失函数表示为：$L(\hat{y}, y) = (\hat{p}_c - p_c)^2 + (\hat{b}_x - b_x)^2 + (\hat{b}_y - b_y)^2 + (\hat{b}_h - b_h)^2 + (\hat{b}_w - b_w)^2 + (\hat{c}_1 - c_1)^2 + (\hat{c}_2 - c_2)^2 + (\hat{c}_3 - \hat{c}_3)^2$。

如果 $p_c = 0$，单样本的损失函数表示为：$L(\hat{y}, y) = (\hat{p}_c - p_c)^2$。

4.8 特征点检测

除了用 Bounding Box 确定检测目标的位置信息，还可以通过特征点检测输出目标的特征向量，通过特征向量去识别目标。这种基于目标特征点的检测方法称为特征点检测。

以人脸识别为例，多数重要的面部特征点位于嘴、鼻子、眼睛和眉毛附近。因此人脸识别算法往往以面部特征点检测为基础。如图 4.11 所示，假定希望用 64 个特征点标识脸部的关键特征，然后通过 CNN 网络进行训练，最后输出 64 个特征点的坐标向量，这个向量表征了脸部关键信息，是人脸识别算法的数据基础。

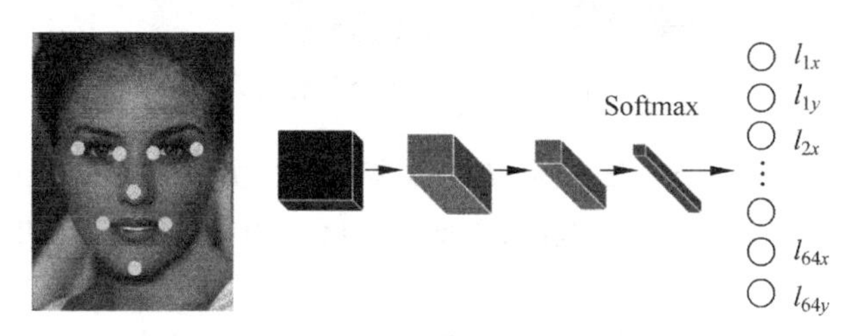

图 4.11 人脸识别的特征点检测

如果需要给训练集做标签，64 组特征点的位置编码信息为：(l_{1x}, l_{1y})，(l_{2x}, l_{2y})，(l_{3x}, l_{3y})，…，(l_{64x}, l_{64y})，必须前后保持一致。假如(l_{1x}, l_{1y})表示左眼的外侧眼角位置，那么在所有的图像中，其含义必须保持统一。

再举一个例子，某些情况需要分析图像中人的动作或姿态特征，此时也需要进行特征点检测。如图 4.12 所示，根据其脚尖、脚后跟、膝盖、腰部、肩部、肘部、手部的位置特征信息，可以判断运动员在做上篮动作。

图 4.12 人物姿势特征点检测

4.9 滑动窗口实现目标检测

在了解了对象定位与特征点检测之后，再来学习目标检测算法。以汽车检测为例，如图 4.13 所示，虚线框中所示为一个已经训练好的用于汽车识别的卷积网络。现在需要检测图中左上角的图像，判断其中是否包含汽车以及汽车的 Bounding Box 位置信息。

图 4.13 滑动窗口实现目标检测

定义一个滑动窗口(简称滑窗),窗口大小和滑动步长可以根据需要做出调整,从图像左上角开始向右滑动,到达图像右边界后,按照纵向步长切换到下一行,从下一行的左侧开始重新向右滑动,滑动到图像的右下角边界处停止。图 4.13 右上角给出了一组滑动之后可能的图像切片。将每一步得到的图像切片输入底部的卷积网络,判断该切片是否包含汽车,如果有汽车,则计算其 Bounding Box 的坐标,这就是滑动窗口实现目标检测的基本思路。

用滑动窗口实现目标检测,需要注意的问题有以下几个。

(1) 滑动窗口的尺寸选择。如果滑动窗口尺寸过小,意味着需要产生更多的切片,计算量增大,同时,切片过小,对于大尺寸的对象,可能被重复切片多次,不能形成准确的 Bounding Box 输出。

(2) 滑动步长的选择。如果滑动步长过小,意味着计算量大幅度增加;如果滑动步长过大,又有可能漏掉一些小尺寸目标。

(3) 多次滑动重复计算的问题。即使某个滑动窗口和步长刚好匹配某一幅图像或某些图像,并不意味着可以匹配其他场景,因此经常需要实验多种滑动窗口尺寸,算法的不确定性和计算量都会增大。

总之,如何提高检测效率,降低计算成本是一个需要解决的关键问题,算法的改进请见 4.10 节:卷积方法实现滑动窗口。

如果在 3D 空间中检测目标,需要滑动 3D 检测窗口,此处不再赘述。

4.10 卷积方法实现滑动窗口

4.9 节介绍的滑动窗口实现目标检测的算法,效率低下,本节给出改进的版本:基于卷积方法实现滑动窗口算法。先从探讨卷积网络的结构开始。

卷积层、池化层和全连接层是 CNN 最为经典的结构要素。图 4.14 包含两个卷积网络,卷积网络 A 的第一层为卷积层,后面跟一个池化层,然后是三个全连接层。

如图 4.14 所示,将卷积网络 A 和 B 做对照,输入层、第一个卷积层和池化层都是相同的,A 的三个全连接层,对应 B 的三个卷积层。

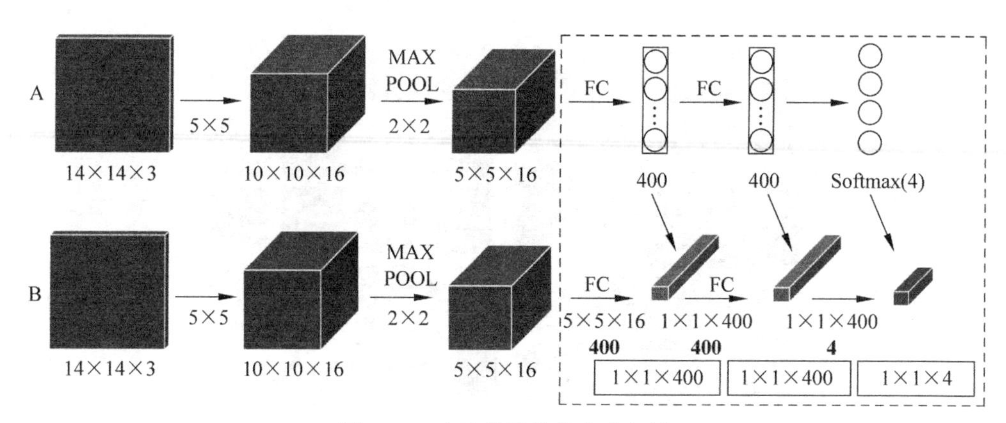

图 4.14　全连接层转换为卷积层

（1）A 的第一个全连接层，包含 400 个单元，与上一层是全连接关系。B 在池化层之后，用 400 个 5×5×16 的过滤器，对池化层的输出 5×5×16 做卷积运算，得到的输出为 1×1×400，与上一层是全连接关系。

（2）A 的第二个全连接层，包含 400 个单元，与上一层是全连接关系。B 用 400 个 1×1×400 的过滤器，对上一层的输出 1×1×400 做卷积运算，得到的输出为 1×1×400，与上一层是全连接关系。

（3）A 的第三个全连接层 Softmax，包含 4 个单元，与上一层是全连接关系。B 用 4 个 1×1×400 的过滤器，对上一层的输出 1×1×400 做卷积运算，得到的输出为 1×1×4，与上一层是全连接关系。

显然，A 与 B 是一个等价关系。B 是一个全部由卷积运算组成的纯卷积网络，池化层除外。2014 年，Pierre Sermanet 等人在其论文 *OverFeat: Integrated Recognition, Localization and Detection using Convolutional Networks*（Sermanet, Eigen, et al., 2013）中提出了用纯卷积网络提高目标检测效率的新方法，算法原理如图 4.15 所示。

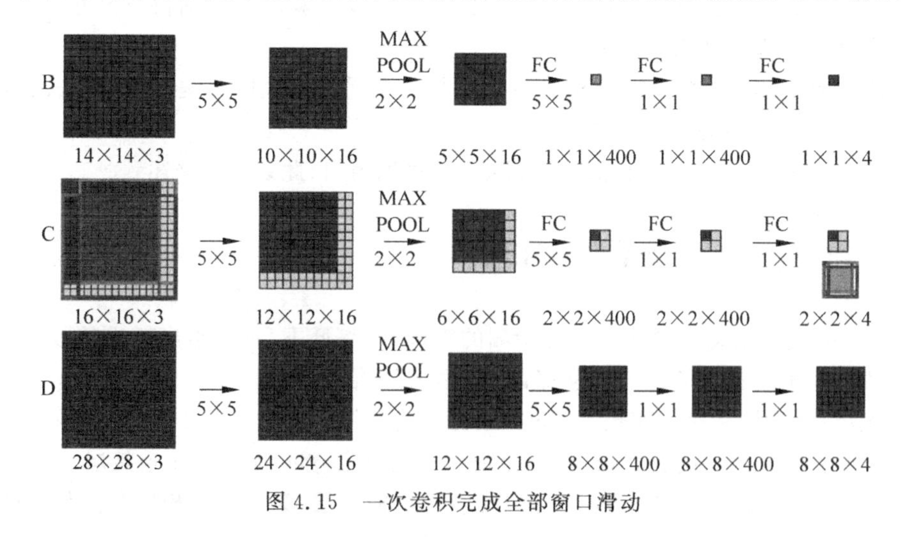

图 4.15　一次卷积完成全部窗口滑动

如图 4.15 所示，有三个卷积网络 B、C、D。B 是一个已经训练好的纯卷积网络，输入图像的维度为 14×14×3。

假定有一幅图像的维度为 16×16×3，用步长为 2 的 14×14 的滑动窗口滑动取值，可以取出四幅图像，这四幅图像分别输入 B 网络进行目标识别，需要经过四次卷积运算。事实上，四幅图像重叠的部分，重复进行了四次卷积运算。如果窗口数量很多，计算量无疑是巨大的。

如果直接把 16×16×3 的图像输入 B 网络中，卷积计算过程如 C 所示。最后的网络输出不再是 1×1×4，而是变为 2×2×4，代表四个滑动窗口的输出值。也就是说，只通过一次卷积，即完成了 16×16×3 图像的目标识别任务。

同理，28×28×3 的图像，直接输入 B 网络，卷积计算过程如 D 所示，得到的目标输出 8×8×4，代表了 64 个滑动窗口的卷积结果。

如果足够幸运的话，可能只用一次卷积，就能识别出所有的目标对象。不过这个算法仍然无法确定最优的窗口大小，识别出的 Bounding Box 的边界可能不够准确，相关改进请见 4.11 节 YOLO 算法。

4.11 初识 YOLO 算法

为了实时精准地输出目标检测对象的 Bounding Box，2015 年，Redmon 等人在其论文 *You Only Look Once: Unified real-time object detection* 中提出了 YOLO 算法 (Redmon, Divvala, et al., 2016)，寓意 You Only Look Once，即可实时精准获取目标对象的类型与位置。

YOLO 算法在定义训练集标签上做出了改变，为了定义图像标签，在图像上放上一个 $S\times S$ 的网格，将图像切分为 $S\times S$ 幅小的图像，如图 4.16 所示。

图 4.16 YOLO 算法将图像切分为 $S\times S$ 个小块

A 图是 5×5 的网格，B 图是 3×3 的网格，C 图是 4×4 的网格，实践中，可以增加网格维度，例如 19×19 等。

A 图中汽车被分到了四个格子中，C 图也是四个格子中，那么汽车到底属于哪个格子呢？方法是计算 Bounding Box 的中心点，中心点落在哪个格子中，那个格子就包含汽车，其他格子则认为不包含目标对象。为此，需要对每一个格子定义一个输出标签。

以 B 图的 3×3 的网格为例，根据 4.7 节的内容，每个网格的标签都要表示为一个 (8,1) 的向量，输出标签的维度为 3×3×8，如图 4.17 所示。

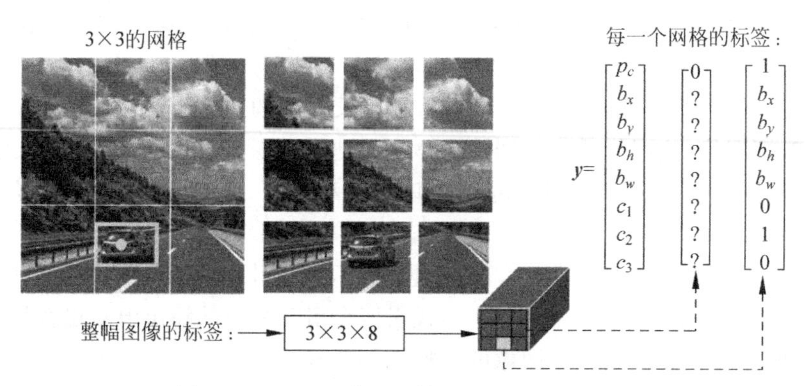

图 4.17　YOLO 算法对输出标签的定义方法

以 3×3 的网格为例，每幅图像对应 9 个标签，每个标签是一个维度为(8,1)的向量，确定网格中是否含有目标对象，目标的精准 Bounding Box 坐标以及目标所属的类型。

但是在模型训练过程中，不需要将 3×3 的网格图像分 9 次输入卷积网络进行重复计算，YOLO 算法采用的是卷积滑动窗口实现，一次性地将图像输入训练好的卷积网络，即可得到目标输出 3×3×8。对于更为精细的网格划分，例如 19×19 也是如此。所以 YOLO 算法的效率很高，运行速度快，能够适应实时目标检测需求。

Bounding Box 的坐标 b_x,b_y,b_h,b_w 的表示方法如图 4.18 所示。

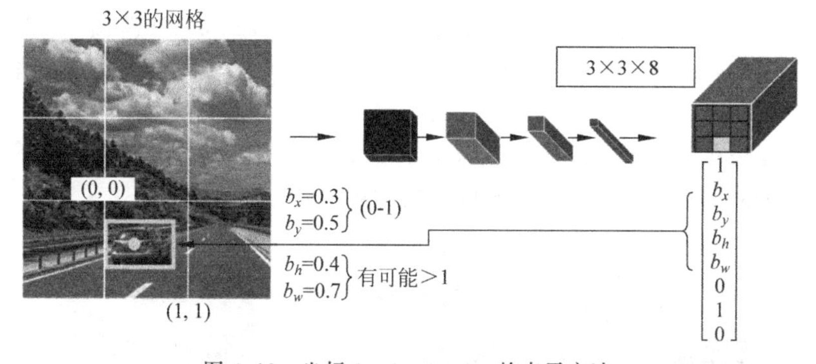

图 4.18　坐标 b_x,b_y,b_h,b_w 的表示方法

目标对象所在网格的左上角坐标为(0,0)，右下角坐标为(1,1)。b_x,b_y 的取值为 0～1，但是 b_h,b_w 的取值有可能大于 1，因为目标可能跨越多个网格。

4.12　交并比

交并比(Intersection-over-Union，IoU)是目标检测中使用的一个概念，预测产生的候选框与原标记框的交叠率，即它们的交集与并集的比值。简单地说，交并比计算的是两个边界框(Bounding Box)交集和并集之比，计算方法如公式(4.1)所示。

$$\mathrm{IoU}=\frac{A\cap B}{A\cup B} \tag{4.1}$$

A、B 表示两个边界框的面积。

交并比可以用来评价 Bounding Box 的预测值与真实值之间的差距，如图 4.19 所示。

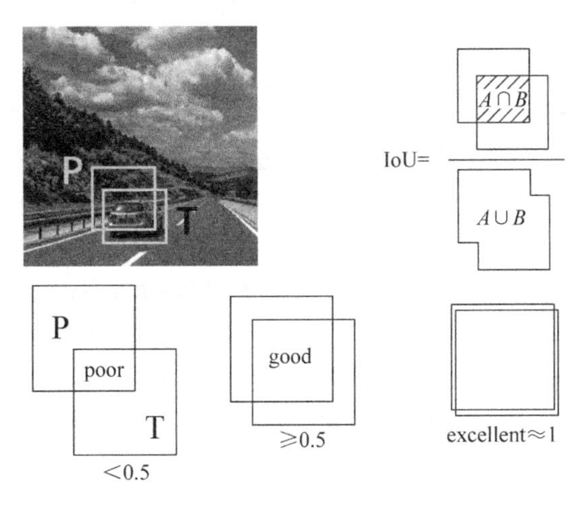

图 4.19　用交并比评价 Bounding Box

T 代表目标的真实边界框，P 代表预测的边界框。如果交并比低于 0.5，则认为预测效果较差；如果大于或等于 0.5，则认为预测效果好；如果接近于 1，则认为极好。交并比等于 1 是完美的情况。

如果希望提高评价标准，可以提高阈值大小，例如，设定 IoU>0.6 才认为目标定位预测正确。当然，这些阈值都是根据经验做出的判断，具体问题需要具体分析。

4.13　非极大值抑制

将一个网格放到图像上做目标检测时，目标往往会在多个网格中出现，如图 4.20 所示。在图 4.20(a)图像上放一个 19×19 的网格，理论上汽车的 Bounding Box 只有一个中心点，应该只有一个网格包含汽车，但是实践中可能会出现多个网格，认为汽车中心点落在自己这里，自己这里检测到了汽车对象。如何解决这个问题？答案是用非极大值抑制方法。

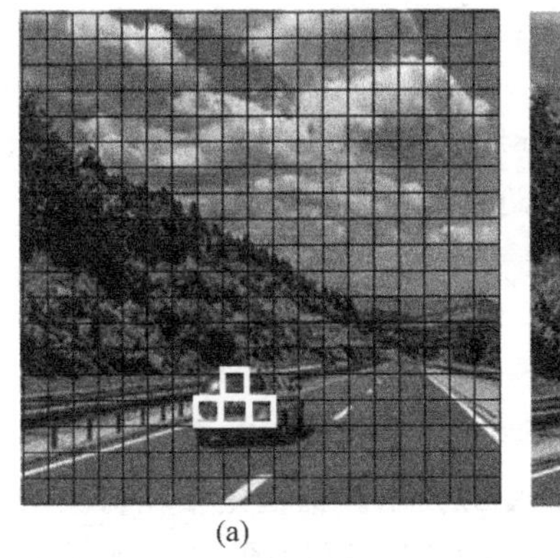

(a)

(b)

图 4.20　非极大值抑制

非极大值抑制算法如下。

1. 舍弃所有 $p_c<0.6$ 的边界框。

2. While 循环，遍历所有剩余的边界框：

 2.1 取一个 P_c 最大的边界框，记作 max bounding box，作为预测输出。

 2.2 删除与 max bounding box 交并比 IoU≥0.5 的边界框(抑制)。

如图 4.20 所示，19×19 个网格，每一个都会输出对 Bounding Box 的预测，非极大值抑制的算法思想是，首先将 $p_c<0.6$ 的 Bounding Box 舍弃。对于剩下的 Bounding Box，通过一个循环过程进行筛选。以图 4.20(b)为例，假定有三个滑动窗口均检测到了汽车对象，其 p_c 值分别为 0.6、0.7 和 0.9，则输出 p_c 值最大的那个边界框(Max Bounding Box)，然后将与 Max Bounding Box 的 IoU≥0.5 的边界框删除。回到循环开始阶段，重新从剩余 Bounding Box 中选择 p_c 值最大的那个边界框作为参照，通过 IoU 的值再清除(抑制)一批 Bounding Box，周而复始，即可完成所有目标的检测，并且每个目标只输出一次最好的检测结果。

图 4.21 为 Redmon 等人在 YOLO v1 模型中给出的算法模拟与演示。

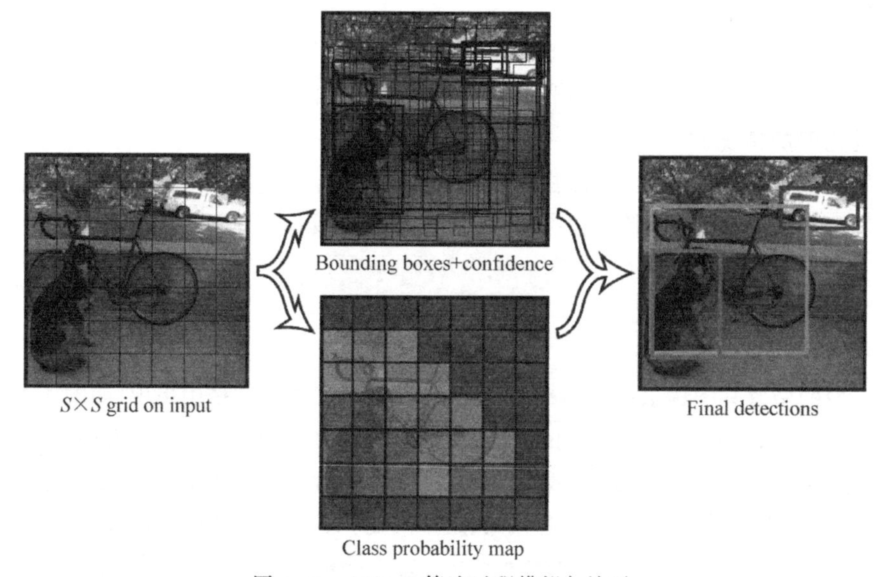

图 4.21 YOLO 算法过程模拟与演示

YOLO v1 模型中给出了一个称为 confidence 的评价指标，用于综合评价类别和 Bounding Box 的预测准确性，根据 confidence 进行非极大值抑制，得到最终的目标检测结果。

4.14 Anchor Boxes

前面介绍的算法，一个网格一次只能检测出一个对象。如果希望一个网格可以同时检测出多个对象，需要借助锚框(Anchor Boxes)技术。锚框是根据对象的形状与轮廓特点定义的 Bounding Box，用于辅助对象的分类识别。以如图 4.22 所示的行人和汽车同框为例。

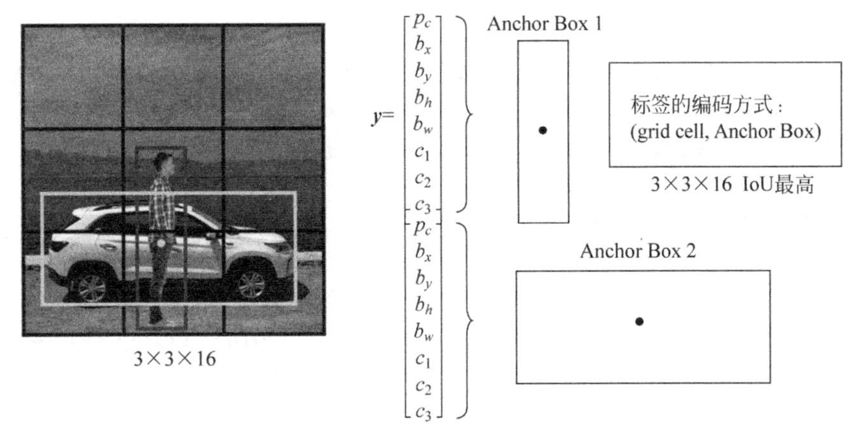

图 4.22 用 Anchor Boxes 协助检测多个对象

如图 4.22 所示，用一个 3×3 的网格覆盖图像，巧合的是，行人与汽车的中心点，均落在同一个网格中。那么这个网格应该检测出的目标是汽车还是行人？如果用维度为(8,1)的向量表示单个网格的输出标签，显然是不够的。

解决的方法是将输出标签的维度定义为(16,1)的向量，如图 4.22 所示，向量 **y** 的上半部分表示行人的信息，下半部分表示汽车的信息。那么如何判断检测到的目标是行人还是汽车？方法是定义两个 Bounding Box，名称为 Anchor Box1 的表示行人，名称为 Anchor Box2 的表示汽车，用检测到的对象的 Bounding Box 分别与 Anchor Box1 和 Anchor Box2 计算交并比 IoU，将对象归属于 IoU 值较大的那一类。

如图 4.23 所示，给出了多目标标签定义的方法。

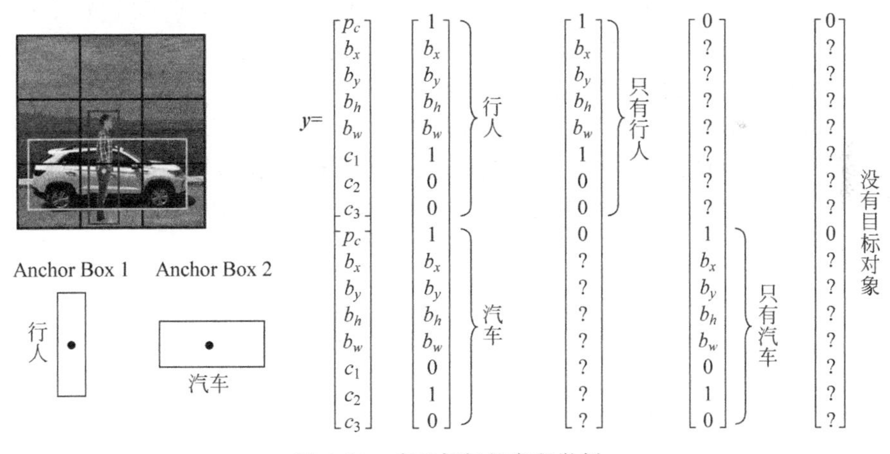

图 4.23 多目标标签定义举例

如果网格同时包含行人和汽车，其输出标签的特点是：两个 p_c 值均为 1，表示这个网格既有行人，也有汽车，而且各自拥有 b_x, b_y, b_h, b_w 以及 c_1, c_2, c_3 的定义。如果网格中只有行人，则只有 **y** 向量的上半部分取值有意义，下半部分除了 p_c 值为 0，其他取值可以忽略。如果网格中只有汽车，则只有向量 **y** 的下半部分取值有意义，上半部分除了 p_c 值为 0，其他取值可以忽略。如果网格中没有目标对象，则除了 **y** 向量的两处 p_c 值为 0，其他值可以忽略。

这里只讨论了网格包含两种目标对象的情况，对于包含更多的目标对象，显然应该定义更多的 Anchor Boxes。可以手动定义这些 Anchor Boxes，也可以借助 K-means 聚类算法，根据对象的聚类结果实现 Anchor Box 的动态定义。

4.15 YOLO 技术演进

自 Redmon 等人 2015 年首次发表 YOLO 算法论文以来，YOLO 算法迄今已完成四次技术演化，形成了 YOLO v1(Redmon，Divvala，et al.，2016)、YOLO v2(Redmon and Farhadi，2017)、YOLO v3(Redmon and Farhadi，2018)和 YOLO v4(Bochkovskiy，et al.，2020)四个版本的技术架构。

先看 YOLO v1 的技术特点。YOLO v1 采用的网络结构如图 4.24 所示。

YOLO v1 网络结构包含 24 个卷积层和 2 个全连接层，卷积层用于特征提取，全连接层用于回归预测。卷积层中多处采用了 1×1 卷积降维，然后紧跟 3×3 卷积。对于卷积层和全连接层，采用 Leaky ReLU 激励函数，最后一层采用线性激励函数。

YOLO v1 先在 ImageNet 数据集上用 224×224 的输入对卷积层进行预训练，预训练之后，由于检测任务一般面对的是更高分辨率的图片，所以将网络的输入从 224×224 增加到 448×448。网络输出标签用 7×7×30 的向量表示。

YOLO v1 将输入图像划分为 $S\times S$ 网格，每个网格仅预测一个对象。每个网格都预测固定数量的边界框。单对象规则限制了所检测对象的精准程度。

每个网格预测 B 个边界框，为了评价网格的预测结果，对每个边界框给一个置信度得分，同时对预测的所有类型都给一个概率值，如图 4.25 所示，YOLO v1 在 PASCAL VOC 数据集上采用 7×7 网格($S\times S$)，2 个边界框(B)和 20 个类别(C)进行了目标检测验证。每个 Bounding Box 的输出维度为(5，1)，坐标值为(x，y，w，h)，置信度用 confidence 表示。每个网格需要输出 20 种类别的概率值，所以，每个网格的输出维度为(30，1)。整幅图像的输出维度为：$(S,S,B\times5+C)=(7,7,2\times5+20)=(7,7,30)$。

关于置信度的计算方法，论文中有详细描述，此处不再赘述。

YOLO v1 将 Bounding Box 的定位损失、置信度损失和类别预测损失加在一起形成损失函数，如公式(4.2)所示。

$$
\begin{aligned}
&\lambda_{\text{coord}}\sum_{i=0}^{s^2}\sum_{j=0}^{B}\mathbf{1}_{ij}^{\text{obj}}[(x_i-\hat{x}_i)^2+(y_i-\hat{y}_i)^2]+\\
&\lambda_{\text{coord}}\sum_{i=0}^{s^2}\sum_{j=0}^{B}\mathbf{1}_{ij}^{\text{obj}}[(\sqrt{w_i}-\sqrt{\hat{w}_i})^2+(\sqrt{h_i}-\sqrt{\hat{h}_i})^2]+\\
&\sum_{i=0}^{s^2}\sum_{j=0}^{B}\mathbf{1}_{ij}^{\text{obj}}(C_i-\hat{C}_i)^2+\\
&\lambda_{\text{noobj}}\sum_{i=0}^{s^2}\sum_{j=0}^{B}\mathbf{1}_{ij}^{\text{noobj}}(C_i-\hat{C}_i)^2+\\
&\sum_{i=0}^{s^2}\mathbf{1}_{i}^{\text{obj}}\sum_{c\in\text{classes}}(p_i(c)-\hat{p}_i(c))^2
\end{aligned}
\tag{4.2}
$$

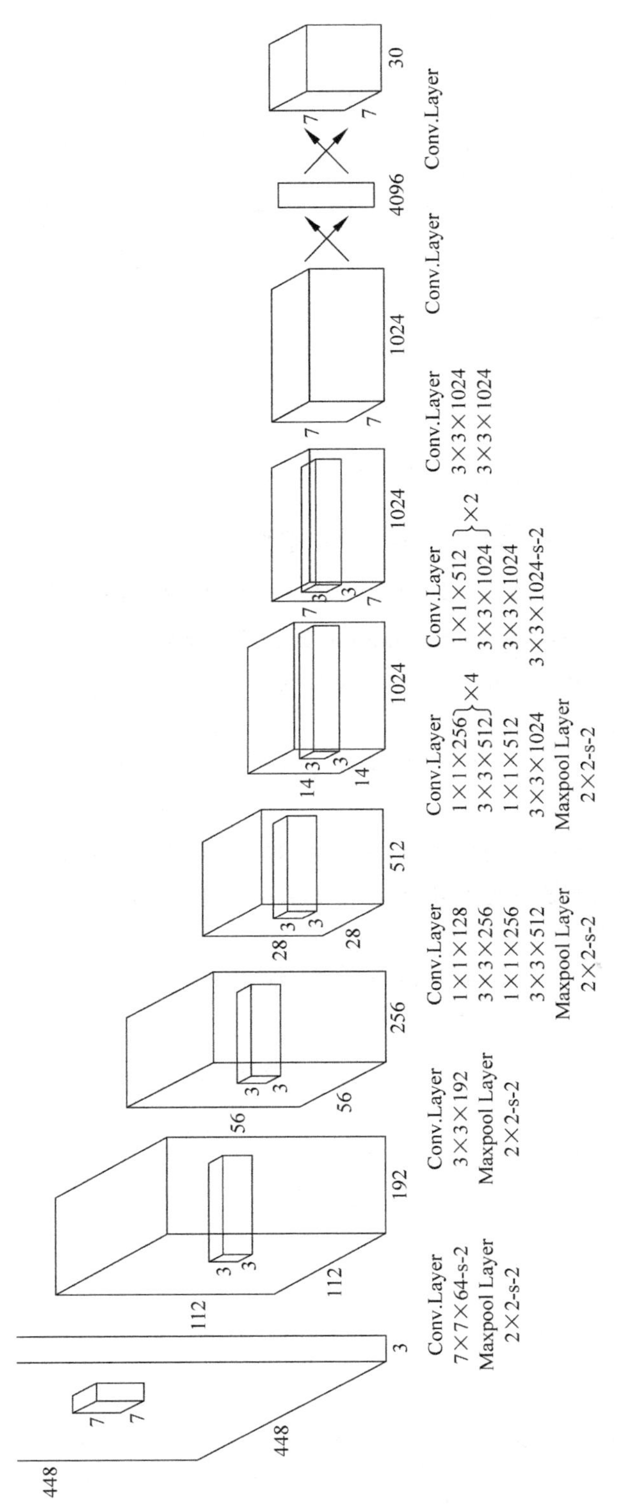

图 4.24 YOLO v1 的网络结构

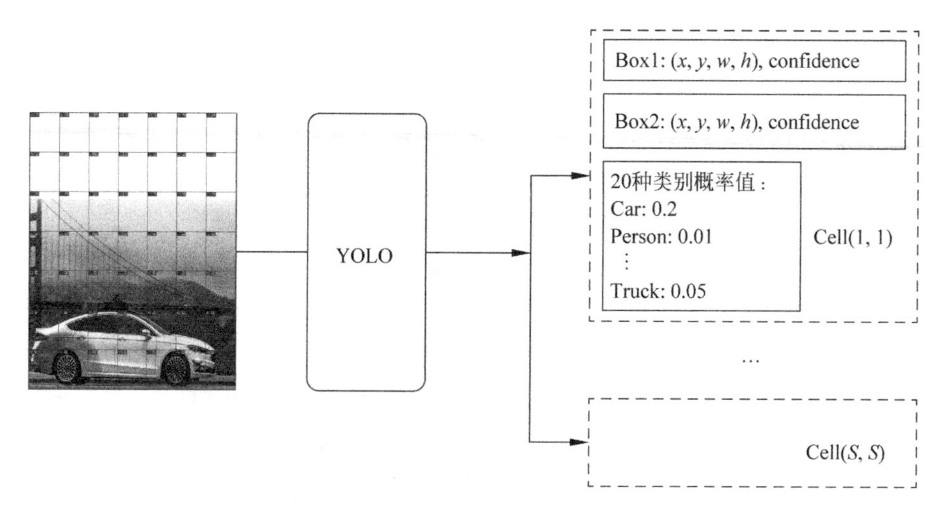

图 4.25　YOLO v1 网格输出维度计算方法

$\mathbf{1}_{i}^{\text{obj}}$：对象是否出现在第 i 个网格，出现则为 1，否则为 0。

$\mathbf{1}_{ij}^{\text{obj}}$：第 i 个网格的第 j 个 Bounding Box 检测到目标对象，值为 1，否则为 0。

$\mathbf{1}_{ij}^{\text{noobj}}$：第 i 个网格的第 j 个 Bounding Box 没有检测到目标对象，值为 1，否则为 0。

$\lambda_{\text{coord}}=5$：增强 Bounding Box 的损失影响。

$\lambda_{\text{noobj}}=.5$：降低背景的损失影响。

为了避免对同一目标对象的多次重复预测，YOLO v1 根据置信度采用非极大值抑制方法。

YOLO v1 采用单一的网络得到目标对象的位置和类别，适用于实时目标检测。

YOLO v2 的论文题目是 *YOLO9000*：*Better*，*Faster*，*Stronger*，主要技术变化如下。

(1) 优化网络结构。

YOLO v2 参照了 Darknet-19 网络结构，Darknet-19 包含 19 个卷积层和 5 个最大池化层。网络结构如表 4.4 所示。

表 4.4　Darknet-19 结构参数

Type	Filters	Size/Stride	Output
Convolutional	32	3×3	224×224
Maxpool		2×2/2	112×112
Convolutional	64	3×3	112×112
Maxpool		2×2/2	56×56
Convolutional	128	3×3	56×56
Convolutional	64	1×1	56×56
Convolutional	128	3×3	56×56
Maxpool		2×2/2	28×28
Convolutional	256	3×3	28×28
Convolutional	128	1×1	28×28
Convolutional	256	3×3	28×28

续表

Type	Filters	Size/Stride	Output
Maxpool		2×2/2	14×14
Convolutional	512	3×3	14×14
Convolutional	256	1×1	14×14
Convolutional	512	3×3	14×14
Convolutional	256	1×1	14×14
Convolutional	512	3×3	14×14
Maxpool		2×2/2	7×7
Convolutional	1024	3×3	7×7
Convolutional	512	1×1	7×7
Convolutional	1024	3×3	7×7
Convolutional	512	1×1	7×7
Convolutional	1024	3×3	7×7
Convolutional	1000	1×1	7×7
Avgpool Softmax		Global	1000

YOLO v2 基于 Darknet-19 在 ImageNet 上完成分类训练后，将 Darknet-19 最后一个卷积层、池化层和 Softmax 层移除，替换为 3 个 3×3 卷积层，每个输出 1024 个通道。然后应用 1×1 卷积层，将 7×7×1024 输出转换为 7×7×125(5 个边界框，每个框具有 4 个坐标参数，1 个置信度分数和 20 个条件类概率)。同时，YOLO v2 增加了一条从 3×3×512 卷积层到倒数第 2 个卷积层的直连，以增加对细粒度特征的提取。

(2) 在每一个卷积层后面跟一个批量标准化(Batch Normalization，BN)操作，批量标准化加快模型收敛速度，同时具有替代正则化方法的效果。加入 BN 后，模型的 mAP 提高了 2%以上。

(3) 增强了对高精度图像分类器的训练。YOLO v2 在 ImageNet 上以 448×448 的分辨率进行了 10 个 epoch 迭代训练，使得 mAP 提高了近 4%。

(4) 采用 Anchor Boxes 技术。YOLO v2 用卷积层替代了 YOLO v1 中的全连接层，Anchor Boxes 技术使得模型的 mAP 稍有下降，但是召回率明显提高。

YOLO v2 采用了每个网格预测 5 个边界框的坐标(x,y,w,h)，每个框有 1 个置信度得分和 20 种对象的概率，所以每个网格单元输出的向量维度为(125,1)，如图 4.26 所示，输出向量由坐标、置信度和类别 3 部分组成。

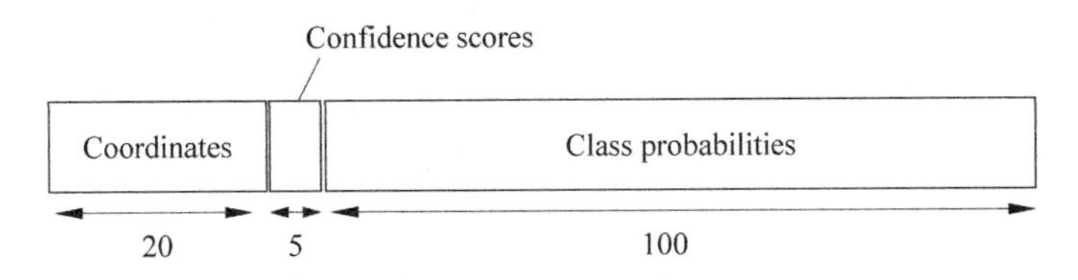

图 4.26　YOLO v2 单个网格的输出向量的结构

YOLO v2 采用 K-means 方法在 VOC 和 COCO 数据集上筛选 Anchor Boxes，$k=5$ 时在召回率与模型复杂度之间取得了很好的平衡，所以 YOLO v2 最终采用 5 种 Anchor Boxes，如图 4.27 所示。

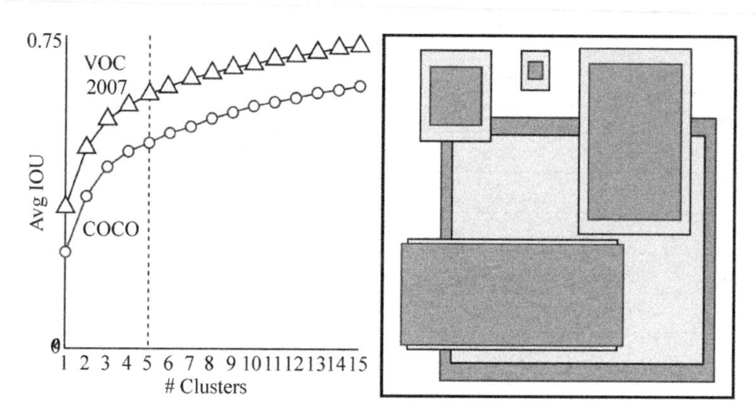

图 4.27　用 K-means 方法筛选 Anchor Boxes

在应用了一系列技术改进之后，YOLO v2 与 YOLO v1 相比，准确率有显著提升，mAP 变化如表 4.5 所示，表中左侧列出的技术改进策略，除了 Anchor Boxes 方法会导致 mAP 略微下降，但是召回率显著提高以外，其他策略都会导致 mAP 的提升。基于 Darknet-19 改造的新的网络模型将计算量减少了 33%。

表 4.5　YOLO v2 技术改进对模型 mAP 的影响

Key Points	YOLO								YOLO v2
batch norm?		√	√	√	√	√	√	√	√
hi-res classifier?			√	√	√	√	√	√	√
convolutional?				√	√	√	√	√	√
anchor boxes?				√	√				
new network?					√	√	√	√	√
dimension priors?						√	√	√	√
location prediction?						√	√	√	√
passthrough?							√	√	√
multi-scale?								√	√
hi-res detector?									√
VOC2007 mAP	63.4	65.8	69.5	69.2	69.6	74.4	75.4	76.8	78.6

图 4.28 给出了 YOLO v2 与 YOLO v1、SSD、Faster R-CNN 等模型在 VOC 2007 数据集上的准确率与速度比较。YOLOv2 在实时检测速度和准确率方面取得了更好的平衡，优势更明显。

YOLO 9000 是在 YOLO v2 的基础上提出的一种可以检测超过 9000 个类别的实时检测模型，提出了一种分类和检测的联合训练策略。在 YOLO 算法中，边界框的预测并不依赖于对象的标签，所以 YOLO 可以实现在分类和检测数据集上的联合训练，它使用 WordTree 结合了 COCO 的 80 种类别和 ImageNet 中的 9000 种类别构建联合训练集，在理论与实践层面实现了突破性探索。

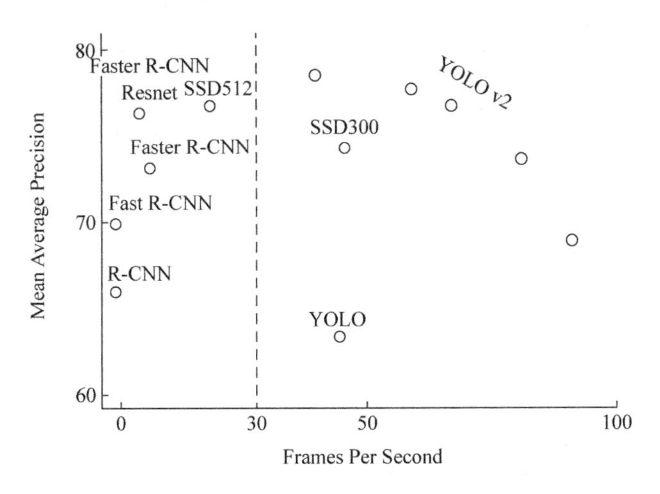

图 4.28 YOLO v2 与其他模型的准确率与速度比较

YOLO v3 基于 Darknet-53 模型构建，Darknet-53 在 ImageNet 上完成训练后，在 Darknet-53 的基础上又堆叠了 53 层，使得 YOLO v3 成为拥有 106 层卷积结构的网络。YOLO v3 的准确率比 YOLO v2 高，在检测小目标对象方面有显著改进，由于网络复杂，所以速度不如 YOLO v2 快。

YOLO v3 使用 Darknet-53 代替 YOLO v2 采用的 Darknet-19 作为特征提取器。Darknet-53 主要采用 3×3 和 1×1 过滤器做卷积运算，而且采用了 ResNet 中的残差块结构进行跳连，与 ResNet-152 相比，Darknet-53 具有更少的浮点计算量，用 2 倍于 ResNet-152 的速度实现了相同的分类精度。Darknet-53 结构定义如表 4.6 所示。

表 4.6 Darknet-53 结构定义

	Type	Filters	Size	Output
	Convolutional	32	3×33	256×
	Convolutional	64	×3/2	256
				128×
				128
	Convolutional	32	1×1	
1×	Convolutional	64	3×3	128×
	Residual			128
	Convolutional	128	3×3/2	64×64
	Convolutional	64	1×1	
2×	Convolutional	128	3×3	
	Residual			64×64

续表

	Type	Filters	Size	Output
	Convolutional	256	3×3/2	32×32
8×	Convolutional	128	1×1	
	Convolutional	256	3×3	
	Residual			32×32
	Convolutional	512	3×3/2	16×16
8×	Convolutional	256	1×1	
	Convolutional	512	3×3	
	Residual			16×16
	Convolutional	1024	3×3/2	8×8
4×	Convolutional	512	1×1	
	Convolutional	1024	3×3	
	Residual			8×8
	Avgpool	Global		
	Connected	1000		
	Softmax			

与其他同类模型比较，YOLO v3 的速度遥遥领先，YOLO v3 在 mAP 指标相当的情况下，预测速度是其他模型的 3 倍左右，如图 4.29 所示。

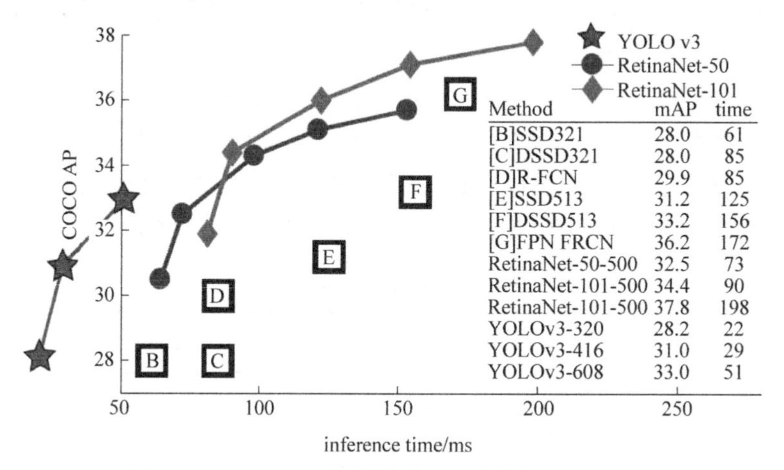

图 4.29 YOLO v3 与其他模型的速度与 mAP 比较

YOLO 的前三个版本，均是在 Redmon 主导下完成的，而 YOLO v4 则是由 Bochkovskiy 等于 2020 年推出的新版本，在速度与精度方面均超越了 YOLO v3。

YOLO v4 与 YOLO v3、EfficientDet 等模型的比较如图 4.30 所示。

在 COCO 数据集上，YOLO v4 达到了 43.5%AP、65FPS。与 YOLO v3 相比，将 AP 和 FPS 分别提高了 10%和 12%。

YOLO v4 与 EfficientDet 均为 2020 年推出的聚焦于目标检测领域的热点模型，YOLO v4 的运行速度是 EfficientDet 的 2 倍。

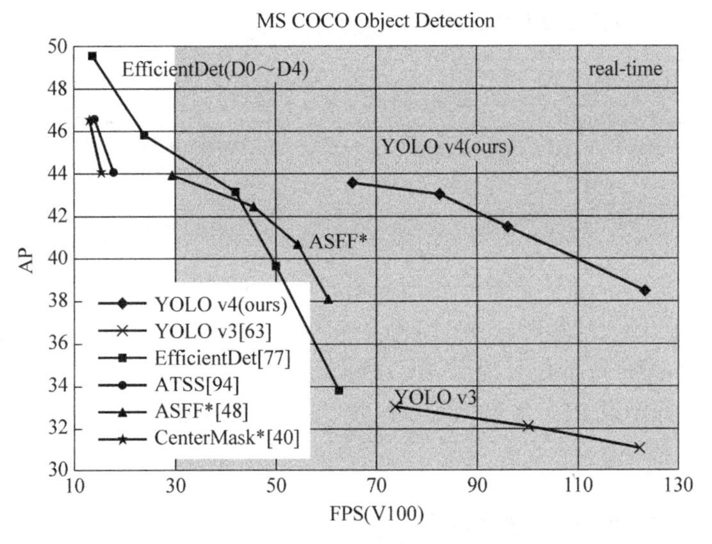

图 4.30　YOLO v4 与其他模型的性能比较

4.16　用 OpenCV 显示图像

开源计算机视觉库(Open Source Computer Vision Library，OpenCV)是一个计算机视觉和机器学习的开源软件库。OpenCV 旨在为计算机视觉应用程序提供通用的基础结构，内置两千五百多种优化算法，包括经典的计算机视觉和机器学习算法，例如，检测和识别人脸、识别对象、对视频中的目标行为进行分类、跟踪摄像机的运动、跟踪运动的对象、提取对象的 3D 模型、从立体摄像机生成 3D 点云、将图像拼接在一起以产生高分辨率的全场景图像、从图像数据库中查找相似的图像、消除闪光灯拍摄的红眼、现实增强等。

OpenCV 主要倾向于实时视觉应用，拥有 C++、Python、Java 和 MATLAB 接口，支持 Windows、Linux、Android 和 Mac OS。

本节学习 OpenCV 在图像处理方面的一些基础知识。如果是首次运行 OpenCV 程序，需要在项目的虚拟环境中安装 OpenCV 软件包，执行命令：

```
pip install openCV - python
```

在当前项目文件夹中新建程序文档 opencv.ipynb。执行程序段 P4.20，导入相关库。

```
P4.20   # 导入库
118     import numpy as np
119     import cv2
120     import matplotlib.pyplot as plt
121     % matplotlib inline
```

执行程序段 P4.21，用 OpenCV 方法读取与显示图像。

```
P4.21  # 用 OpenCV 方法读取与显示图像
122    img = cv2.imread('./images/fruit.jpg')    # 读取图像文件
123    print(type(img))
124    print(img.shape)
125    cv2.imshow('Fruit Image', img)             # 显示图像
126    cv2.waitKey(0)
127    cv2.destroyAllWindows()
```

运行结果显示 OpenCV 读取彩色图像后，变量 img 以 numpy.ndarray 类型存储，当前图像的维度为(778,1122,3)。第 125 行语句单独打开一个窗口显示图像，第 126 行语句等待用户按键，用户按下任意键后，第 127 行语句关闭图像窗口。

也可以执行程序段 P4.22，将用 OpenCV 方法读取的图像，用 matplotlib 方法显示在 notebook 程序文档中。

```
P4.22  # 用 matplotlib 方法显示图像
128    img = img[:,:,::-1]   # 倒序排列图像通道
129    plt.imshow(img)
```

第 128 行语句需要将图像的通道倒序排列，因为 OpenCV 读取的彩色图像以 BGR(蓝、绿、红)模式存储，而 matplotlib 以 RGB(红、绿、蓝)模式处理图像。OpenCV 采用 BGR 图像模式，是因为 OpenCV 发展的初期，照相机、摄像机的通道排列顺序为 BGR，所以 BGR 在 OpenCV 中一直沿用下来。

关于颜色的值域空间，如图 4.31 所示。每一种颜色的取值范围为[0,255]中的整数，单一灰度的取值也是[0,255]中的整数。

RGB 与 BGR 两种通道模式，除了 R、B 两个通道的顺序对调以外，颜色的合成实质是一样的，其对比关系如图 4.32 所示。

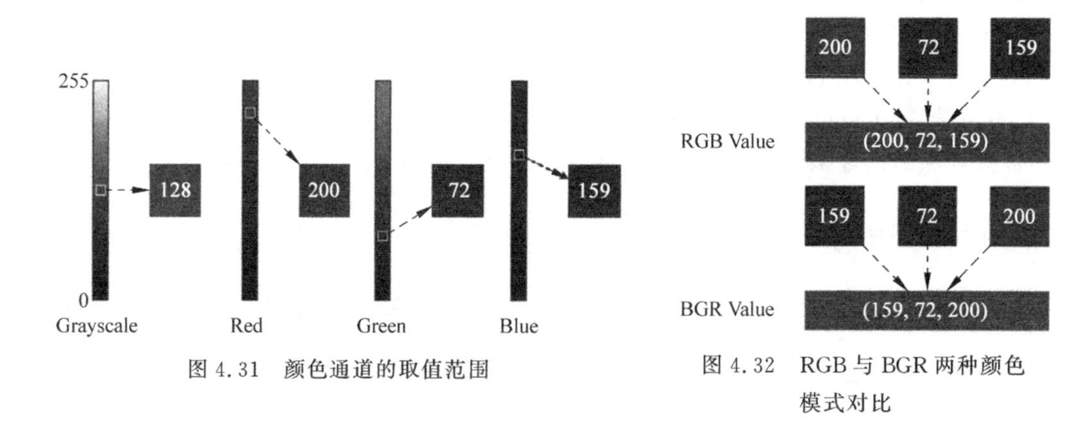

图 4.31　颜色通道的取值范围

图 4.32　RGB 与 BGR 两种颜色模式对比

执行程序段 P4.23，可以清楚地观察三个通道的图像特点。在每一种通道模式下，颜色越亮的区域，表征的即为该通道的颜色区域。

```
P4.23   #OpenCV 的 BGR 通道模式
130     img = cv2.imread('./images/nature.jpg')
131     cv2.imshow('nature',img)      #显示图像
132     b = img[:,:,0]                #蓝色通道
133     g = img[:,:,1]                #绿色通道
134     r = img[:,:,2]                #红色通道
135     cv2.imshow('blue',b)
136     cv2.imshow('green',g)
137     cv2.imshow('red',r)
138     cv2.waitKey(0)
139     cv2.destroyAllWindows()
```

4.17 用 OpenCV 播放视频

执行程序段 P4.24,用 OpenCV 播放视频文件,查看视频参数,或者提取图像帧。

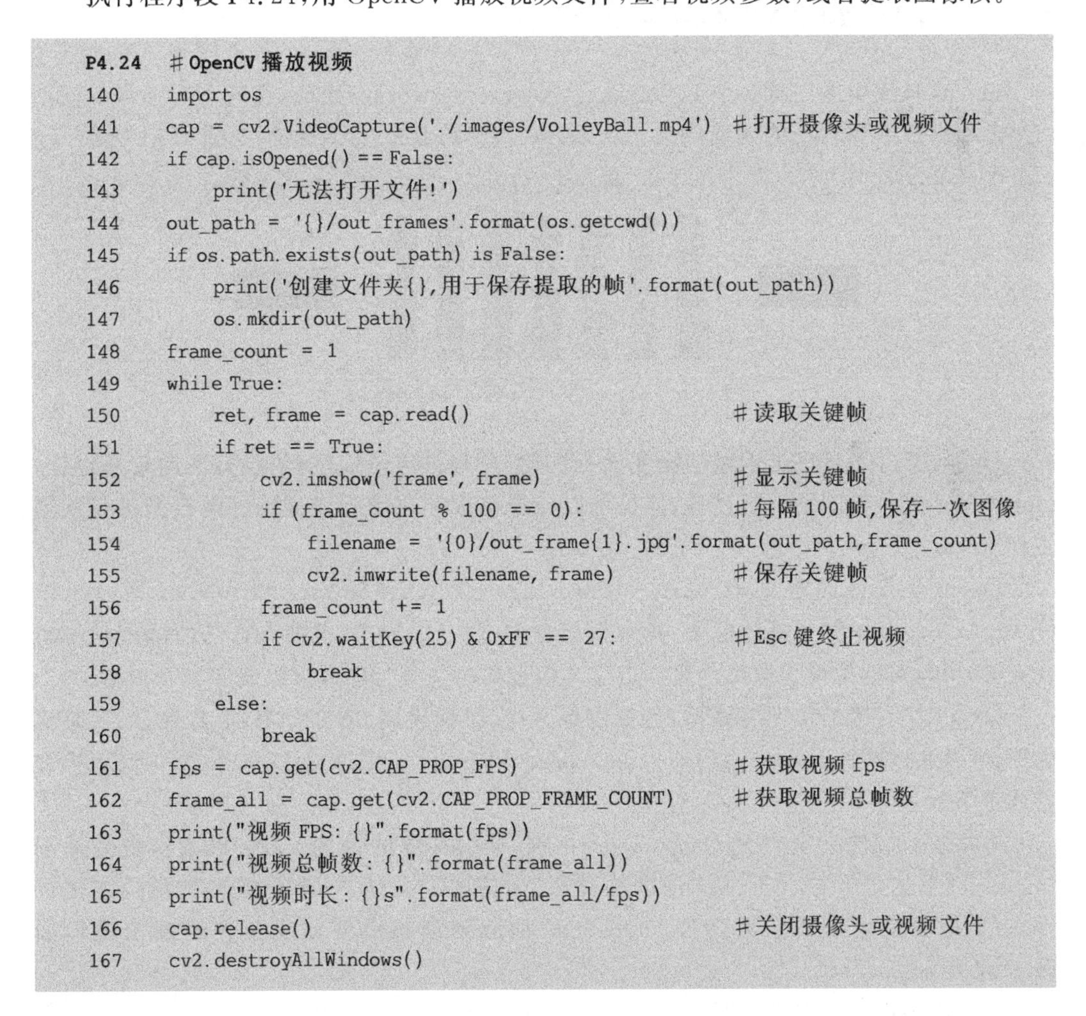

```
P4.24   #OpenCV 播放视频
140     import os
141     cap = cv2.VideoCapture('./images/VolleyBall.mp4')  #打开摄像头或视频文件
142     if cap.isOpened() == False:
143         print('无法打开文件!')
144     out_path = '{}/out_frames'.format(os.getcwd())
145     if os.path.exists(out_path) is False:
146         print('创建文件夹{},用于保存提取的帧'.format(out_path))
147         os.mkdir(out_path)
148     frame_count = 1
149     while True:
150         ret, frame = cap.read()                        #读取关键帧
151         if ret == True:
152             cv2.imshow('frame', frame)                 #显示关键帧
153             if (frame_count % 100 == 0):               #每隔 100 帧,保存一次图像
154                 filename = '{0}/out_frame{1}.jpg'.format(out_path,frame_count)
155                 cv2.imwrite(filename, frame)           #保存关键帧
156             frame_count += 1
157             if cv2.waitKey(25) & 0xFF == 27:           #Esc 键终止视频
158                 break
159         else:
160             break
161     fps = cap.get(cv2.CAP_PROP_FPS)                    #获取视频 fps
162     frame_all = cap.get(cv2.CAP_PROP_FRAME_COUNT)      #获取视频总帧数
163     print("视频 FPS: {}".format(fps))
164     print("视频总帧数: {}".format(frame_all))
165     print("视频时长: {}s".format(frame_all/fps))
166     cap.release()                                      #关闭摄像头或视频文件
167     cv2.destroyAllWindows()
```

程序段 P4.24 解析如下。

(1) 第 141 行语句 cv2.VideoCapture()表示打开摄像头或者文件。

(2) 第 150 行语句 ret,frame=cap.read()中的 cap.read()按帧读取视频,ret 是布尔值,如果读帧正确则返回 True,如果读到文件结尾,ret 的返回值为 False。frame 是每一帧的图像,用 numpy 的三维矩阵表示。

(3) 第 157 行语句 cv2.waitKey(25)中,waitKey()方法表示等待键盘输入,返回键盘按键的 ASCII 码;参数 25 表示延时 25ms,Esc 键对应的 ASCII 码是 27,cv2.waitKey(25) & 0xFF==27 表示按 Esc 键时 if 条件句成立。

(4) 第 166 行语句调用 release()关闭视频文件或者关闭摄像头。

(5) 第 167 行语句调用 destroyAllWindows()关闭所有图像窗口。

(6) 第 149~160 行语句是一个 while 循环,反复读取视频中的每一帧。在这个 while 循环中,每隔 100 帧,用 imwrite()方法将当前视频帧保存为外部的图像序列。

4.18 用 GoogLeNet 对图像分类

OpenCV 库中专门有一个 DNN(Deep Neural Networks)模块,实现了对预训练模型(已经训练完成的模型)的无缝集成。OpenCV 实现的 DNN 网络结构如图 4.33 所示。

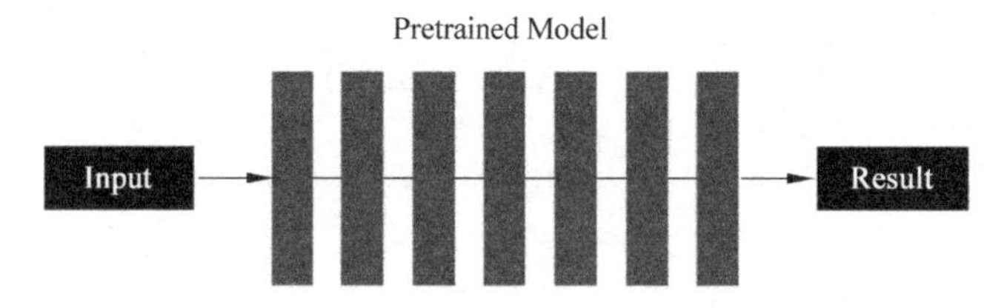

图 4.33 OpenCV 的深度学习网络结构

OpenCV 并不提供全天候的深度学习框架,只有正向传播过程,没有反向传播过程。OpenCV 不支持模型的训练过程,但是可以无缝集成和调用已经训练好的模型进行预测工作。

OpenCV 支持的框架有 Caffe、TensorFlow、Torch、Darknet 和 ONNX 等。所以 OpenCV 不依赖于某一具体框架,具有框架独立性。OpenCV 也拥有自己的深度学习实现方法,可以对框架模型做出优化。自定义模型的相关类与函数可以参照官方指南。

OpenCV 支持的预训练模型,包括图像分类、目标检测、语义分割、姿势估计、人脸识别等,可以通过网址 https://github.com/opencv/opencv/wiki/Deep-Learning-in-OpenCV 查看或者下载。

本章项目文件夹中有个 GoogLeNet 目录,里面存放的是用 Caffe 框架实现的基于 ImageNet 数据集的 GoogLeNet 预训练模型,包括两个文件,一个是模型的结构定义文件,一个是模型的权重参数文件。OpenCV 加载预训练模型完成预测的基本流程如图 4.34 所示。

有几个关键语句实现如图 4.34 所示的工作流程。

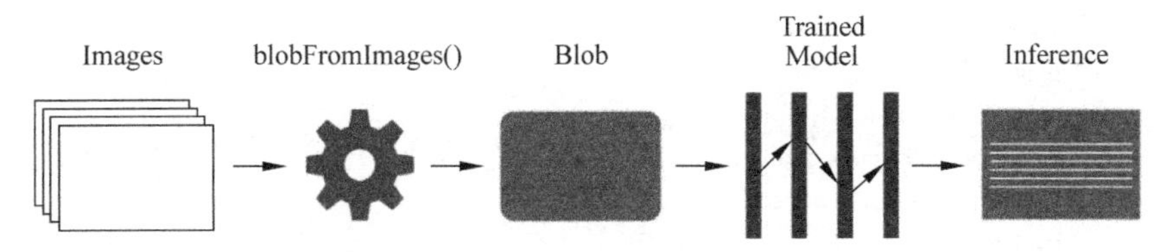

图 4.34　OpenCV 深度学习工作流程

(1) 构建输入矩阵的语句：

```
blob = cv2.dnn.blobFromImages( … )
```

功能：将图像数据集转换为四维矩阵，四个维度依次为：N，C，H，W。N：样本数量，C：通道数量，H：图像高度，W：图像宽度。

(2) 加载预训练模型的语句：

```
net = cv2.dnn. readNetFrom… ( … )
```

功能：加载指定框架的预训练模型，如 readNetFromCaffe、readNetFromTensorflow、readNetFromTorch、readNetFromDarknet、readNetFromONNX。

(3) 设置网络输入的语句：

```
net.setInput(blob)
```

功能：设置网络的新输入值为 blob 四维矩阵。

(4) 正向传播(预测)语句：

```
outp = net.forward()
```

功能：返回正向传播的输出值。

执行程序段 P4.25，OpenCV 基于 GoogLeNet 的预训练模型完成图像的分类预测工作。

```
P4.25    #OpenCV 基于 GoogLeNet 的预训练模型对图像分类
168      img = cv2.imread('./images/dining_room.jpg')
169      all_rows = open('./googlenet/synset_words.txt').read().strip().split('\n')
170      classes = [r[r.find(' ') + 1:] for r in all_rows]  # ImageNet 中的 1000 个类别
171      #用 OpenCV 加载 GoogLeNet 的 Caffe 模型(模型结构参数和权重)
172      net = cv2.dnn.readNetFromCaffe('./googlenet/bvlc_googlenet.prototxt',
                      './googlenet/bvlc_googlenet.caffemodel')
         #将图像转换为神经网络的输入格式
173      blob = cv2.dnn.blobFromImage(img, 1, (224,224))
174      print(blob.shape)
         #设置网络输入
```

```
175    net.setInput(blob)
       #正向传播,做出预测
176    outp = net.forward()
177    idx = np.argsort(outp[0])[::-1][:5]        #返回预测值最大的五种类别的 Id
178    print(idx.shape)
179    print(idx)
       #输出 Top5 类别的名称及其概率值:
180    for (i,id) in enumerate(idx):
181        print('{}.{} ({})的可能性为:{:.3}%'.format(i+1,classes[id],id,outp[0][id]*100))
182    cv2.imshow('dining room', img)                #显示图像
183    cv2.waitKey(0)
184    cv2.destroyAllWindows()
```

第 168 行语句读取的是一幅居家餐厅的图片,GoogLeNet 预测的 top5 结果如下。

```
1.restaurant, eating house, eating place, eatery (762)的可能性为:63.5%
2.dining table, board (532)的可能性为:7.31%
3.library (624)的可能性为:4.94%
4.china cabinet, china closet (495)的可能性为:4.27%
5.barbershop (424)的可能性为:3.47%
```

4.19 用 GoogLeNet 对视频逐帧分类

OpenCV 对视频逐帧分类,建立在图像分类的基础上。执行程序段 P4.26,仍然加载基于 Caffe 框架的 GoogLeNet 预训练模型,对指定视频逐帧分析,将 Top5 分类标签显示在每一帧上。

```
P4.26  #用 OpenCV 加载 GoogLeNet 对视频逐帧分类
185    video = cv2.VideoCapture('./images/restaurant.mov')    #打开摄像头或视频文件
186    all_rows = open('./googlenet/synset_words.txt').read().strip().split('\n')
187    classes = [r[r.find(' ')+1:]for r in all_rows]
       #加载 GoogLeNet 模型
188    net = cv2.dnn.readNetFromCaffe('./googlenet/bvlc_googlenet.prototxt',
                             './googlenet/bvlc_googlenet.caffemodel')
189    if video.isOpened() == False:
190        print('无法打开文件!')
191    while True:
192        ret, frame = video.read()                          #读取关键帧
193        blob = cv2.dnn.blobFromImage(frame, 1, (224,224))  #帧图像转换
194        net.setInput(blob)                                 #设置网络输入
195        outp = net.forward()                               #网络预测
           #将 Top5 标签显示在当前帧图像上
196        r = 0
197        for i in np.argsort(outp[0])[::-1][:5]:
198            label = '{} probability: {:.3f}'.format(classes[i], outp[0][i]*100)
```

```
199                cv2.putText(frame,label,(0,25 + 40 * r), cv2.FONT_HERSHEY_SIMPLEX,1,(0,0,255),2)
200                r += 1
201            if ret == True:
202                cv2.imshow('frame', frame)              #显示关键帧
203                if cv2.waitKey(25) & 0xFF == 27:        #Esc 键终止视频
204                    break
205            else:
206                break
207        video.release()                                 #关闭摄像头或关键帧
208        cv2.destroyAllWindows()
```

可以按 Esc 键终止视频检测。实验几种不同场景的视频,观察 Top5 准确率。

4.20 YOLO v3 预训练模型

本节用 OpenCV 加载 YOLO v3 的预训练模型,在当前项目文件夹 chapter4 中新建子目录 YOLO v3,用于存放 YOLO v3 预训练模型文件。

从 YOLO v3 官网下载 YOLO v3 的模型定义文件,切换到命令行方式,切换到当前项目文件夹 chapter4,执行如下 git 命令,将 darknet 网络模型下载到当前项目文件夹。

git clone https://github.com/pjreddie/darknet

git 命令完成后,当前项目文件夹中会生成 darknet 目录,在 darknet\cfg 目录中找到 yolov3.cfg 文件,将其复制到 chapter4\YOLO v3 子目录中。

下载 YOLO v3 的权重参数文件 yolov3.weights,文件大小为 237MB,下载网址:

https://pjreddie.com/media/files/yolov3.weights

将 yolov3.weights 文件复制到 YOLO v3 子目录中。从 darknet\data 目录中将 coco.names 文件复制到 YOLO v3 子目录,coco.names 包含 COCO 数据集定义的 80 种类别的标签名称。

完成上述工作后,YOLO v3 子目录包含的文件如图 4.35 所示。

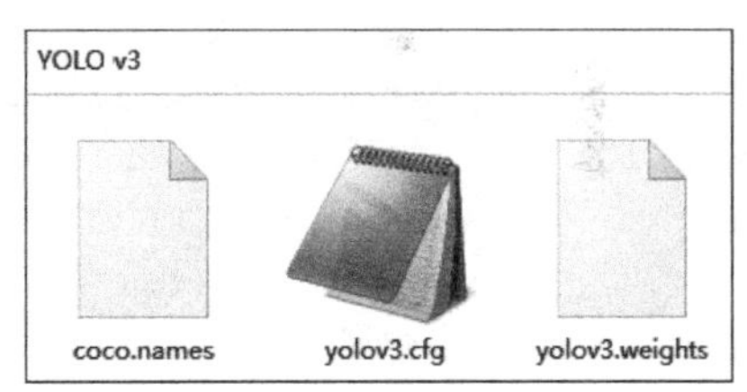

图 4.35 YOLO v3 子目录包含三个文件

在当前项目文件夹下新建程序文档 MyYOLOv3.ipynb。

执行程序段 P4.27,导入必需的库。

```
P4.27  #导入库
209    import numpy as np
210    import cv2
211    import sys
212    import os.path
```

执行程序段 P4.28,初始化参数。

```
P4.28  #初始化参数
213    confThreshold = 0.4                     #置信度阈值
214    nmsThreshold = 0.4                      #非极大值抑制阈值
215    cfg_file = './YOLOv3/yolov3.cfg'  #YOLO v3 模型定义与参数配置文件
216    weight_file = './YOLOv3/yolov3.weights'  #YOLO v3 模型权重文件
```

执行程序段 P4.29，加载 COCO 数据集定义的类别名称。

```
P4.29  #加载 COCO 数据集定义的类别名称
217    classes = open('./YOLOv3/coco.names').read().strip().split('\n')
218    print(classes)
```

运行结果显示 80 种类别名称如下。

```
['person', 'bicycle', 'car', 'motorbike', 'aeroplane', 'bus', 'train', 'truck', 'boat', 'traffic
light', 'fire hydrant', 'stop sign', 'parking meter', 'bench', 'bird', 'cat', 'dog', 'horse',
'sheep', 'cow', 'elephant', 'bear', 'zebra', 'giraffe', 'backpack', 'umbrella', 'handbag', 'tie',
'suitcase', 'frisbee', 'skis', 'snowboard', 'sports ball', 'kite', 'baseball bat', 'baseball
glove', 'skateboard', 'surfboard', 'tennis racket', 'bottle', 'wine glass', 'cup', 'fork', 'knife',
'spoon', 'bowl', 'banana', 'apple', 'sandwich', 'orange', 'broccoli', 'carrot', 'hot dog', 'pizza',
'donut', 'cake', 'chair', 'sofa', 'pottedplant', 'bed', 'diningtable', 'toilet', 'tvmonitor', '
laptop', 'mouse', 'remote', 'keyboard', 'cell phone', 'microwave', 'oven', 'toaster', 'sink', '
refrigerator', 'book', 'clock', 'vase', 'scissors', 'teddy bear', 'hair drier', 'toothbrush']
```

执行程序段 P4.30，定义 YOLO v3 网络预测模型，显示 YOLO v3 各个输出层的名称。

```
P4.30  #定义 YOLO v3 预测模型,显示 YOLO v3 的各层名称与各个输出层名称
219    net = cv2.dnn.readNetFromDarknet(cfg_file, weight_file) #加载 YOLO v3 预训练模型
220    net.setPreferableBackend(cv2.dnn.DNN_BACKEND_OPENCV)
221    net.setPreferableTarget(cv2.dnn.DNN_TARGET_CPU)
       #定义函数,获取 YOLO v3 各个输出层的名称
222    def getOutputsNames(net):
           #获取 YOLO v3 网络所有层的名称
223        layersNames = net.getLayerNames()
           #获取 YOLO v3 输出层的名称
224        outputLayerNames = [layersNames[i[0] - 1] for i in net.getUnconnectedOutLayers()]
225        return layersNames, outputLayerNames
226    layersNames, outputLayerNames = getOutputsNames(net)
227    print('YOLOv3 各层名称: {0}'.format(layersNames))
228    print('\nYOLOv3 输出层名称: {0}'.format(outputLayerNames))
```

运行结果显示 YOLO v3 共有 106 层，各层名称参见程序运行结果。YOLO v3 包括三个输出层，输出层名称为 yolo_82、yolo_94 和 yolo_106。

4.21 YOLO v3 对图像做目标检测

执行程序段 P4.31,定义函数绘制带有预测标签的 Bounding Box。

```
P4.31  #定义函数绘制带有预测标签的 Bounding Box
229    def drawPred(classId, conf, left, top, right, bottom, frame):
           """
           功能: 在图像帧上绘制预测的 Bounding Box 和标签
           参数定义:
           classId —— 对象 Id
           conf —— 置信度
           left —— Bounding Box 左上角横坐标
           top —— Bounding Box 左上角纵坐标
           bottom —— Bounding Box 右下角纵坐标
           right —— yBounding Box 右下角横坐标
           frame —— 当前的一帧(一幅)图像
           Returns: None
           """
           #绘制 Bounding Box
230        cv2.rectangle(frame, (left, top), (right, bottom), (255, 178, 50), 3)
231        label = '%.2f' % conf
           #组合对象类别名称与置信度为一个标签
232        if classes:
233            assert(classId < len(classes))
234            label = '%s:%s' % (classes[classId], label)
235            labelSize, baseLine = cv2.getTextSize(label, cv2.FONT_HERSHEY_SIMPLEX, 0.5, 1)
236        top = max(top, labelSize[1])
237        cv2.rectangle(frame, (left, top - round(1.5 * labelSize[1])), (left + round
           (1.5 * labelSize[0]),
           top + baseLine), (255, 255, 255), cv2.FILLED)
           #在 Bounding Box 的顶部显示标签
238        cv2.putText(frame, label, (left, top), cv2.FONT_HERSHEY_SIMPLEX, 0.75, (0,0,0), 1)
```

执行程序段 P4.32,定义函数 postprocess,使用非极大值抑制方法将置信度低于阈值和 IoU 低于阈值的 Bounding Box 删除,给置信度最高的 Bounding Box 打上标签。

```
P4.32  #非极大值抑制,给 Bounding Box 打标签
239    def postprocess(frame, outp):
           """
           功能: 非极大值抑制
           参数定义:
           frame——当前的一帧(一幅)图像
           outp——YOLO v3 网络模型输出层的输出结果
           Returns: None
           """
240        frameHeight = frame.shape[0]
```

```
241         frameWidth = frame.shape[1]
            #遍历所有 Bounding Box,只保留置信度范围内的 Bounding Box
            #给置信度最高的 Bounding Box 打上标签
242         classIds = []
243         confidences = []
244         boxes = []
245         for out in outp:
246             for detection in out:
247                 scores = detection[5:]
248                 classId = np.argmax(scores)
249                 confidence = scores[classId]
250                 if confidence > confThreshold:
251                     center_x = int(detection[0] * frameWidth)
252                     center_y = int(detection[1] * frameHeight)
253                     width = int(detection[2] * frameWidth)
254                     height = int(detection[3] * frameHeight)
255                     left = int(center_x - width / 2)
256                     top = int(center_y - height / 2)
257                     classIds.append(classId)
258                     confidences.append(float(confidence))
259                     boxes.append([left, top, width, height])
            #执行非最大抑制,消除置信度低于阈值和 IoU 低于阈值的 Bounding Box
260         indices = cv2.dnn.NMSBoxes(boxes, confidences, confThreshold, nmsThreshold)
261         for i in indices:
262             i = i[0]
263             box = boxes[i]
264             left = box[0]
265             top = box[1]
266             width = box[2]
267             height = box[3]
268             drawPred(classIds[i], confidences[i], left, top, left + width, top +
                height, frame)
```

执行程序段 P4.33,定义函数 yolov3_detect_image,对图像做目标检测。

```
P4.33   #定义函数对图像做目标检测
269     def yolov3_detect_image(filePath,dispalyFlag = True):
            """
            功能: 对图像进行目标检测
            参数定义:
            filePath——图像所在的路径和文件名称
            dispalyFlag = True——是否显示生成的目标检测图像,默认显示
            Returns: 带标签的图像矩阵
            """
270         outputFile = ''
            #打开图像文件
271         if not os.path.isfile(filePath):
272             print("图像文件: ", filePath, " 不存在!")
```

```
273                 sys.exit(1)
274             img = cv2.imread(filePath)
275             outputFile = filePath[: - 4] + '_YOLOv3_output.jpg'
                #根据当前图像生成4D向量
276             blob = cv2.dnn.blobFromImage(img, 1/255, (416,416), [0,0,0], 1, crop = False)
                #将图像的4D向量输入网络中
277             net.setInput(blob)
                #正向传播,获得输出层的输出结果
278             layersNames, outputLayerNames = getOutputsNames(net)
279             outp = net.forward(outputLayerNames)
                #将低置信度的Bounding Box删除
280             postprocess(img, outp)
                #保存当前图像帧的检测结果
281             cv2.imwrite(outputFile, img.astype(np.uint8))
282             if (dispalyFlag == True):
283                 cv2.imshow('Image', img)
284                 cv2.waitKey(0)
285                 cv2.destroyAllWindows()
286             return img.astype(np.uint8)
```

执行程序段P4.34,对图像做目标检测,程序输出结果如图4.36所示。

```
P4.34   #对图像做目标检测
287     image_file = './images/fruit.jpg'
288     yolov3_detect_image(image_file, True)
```

图4.36 YOLO v3对图像的目标检测结果

对213行语句中的置信度阈值调整，观察图像的目标检测结果，可以发现图4.36中Bounding Box数量会随着置信度阈值发生变化。

同时不难发现，柠檬的分类标签不正确，这是因为COCO定义的80类标签不包括柠檬。

4.22 YOLO v3对视频做目标检测

YOLO v3对视频做目标检测，实质上是对视频的每一个关键帧图像做出实时目标检测。执行程序段P4.35，定义函数对视频中的每一帧做目标检测。

```
P4.35   #定义函数对视频做目标检测
289     def yolov3_detect_video(filePath):
            """
            功能: 对视频进行目标检测
            参数定义:
            filePath——视频所在的路径和文件名称
            Returns: None
            """
290         outputFile = ''
            #打开视频文件
291         if not os.path.isfile(filePath):
292             print("视频文件: ", filePath, " 不存在!")
293             sys.exit(1)
294         cap = cv2.VideoCapture(filePath)
295         outputFile = filePath[:-4] + '_YOLOv3_output.avi'
            #初始化Video生成器,保存生成的Video
296     vid_writer = cv2.VideoWriter(outputFile, cv2.VideoWriter_fourcc('M','J','P','G'), 30,
                        (round(cap.get(cv2.CAP_PROP_FRAME_WIDTH)),
                        round(cap.get(cv2.CAP_PROP_FRAME_HEIGHT))))
297         while cv2.waitKey(1) < 0:
298             hasFrame, frame = cap.read()
                #到达视频尾部,等待5s结束
299             if not hasFrame:
300                 print("YOLOv3 的目标输出路径为: ", outputFile)
301                 cv2.waitKey(5000) #等待5s
302                 cap.release()
303                 cv2.destroyAllWindows()
304                 break
                #根据当前图像帧生成4D向量
305             blob = cv2.dnn.blobFromImage(frame, 1/255, (416,416), [0,0,0], 1, crop=False)
                #将图像的4D向量输入网络中
306             net.setInput(blob)
                #正向传播,获得输出层的输出结果
307             layersNames, outputLayerNames = getOutputsNames(net)
308             outp = net.forward(outputLayerNames)
309             postprocess(frame, outp)  #非极大值抑制函数
                #保存当前图像帧的检测结果
```

```
310                vid_writer.write(frame.astype(np.uint8))
                   #显示当前帧的检测结果
311                cv2.imshow('Image', frame)
312                if cv2.waitKey(25) & 0xFF == 27: #Esc 键终止视频
313                    cap.release()
314                    cv2.destroyAllWindows()
315                    break
```

执行程序段 P4.36,对指定的视频文件做目标检测,输出目标检测结果,如图 4.37 所示是对视频文件 restaurant.mov 中的一个关键帧的分析结果。

```
P4.36  #对视频做目标检测
316    video_file = './images/ restaurant.mov '
317    yolov3_detect_video(video_file)
```

图 4.37 视频目标检测的一个关键帧画面

可以看到,YOLO v3 成功检测出了当前场景中所有的人物,一部分椅子、茶杯、餐桌和植物,对目标实施了较为准确的 Bounding Box 定位,对每一种类别给出了预测概率值。

4.23 YOLO v3 对驾驶场景做目标检测

现在回到本章的自动驾驶项目,由于计算能力的原因,本章不再定义全新模型进行自动驾驶场景的训练,而是直接基于 YOLO v3 的预训练模型直接给出预测结果。

执行程序段 P4.37,获取 lyft 训练集中的第一个场景,从第一场景中获取第一个样本的关键帧。

```
P4.37  #获取 lyft 训练集中的第一个场景,场景中第一个样本的关键帧图像
318    from lyft_dataset_sdk.lyftdataset import LyftDataset
319    lyft_dataset = LyftDataset(data_path='./dataset/', json_path='./dataset/train_data')
320    current_scene = lyft_dataset.scene[0]  #第一个场景
321    num_frames = current_scene['nbr_samples']
322    print('场景中包含的帧数: {0}'.format(num_frames))
323    first_token = current_scene["first_sample_token"]  #场景中第一个样本帧的 token
324    first_sample = lyft_dataset.get('sample', first_token)  #第一个样本帧的数据
325    next_sample = first_sample  #指向下一个样本帧
```

运行结果显示第一个场景中包含 126 个关键帧。每一帧应该包含 7 台摄像机拍摄的图像快照以及 3 台 LiDAR 的点云图像。为缩短篇幅,这里只对 CAM_FRONT 摄像机拍摄的 126 帧图像进行目标检测,读者完全可以将其应用到所有设备上。

执行程序段 P4.38,完成对第一个场景 CAM_FRONT 通道 126 帧图像的目标检测,并输出目标检测结果,为了便于观察,程序将第一个场景 CAM_FRONT 通道的目标检测结果制作成了视频文件,存放在当前项目的 images 子目录下,同时,126 帧图像的检测结果输出到了训练目录中,如图 4.38 所示为其中一帧图像的检测结果。

```
P4.38  #自动驾驶场景目标检测,以 CAM_FRONT 通道为例
326    sensor_channel = 'CAM_FRONT' #指定摄像机
       #视频输出路径
327    outputFile = './images/autonomous_detect_YOLOv3_output.avi'
       #获取场景中第 1 幅图像
328    next_sample_data = lyft_dataset.get('sample_data', next_sample['data'][sensor_channel])
329    next_image_file = './dataset/train/{0}'.format(next_sample_data['filename'])
330    cap = cv2.VideoCapture(next_image_file)
       #初始化 Video 生成器,保存生成的 Video
331    vid_writer = cv2.VideoWriter(outputFile, cv2.VideoWriter_fourcc('M','J','P','G'), 30,
                   (round(cap.get(cv2.CAP_PROP_FRAME_WIDTH)),
                   round(cap.get(cv2.CAP_PROP_FRAME_HEIGHT))))
332    for i in range(num_frames):
333        print('对第{0}帧图像检测: '.format(i+1))
334        next_sample_data = lyft_dataset.get('sample_data', next_sample['data'][sensor_
           channel])
335        next_image_file = './dataset/train/{0}'.format(next_sample_data['filename'])
336        frame = yolov3_detect_image(next_image_file, False) #此处参数需要设为 False
           #保存当前图像帧的检测结果
337        vid_writer.write(frame.astype(np.uint8))
           #显示图像
338        cv2.imshow('dectected_frame', frame)
339        cv2.waitKey(1000)
340        cv2.destroyAllWindows()
341        if (i == num_frames - 1):
342            break
           #获取下一帧样本数据
343        next_token = next_sample['next']
344        next_sample = lyft_dataset.get('sample', next_token)
```

图 4.38 正前方摄像机某一帧图像的检测结果

不难看出，除了左边有一辆遮挡严重的汽车，YOLO v3 成功检测和定位了图 4.38 中出现的所有 car、truck 和交通信号灯标志，并且给出了各种类别的概率值。

根据 YOLO v3 算法，很容易得到目标图像的分类与 Bounding Box 坐标，基于 YOLO 的 3D 目标检测，请读者自行探索学习。

小结

本章以自动驾驶场景中的机器视觉需求为背景，系统学习了目标检测、特征点检测、基于滑动窗口的目标检测和基于卷积的目标检测，以交并比、非极大值抑制、Anchor Boxes 技术为基础，探讨学习了 YOLO v1、YOLO v2、YOLO v3 模型的技术演进。在案例实践中以 OpenCV 框架的图像与视频处理技术为基础，采用 GoogLeNet 预训练模型对图像与视频做目标分类与识别，以 YOLO v3 的预训练模型为基础，在本章自动驾驶数据集上做目标检测分析，给出了检测结果与动画演示。

习题

一、单选题

1. 假设需要建立一个目标检测系统，任务是对行人($c1$)、汽车($c2$)和自行车($c3$)三种类别进行区分与定位。某一个样本图像如图 4.39 所示。

对如图 4.39 所示的图像定义标签，$\boldsymbol{y}=[pc,bx,by,bh,bw,c1,c2,c3]$，以下正确的是(　　)。

A. $\boldsymbol{y}=[1,0.8,0.8,0.3,0.4,0,1,0]$

B. $\boldsymbol{y}=[0,0.7,0.5,0.3,0.3,0,1,0]$

C. $\boldsymbol{y}=[1,0.3,0.7,0.5,0.5,0,1,0]$

D. $\boldsymbol{y}=[0,0.8,0.7,0.5,0.5,1,0,0]$

2. 假设需要建立一个目标检测系统，任务是对行人($c1$)、汽车($c2$)和自行车($c3$)三种类别进行区分与定位。标签：$\boldsymbol{y}=[pc,bx,by,bh,bw,c1,c2,c3]$，某一个样本图像如图 4.40 所示。

图 4.39 训练集的图像样本

图 4.40 训练集的图像样本

不关心的值用“?”表示，则如图 4.40 所示的图像标签，描述正确的是(　　)。

A. $\boldsymbol{y}=[0,?,?,?,?,?,?,?]$

B. $\boldsymbol{y}=[1,?,?,?,?,0,0,0]$

C. $\boldsymbol{y}=[0,?,?,?,?,0,0,0]$

D. $\boldsymbol{y}=[?,?,?,?,?,?,?,?]$

3. 假定 A、B 两个 Bounding Box 的面积分别是 2×2 和 2×3，重叠部分为 1×1，则 IoU 的值为(　　)。

A. 1/6

B. 1/9

C. 1/10

D. 上述都不对

4. 假定对如图 4.41 所示的检测结果采用非极大值抑制算法。

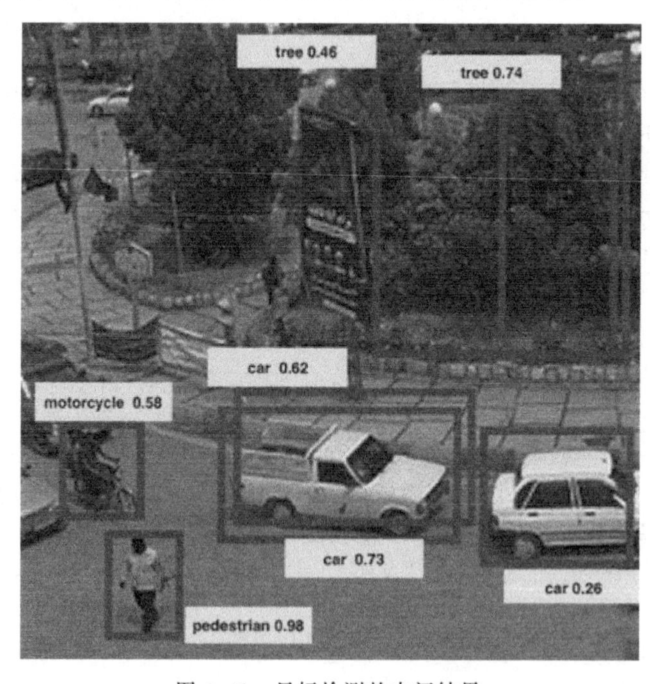

图 4.41 目标检测的中间结果

采用的置信度阈值为 0.4，IoU 阈值为 0.5，经过非极大值抑制后，图 4.41 中会剩下多少个 Bounding Box?（　　）

A. 3　　B. 4　　C. 5　　D. 6

5. 假定 YOLO 算法采用 19×19 的网格，定义的目标类别数量为 20 种，采用 5 个 Anchor Boxes。在构建训练集的时候，需要为每一幅图像定义标签，则标签的维度应该为(　　)。

A. 19×19×(20×25)　　B. 19×19×(5×25)

C. 19×19×(25×20)　　D. 19×19×(5×20)

二、判断题

1. 假定构建了一个目标检测系统。在定义训练集标签的时候，不需要提供目标的 Bounding Box 坐标定义，因为算法会自动检测识别目标。

2. 假定构建了一个滑动窗口算法(不采用卷积网络)实现目标检测，则增大步长，可以提高准确性，同时降低计算量。

3. 用 YOLO 算法实现的目标检测，在模型的训练阶段，只有包含目标中心点的网格负责该目标的检测。

4. 自动驾驶分为 6 个等级(0～5 级)，5 级为完全自动驾驶，是最高级别的自动驾驶。

5. 特征点检测可以提取目标的特征，但是不能用于目标检测。

6. 目标检测包括分类和定位两部分内容。

7. 滑动窗口尺寸越小，越能形成准确的 Bounding Box 输出。

8. 用卷积网络实现目标检测，可以将图像整体输入，同时检测出所有目标。

9. YOLO 算法采用的网格 $S \times S$，S 的取值越大，输出的 Bounding Box 越精确。

10. T 代表目标的真实边界框，P 代表预测的边界框，T 与 P 交并比大于或等于 0.5，才能认为预测正确。

11. YOLO v1 算法中，一个网格一次只能检测出一个对象。YOLO v2 算法可以同时检测出多个对象，因为 YOLO v2 算法采用了锚框(Anchor Boxes)技术。

12. YOLO v2 和 YOLO v3 比较，YOLO v2 的检测速度更快，YOLO v3 则在检测细粒度目标方面更具优势。YOLO v4 则在速度与精度方面均超过 YOLO v3。

13. OpenCV 采用的 BGR 通道模式与 RGB 通道模式有质的不同，因为即便三个通道的颜色值完全相同，但是其合成的颜色却是不同的。

14. OpenCV 并不提供全天候的深度学习框架，只有正向传播过程，没有反向传播过程。

15. OpenCV 可以无缝集成和调用已经训练好的模型进行预测工作。

16. GoogLeNet 是在 ImageNet 上训练的分类模型，不能用于目标检测。

17. 自动驾驶过程中，LiDAR 负责绘制点云图，高速摄像机负责拍摄场景图像，二者的工作是各自独立异步进行的，不需要同步。

18. 根据 Vehicle Axis System ISO 8855—2011，汽车行进过程中，围绕 x 轴的转动，称为 Pitch(俯仰)。

19. cv2.VideoCapture()函数可以打开摄像头或视频文件，用 read()方法逐帧捕获图像。

20. 自动驾驶场景中来自所有摄像机和 LiDAR 的每个快照,都是同步进行的。

三、编程题

本章习题课件中给出了一个程序文档 begin_face_detection. ipynb,文档中包含一个人脸实时检测的算法。该算法基于 Haar 级联分类器(Haar Cascade Classifiers)和 OpenCV 实现。

需要正确理解两个概念:人脸检测(Face Detection)和人脸识别(Face Recognition)。

人脸检测:从图像中识别和定位人脸所在的位置。

人脸识别:判断人脸是谁。

本编程题目只聚焦于人脸检测。请根据程序文档的提示,完成相关设计。程序检测结果如图 4.42 所示。

图 4.42 人脸检测与数量统计

第5章

AlphaFold与蛋白质结构预测

长期以来，研究人员使用诸如X射线晶体衍射、核磁共振和冷冻电镜等实验方法确定蛋白质的结构，每种方法都需要大量的实验、错误试探和纠错，每一个蛋白质结构的成功解析，背后都是无数艰辛的科学探索与实验支撑。近年来，随着AI技术的崛起，借助AI方法，根据氨基酸残基序列直接计算预测蛋白质结构成为计算生物学的热点领域。如图5.1所示，直接根据残基序列推断蛋白质三维结构的方法，相当于用超强的计算过程取代了科学家们繁重的实验过程，是一条极富科学前景的探索之路。

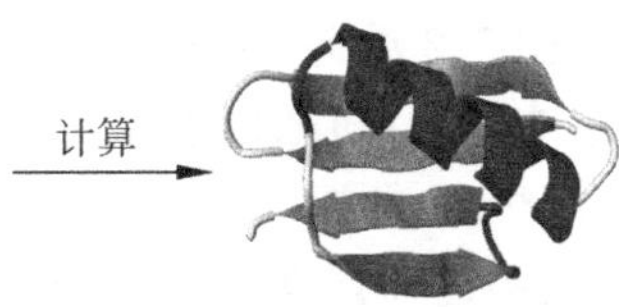

图5.1　基于残基序列直接预测蛋白质结构

5.1　什么是AlphaFold

蛋白质结构预测技术的关键评估(Critical Assessment of protein Structure Prediction，CASP)，是基于残基序列直接预测蛋白质三维结构的全球科学盛会，目标是对来自世界各地的科学家团队提交的蛋白质结构预测模型的关键指标做出科学评估。

参加CASP比赛的团队一般由科学家、工程师和人工智能专家等组成，CASP每两年举办一次。从1994年的第1届CASP1到2018年的第13届CASP13，从未间断。在撰写本教材的过程中，第14届CASP14已经于2020年4月拉开序幕。有人将两年一度的CASP誉为结构生物学领域的“奥林匹克”。

Google旗下DeepMind公司的一个人工智能研究团队参加了CASP13，团队名称为A7D，其开发的蛋白质结构预测系统称为AlphaFold(又称A7D系统)。相关研究成果发表在*Nature*上(Senior，Evans，et al.，2020)，深度学习模型的代码开源在GitHub (https://github.com/deepmind/deepmind-research/tree/master/alphafold_casp13)。AlphaFold 系统的逻辑结构如图 5.2 所示。

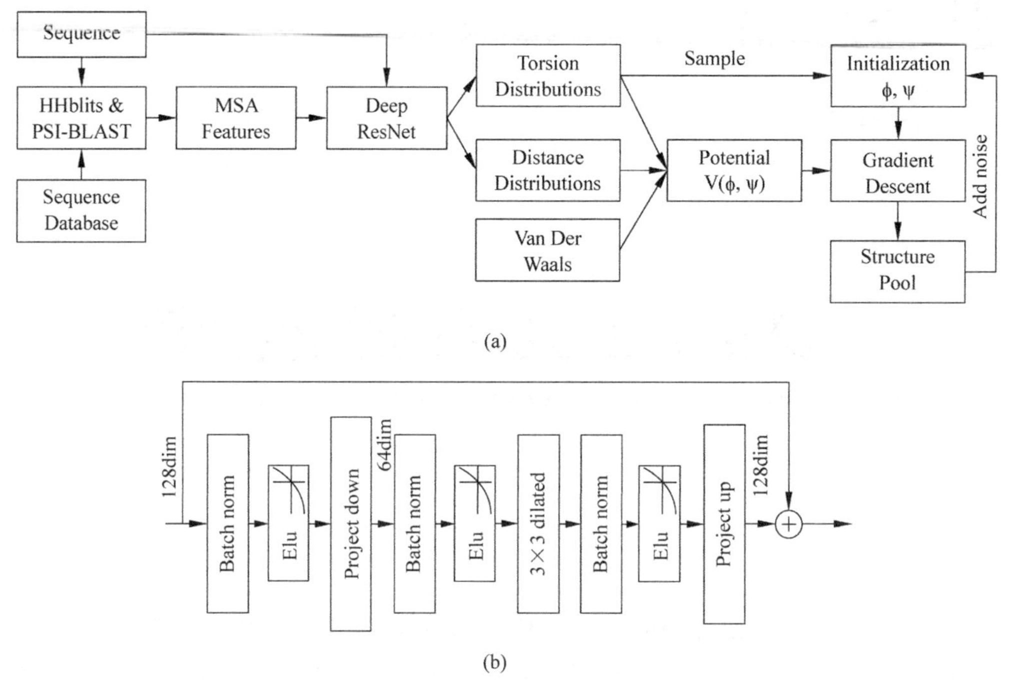

图 5.2　AlphaFold 系统的逻辑结构

图 5.2 源自 Andrew W. Senior 等人发表于 *Nature* 的论文。图 5.2(a)表示 AlphaFold 的系统逻辑，包括以下几个关键步骤。

(1) 特征提取阶段。使用 HHblits 和 BLAST 软件，通过对已有的蛋白质数据库的搜索、构建和计算，完成给定残基序列的多序列比对对齐(Multiple Sequence Alignment，MSA)分析，实现 MSA 特征提取。

(2) 模型训练与结构预测。定义了一个包含 220 个残差块的 ResNet 深度卷积神经网络，基于序列和 MSA 特征，训练和预测蛋白质残基对之间的距离，以及每个残基的二面角 Phi(ϕ)和 Psi(ψ)。

单个残差块的结构如图 5.2(b)所示。图 5.2(b)是一个 ResNet 的残差结构，输入层的通道数为 128，残差块包含 3 个卷积层，第一个卷积层采用了 1×1 的卷积降维到 64 通道，第 2 个卷积层采用 3×3 的卷积，第 3 个卷积层采用 1×1 的卷积上采样到 128 通道，卷积层采用 Batch norm 方法和 Elu 激励函数。

(3) 二次特征提取与整合。整合深度学习得到的二面角、残基对距离，结合原子的范德华半径，构建生成蛋白质结构的特征集。

(4) 生成蛋白质结构。根据模型预测的距离分布、二面角 Phi(ϕ)和 Psi(ψ)的分布以及范德华半径构建蛋白质的候选潜在结构，通过一个深度卷积网络估算候选结构的准确性，最终确定蛋白质结构。

AlphaFold 在全球约一百个研究团队提交的数万个模型中脱颖而出，取得综合排名第一的成绩，取得了用计算方法预测蛋白质结构前所未有的进步。图 5.3 所示为 AlphaFold

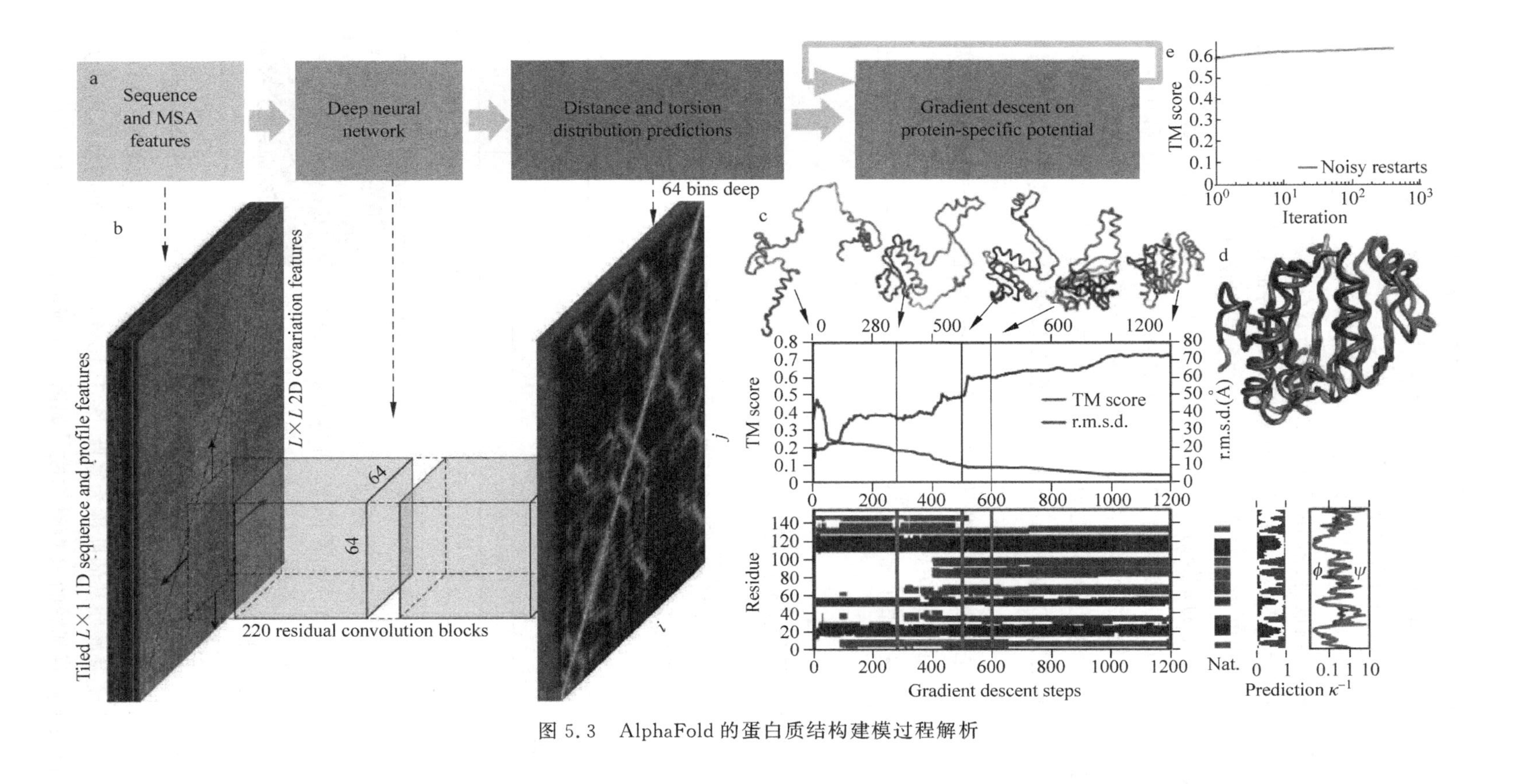

图 5.3　AlphaFold 的蛋白质结构建模过程解析

对 CASP13 中标签为 T0986s2 的蛋白质结构建模过程的解析。

图 5.3 源自 Andrew W. Senior 等人发表于 *Nature* 的论文。T0986s2 的序列长度为 $L=155$,PDB 数据库中的蛋白质 ID 为 6N9V。

图 5.3 中 a 表示结构预测步骤,依次是特征提取,深度神经网络进行距离和二面角预测,二次特征提取,深度神经网络对模型结构进行评估与筛选。

图 5.3 中 b 表示 ResNet 神经网络根据 MSA 特征和序列特征预测得到 $L\times L$ 的距离分布图,预测过程以 64×64 作为残基窗口进行累积预测。

图 5.3 中 c 显示的是经过 1200 步梯度下降迭代,TM 分数和均方根误差(r. m. s. d.)的变化图形,TM 分数逐步提升,均方根误差逐步下降,并且给出了第 0 步、第 280 步、第 500 步、第 600 步、第 1200 步预测的蛋白质二级结构形状。

TM 是 CASP 采用的蛋白质结构评分方法,表示预测的结构总体上与真实结构的匹配程度,取值范围为[0,1]。AlphaFold 在蛋白质结构自由建模领域遥遥领先于其他方法。

图 5.3 中 d 是对模型的预测结构与真实结构的匹配程度的直观展示,灰色表示预测的结构,彩色表示真实的结构。

图 5.3 中 e 表示整个测试集(377 个蛋白质样本)的 TM 平均分数随着迭代次数的变化趋势。

5.2 肽键、多肽与肽链

蛋白质几乎参与了所有的生命活动过程,是生命活动的物质基础,是构成生物体最基本的功能物质。蛋白质的主要组成元素占比如表 5.1 所示。

表 5.1 蛋白质组成元素占比

元素名称	占比	元素名称	占比
碳	50%～55%	氮	16%
氢	6.5%～7.3%	硫	0%～3%
氧	19%～24%	其他微量	剩余占比

蛋白质的基本构成单位为氨基酸,常见氨基酸有 20 种。用酸、碱或蛋白酶可以分别将蛋白质水解,生成游离的氨基酸。组成蛋白质的 20 种常见氨基酸中除脯氨酸外,均为 α-氨基酸,其基本结构如图 5.4 所示,除了侧链 R 以外,其他部分是固定不变的。

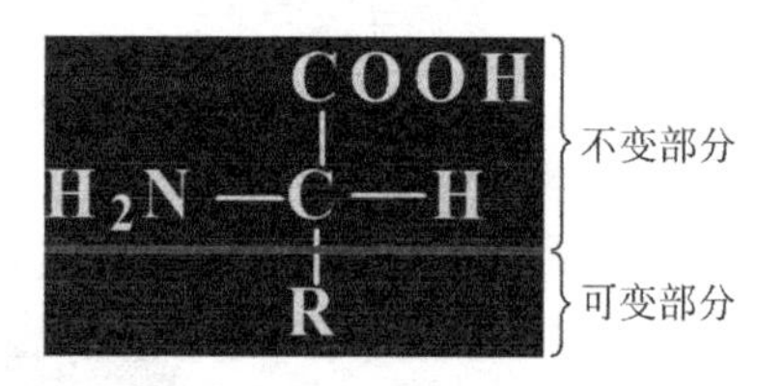

图 5.4 α-氨基酸的基本结构

肽是由一个氨基酸的羧基(α-COOH)与另一个氨基酸的氨基(α-NH_2)脱水缩合而成的化合物,氨基酸间脱水后生成的共价键称为肽键(Piptide bond),其中的氨基酸单位称为氨基酸残基。由两个氨基酸缩合而成的肽称为二肽,少于 10 个氨基酸残基的肽称为寡肽,多于 10 个氨基酸残基的肽称为多肽。肽链上的各个侧链由不同氨基酸的 R 侧链构成。如图 5.5 所示,两个氨基酸脱水生成二肽。

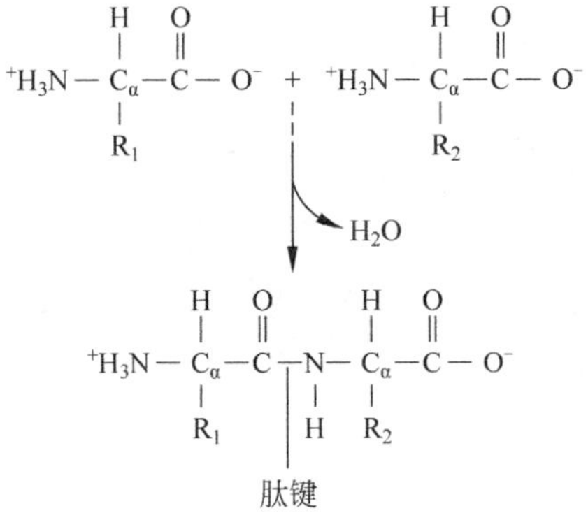

$^{+}H_3N-C_\alpha(H)(R_1)-C(=O)-O^- + ^{+}H_3N-C_\alpha(H)(R_2)-C(=O)-O^-$ → H_2O

$^{+}H_3N-C_\alpha(H)(R_1)-C(=O)-N(H)-C_\alpha(H)(R_2)-C(=O)-O^-$

肽键

图 5.5 两个氨基酸组成二肽

由多个氨基酸通过肽键相互连接形成的链状结构称为肽链。通常在肽链的一端含有一个游离的 α-氨基,称为氨基端或 N-端;在另一端含有一个游离的 α-羧基,称为羧基端或 C-端。如图 5.6 所示,左端是 N-端,右端是 C-端。

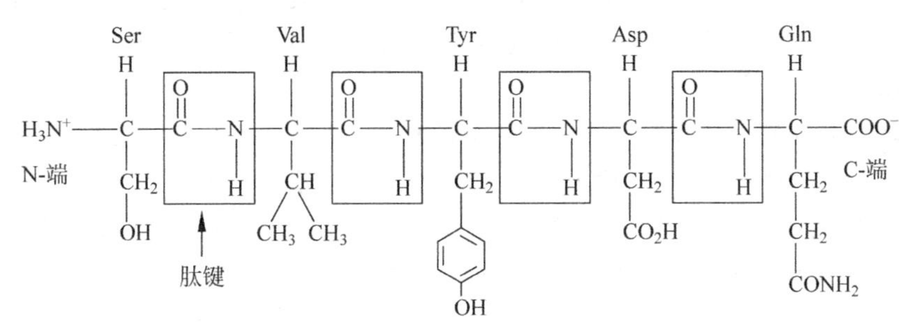

图 5.6 肽链的基本结构

肽链中的氨基酸残基按一定的顺序排列,这种排列顺序称为氨基酸顺序。

氨基酸顺序是以 N-端残基为起点、以 C-端残基为终点所形成的排列顺序。如图 5.6 所示的五肽按照残基顺序可表示为 Ser-Val-Tyr-Asp-Gln 或者 SVTAG。

5.3 蛋白质的四级结构

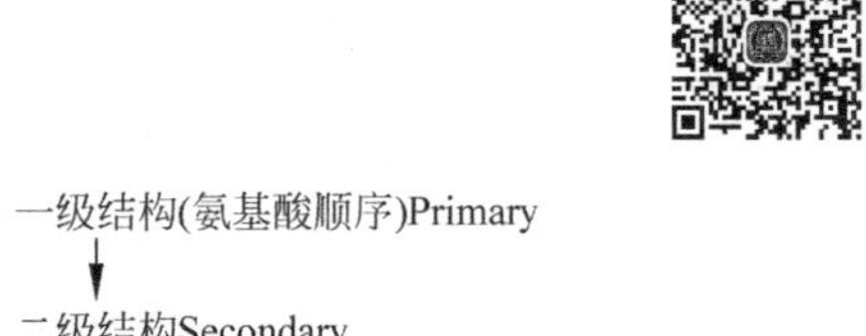

每一种天然蛋白质都有自己特有的空间结构,这种空间结构称为蛋白质的(天然)构象。蛋白质的结构层次分为四级,如图 5.7 所示。

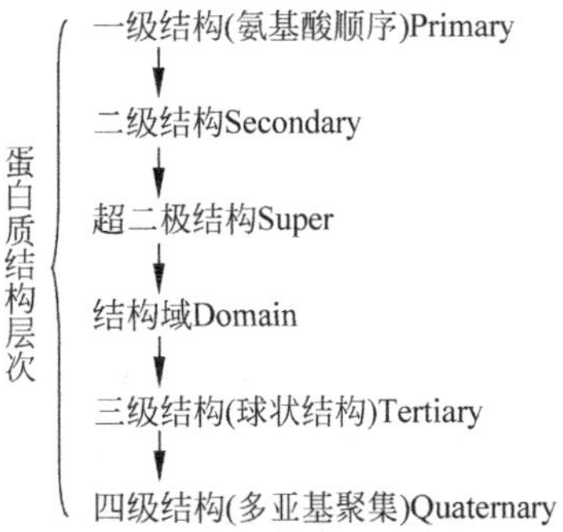

如图 5.8 所示为蛋白质四级结构示意图。

蛋白质的一级结构是指氨基酸残基的排列顺序,这是蛋白质生物功能的基础。一级结构(残基序列)中含有形成高级结构全部必需的信息,一级结构决定高级结构及其功能。所以,根据一级机构(残基序列)可以推断蛋白质的高级空间结构,根据高级空间结构可以进一步推断蛋白质的功能性质。

蛋白质结构层次：
一级结构(氨基酸顺序)Primary
↓
二级结构Secondary
↓
超二极结构Super
↓
结构域Domain
↓
三级结构(球状结构)Tertiary
↓
四级结构(多亚基聚集)Quaternary

图 5.7 蛋白质的结构层次

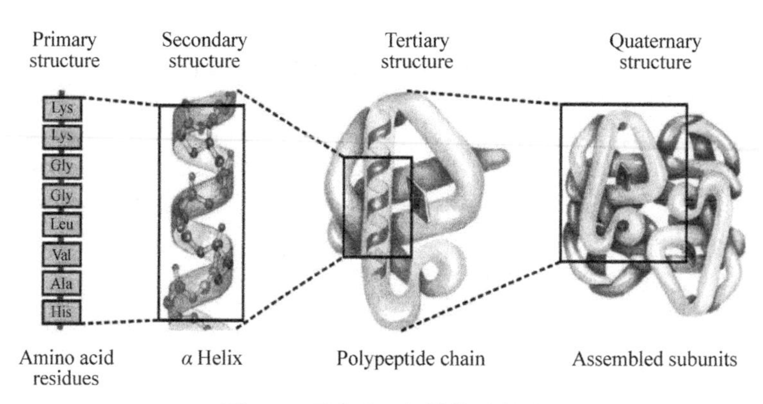

图 5.8 蛋白质四级结构示意图

蛋白质的二级结构是多肽链中各个肽段借助氢键形成有规则的构象，主要包括 α-螺旋、β-折叠、β-转角、无规卷曲等。

超二级结构指蛋白质中相邻的二级结构单位（α-螺旋或 β-折叠或 β-转角）组合在一起，形成有规则的、在空间上能够辨认的二级结构组合体。超二级结构的基本类型有：αα、βαβ、βββ。

结构域是多肽链在二级结构或超二级结构基础上形成三级结构的局部折叠区。结构域是蛋白质的独立折叠单位，一般由 100～200 个氨基酸残基构成。

蛋白质的三级结构是多肽链借助各种非共价键的作用力，通过弯曲、折叠，形成具有一定走向的紧密球状构象。球状构象的表面积最低，使蛋白质与周围环境的相互作用力最小。

蛋白质的四级结构是寡聚蛋白中各亚基之间在空间上的相互关系和结合方式。

决定蛋白质二级构象的主要因素是二面角和残基之间的距离（接触）。目前，以 AlphaFold 为代表的机器学习软件，主要是基于二面角和距离（接触）对蛋白质的空间结构做出预测。

5.4 数据集

AlphaFold 开源在 GitHub 上的模型，数据集采用已经处理好的 TFRecords 格式，模型的计算需求较大，初学者的入门门槛较高，因此，本章案例以作者 Eric Alcaide 发布的 MinFold(https://github.com/EricAlcaide/MiniFold)开源项目为起点进行探索，并做了局部修改和优化。

MiniFold 可以看作是 AlphaFold 的一个简易版本，特别是在距离预测与角度预测方面，与 AlphaFold 的理念与方法保持一致，采用的网络结构也是源自 AlphaFold，在此向 Eric Alcaide 的杰出工作表示致敬！

数据集下载页面（https://github.com/aqlaboratory/proteinnet）包含 CASP7～CASP12 的比赛数据集。每个数据集包含 Text-based 与 TFRecords 两种格式，本章案例选择的是 CASP7 中的 Text-based 数据集。

CASP7 数据集的下载文件为 casp7. tar. gz 压缩包，压缩包大小为 3. 18GB。下载完成后，解压到 chapter5\dataset 目录下，相关文件描述如表 5.2 所示。

表 5.2　CASP7 蛋白质结构数据集

文　件　名	数 据 规 模	大　　小	功　　能
training_30	10 333 个蛋白质样本	675MB	包含训练集 30%的数据
training_50	13 024 个蛋白质样本	898MB	包含训练集 50%的数据
training_70	15 207 个蛋白质样本	1. 03GB	包含训练集 70%的数据
training_90	17 611 个蛋白质样本	1. 2GB	包含训练集 90%的数据
training_95	17 938 个蛋白质样本	1. 23GB	包含训练集 95%的数据
training_100	34 557 个蛋白质样本	2. 42GB	包含训练集 100%的数据
validation	224 个蛋白质样本	15. 2MB	验证集数据
testing	93 个蛋白质样本	6. 5MB	测试集数据

以 training_30 文件为例，文件结构组织如表 5.3 所示。

表 5.3　training_30 文件的组织结构

字 段 域 名	行　　数	功　　能
[ID]	单独占 1 行	蛋白质的 ID 编号
[PRIMARY]	单独占 1 行	氨基酸残基序列(单字母表示)
[EVOLUTIONARY]	单独占 21 行	残基序列的 PSSM 评分矩阵
[TERTIARY]	单独占 3 行	主链上 N—Calpha—C 原子的 x,y,z 坐标
[MASK]	单独占 1 行	残基掩码(‘+’：有实验数据，‘—’：数据缺失)

5.5　筛选蛋白质序列

从 training_30 数据集中筛选出残基序列长度不超过 136 的蛋白质作为训练集。之所以选择长度为 136 的残基序列，一方面是考虑计算力的问题，另一方面是因为后面计算二面角时采用了宽度为 34 的剪辑窗口，136 是 34 的整数倍。

为了组织项目文件结构，按照如下步骤创建子目录。

(1) 在 chapter5 目录下新建两个子目录：preprocessing 和 models。preprocessing 用于数据预处理和特征提取，models 用于存放距离预测模型和角度预测模型。

(2) 在 models 目录下创建 angles 和 distance 两个子目录，分别用于存放角度预测和距离预测的相关模型程序。

在 preprocessing 目录下创建程序 calculate_aa_distance. ipynb。执行程序段 P5.1 导入库。

```
P5.1    #导入库
001     import numpy as np
002     import matplotlib.pyplot as plt
003     import os
```

执行程序段 P5.2，读取数据集。

```
P5.2   #读入文件
004    filename = '../dataset/training 30'
005    with open(filename, 'r') as f:
006        lines = f.readlines()      #读取所有行
007    print('文件中共有 {0} 行'.format(len(lines)))
```

运行结果显示：文件中共有 340 989 行数据。

由于[EVOLUTIONARY]字段域和[TERTIARY]字段域都包含多行数据，这些数据需要解析为浮点型数据列表，所以用程序段 P5.3 定义一个行数据解析函数。

```
P5.3   #行数据析取函数
008    def lines_split(lines, splice) :
           '''
           功能：按照分隔符 splice,将字符行 lines 中的数值拆分为列表,数据转为 float 类型
           参数：
           lines:蛋白质结构文件中的若干行
           splice:分隔符
           返回值：
           return: 浮点型数据列表
           '''
009        data = []
010        for line in lines :
011            data.append([float(x) for x in line.split(splice)])
012        return data
```

执行程序段 P5.4，读取数据集中所有蛋白质的结构信息，分类存放。

```
P5.4   #读取数据集中所有的蛋白质结构信息
013    names = []            #蛋白质 ID
014    seqs = []             #氨基酸序列
015    coords = []           #主链上原子的坐标
016    pssms = []            #PSSM 评分矩阵
017    masks = []            #掩码序列
018    for i in range(len(lines)):
019        if lines[i] == '[ID]\n' :
020            names.append(lines[i + 1])
021        elif lines[i] == '[PRIMARY]\n' :
022            seqs.append(lines[i + 1])
023        elif lines[i] == '[TERTIARY]\n' :
024            coords.append(lines_split(lines[i + 1:i + 4], "\t"))
025        elif lines[i] == '[EVOLUTIONARY]\n' :
026            pssms.append(lines_split(lines[i + 1:i + 22], "\t"))
027        elif lines[i] == '[MASK]\n' :
028            masks.append(lines[i + 1])
029    print('数据集中包含{0}个蛋白质序列'.format(len(seqs)))
030    print('第 1 个蛋白质的序列长度为：{0}'.format(len(seqs[0]) - 1))
031    print('第 1 个蛋白质主链原子坐标矩阵的维度为：{0}'.format(np.array(coords[0]).shape))
032    print('第 1 个蛋白质的 Mask 掩码长度为：{0}'.format(len(masks[0]) - 1))
```

程序运行结果如下。

```
数据集中包含 10333 个蛋白质序列
第 1 个蛋白质的序列长度为: 307
第 1 个蛋白质主链原子坐标矩阵的维度为: (3, 921)
第 1 个蛋白质的 Mask 掩码长度为: 307
```

执行程序段 P5.5,按照残基序列长度统计 training_30 数据集中的蛋白质分布,如图 5.9 所示,该图给出的是残基序列长度在 6 个范围段上的汇总情况。

```
P5.5   #统计蛋白质分布
033    under64,under128,under136,under200,under300,above300 = 0,0,0,0,0,0
034    for i in range(len(seqs)):
035        if (len(seqs[i]) - 1 <= 64) :
036            under64 += 1
037        elif (len(seqs[i]) - 1 <= 128) :
038            under128 += 1
039        elif (len(seqs[i]) - 1 <= 136) :
040            under136 += 1
041        elif (len(seqs[i]) - 1 <= 200) :
042            under200 += 1
043        elif (len(seqs[i]) - 1 <= 300) :
044            under300 += 1
045        else :
046            above300 += 1
047    x = ['<= 64','(64, 128]','(128, 136]','(136, 200]','(200, 300]','> 300']
048    y = [under64, under128, under136, under200, under300, above300]
049    plt.ylabel('Counts',fontsize = 15)
050    plt.title('Amino Acid Sequence Length Counts',fontsize = 15)
051    plt.bar(x, y, alpha = 0.7)
```

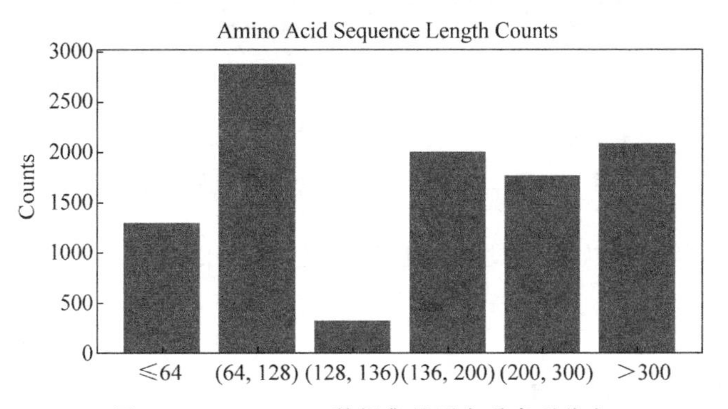

图 5.9　training_30 数据集的蛋白质序列分布

执行程序段 P5.6,删除连续两个原子坐标为 0 的蛋白质,因为连续坐标为 0,说明相邻原子数据缺失,无法计算角度。

```
P5.6  #删除连续两个原子坐标为 0 的蛋白质
052   flag = 1
053   index = []
054   for i in range(len(seqs)):                #遍历所有蛋白质
055       for j in range(len(seqs[i])):   #第 j 个原子与第 j+1 个原子坐标均为 0
056           if ((coords[i][0][j] == 0.0 and coords[i][0][j+1] == 0.0) and
057               (coords[i][1][j] == 0.0 and coords[i][1][j+1] == 0.0) and
058               (coords[i][2][j] == 0.0 and coords[i][2][j+1] == 0.0)):
059               flag = 0
060               break
061       if (flag == 1):
062           index.append(i)
063       flag = 1
064   print('筛选前包含的蛋白质数量: {0}'.format(len(names)))
065   print('筛选后包含的蛋白质数量: {0}'.format(len(index)))
```

运行结果如下。

```
筛选前包含的蛋白质数量: 10333
筛选后包含的蛋白质数量: 6241
```

执行程序段 P5.7,根据残基序列长度和 MASK 筛选蛋白质。

```
P5.7  #根据氨基酸序列长度筛选序列,长度小于或等于 L,并且 Mask 全部为"+"
066   print("原有的蛋白质结构总数:{0} ".format(len(seqs)))
067   L = 136 #指定长度
068   under = []
069   for i in range(len(index)):
070       k = index[i]
071       if (len(seqs[k]-1) <= L) and (masks[k].find('-') < 0):
072           under.append(k)   #记录满足条件的蛋白质序号
073   print('氨基酸序列长度小于或等于 {0} 且 Mask 全部为 \"+\" 的蛋白质总数:
          {1}'.format( L, len(under)))
```

运行结果如下。

```
原有的蛋白质结构总数:10333
氨基酸序列长度小于或等于 136 且 Mask 全部为 "+" 的蛋白质总数: 2919
```

如果计算力不够,可以将 L 设置为更小的值,例如 $L=68$,正好是剪辑窗口宽度 34 的两倍。

5.6 计算残基之间的距离

N^i、C_α^i、C^i 表示第 i 个残基的三个原子,N^{i-1}、C_α^{i-1}、C^{i-1} 表示第 $i-1$ 个残基的三个原子,N^{i+1}、C_α^{i+1}、C^{i+1} 表示第 $i+1$ 个残基的三个原子,这些原子都分布在肽链的主链上。第 i 个残基与第 $i-1$ 个残基之间的距离,定义为 C_α^i 与 C_α^{i-1} 两个原子之间的距

离，第 i 个残基与第 $i+1$ 个残基之间的距离，定义为 C_α^i 与 C_α^{i+1} 两个原子之间的距离，如图 5.10 所示，虚线表示相邻两个残基之间的距离。

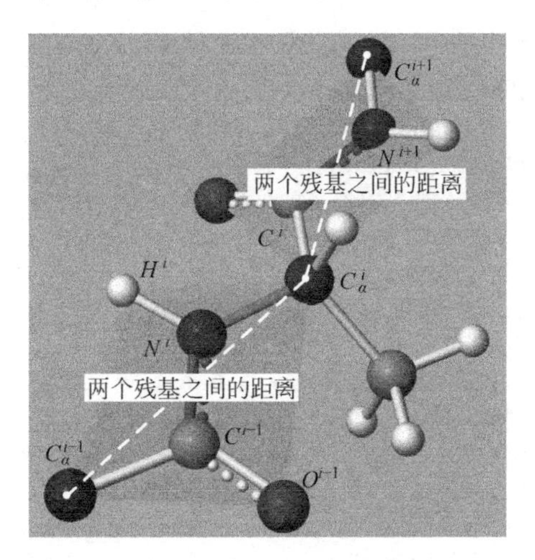

图 5.10　两个残基之间的距离

如图 5.10 所示，N^i-C^{i-1} 是连接两个氨基酸的肽键，C^i-N^{i+1} 也是肽键，肽键不能自由旋转，所以肽键连接的 6 个原子（C_α^{i-1}、C^{i-1}、O^{i-1}、H^i、N^i、C_α^i）处于同一平面内。执行程序段 P5.8，完成残基对之间的距离计算。

```
P5.8   #根据氨基酸 C - alpha 原子的坐标计算氨基酸残基对之间的距离
074    dists = []
075    protein_number = len(under)
076    for k in range(protein_number) :
077        dist = []
078        key = under[k]
079        coords_length = np.array(coords[key]).shape[1]
080        for i in range(coords_length) :
081            if i % 3 == 1 : #每个氨基酸在主链上有 N - Calpha - C 三个原子，只处理 Calpha
                              #的坐标
082                aad = [] #存储第 i 个 AA 到所有 AA 之间的距离
083                for j in range( coords_length) :
084                    if j % 3 == 1 : #只处理 Calpha 的坐标
                          #第 i 个 AA 的 Calpha 的坐标
085                        coordi = np.array([coords[key][0][i],coords[key][1][i],
                           coords[key][2][i]])
                          #第 j 个 AA 的 Calpha 的坐标
086                        coordj = np.array([coords[key][0][j],coords[key][1][j],
                           coords[key][2][j]])
087                       aa_dist = np.sqrt(np.sum(np.square(coordi - coordj)))  #计算距离
088                       aad.append(aa_dist) #第 i个 AA 到第 j 个 AA 的距离加入列表
089                dist.append(aad) #第 i 个 AA 到所有 AA 的距离加入列表
090    dists.append(dist)   #当前序列的 AA 距离加入总列表
```

执行程序段 P5.9，对前面计算的数据做一个检测。

```
P5.9  #数据测试与检验
091   n = 0
092   key = under[n]
093   print(key)
094   print("蛋白质 ID: ", names[key])
095   print("残基序列: ", seqs[key])
096   print("序列长度", len(seqs[key]) - 1)
097   print("当前序列第 1 个残基 N 原子的坐标(x,y,z) = [{0}, {1}, {2}]".
                format(coords[key][0][0], coords[key][1][0], coords[key][1][0]))
098   print("当前序列第 1 个残基 Calpha 原子的坐标(x,y,z) = [{0}, {1}, {2}]".
                format(coords[key][0][1], coords[key][1][1], coords[key][1][1]))
099   print("当前序列第 1 个残基 C 原子的坐标(x,y,z) = [{0}, {1}, {2}]".
                format(coords[key][0][2], coords[key][1][2], coords[key][1][2]))
100   print("当前序列第 1 个残基与第 9 个残基之间的距离: ", dists[0][0][9])
101   print("当前序列生成的距离矩阵的维度: ", np.array(dists[0]).shape)
102   print("当前序列的最大距离: ",np.array(dists[0]).max())
103   print("当前序列的最小距离: ",np.array(dists[0]).min())
104   print("当前序列的平均距离: ",np.array(dists[0]).mean())
```

运行结果如下。

```
key = 1
蛋白质 ID: 2EUL_d2euld1
残基序列: MAREVKLTKAGYERLMQQLERERERLQEATKILQELMESSDDY
DDSGLEAAKQEKARIEARIDSLEDILSRAVILEE
序列长度 77
当前序列第 1 个残基 N 原子的坐标(x,y,z) = [981.8, 4076.1, 4076.1]
当前序列第 1 个残基 Calpha 原子的坐标(x,y,z) = [1093.7, 4174.2, 4174.2]
当前序列第 1 个残基 C 原子的坐标(x,y,z) = [1219.7, 4106.1, 4106.1]
当前序列第 1 个残基与第 9 个残基之间的距离: 2526.233815386058
当前序列生成的距离矩阵的维度: (77, 77)
当前序列的最大距离: 5536.502383274119
当前序列的最小距离: 0.0
当前序列的平均距离: 2063.4028892563697
```

执行程序段 P5.10，构建训练集文件 distance_aa_under136.txt，存放到 dataset/distances/目录下。

```
P5.10  #将处理完成的数据保存到新文件中
105    out_path = '../dataset/distances/'
106    if not os.path.exists(out_path):
107        os.makedirs(out_path)
108    filename = out_path + 'distance_aa_under136.txt'
109    with open(filename, 'w') as f:
110        for k in range(len(under)) :
111            key = under[k]
               #保存 ID
```

```
112             f.write("\n[ID]\n")
113             f.write(names[key])
                #保存序列
114             f.write("\n[PRIMARY]\n")
115             f.write(seqs[key])
                #保存 PSSM 矩阵,PSSM 有 21 行
116             f.write("\n[EVOLUTIONARY]\n")
117             for line in range(21):
118                 for item in pssms[key][line]:
119                     f.write(str(item) + '\t')
120                 f.write('\n')
                #保存坐标矩阵,坐标有三行,分别代表 x,y,z
121             f.write("\n[TERTIARY]\n")
122             for line in range(3):
123                 for item in coords[key][line]:
124                     f.write(str(item) + '\t')
125                 f.write('\n')
                  #保存距离矩阵,距离矩阵的维度与序列长度 L 有关:(L,L)
126             f.write("\n[DIST]\n")
127             for line in range(len(dists[k])):
128                 for item in dists[k][line]:
129                     f.write(str(item) + '\t')
130                 f.write('\n')
```

5.7 二面角与拉氏构象图

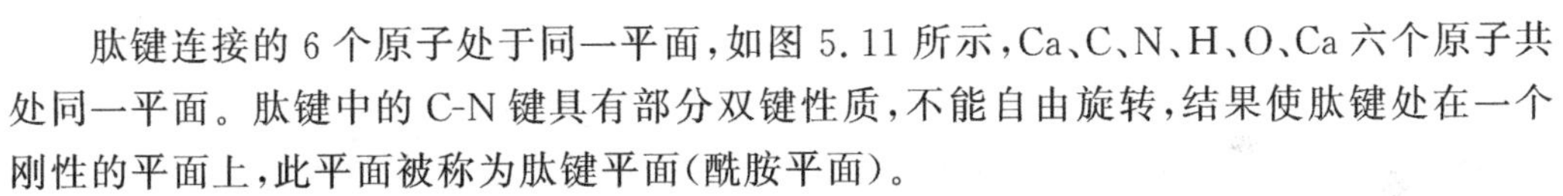

肽键连接的 6 个原子处于同一平面,如图 5.11 所示,Ca、C、N、H、O、Ca 六个原子共处同一平面。肽键中的 C-N 键具有部分双键性质,不能自由旋转,结果使肽键处在一个刚性的平面上,此平面被称为肽键平面(酰胺平面)。

两个肽键平面之间的 α 碳原子,可以作为一个旋转点形成二面角。二面角的变化,决定着多肽主键在三维空间的排列方式,是形成不同蛋白质构象的基础。

组成肽键的 6 个原子处于同一平面,每个残基的 C_α-N 键和 C_α-C 键是单键,可以相对自由旋转,围绕 C_α-N 键轴旋转产生的角度称为 Phi(Φ),围绕 C_α-C 键轴旋转产生的角度称为 Psi(Ψ)。

根据拉氏构象图(Ramachandran plot)原理,二面角(Φ、Ψ)的变化范围为 $-180°$~$180°$,但是 Φ、Ψ 不能任意取值,有部分(Φ、Ψ)构象是不存在的,根据原子的范德华半径,在旋转过程中,原子间会发生碰撞冲突,无法实现(Φ、Ψ)的自由变化,如图 5.12 所示的拉氏构象图,以 Φ 为横坐标,以 Ψ 为纵坐标,显示了(Φ、Ψ)的分布规律。

图 5.12 显示了 100 000 个(Φ、Ψ)数据点的分布,每个数据点代表出现在单个氨基酸中的 Φ 和 Ψ 角度的组合。这些数据点不包括甘氨酸、脯氨酸,因为这两种氨基酸的拉氏构象分布具有自己的特点。

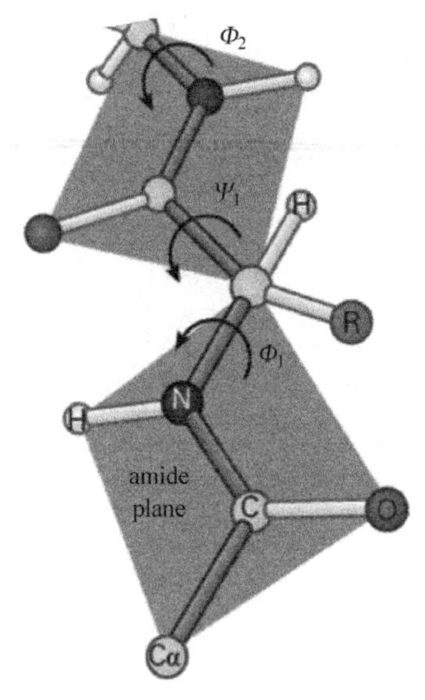

图 5.11　二面角 Phi(Φ)和 Psi(Ψ)

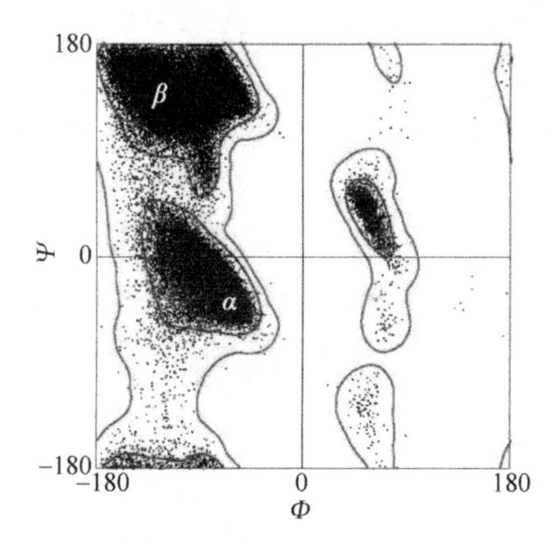

图 5.12　二面角拉氏构象图

图 5.12 中 α 螺旋构象的二面角区域标记为 α，β 折叠构象的二面角区域标记为 β。右上象限中的数据簇主要表示残基之间的转角。

5.8　计算二面角 Phi(Φ)和 Psi(Ψ)

在 preprocessing 目录下创建程序 calculate_phi_psi.ipynb。执行程序段 P5.11 导入库。

```
P5.11   #导入库
131     import numpy as np
132     import matplotlib.pyplot as plt
```

执行程序段 P5.12，定义函数，解析行数据。

```
P5.12   #定义函数，将行数据解析为 float 型数据列表
133     def parse_line(raw):
134         return np.array([[float(x) for x in line.split("\t") if x != ""] for line in raw])
```

执行程序段 P5.13，读取数据集中的蛋白质 ID、残基序列、PSSM 评分矩阵和原子坐标。

```
P5.13   #读取数据集
135     names = []          #ID
136     seqs = []           #序列
137     psis = []           #Psi
138     phis = []           #Phi
139     pssms = []          #PSSM
140     coords = []         #坐标
```

```
141    path = "../dataset/distances/distance_aa_under136.txt"
142    with open(path, "r") as f:
143        lines = f.read().split('\n')   #读取文件内容,按行拆分
       #从文本文件析取蛋白质的 ID、序列、PSSM 和坐标
144    for i,line in enumerate(lines):
145        if line == "[ID]":
146            names.append(lines[i+1])
147        elif line == "[PRIMARY]":
148            seqs.append(lines[i+1])
149        elif line == "[EVOLUTIONARY]":
150            pssms.append(parse_line(lines[i+1:i+22])) #PSSM
151        elif line == "[TERTIARY]":
152            coords.append(parse_line(lines[i+1:i+4])) #坐标
153    print (len(names))
```

运行结果显示数据集中有2919个序列长度不超过136的蛋白质。

执行程序段P5.14,定义函数获取单种类型原子的坐标。

```
P5.14  #定义函数获取单种类型原子的坐标
154    def separate_coords(full_coords, pos):
           '''
           full_coords: 主链上所有原子的坐标
           pos: 0: n_term 原子, 1: calpha 原子, 2: cterm 原子
           return: 单种类型原子的坐标
           '''
155        res = []
156        for i in range(len(full_coords[1])):
157            if i%3 == pos:
158                res.append([full_coords[j][i] for j in range(3)]) #坐标(x,y,z)
159        return np.array(res)
       #根据原子类型分离坐标
160    coords_nterm = [separate_coords(full_coords, 0) for full_coords in coords] #n_term 原子
161    coords_calpha = [separate_coords(full_coords, 1) for full_coords in coords] #calpha 原子
162    coords_cterm = [separate_coords(full_coords, 2) for full_coords in coords] #cterm 原子
       #坐标检查
163    print("第一个蛋白质第 1 个残基的三个原子 N-Ca-C 的坐标: ")
164    print(coords_nterm[0][0])
165    print(coords_calpha[0][0])
166    print(coords_cterm[0][0])
```

运行结果如下。

```
第一个蛋白质第 1 个残基的三个原子 N-Ca-C 的坐标:
[ 981.8 4076.1 -7423.1]
[ 1093.7 4174.2 -7419.3]
[ 1219.7 4106.1 -7366.7]
```

执行程序段P5.15,定义函数,用向量法计算二面角。

```
P5.15   #定义函数,用向量法计算二面角
167     def get_dihedral(coords1, coords2, coords3, coords4):
            """
            coords1, coords2, coords3, coords4: 对应主链上四个原子的坐标
            计算 phi 角时: C - N - Calpha - C
            计算 psi 角时: N - Calpha - C - N
            Returns: 返回 phi 角或 psi 角
            """
168         a1 = coords2 - coords1
169         a2 = coords3 - coords2
170         a3 = coords4 - coords3
171         v1 = np.cross(a1, a2)
172         v1 = v1 / (v1 * v1).sum(-1) ** 0.5
173         v2 = np.cross(a2, a3)
174         v2 = v2 / (v2 * v2).sum(-1) ** 0.5
175         porm = np.sign((v1 * a3).sum(-1))
176         rad = np.arccos((v1 * v2).sum(-1) / ((v1 ** 2).sum(-1) * (v2 ** 2).sum(-1))
            ** 0.5)
177         if not porm == 0:
178             rad = rad * porm
179         return rad
```

执行程序段 P5.16,完成所有蛋白质序列主链上二面角的计算。

```
P5.16   #完成所有蛋白质序列主链上二面角的计算
180     phis, psis = [], []
181     ph_angle_dists, ps_angle_dists = [], []
        #遍历每一个蛋白质
182     for k in range(len(coords)):
183         phi, psi = [0.0], [] # phi 从 0 开始,psi 以 0 结束
            #遍历每一个氨基酸
184         for i in range(len(coords_calpha[k])):
                #计算 phi,第 1 个残基不计算 phi
185             if i > 0:
186                 phi.append(get_dihedral(coords_cterm[k][i - 1], coords_nterm[k][i],
                            coords_calpha[k][i], coords_cterm[k][i]))
                #计算 psi,最后 1 个残基不计算 psi
187             if i < len(coords_calpha[k]) - 1:
188                 psi.append(get_dihedral(coords_nterm[k][i], coords_calpha[k][i],
                            coords_cterm[k][i], coords_nterm[k][i + 1]))
            #最后一个残基的 psi 为 0
189         psi.append(0)
            #添加到列表
190         phis.append(phi)
191         psis.append(psi)
```

执行程序段 P5.17,绘制 Ramachandran 图形,观察 100 个蛋白质的 Phi 和 Psi 分布。

```
P5.17  #绘制 Ramachandran 图形,观察 100 个蛋白质的 Phi 和 Psi 分布
192    n = 100   #蛋白质的数量
193    test_phi = []
194    for i in range(n):
195        for test in phis[i]:
196            test_phi.append(test)
197    test_phi = np.array(test_phi)
198    test_psi = []
199    for i in range(n):
200        for test in psis[i]:
201            test_psi.append(test)
202    test_psi = np.array(test_psi)
       #按照象限统计 Phi 和 Psi 角度分布
203    quads = [0,0,0,0]
204    for i in range(len(test_phi)):
205        if test_phi[i] >= 0 and test_psi[i] >= 0:
206            quads[0] += 1
207        elif test_phi[i] < 0 and test_psi[i] >= 0:
208            quads[1] += 1
209        elif test_phi[i] < 0 and test_psi[i] < 0:
210            quads[2] += 1
211        else:
212            quads[3] += 1
213    print("象限分布:", quads, " 总数:", len(test_phi))
       #绘制 Ramachandran 分布图
214    plt.scatter(test_phi, test_psi, marker = ".")
215    plt.xlim( - np.pi, np.pi)
216    plt.ylim( - np.pi, np.pi)
217    plt.xlabel("Phi")
218    plt.ylabel("Psi")
219    plt.show()
```

运行结果显示这 100 个蛋白质共包含 3980 对 Phi 和 Psi 角度,一、二、三、四象限分布数量分别为 294、1585、1965、136,对应的拉氏构象如图 5.13 所示。

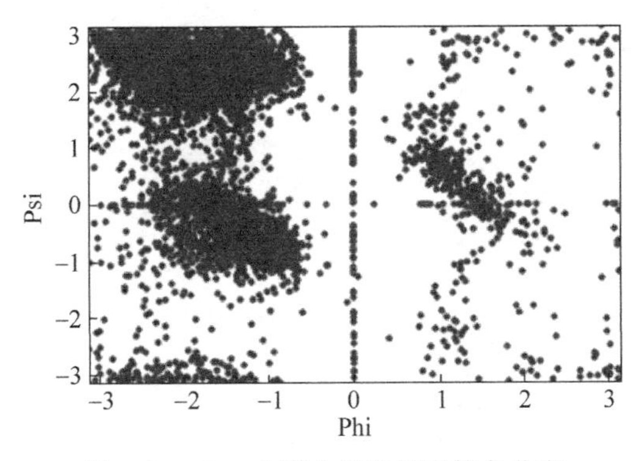

图 5.13 100 个蛋白质的拉氏构象分布

执行程序段 P5.18,定义函数将向量转换为字符串。

```
P5.18  #定义函数,将向量格式转换为字符串行
220    def stringify(vec):
221        line = ""
222        for v in vec:
223            line = line + str(v) + " "
224        return line
225    print([stringify([1,2,3,4,5,6])])
```

执行程序段 P5.19,保存文件,包含蛋白质 ID、氨基酸序列、评分矩阵以及二面角 Phi 和 Psi。

```
P5.19  #保存文件,包含蛋白质 ID、氨基酸序列、评分矩阵以及二面角 Phi 和 Psi
226    with open("../dataset/angles/angles_phi_psi_under64.txt", "w") as f:
227        for k in range(len(names)):
228            f.write("\n[ID]\n")
229            f.write(names[k])      #ID
230            f.write("\n[PRIMARY]\n")
231            f.write(seqs[k])      #序列
232            f.write("\n[EVOLUTIONARY]\n")
233            for j in range(len(pssms[k])):
234                f.write(stringify(pssms[k][j]) + "\n")   #PSSM
235            f.write("[PHI]\n")
236            f.write(stringify(phis[k]))      #PHI
237            f.write("\n[PSI]\n")
238            f.write(stringify(psis[k]) + '\n')      #PSI
```

5.9 裁剪残基序列的 One-Hot 矩阵

在 preprocessing 目录下创建程序 prepare_angle_data.ipynb。执行程序段 P5.20,将行数据解析为列表。

```
P5.20  #将行数据解析为列表
239    import numpy as np
240    def parse_lines(raw):
241        return np.array([[float(x) for x in line.split(" ") if x != ""] for line in raw])
242    def parse_line(line):
243        return np.array([float(x) for x in line.split(" ") if x != ""])
```

执行程序段 P5.21,读取 5.8 节完成的 Phi 和 Psi 数据集,包含 2919 个蛋白质的相关数据。

```
P5.21  #打开文件,读取 Phi 和 Psi 数据集
244    path = "../dataset/angles/angles_phi_psi_under136.txt"
245    with open(path, "r") as f:
246        lines = f.read().split('\n')
```

```
247     names = []
248     seqs = []
249     psis = []
250     phis = []
251     pssms = []
        #读取每一个蛋白质的结构信息
252     for i,line in enumerate(lines):
253         if line == "[ID]":
254             names.append(lines[i+1])
255         elif line == "[PRIMARY]":
256             seqs.append(lines[i+1])
257         elif line == "[EVOLUTIONARY]":
258             pssms.append(parse_lines(lines[i+1:i+22]))
259         elif lines[i] == "[PHI]":
260             phis.append(parse_line(lines[i+1]))
261         elif lines[i] == "[PSI]":
262             psis.append(parse_line(lines[i+1]))
263     print(len(names))
```

DNA 翻译为蛋白质的编码图谱如图 5.14 所示，根据这个图谱不难看出，自然界已知氨基酸（不考虑最新发现的）只有 20 种，将这 20 种氨基酸按照一定顺序排列，例如 HRKDENQSYTCPAVLIGFWM。根据这个字母排列可以定义残基序列的 One-Hot 编码。

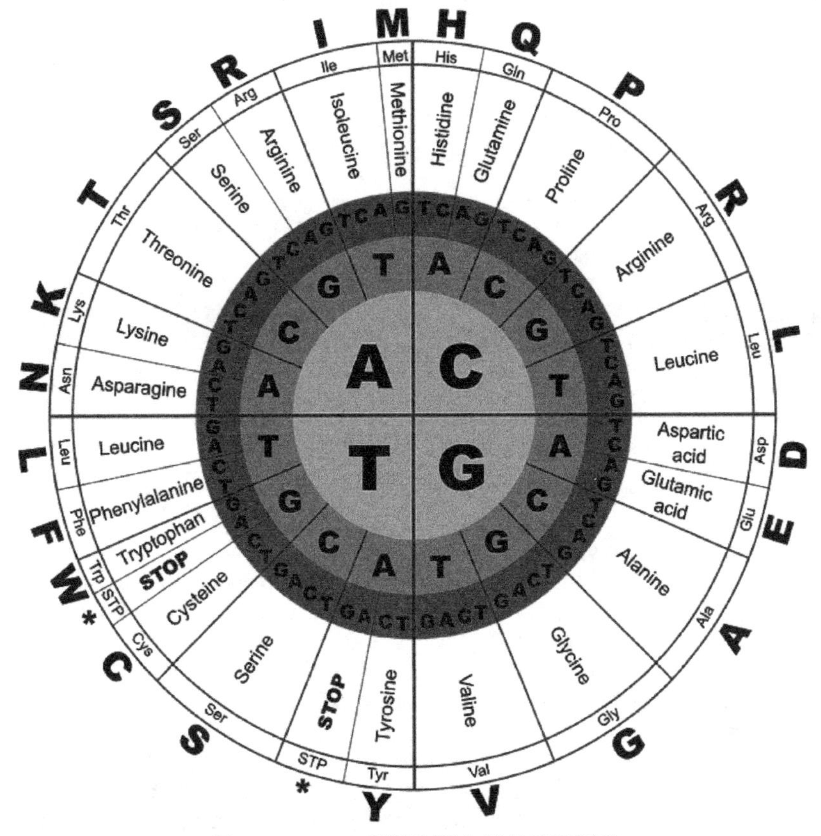

图 5.14　DNA 翻译为蛋白质的编码图谱

氨基酸序列通过肽键构成了肽链,肽链折叠形成蛋白质。根据氨基酸序列预测二面角,需要首先完成残基序列的 One-Hot 编码。以数据集中 ID 为 1KX6_1_A 的蛋白质序列(长度为 29)为例,对应的 One-Hot 编码如图 5.15 所示。

	H	S	Q	G	T	F	T	S	D	Y	S	K	Y	L	D	S	R	R	A	Q	D	F	V	Q	W	L	M	N	T
H	1	0	0	0	0	0	0	0	0	0	0	0	0	0	0	0	0	0	0	0	0	0	0	0	0	0	0	0	0
R	0	0	0	0	0	0	0	0	0	0	0	0	0	0	0	0	1	1	0	0	0	0	0	0	0	0	0	0	0
K	0	0	0	0	0	0	0	0	0	0	0	1	0	0	0	0	0	0	0	0	0	0	0	0	0	0	0	0	0
D	0	0	0	0	0	0	0	0	1	0	0	0	0	0	1	0	0	0	0	0	1	0	0	0	0	0	0	0	0
E	0	0	0	0	0	0	0	0	0	0	0	0	0	0	0	0	0	0	0	0	0	0	0	0	0	0	0	0	0
N	0	0	0	0	0	0	0	0	0	0	0	0	0	0	0	0	0	0	0	0	0	0	0	0	0	0	0	1	0
Q	0	0	1	0	0	0	0	0	0	0	0	0	0	0	0	0	0	0	0	1	0	0	0	1	0	0	0	0	0
S	0	1	0	0	0	0	0	1	0	0	1	0	0	0	0	1	0	0	0	0	0	0	0	0	0	0	0	0	0
Y	0	0	0	0	0	0	0	0	0	1	0	0	1	0	0	0	0	0	0	0	0	0	0	0	0	0	0	0	0
T	0	0	0	0	1	0	1	0	0	0	0	0	0	0	0	0	0	0	0	0	0	0	0	0	0	0	0	0	1
C	0	0	0	0	0	0	0	0	0	0	0	0	0	0	0	0	0	0	0	0	0	0	0	0	0	0	0	0	0
P	0	0	0	0	0	0	0	0	0	0	0	0	0	0	0	0	0	0	0	0	0	0	0	0	0	0	0	0	0
A	0	0	0	0	0	0	0	0	0	0	0	0	0	0	0	0	0	0	1	0	0	0	0	0	0	0	0	0	0
V	0	0	0	0	0	0	0	0	0	0	0	0	0	0	0	0	0	0	0	0	0	0	1	0	0	0	0	0	0
L	0	0	0	0	0	0	0	0	0	0	0	0	0	1	0	0	0	0	0	0	0	0	0	0	0	1	0	0	0
I	0	0	0	0	0	0	0	0	0	0	0	0	0	0	0	0	0	0	0	0	0	0	0	0	0	0	0	0	0
G	0	0	0	1	0	0	0	0	0	0	0	0	0	0	0	0	0	0	0	0	0	0	0	0	0	0	0	0	0
F	0	0	0	0	0	1	0	0	0	0	0	0	0	0	0	0	0	0	0	0	0	1	0	0	0	0	0	0	0
W	0	0	0	0	0	0	0	0	0	0	0	0	0	0	0	0	0	0	0	0	0	0	0	0	1	0	0	0	0
M	0	0	0	0	0	0	0	0	0	0	0	0	0	0	0	0	0	0	0	0	0	0	0	0	0	0	1	0	0

图 5.15　残基序列的 One-Hot 编码

执行程序段 P5.22,完成残基序列片段的 One-Hot 编码和范德华半径编码。单个残基的 One-Hot 编码为(20,1)的向量,后面加上范德华半径和范德华表面半径,所以维度为(22,1),并对给定的残基序列 seq,从 pos 位置向左向右按照(34,22)的窗口裁剪。

```
P5.22   #残基序列片段的 One-Hot 编码和范德华半径编码,并裁剪
264     def onehotter_aa(seq, pos):
            '''
            功能: 每次截取长度为 34(17×2 个残基)的氨基酸序列片段
            seq: 氨基酸序列
            pos:截取片段的中心位置,截取起点为 pos - 17,截取终点为 pos + 17
            return: 截取片段的 One - Hot 编码
            '''
265         pad = 17
            #定义 20 种氨基酸序列表
266         key = "HRKDENQSYTCPAVLIGFWM"
            #20 种氨基酸的范德华半径
267         vdw_radius = {"H": 118, "R": 148, "K": 135, "D": 91, "E": 109, "N": 96, "Q": 114,
                          "S": 73, "Y": 141, "T": 93, "C": 86, "P": 90, "A": 67, "V": 105,
                          "L": 124, "I": 124, "G": 48, "F": 135, "W": 163, "M": 124}
268         radius_rel = vdw_radius.values()
269         basis = min(radius_rel)/max(radius_rel)
            #20 种氨基酸的范德华表面半径
270         surface = {"H": 151, "R": 196, "K": 167, "D": 106, "E": 138, "N": 113, "Q": 144,
                       "S": 80, "Y": 187, "T": 102, "C": 104, "P": 105, "A": 67, "V": 117,
                       "L": 137, "I": 140, "G": 0, "F": 175, "W": 217, "M": 160}
```

```
271        surface_rel = surface.values()
272        surface_basis = min(surface_rel)/max(surface_rel)
           #One-Hot 编码
273        one_hot = []
274        for i in range(pos-pad, pos+pad): #遍历截取的片段,片段长度为 pad×2
275            vec = [0 for i in range(22)]  #先将 One-Hot 编码置为 0
               #将当前氨基酸与 20 种氨基酸序列表一一比对
276            for j in range(len(key)):
277                if seq[i] == key[j]:
278                    vec[j] = 1 #此处标定为 1,表示氨基酸类型
                       #在 One-Hot 编码的末尾添加范德华半径和范德华表面半径,并归一化
279                    vec[-2] = vdw_radius[key[j]]/max(radius_rel) - basis
280                    vec[-1] = surface[key[j]]/max(surface_rel) - surface_basis
281            one_hot.append(vec)  #将当前氨基酸的维度为(1,22)的编码向量加入列表 one_hot
282        return np.array(one_hot)  #One_Hot 的维度为(34,22)
```

5.10 裁剪评分矩阵和二面角标签

本节对氨基酸序列片段进行裁剪,完成模型训练的数据准备工作,主要包括:

(1) 氨基酸序列的裁剪矩阵,单个片段维度为(34,22),如图 5.16(a)所示。

(2) 评分裁剪矩阵,单个片段裁剪维度为(34,21),如图 5.16(b)所示。

(3) 定义二面角标签,单个标签维度为(1,2),如图 5.16(c)所示。

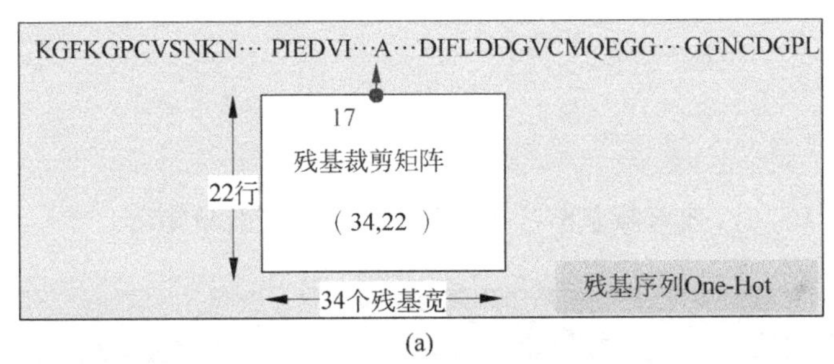

(a)

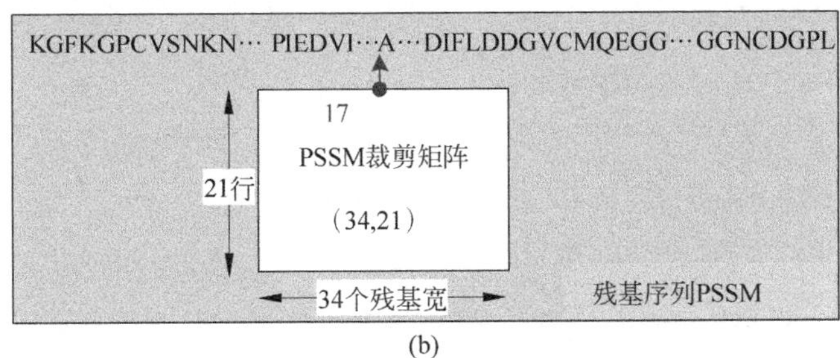

(b)

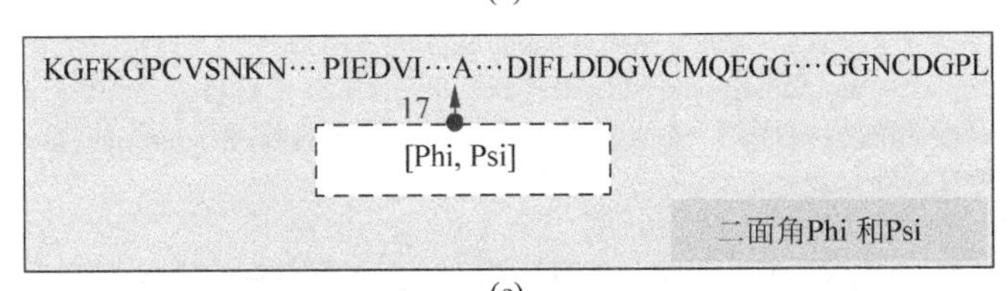

(c)

图 5.16 二面角训练集的裁剪方法

执行程序段 P5.23，裁剪 PSSM 评分矩阵。

```
P5.23   #裁剪 PSSM 评分矩阵
283     def pssm_cropper(pssm, pos):
            '''
            功能：每次截取长度为 34(17×2 个残基)的 PSSM 评分序列片段
            pssm：评分矩阵
            pos:截取片段的中心位置,截取起点为 pos - 17,截取终点为 pos + 17
            return：截取的片段矩阵,维度为(21,34)
            '''
284         pssm_out = []
285         pad = 17
286         for i,row in enumerate(pssm):
287             pssm_out.append(row[pos - pad:pos + pad])
288         return np.array(pssm_out)
        #检查所有的矩阵是否包含相同的蛋白质结构数
289     print("Names: ", len(names))
290     print("Seqs: ", len(seqs))
291     print("PSSMs: ", len(pssms))
292     print("Phis: ", len(phis))
293     print("Psis: ", len(psis))
```

运行结果如下。

```
Names: 2919
Seqs: 2919
PSSMs: 2919
Phis: 2919
Psis: 2919
```

执行程序段 P5.24，裁剪氨基酸序列、评分矩阵和二面角矩阵。

```
P5.24   #裁剪氨基酸序列、评分矩阵和二面角矩阵
294     input_aa = []
295     input_pssm = []
296     outputs = []
297     count = 0 #计数需要裁剪多少次
        #遍历每一个蛋白质结构
298     for i in range(len(seqs)):
299         if len(seqs[i])>17 * 2: #序列长度大于 34
300             count += len(seqs[i]) - 17 * 2
301             for j in range(17,len(seqs[i]) - 17): #设定 pos 的位置 j
                #根据 pos 的位置 j 向左向右裁剪序列
302                 input_aa.append(onehotter_aa(seqs[i], j))
303                 input_pssm.append(pssm_cropper(pssms[i], j))
304                 outputs.append([phis[i][j], psis[i][j]])
305     print("全部的蛋白序列,共裁剪 {0} 次,这是样本的数量".format(count))
        #得到的矩阵长度
306     print("标签矩阵 outputs 的长度: ", len(outputs))
307     print("残基片段矩阵 Inputs_aa 的长度: ", len(input_aa))
308     print("评分片段矩阵 input_pssm 的长度: ", len(input_pssm))
```

运行结果如下。

```
全部的蛋白序列,共裁剪 140756 次,这是样本的数量
标签矩阵 outputs 的长度: 140756
残基片段矩阵 Inputs_aa 的长度: 140756
评分片段矩阵 input_pssm 的长度: 140756
```

执行程序段 P5.25,调整特征矩阵的维度。

```
P5.25  #调整特征矩阵的维度
309    input_aa = np.array(input_aa).reshape(len(input_aa), 17 * 2, 22)
310    print('氨基酸序列片段矩阵的维度: {0}'.format(input_aa.shape))
311    input_pssm = np.array(input_pssm).reshape(len(input_pssm), 17 * 2, 21)
312    print('评分片段矩阵的维度: {0}'.format(input_pssm.shape))
```

运行结果如下。

```
氨基酸序列片段矩阵的维度: (140756, 34, 22)
评分片段矩阵的维度: (140756, 34, 21)
```

执行程序段 P5.26,将向量转换为字符串,以空格分隔数据项。

```
P5.26  #将向量转换为字符串,以空格分隔数据项
313    def stringify(vec):
314        return "".join(str(v) + " " for v in vec)
```

执行程序段 P5.27,保存二面角训练集的标签,即将 Phi 和 Psi 保存到文件 outputs.txt。

```
P5.27  #保存二面角训练集的标签文件
315    out_path = '../dataset/angles/'
316    with open(out_path + "outputs.txt", "w") as f:
317        for o in outputs:
318            f.write(stringify(o) + "\n")
```

执行程序段 P5.28,将残基片段序列的矩阵保存到文件 input_aa.txt。

```
P5.28  #将残基片段序列的矩阵保存到文件 input_aa.txt
319    with open(out_path + "input_aa.txt", "w") as f:
320        for aas in input_aa:
321            f.write("\nNEW\n")
322            for j in range(len(aas)):
323                f.write(stringify(aas[j]) + "\n")
```

执行程序段 P5.29,将 PSSM 片段序列的矩阵保存到文件 input_pssm.txt。

```
P5.29  #将 PSSM 片段序列的矩阵保存到文件 input_pssm.txt
324    with open(out_path + "input_pssm.txt", "w") as f:
325        for k in range(len(input_pssm)):
```

```
326             f.write("\nNEW\n")
327             for j in range(len(input_pssm[k])):
328                 f.write(stringify(input_pssm[k][j]) + "\n")
```

5.11 定义二面角预测模型

二面角预测模型采用 ResNet 结构,卷积层采用一维卷积,残差块结构如图 5.17 所示。

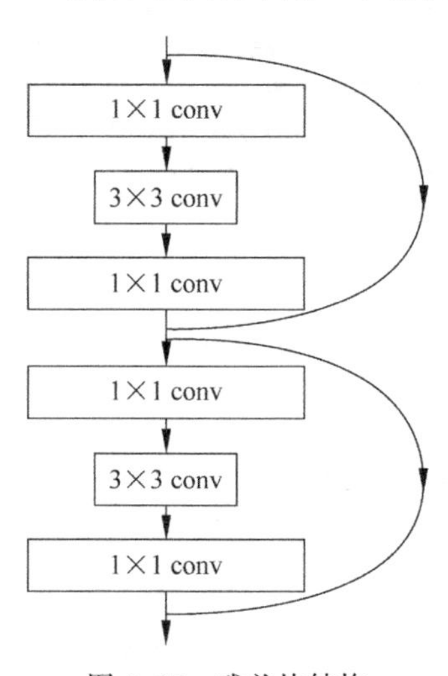

图 5.17 残差块结构

二面角预测模型结构如图 5.18 所示。样本的特征矩阵维度为(34,42),标签维度为(1,4)。标签由原来的(Φ,Ψ)调整为($\sin\Phi$,$\cos\Phi$,$\sin\Psi$,$\cos\Psi$),可以借助角度的正弦值和余弦值,将标签值归一化为[−1,1]的值。

模型定义存放于 models/angles/resnet_1d_angles.py 文件,程序源码如程序段 P5.30 所示,将在二面角模型训练和预测程序 models/angles/predicting_angles.ipynb 中对其引用。

```
P5.30   #ResNet 1D 卷积模型定义
329     import keras
330     from keras.models import Model
331     from keras.regularizers import l2
332     from keras.losses import mean_squared_error, mean_absolute_error
333     from keras.layers.convolutional import Conv1D
334     from keras.layers import Dense, Flatten, Input, BatchNormalization, Activation
335     from keras.layers.pooling import AveragePooling1D
336     def custom_mse_mae(y_true, y_pred):
            """ 自定义损失函数 - MSE + MAE """
337         return mean_squared_error(y_true, y_pred) + mean_absolute_error(y_true, y_pred)
        #定义 1D 卷积层
```

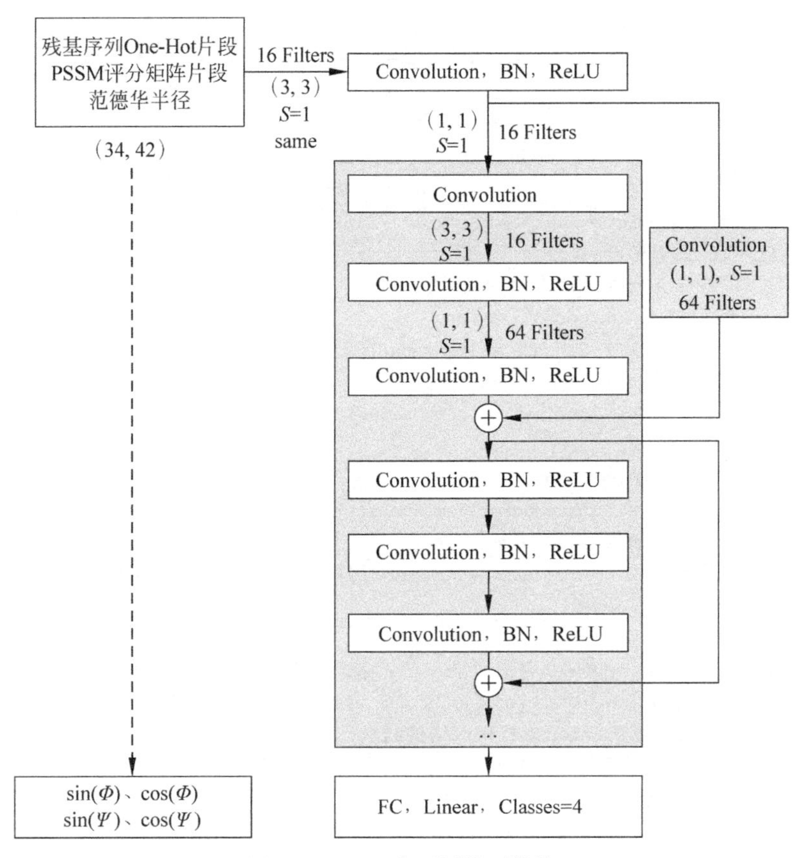

图 5.18　二面角预测模型结构

```
338    def resnet_layer(inputs,
                         num_filters = 16,
                         kernel_size = 3,
                         strides = 1,
                         activation = 'relu',
                         batch_normalization = True,
                         conv_first = False):
        """卷积层有两种设计顺序,即: BN - Relu - Conv 或者 Conv - BN - Relu

        # 参数
            inputs (tensor): 输入层或来自上一层的输入
            num_filters (int): 过滤器数量
            kernel_size (int): 过滤器尺寸
            strides (int): 步长
            activation (string): 激励函数名称
            batch_normalization (bool): 是否包含 BN 层
            conv_first (bool): conv - bn - activation (True) 或者 bn - activation - conv (False)
        # Returns
            x (tensor): 输出向量 x,作为下一层的输入
        """
        # 定义 1D 卷积
```

```
339        conv = Conv1D(num_filters,
                         kernel_size = kernel_size,
                         strides = strides,
                         padding = 'same',
                         kernel_initializer = 'he_normal',
                         kernel_regularizer = l2(1e - 4))
340        x = inputs
341        if conv_first:
342            x = conv(x)
343            if batch_normalization:
344                x = BatchNormalization()(x)
345            if activation is not None:
346                x = Activation(activation)(x)
347        else:
348            if batch_normalization:
349                x = BatchNormalization()(x)
350            if activation is not None:
351                x = Activation(activation)(x)
352            x = conv(x)
353        return x
    # 定义 resnet_v2 的 1D 卷积网络
354    def resnet_v2(input_shape, depth, num_classes = 4, conv_first = True):
        """ResNet Version 2 卷积网络的结构:
        瓶颈残差块采用 (1 × 1) - (3 × 3) - (1 × 1)卷积堆叠
        每个 stage 第 1 个残差块的直连采用 1 × 1 卷积做维度变换
        后续残差块采用恒等变换
        在 stage 的第 1 层,采用 strides = 2 的步长下采样将特征图尺寸减半,过滤器数量翻倍
        同一 stage 内部,过滤器数量和特征图尺寸不变
        # 参数
            input_shape (tensor): 输入层的维度
            depth (int): 核心卷积层的数量
            num_classes (int): 类别的数量
        # Returns
            model (Model): Keras model 实例
        """
355        if (depth - 2) % 9 != 0:
356            raise ValueError('网络深度 depth 按照公式 depth = 9n + 2 计算 例如 depth =
            56 或 110')
        # 初始化模型参数
357        num_filters_in = 16
358        num_res_blocks = int((depth - 2) / 9)
359        inputs = Input(shape = input_shape)
        # resnet_v2 第一层采用 conv - bn - activation 卷积
360        x = resnet_layer(inputs = inputs,
                          num_filters = num_filters_in,
                          conv_first = True)
        # 一个 resnet 分为多个 stage,每个 stage 中有多个 block,每个 block 中包含多个层
361        for stage in range(3):
            # 残差块 block
```

```
362                 for res_block in range(num_res_blocks):
363                     activation = 'relu'
364                     batch_normalization = True
365                     strides = 1
366                     if stage == 0:
367                         num_filters_out = num_filters_in * 4   #第1个stage的过滤器数量
368                         if res_block == 0:   #第1个stage的第1层
369                             activation = None
370                             batch_normalization = False
371                     else:
372                         num_filters_out = num_filters_in * 2
373                         if res_block == 0: #非第1个stage的第1层
374                             strides = 2     #下采样
                    #定义瓶颈残差块
                    #残差块第1层: 1×1的1D卷积
375                 y = resnet_layer(inputs=x,
                                     num_filters=num_filters_in,
                                     kernel_size=1,
                                     strides=strides,
                                     activation=activation,
                                     batch_normalization=batch_normalization,
                                     conv_first=conv_first)
                    #残差块第2层: 3×3的1D卷积
376                 y = resnet_layer(inputs=y,
                                     num_filters=num_filters_in,
                                     conv_first=conv_first)
                    #残差块第3层: 1×1的1D卷积
377                 y = resnet_layer(inputs=y,
                                     num_filters=num_filters_out,
                                     kernel_size=1,
                                     conv_first=conv_first)
378                 if res_block == 0:
                        #不同的stage之间需要做维度变换,用1×1卷积完成
379                     x = resnet_layer(inputs=x,
                                         num_filters=num_filters_out,
                                         kernel_size=1,
                                         strides=strides,
                                         activation=None,
                                         batch_normalization=False)
380                 x = keras.layers.add([x, y]) #完成残差块直连
381             num_filters_in = num_filters_out #后续每个stage,过滤器数量翻倍
382         x = BatchNormalization()(x)
383         x = Activation('relu')(x)
384         x = AveragePooling1D(pool_size=3)(x) #1D平均池化
385         y = Flatten()(x)
            #定义输出层
386         outputs = Dense(num_classes,
                            activation='linear',
                            kernel_initializer='he_normal')(y)
            #实例化模型
387         model = Model(inputs=inputs, outputs=outputs)
388         return model
```

5.12 二面角模型参数设定与训练

执行程序段 P5.31，导入库。

```
P5.31  #导入库
389    import numpy as np
390    import matplotlib.pyplot as plt
391    from keras.callbacks import EarlyStopping
       #导入 ResNet 1D 模型结构
392    from resnet_1d_angles import *
```

执行程序段 P5.32，读取 Phi 和 Psi 的标签文件，显示标签数据集的维度为(140756,2)。

```
P5.32  #读取 Phi 和 Psi 的标签文件
393    outputs = np.genfromtxt("../../dataset/angles/outputs.txt")
394    outputs[np.isnan(outputs)] = 0.0
395    outputs.shape
```

计算角度的 sin 值和 cos 值，用 Phi 和 Psi 的正余弦作为标签，如图 5.19 所示，单个残基对应的标签向量由(2,1)扩展为(4,1)。

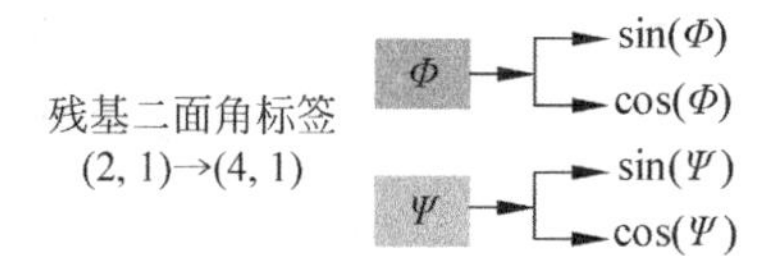

图 5.19 训练集标签扩展为(4,1)向量

执行程序段 P5.33，整个训练集的标签维度变为(140756,4)。

```
P5.33  #计算角度的 sin 值和 cos 值,用 Phi 和 Psi 的正余弦作为标签
396    out = []
397    out.append(np.sin(outputs[:,0]))
398    out.append(np.cos(outputs[:,0]))
399    out.append(np.sin(outputs[:,1]))
400    out.append(np.cos(outputs[:,1]))
401    out = np.array(out).T
402    print(out.shape)
```

执行程序段 P5.34，定义函数，读取残基序列的特征集或评分矩阵的特征集。

```
P5.34  #定义函数,读取残基序列的特征集或评分矩阵的特征集
403    def get_ins(path = "../../dataset/angles/input_aa.txt", pssm = None):
404        #pssm 文件路径
405        if pssm: path = "../../dataset/angles/input_pssm.txt"
406        with open(path, "r") as f:
407            lines = f.read().split('\n')
408        pre_ins = []
           #遍历每一个样本的特征矩阵
409        for i,line in enumerate(lines):
```

```
410             if line == "NEW":
411                 prot = []
412                 raw = lines[i+1:i+(17*2+1)]
                    #对每一个特征行做解析
413                 for r in raw:
414                     prot.append(np.array([float(x) for x in r.split(" ") if x != ""]))
                    #汇总每一个样本的特征矩阵
415                 pre_ins.append(np.array(prot))
416         return np.array(pre_ins)
```

二面角特征矩阵的构建方法如图 5.20 所示。

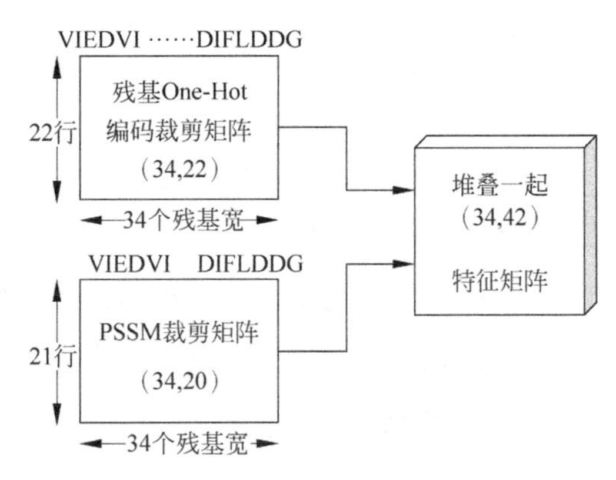

图 5.20 二面角训练集特征矩阵的构建方法

执行程序段 P5.35，堆叠残基序列和 PSSM 评分矩阵。

```
P5.35  #堆叠残基序列和 PSSM 评分矩阵
417    aas = get_ins() #读取残基序列矩阵
418    pssms = get_ins(pssm=True)  #读取 PSSM 评分矩阵
       #检查矩阵维度
419    print('残基序列维度：', aas.shape, '\n 评分矩阵维度：',pssms.shape)
       #特征矩阵堆叠
420    inputs = np.concatenate((aas[:, :, :20], pssms[:, :, :20], aas[:, :, 20:]), axis=2)
421    print('堆叠矩阵维度：', inputs.shape)
```

运行结果如下。

```
残基序列维度：(140756, 34, 22)
评分矩阵维度：(140756, 34, 21)
堆叠矩阵维度：(140756, 34, 42)
```

执行程序段 P5.36，模型定义和编译，设定优化算法、学习率等超参数。

```
P5.36  #模型定义和编译，设定超参数
422    adam = keras.optimizers.Adam(lr=0.001, beta_1=0.9, beta_2=0.999,
             epsilon=1e-8, decay=0.0, amsgrad=True)  #采用 AMSGrad 优化算法
       #创建模型
```

```
423    model = resnet_v2(input_shape = (17 * 2,42), depth = 29, num_classes = 4, conv_first = True)
424    model.compile(optimizer = adam, loss = custom_mse_mae, metrics = ['accuracy'])
425    model.summary()
```

模型结构摘要显示，设定模型深度为 29 时，模型共有 31 个卷积层，需要学习训练的参数总量为 473 108 个。

执行程序段 P5.37，划分训练集与验证集，由于样本数量为 14 万条左右，所有设定训练集与验证集的划分比例为 8∶2。

```
P5.37  # 训练集与验证集划分
426    split = int(len(inputs) * 0.8)
427    x_train, x_val = inputs[:split], inputs[split:]
428    y_train, y_val = out[:split], out[split:]
```

执行程序段 P5.38，模型训练，设定 epoch 数量为 20，mini-batch 大小为 16，如果连续 3 次迭代的损失不下降，则提前停止模型训练。

```
P5.38  # 模型训练,如果连续 3 次迭代的损失不下降,则提前停止模型训练
429    early_stopping = EarlyStopping(monitor = 'val_loss', patience = 3)
430    his = model.fit(x_train, y_train, epochs = 20, batch_size = 16, verbose = 1, shuffle = True,
                           validation_data = (x_val, y_val), callbacks = [early_stopping])
```

训练集规模为 112 604 个样本，验证集包含 28 152 个样本。训练主机 CPU 配置为 Intel® Core™ i7-6700 CPU@3.40Hz，内存配置为 16GB。模型的训练提前终止于第 20 代，完成 20 代训练，用时 1h11min31s。读者可根据自己的计算力，修正数据集规模。一般情况下，数据集越大，取得的效果会越好。

执行程序段 P5.39，绘制准确率曲线如图 5.21 所示，绘制损失函数曲线如图 5.22 所示。

```
P5.39  # 绘制准确率和损失函数曲线
431    x = range(1, len(his.history['accuracy']) + 1)
432    plt.plot(x, his.history['accuracy'])
433    plt.plot(x, his.history['val_accuracy'])
434    plt.title('Model Accuracy')
435    plt.ylabel('Accuracy')
436    plt.xlabel('Epoch')
437    plt.xticks(x)
438    plt.legend(['Train', 'Val'], loc = 'upper left')
439    plt.show()
440    plt.plot(x, his.history['loss'])
441    plt.plot(x, his.history['val_loss'])
442    plt.title('Model Loss')
443    plt.ylabel('Loss')
444    plt.xlabel('Epoch')
445    plt.xticks(x)
446    plt.legend(['Train', 'Val'], loc = 'lower left')
447    plt.show()
```

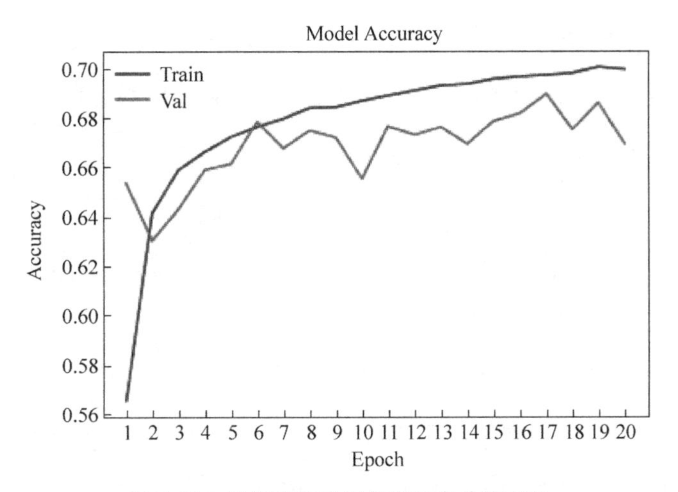

图 5.21 训练集和验证集准确率曲线对比

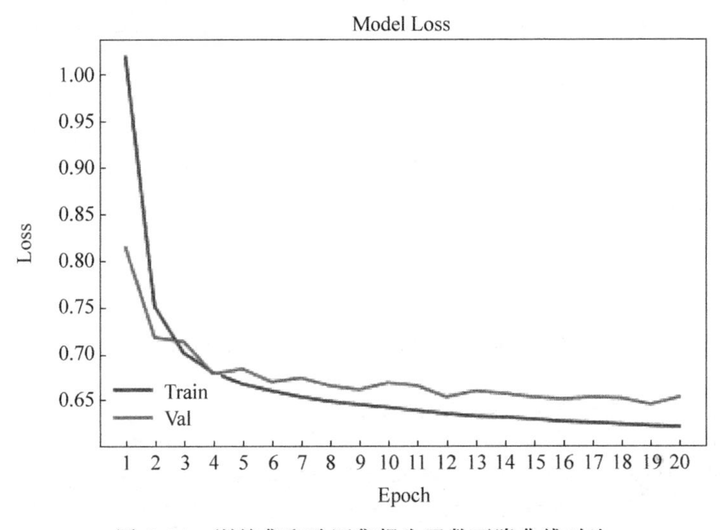

图 5.22 训练集和验证集损失函数下降曲线对比

准确率曲线显示模型的准确率起点较高，随着迭代次数增加，呈缓慢上升趋势，过拟合现象不明显。

损失函数曲线显示模型在验证集和训练集上的趋势基本一致，方差较小，模型的泛化能力较好。

5.13 二面角模型预测与评价

执行程序段 P5.40，在验证集上做预测，并将预测后得到的 sin(Φ)、cos(Φ)、sin(Ψ)、cos(Ψ)还原为角度值 Φ 和 Ψ，维度变为(28152,2)。

```
P5.40   #在验证集上做预测
448     preds = model.predict(x_val)
        #将验证集的预测结果 sin 值和 cos 值还原为二面角 Phi 和 Psi
449     refactor = []
450     for pred in preds:
451         angles = []
452         phi_sin, phi_cos, psi_sin, psi_cos = pred[0], pred[1], pred[2], pred[3]
        #Phi 分布在一、四象限
453         if (phi_sin>=0 and phi_cos>=0) or (phi_cos>=0 and phi_sin<=0):
454             angles.append(np.arctan(phi_sin/phi_cos))
455         elif (phi_cos<=0 and phi_sin>=0) :
456             angles.append(np.pi + np.arctan(phi_sin/phi_cos)) # Phi 在第二象限
457         else:
458             angles.append(-np.pi + np.arctan(phi_sin/phi_cos)) # Phi 在第三象限
        #Psi 分布在一、四象限
459         if (psi_sin>=0 and psi_cos>=0) or (psi_cos>=0 and psi_sin<=0):
460             angles.append(np.arctan(psi_sin/psi_cos))
461         elif (psi_cos<=0 and psi_sin>=0) :
462             angles.append(np.pi + np.arctan(psi_sin/psi_cos)) # Psi 在第二象限
463         else:
464             angles.append(-np.pi + np.arctan(psi_sin/psi_cos)) # Psi 在第三象限
465         refactor.append(angles)
        #将预测的角度限定在(-pi, pi)
466     refactor = np.array(refactor)
467     refactor[refactor>np.pi] = np.pi
468     refactor[refactor<-np.pi] = -np.pi
469     print(refactor.shape)
```

执行程序段 P5.41，绘制真实值与预测值的拉氏分布对比图，如图 5.23 所示。

```
P5.41   #绘制真实值与预测值的拉氏分布对比图
470     plt.scatter(outputs[split:,0], outputs[split:,1], marker=".")
471     plt.scatter(refactor[:,0], refactor[:,1], marker=".")
472     plt.legend(["Truth distribution", "Predictions distribution"], loc="lower right")
473     plt.xlim(-np.pi, np.pi)
474     plt.ylim(-np.pi, np.pi)
475     plt.xlabel("Phi")
476     plt.ylabel("Psi")
477     plt.show()
```

执行程序段 P5.42，判断预测值与真实值的相关性。

```
P5.42   #判断预测值与真实值的相关性
478     cos_phi = np.corrcoef(np.cos(refactor[:,0]), np.cos(outputs[split:,0]))
479     cos_psi = np.corrcoef(np.cos(refactor[:,1]), np.cos(outputs[split:,1]))
480     print("理想的相关系数应该是: Phi: 0.65 ,Psi: 0.7")
481     print("模型的 Phi 相关系数: ", cos_phi[0,1])
482     print("模型的 Psi 相关系数: ", cos_psi[0,1])
```

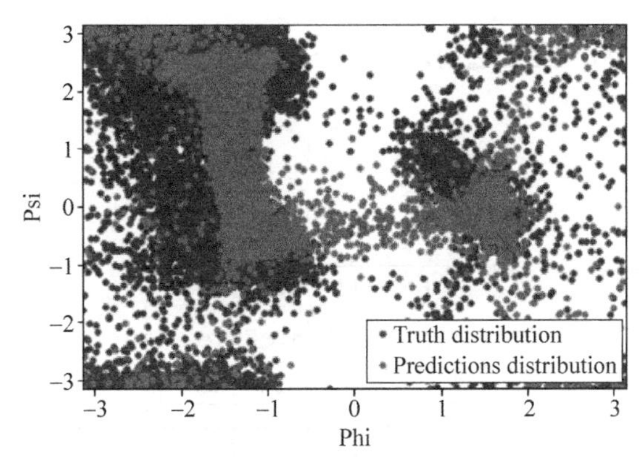

图 5.23 验证集上的预测值与真实值对比

运行结果如下。

```
理想的相关系数应该是: Phi: 0.65 ,Psi: 0.7
模型的 Phi 相关系数: 0.45145041419891035
模型的 Psi 相关系数: 0.5169855298544158
```

显然在 2919 个蛋白质上的训练结果还是比较理想的,增大蛋白质数据集规模,可望取得更好的效果。

执行程序段 P5.43,保存训练模型。

```
P5.43  #保存训练模型
483    model.save("resnet_1d_angles.h5")
```

根据需要,可以执行程序段 P5.44,加载预训练模型。

```
P5.44  #加载预训练模型
484    from keras.models import load_model
485    model = load_model("resnet_1d_angles.h5", custom_objects =
              {'custom_mse_mae': custom_mse_mae})
```

5.14 定义距离预测模型

距离预测模型仍然采用 ResNet 结构,与二面角预测模型采用 1D 卷积不同,距离预测模型采用 2D 卷积,结构如图 5.24 所示。

模型编码定义如程序段 P5.45 所示。

```
P5.45  #定义距离预测模型
486    import numpy as np
487    import keras
488    import keras.backend as K
```

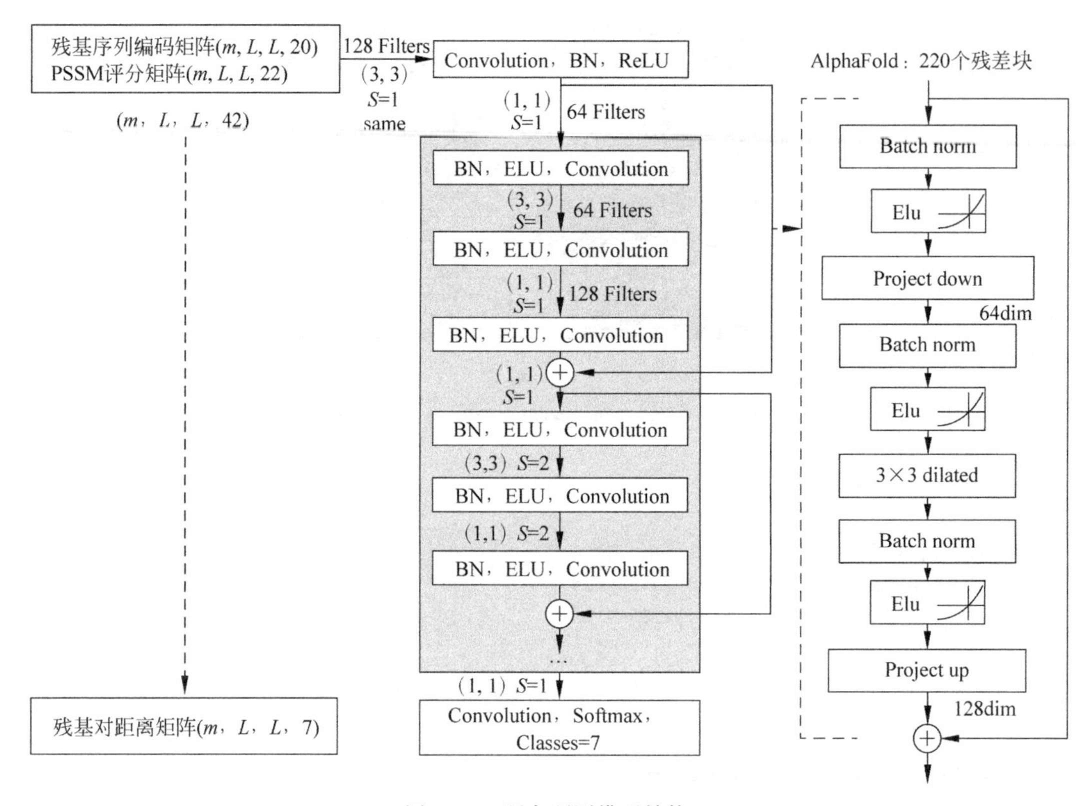

图 5.24 距离预测模型结构

```
489    from keras.models import Model
490    from keras.regularizers import l2
491    from keras.activations import softmax
492    from keras.layers.convolutional import Conv2D, Conv2DTranspose
493    from keras.layers import Input, BatchNormalization, Activation
       #softmax 回归函数
494    def softMaxAxis2(x):
           """ 在 axis 2 维度上计算 softmax """
495        return softmax(x,axis = 2)
       #带权重的损失函数定义
496    def weighted_categorical_crossentropy(weights):
           """
           功能:根据类别的权重计算损失
           参数:
               weights: 权重系数向量,维度为(C,) ,C 是类别的数量
           """
497        weights = K.variable(weights)
498        def loss(y_true, y_pred):
               #预测值归一化
499            y_pred /= K.sum(y_pred, axis = -1, keepdims = True)
               #数据范围剪辑
```

```
500             y_pred = K.clip(y_pred, K.epsilon(), 1 - K.epsilon())
                #计算损失
501             loss = y_true * K.log(y_pred) * weights
502             loss = -K.sum(loss, -1)
503             return loss
504         return loss
    #残差块定义
505 def resnet_block(inputs,
                     num_filters = 64,
                     kernel_size = 3,
                     strides = 1,
                     activation = 'elu',
                     batch_normalization = True,
                     conv_first = False):
        """#参数:
            inputs (tensor): 输入层或上一层的输入
            num_filters (int): Conv2D 过滤器数量
            kernel_size (int): Conv2D 过滤器尺寸
            strides (int): Conv2D 步长
            activation (string): 激励函数名称
            batch_normalization (bool):是否进行 BN 计算
            conv_first (bool): conv-bn-activation (True) 或者 bn-activation-conv
            (False)
        """
506     x = inputs
        #下采样
507     x = BatchNormalization()(x)
508     x = Activation(activation)(x)
509     x = Conv2D(num_filters//2, kernel_size = 1, strides = 1, padding = 'same',
                   kernel_initializer = 'he_normal', kernel_regularizer = l2(1e-4))(x)
        #卷积计算
510     x = BatchNormalization()(x)
511     x = Activation(activation)(x)
512     x = Conv2D(num_filters//2, kernel_size = 3, strides = strides, padding = 'same',
                   kernel_initializer = 'he_normal', kernel_regularizer = l2(1e-4))(x)
        #上采样
513     x = BatchNormalization()(x)
514     x = Activation(activation)(x)
515     x = Conv2DTranspose(num_filters, kernel_size = 1, strides = strides, padding = 'same',
                   kernel_initializer = 'he_normal', kernel_regularizer = l2(1e-4))(x)
516     return x
    #定义 ResNet 二维卷积层
517 def resnet_layer(inputs,
                     num_filters = 32,
                     kernel_size = 3,
                     strides = 1,
                     activation = 'relu',
                     batch_normalization = True,
                     conv_first = False):
```

```
        """
            功能：二维卷积：按照 BN - Activation - Conv 顺序
            Returns: x (tensor):输入下一层的向量
        """
518         conv = Conv2D(num_filters,
                          kernel_size = kernel_size,
                          strides = strides,
                          padding = 'same',
                          kernel_initializer = 'he_normal',
                          kernel_regularizer = l2(1e - 4))
519         x = inputs
520         if conv_first:
521             x = conv(x)
522             if batch_normalization:
523                 x = BatchNormalization()(x)
524             if activation is not None:
525                 x = Activation(activation)(x)
526         else:
527             if batch_normalization:
528                 x = BatchNormalization()(x)
529             if activation is not None:
530                 x = Activation(activation)(x)
531             x = conv(x)
532         return x
    #RestNet 残差网络定义
533     def resnet_v2(input_shape, depth, num_classes = 4, conv_first = True):
        """
          采用 ELU 作为激励函数的 ResNet,网络深度参数 depth 应是 4 的倍数
        """
534         if depth % 4 != 0:
535             raise ValueError('depth should be 4n (eg 8 or 16)')
        #模型定义
536         num_filters_in = 128
537         inputs = Input(shape = input_shape)
        #定义第一个卷积层,Conv - BN - ReLU
538         x = resnet_layer(inputs = inputs,
                             num_filters = num_filters_in,
                             conv_first = True)
        #定义残差块的卷积步长
539         striding = [1,2,4,8]
        #遍历每一个 stage
540         for stage in range(depth):
541             activation = 'elu'
542             batch_normalization = True
            #瓶颈残差块
543             y = resnet_block(inputs = x,
                                 num_filters = 128,
                                 kernel_size = 3,
                                 strides = striding[stage % 4])
```

```
544             x = keras.layers.add([x, y]) #直连求和
            #顶层添加一个线性卷积分类器
545         y = Conv2D(num_classes, kernel_size=1, strides=1, padding='same',
                    kernel_initializer='he_normal', kernel_regularizer=l2(1e-4))(x)
546         outputs = Activation(softMaxAxis2)(y)
            #初始化模型
547         model = Model(inputs=inputs, outputs=outputs)
548         return model
```

5.15　构建残基序列3D特征矩阵

前面筛选蛋白质序列时，设定的蛋白质序列长度为136，考虑到距离模型的计算需求较大，因此本节将蛋白质序列的长度范围限定为不超过64。

重新打开preprocessing目录下的calculate_aa_distance.ipynb程序，将程序段P5.7中L的值由136修改为64，同时将程序段P5.10中的文件名称修改为distance_aa_under64.txt，重新运行程序calculate_aa_distance.ipynb，生成新的距离数据集。

在model/distances目录下新建程序文档predicting_distances.ipynb，执行程序段P5.46，导入库。

```
P5.46   #导入库
549     import numpy as np
550     import matplotlib.pyplot as plt
551     from keras.callbacks import EarlyStopping
        #导入距离预测模型结构
552     from elu_resnet_2d_distances import *
```

执行程序段P5.47，定义行解析函数，将行数据转换为float型数据向量。

```
P5.47   #行解析函数,将行数据转换为float型数据向量
553     def parse_lines(raw):
554         return [[float(x) for x in line.split("\t") if x != ""] for line in raw]
555     def parse_line(line):
556         return [float(x) for x in line.split("\t") if x != ""]
```

执行程序段P5.48，读取文件，解析为行的集合。为了降低计算需求，程序段P5.48指定从distance_aa_under64.txt中读取数据。

```
P5.48   #读取文件,解析为行的集合
557     path = "../../dataset/distances/distance_aa_under64.txt"
558     with open(path, "r") as f:
559         lines = f.read().split('\n')
```

执行程序段 P5.49，读取所有蛋白质的结构信息，结果显示数据集共包含 890 个蛋白质结构信息。

```
P5.49   #读取所有蛋白质的结构信息
560     names = []
561     seqs = []
562     dists = []
563     pssms = []
        #遍历数据集文件的每一行
564     for i,line in enumerate(lines):
565         if line == "[ID]":
566             names.append(lines[i+1])
567         elif line == "[PRIMARY]":
568             seqs.append(lines[i+1])
569         elif line == "[EVOLUTIONARY]":
570             pssms.append(parse_lines(lines[i+1:i+21]))
571         elif line == "[DIST]":
572             dists.append(parse_lines(lines[i+1:i+len(seqs[-1])+1]))
573     print('蛋白质数量: {0}'.format(len(seqs)))
```

构建氨基酸序列的 3D 特征矩阵，即行列均为氨基酸序列，高和宽均为 L，不足 L 的部分用 0 补齐。深度为氨基酸的 One-Hot 编码向量，如图 5.25 所示。

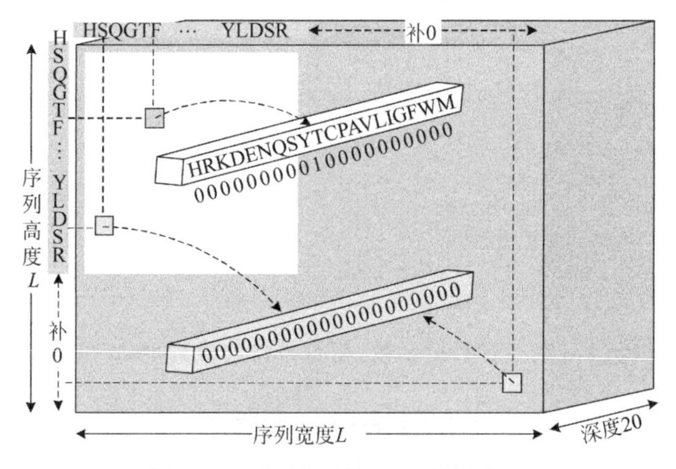

图 5.25　残基序列的 3D 特征矩阵

执行程序段 P5.50，将单个氨基酸序列转换为 $L \times L \times N$ 的特征矩阵。

```
P5.50   #将单个氨基酸序列转换为 L×L×N 的特征矩阵
574     def wider(seq, L=64, N=20):
            """ 将氨基酸序列转换为 One-Hot 编码,维度为: L×L×N,不是 L×N
                seq: 氨基酸序列
                L: 氨基酸序列的最大长度
                N: 20 种氨基酸序列长度
                return: L×L×N 特征矩阵
            """
```

```
575        key = "HRKDENQSYTCPAVLIGFWM"   # 20 种氨基酸
576        tensor = []
577        for i in range(L):
578            d2 = []
579            for j in range(L):
580                d1 = [1 if (j < len(seq) and i < len(seq) and key[x] == seq[i] and key
                   [x] == seq[j]) else 0
                         for x in range(N)]
581                d2.append(d1) # d1 是维度为(1,20)的 One - Hot 特征向量
582            tensor.append(d2) # d2 是维度为(L,20)的特征矩阵
583        return np.array(tensor) # tensor 是维度为(L,L,20)的特征矩阵
```

执行程序段 P5.51,将所有蛋白质的残基序列编码为 $L\times L\times N$ 的特征矩阵。

```
P5.51  # 将所有蛋白质的残基序列转换为 L×L×N 的特征矩阵
584    inputs_aa = np.array([wider(seq) for seq in seqs])
585    print('所有蛋白质残基序列构成的特征矩阵维度为:{0}'.format(inputs_aa.shape))
```

结果显示所有蛋白质残基序列构成的特征矩阵维度为(890,64,64,20)。

5.16 构建 3D 评分矩阵

将单个蛋白质的评分矩阵 PSSM 转换为 $L\times L\times N$ 的 3D 特征矩阵,L 表示序列的长度,N 表示氨基酸种类,固定为 20,如图 5.26 所示。

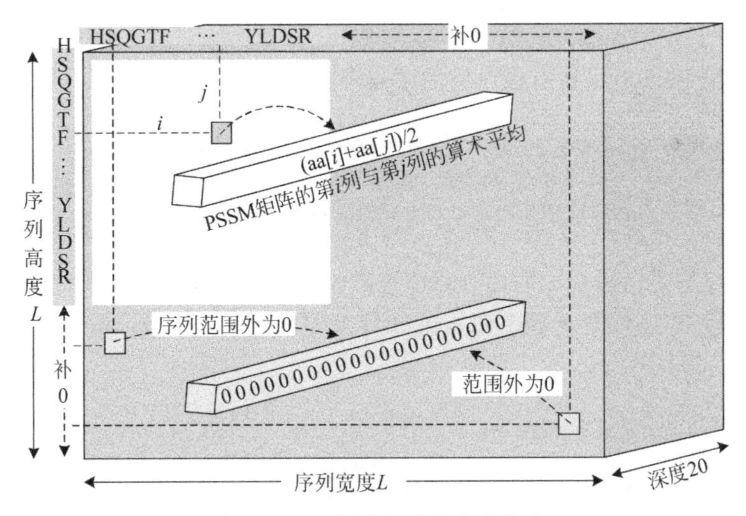

图 5.26　3D 评分矩阵的定义方法

实践中,在图 5.26 的基础上,根据两个残基间的相对关系,增加两个平衡值,扩展评分向量,深度方向的维度调整为 22。执行程序段 P5.52,将单个蛋白质的评分矩阵 PSSM 转换为 $L\times L\times(N+2)$的特征矩阵。

```
P5.52  # 将单个蛋白质的评分矩阵 PSSM 转换为 L×L×(N+2)的特征矩阵
586    def wider_pssm(pssm, seq, L=64, N=20):
           """ 将 PSSM 转换为 L×L×N 矩阵,而不是 L×N """
587        key_alpha = "ACDEFGHIKLMNPQRSTVWY"
588        tensor = []
589        for i in range(L):
590            d2 = []
591            for j in range(L):
                   # 残基序列范围内,添加一个维度为(1,20)的评分向量
592                if j < len(seq) and i < len(seq):
593                    d1 = [(aa[i] + aa[j])/2 for aa in pssm] # 取 i、j 列的平均值
594                else: # 范围外向量(1,20)的元素取值均为 0
595                    d1 = [0 for i in range(N)]
                   # 残基序列范围内,扩展评分向量,取值 pssm[i] * pssm[j]
596                if j < len(seq) and i < len(seq):
597                    d1.append(pssm[key_alpha.index(seq[i])][i] *
598                              pssm[key_alpha.index(seq[j])][j]) # i、j 列评分乘积
599                else:     # 残基序列范围外,取值 0
600                    d1.append(0)
                   # 根据残基序列 i、j 位置的相对关系扩展评分向量
601                if j < len(seq) and i < len(seq):
602                    d1.append(1 - abs(i - j)/L)
603                else:
604                    d1.append(0)
605                d2.append(d1)  # d1 是一个(1,22)的向量
606            tensor.append(d2)  # d2 是一个(L,22)的矩阵
607        return np.array(tensor)  # tensor 是(L, L,22)的矩阵
```

执行程序段 P5.53,将所有蛋白质的评分矩阵转换为 $L\times L\times(N+2)$的特征矩阵。

```
P5.53  # 将所有蛋白质的评分矩阵转换为 L×L×(N+2)的特征矩阵
608    inputs_pssm = np.array([wider_pssm(pssms[i], seqs[i]) for i in range(len(pssms))])
609    print('所有蛋白质构成的评分特征矩阵维度为:{0}'.format(inputs_pssm.shape))
```

结果显示所有蛋白质构成的评分特征矩阵维度为(890,64,64,22)。

执行程序段 P5.54,将残基序列矩阵和评分矩阵堆叠在一起,构建训练集特征矩阵(m,L,L,42)。

```
P5.54  # 构建训练集特征矩阵(m,L,L,42)
610    inputs = np.concatenate((inputs_aa, inputs_pssm), axis=3)
611    print('训练集特征矩阵维度为:{0}'.format(inputs.shape))
       # 删除不再使用的数据集,释放内存
612    del inputs_pssm
613    del inputs_aa
```

结果显示训练集特征矩阵维度为(890,64,64,42)。

5.17 定义距离标签的3D矩阵

距离是表征残基对之间关系的一种度量方法，5.6节计算得到的残基对之间的距离是一个维度为(L,L)的2D矩阵，距离是非负实数。本节根据距离的分段范围，将距离的2D矩阵转换为3D矩阵。

首先对单个蛋白质距离矩阵的维度进行扩展，如果残基序列的实际长度小于L，则空白处填充-1，如图5.27所示。

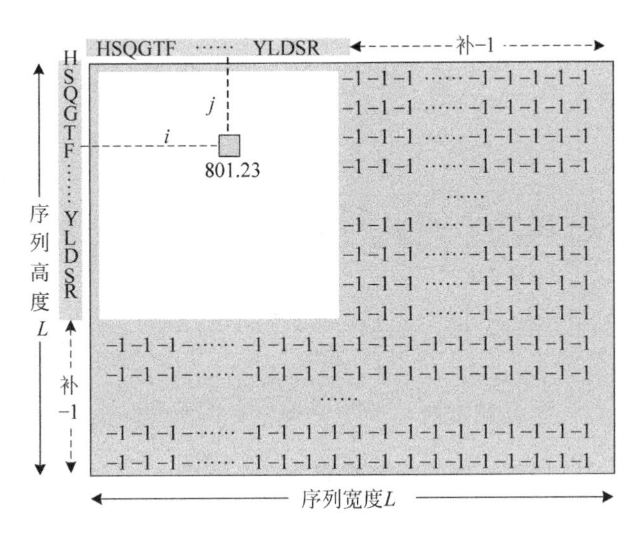

图5.27 残基距离矩阵扩展

执行程序段P5.55，将单个蛋白质的距离矩阵的维度扩展为(L,L)。

```
P5.55  #将单个蛋白质的距离矩阵的维度扩展为(L,L)
614    def embedding_matrix(matrix, L = 64):
           #列方向扩展
615        for i in range(len(matrix)):
616            if len(matrix[i])< L:
617                matrix[i].extend([ - 1 for i in range(L - len(matrix[i]))])
           #行方向扩展
618        while len(matrix)< L:
619            matrix.append([ - 1 for x in range(L)])
620        return np.array(matrix)
```

执行程序段P5.56，将所有蛋白质的距离矩阵拓展，构成训练集的标签矩阵(m,L,L)。

```
P5.56  #将所有蛋白质的距离矩阵拓展,构成训练集的标签矩阵(m,L,L)
621    dists = np.array([embedding_matrix(matrix) for matrix in dists])
622    print('训练集的距离标签矩阵维度为:{0}'.format(dists.shape))
```

运行结果显示训练集的距离标签矩阵维度为(890,64,64)。

以[<−0.5,≤500,≤750,≤1000,≤1400,≤1700,>1700]作为距离分段的标准，将距离划分为7个类别，对如图5.27所示的距离矩阵进行One-Hot编码，从而将2D距离矩阵拓展为3D标签矩阵。如图5.28所示，以距离为801.23为例，其对应的One-Hot向量为[0,0,0,1,0,0,0]，序列范围以外的距离值−1，均转换为向量[1,0,0,0,0,0,0]。

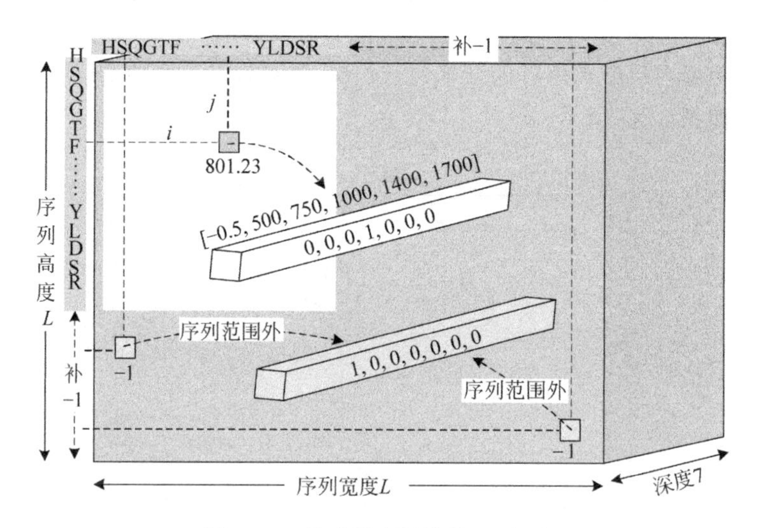

图5.28 构建距离标签的3D矩阵

定义程序段P5.57，将残基间的距离编码为7个类别。

```
P5.57  #将残基间的距离编码为7个类别
623    def treshold(matrix, cuts = [ - 0.5, 500, 750, 1000, 1400, 1700], L = 64):
           #将(L,L)特征矩阵转换为(L,L,7)特征矩阵
624        trash = (np.array(matrix)< cuts[0]).astype(np.int)    #<- 0.5 段 0
625        first = (np.array(matrix)< = cuts[1]).astype(np.int) - trash    #0.5～500 段 1
626        sec = (np.array(matrix)< = cuts[2]).astype(np.int) - trash - first    #500～750 段 2
627        third = (np.array(matrix)< = cuts[3]).astype(np.int) - trash - first - sec  #7500～
                                                                                  #1000 段 3
628        fourth = (np.array(matrix)< = cuts[4]).astype(np.int) - trash - first - sec -
           third  #1000～1400 段 4
629        fifth = (np.array(matrix)< = cuts[5]).astype(np.int) - trash - first - sec -
           third - fourth #1400～1700 段 5
630        sixth = np.array(matrix)> cuts[5]    #> 1700 段 6
631        return np.concatenate((trash.reshape(L,L,1),
632                               first.reshape(L,L,1),
633                               sec.reshape(L,L,1),
634                               third.reshape(L,L,1),
635                               fourth.reshape(L,L,1),
636                               fifth.reshape(L,L,1),
637                               sixth.reshape(L,L,1)),axis = 2) #矩阵堆叠为(L,L,7)
```

执行程序段 P5.58,将所有蛋白质的距离矩阵编码为(m,L,L,7)的标签矩阵。

```
P5.58  #将所有蛋白质的距离矩阵编码为(m,L,L,7)的标签矩阵
638    outputs = np.array([treshold(d) for d in dists])
639    print('距离标签矩阵维度为:{0}'.format(outputs.shape))
640    del dists  #释放内存
```

运行结果显示距离标签矩阵维度为(890,64,64,7)。

5.18 距离模型参数设定与训练

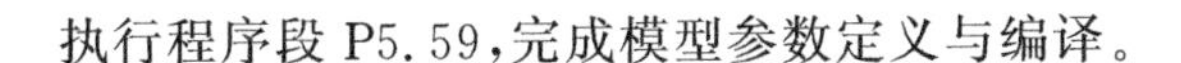

执行程序段 P5.59,完成模型参数定义与编译。

```
P5.59  #模型参数定义与编译
       #设定优化算法
641    adam = keras.optimizers.Adam(lr = 0.001, beta_1 = 0.9, beta_2 = 0.999, epsilon = 1e-8,
                 decay = 0.0, amsgrad = True)
       #创建模型
642    model = resnet_v2(input_shape = (64,64, 42), depth = 16, num_classes = 7)
       #[1e-07, 0.45, 1.65, 1.75, 0.73, 0.77, 0.145]为输出标签的权重参数,用于损失值的计算
643    model.compile(optimizer = adam, loss = weighted_categorical_crossentropy(
                 np.array([1e-07, 0.45, 1.65, 1.75, 0.73, 0.77, 0.145])), metrics =
                 ["accuracy"])
644    model.summary()
```

运行结果显示模型包含 16 个残差块,50 个卷积层,需要学习训练的参数为 913 927 个。

执行程序段 P5.60,划分训练集与验证集,蛋白质总数为 890 个,训练集设定为 600 个,验证集设定为 290 个。

```
P5.60  #划分训练集与验证集
645    split = 600
646    x_train, x_val = inputs[:split], inputs[split:]
647    y_train, y_val = outputs[:split], outputs[split:]
```

执行程序段 P5.61,设定模型训练参数,开启训练过程,设定 epochs 为 50 代,early_stopping 参数的作用是,如果连续 5 次在验证集的损失值不下降,则提前停止训练。

```
P5.61  #设定模型训练参数,开启训练过程
       #连续 5 次验证集损失值不下降,停止训练
648    early_stopping = EarlyStopping(monitor = 'val_loss', patience = 5)
649    his = model.fit(x_train, y_train, epochs = 50, batch_size = 4, verbose = 1, shuffle = True,
                 validation_data = (x_val, y_val), callbacks = [early_stopping])
```

训练主机 CPU 配置为 Intel® Core™ i7-6700 CPU@3.40Hz,内存配置为 16GB,训

练过程提前终止于第 21 个 epoch，用时 1h21min51s。读者可根据自己的计算能力，修正数据集规模。数据集越大，取得的效果越好。

执行程序段 P5.62，保存模型，绘制准确率曲线如图 5.29 所示，损失函数曲线如图 5.30 所示。

```
P5.62   #保存模型，绘制准确率曲线和损失函数曲线
650     model.save("model_under_64.h5")
651     plt.figure(figsize = (8,4))
652     x = range(1, len(his.history['accuracy']) + 1)
653     plt.plot(x,his.history["accuracy"])
654     plt.plot(x,his.history["val_accuracy"])
655     plt.legend(["accuracy", "val_accuracy"], loc = "lower right")
656     plt.xlabel('Epoch')
657     plt.xticks(x)
658     plt.show()
659     plt.figure(figsize = (8,4))
660     plt.plot(x,his.history["loss"])
661     plt.plot(x,his.history["val_loss"])
662     plt.legend(["loss", "val_loss"], loc = "upper right")
663     plt.xlabel('Epoch')
664     plt.xticks(x)
665     plt.show()
```

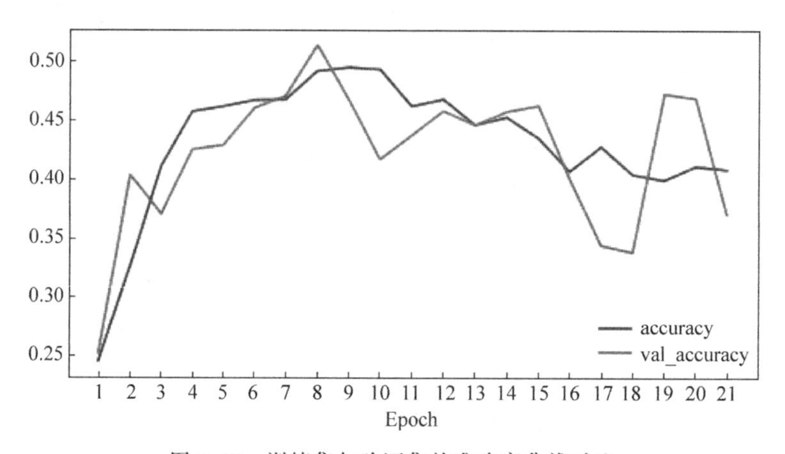

图 5.29　训练集与验证集的准确率曲线对比

如图 5.29 所示，验证集的准确率波动较大，应该是数据集样本的个体间的差异造成的，随着迭代次数的增加，准确率曲线在训练集与验证集均有下降趋势，再次证明数据集的样本不够充分。准确率在训练集与验证集的趋势保持一致，证明模型的方差控制在合理范围内。

如图 5.30 所示，训练集与验证集的损失函数下降趋势保持了高度一致，证明模型的方差小，泛化能力好。

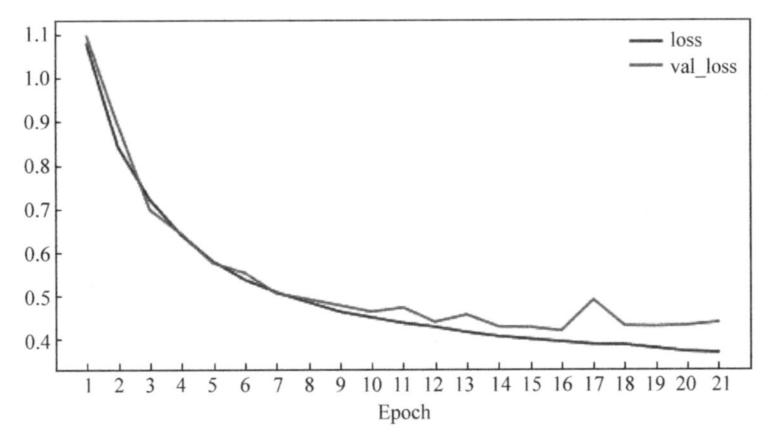

图 5.30　训练集与验证集的损失函数曲线对比

5.19　距离模型预测与评价

执行程序段 P5.63,对给定范围的蛋白质做出距离预测。

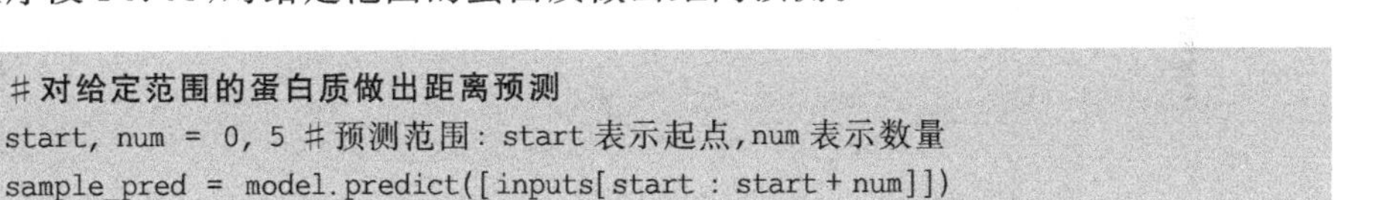

```
P5.63  #对给定范围的蛋白质做出距离预测
666    start, num = 0, 5 #预测范围: start 表示起点,num 表示数量
667    sample_pred = model.predict([inputs[start : start + num]])
```

执行程序段 P5.64,根据预测结果与真实标签中的最大值索引重新编码,将预测结果与真实标签中的 trash 类别的索引值 0 设为 7,从而用 1、2、3、4、5、6、7 表示 7 种距离值。

```
P5.64  #预测结果与真实标签的再次编码,用 1、2、3、4、5、6、7 表示 7 种距离值
668    preds_matrix = np.argmax(sample_pred, axis = 3)
669    preds_matrix[preds_matrix == 0] = 7 #将 trash 类别设置为 7,表示无穷远
670    outs_matrix = np.argmax(outputs[start : start + num], axis = 3)
671    outs_matrix[outs_matrix == 0] = 7 #将标签中的 trash 类别设为 7,表示无穷远
```

执行程序段 P5.65,根据准确率选择最好的 5 个预测结果。

```
P5.65  #根据准确率选择最好的 5 个预测结果
672    results = [np.sum(np.equal(pred[:len(seqs[start + j]),:len(seqs[start + j])],
                 outs_matrix[j,:len(seqs[start + j]),:len(seqs[start + j]),]),
                 axis = (0,1))/len(seqs[start + j]) * * 2 for j,pred in enumerate(preds_matrix)]
673    best_score = max(results)
674    print("准确率最高值为: ", best_score)
675    sorted_scores = [acc for acc in sorted(results, key = lambda x: x, reverse = True)]
676    print("准确率最好的 5 个值为: ", sorted_scores[:5])
677    print("准确率最好的蛋白质序号为: ", [results.index(x) for x in sorted_scores[:5]])
678    best_score_index = results.index(best_score)
679    print("准确率最高的蛋白质序号为: ", best_score_index)
```

运行结果如下。

```
准确率最高值为: 0.7552083333333334
准确率最好的5个值为: [0.7552083333333334, 0.48404542996214167, 0.4822485207100592,
                      0.4359438660027162, 0.4351961950059453]
准确率最好的蛋白质序号为: [1, 2, 4, 3, 0]
准确率最高的蛋白质序号为: 1
```

执行程序段 P5.66,分别根据预测值与标签值绘制蛋白质距离图,真实距离分布如图 5.31 所示,预测距离分布如图 5.32 所示。

```
P5.66  #绘制蛋白质距离图(真实图和预测图对比)
680    best_score_index = 3 #显示序号为3的蛋白质
681    plt.title('Ground Truth of ' + names[best_score_index])     #真实图
682    norm = plt.Normalize(1, 7)
683    plt.imshow(outs_matrix[best_score_index, :len(seqs[start + best_score_index]),
                  :len(seqs[start + best_score_index])], cmap = 'viridis_r', interpolation =
                  'nearest', norm = norm)
684    plt.colorbar()
685    plt.show()
686    plt.title("Prediction by model of " + names[best_score_index])  #预测图
687    plt.imshow(preds_matrix[best_score_index, :len(seqs[start + best_score_index]),
                   :len(seqs[start + best_score_index])], cmap = 'viridis_r', interpolation =
                   'nearest', norm = norm)
688    plt.colorbar()
689    plt.show()
```

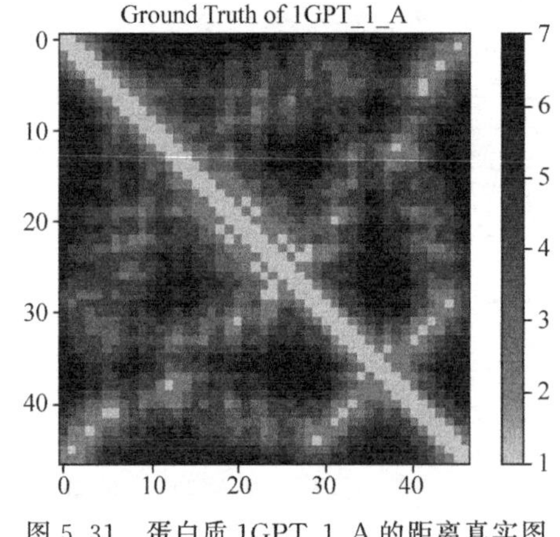

图 5.31 蛋白质 1GPT_1_A 的距离真实图

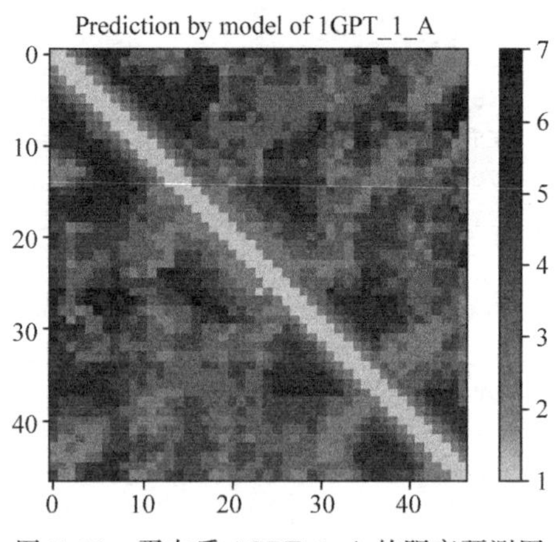

图 5.32 蛋白质 1GPT_1_A 的距离预测图

图 5.31 和图 5.32 中亮色区域(黄色区域)表示残基对的距离较近,深色区域(蓝色区域)表示距离较远。虽然预测图形比较模糊,与真实图形有较大误差,但是仍然可以看到轮廓骨架还是具有较高的相似性。

执行程序段 P5.67,通过混淆矩阵,进一步观察预测结果与真实值的偏差,得到混淆矩阵如图 5.33 所示。

```
P5.67  #用混淆矩阵观察预测值与真实值的偏差
690    from sklearn.metrics import confusion_matrix
691    from sklearn.utils.multiclass import unique_labels
692    preds_crop = np.concatenate( [pred[:len(seqs[start + j]), :len(seqs[start + j])].
       flatten()
                       for j,pred in enumerate(preds_matrix)] )
693    outs_crop = np.concatenate( [outs_matrix[j, :len(seqs[start + j]), :len(seqs
       [start + j])].flatten()
                       for j,pred in enumerate(preds_matrix)] )
694    matrix = cm = confusion_matrix(outs_crop, preds_crop)
695    classes = [i + 1 for i in range(7)]
696    title = "Comfusion matrix"
697    cmap = "YlOrRd"
698    normalize = True
699    if normalize:
700        cm = cm.astype('float') / cm.sum(axis = 1)[:, np.newaxis]
701        print("归一化的混淆矩阵")
702    else:
703        print('非归一化的混淆矩阵')
704    fig, ax = plt.subplots()
705    im = ax.imshow(cm, interpolation = 'nearest', cmap = cmap)
706    ax.figure.colorbar(im, ax = ax)
       #设置刻度,表示距离类型
707    ax.set(xticks = np.arange(cm.shape[1]),
708           yticks = np.arange(cm.shape[0]),
709           xticklabels = classes, yticklabels = classes,
710           title = title,
711           ylabel = 'True label',
712           xlabel = 'Predicted label')
713    plt.setp(ax.get_xticklabels(), rotation = 45, ha = "right",
714             rotation_mode = "anchor")
       #设置显示格式
715    fmt = '.2f' if normalize else 'd'
716    thresh = cm.max() / 2.
717    for i in range(cm.shape[0]):
718        for j in range(cm.shape[1]):
719            ax.text(j, i, format(cm[i, j], fmt),
720                    ha = "center", va = "center",
721                    color = "white" if cm[i, j] > thresh else "black")
722    fig.tight_layout()
723    print("总均方误差: ", np.linalg.norm(outs_crop - preds_crop))
724    print("平均均方误差: ", np.linalg.norm(outs_crop - preds_crop)/len(preds_matrix))
```

图 5.33 的行方向为真实值,列方向为预测值。不难看出,模型对 1、2、3、5、6 这五种距离的准确率都超过了 50%。对距离 1、2 的预测效果最好。对距离 4 的预测效果较差。

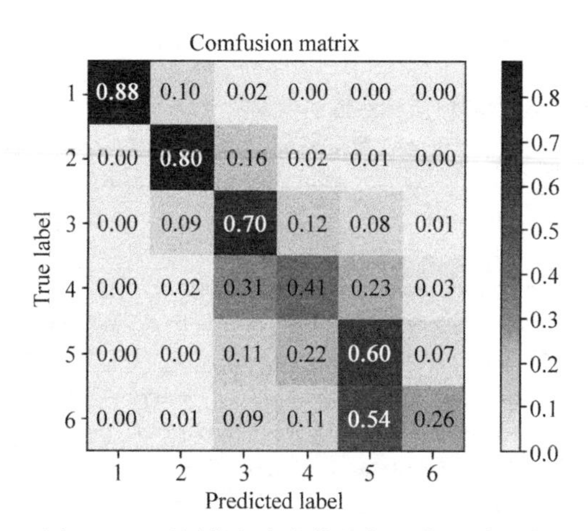

图 5.33 预测值与真实值的归一化混淆矩阵

以准确率最高的距离标签 1 为例，有 10%的情况预测为标签 2，2%的情况预测为标签 3。程序段 P5.67 显示模型对五个蛋白质结构预测的总均方误差为 76.27，平均均方误差为 15.25。

修改第 698 行程序代码，设置 normalize=False，可以得到用数量表示偏差的混淆矩阵。

目前，AlphaFold 还没有做到 100%开源，按照 DeepMind 团队给出的解释，其采用的特征工程方法严重依赖 Google 的内部计算设施以及一些工具方法。在 GitHub 上，DeepMind 团队只共享了 AlphaFold 在距离和角度预测方面的深度学习模型，没有开源全部细节，特别是特征生成和蛋白质 3D 结构的生成。

二面角预测模型和距离预测模型是 AlphaFold 进行蛋白质结构预测中的两个关键部分，本章基于 Eric Alcaide 在 GitHub 上开源的 MinFold 项目做了优化设计，基于 CASP7 的蛋白质文本数据集完成了二面角和距离的建模过程与训练过程，取得了较好的训练效果。

小结

本章以蛋白质结构预测的基本理论与方法为基础，梳理了 AlphaFold 预测蛋白质结构的算法逻辑，基于 CASP7 数据集构建了面向距离预测与面向角度预测的残基序列的特征矩阵，自定义实现了 ResNet_V2 一维卷积和二维卷积网络模型，在此基础上实践了蛋白质结构预测中关键的两个环节，即二面角模型和残基距离模型的构建、训练、预测与评估。

习题

一、判断题

1. X 射线晶体衍射、核磁共振和冷冻电镜等实验方法可以确定蛋白质的结构。
2. AlphaFold(又称 A7D 系统)是一套蛋白质结构预测系统。
3. 蛋白质的基本构成单位为氨基酸，常见氨基酸有 20 种。

4. 组成蛋白质的 20 种常见氨基酸中除脯氨酸外，均为 α-氨基酸。

5. 肽链的一端含有一个游离的 α-氨基，称为氨基端或 N-端；在另一端含有一个游离的 α-羧基，称为羧基端或 C-端。

6. 氨基酸间脱水后生成的共价键称为肽键，其中的氨基酸单位称为氨基酸残基。

7. 每一种天然蛋白质都有自己特有的空间结构，这种空间结构称为蛋白质的(天然)构象。

8. 蛋白质的一级结构指蛋白质多肽链中氨基酸残基的排列顺序。

9. 一级结构(残基序列)中含有形成高级结构全部必需的信息，一级结构决定高级结构及其功能。

10. 蛋白质的二级结构是多肽链中各个肽段借助氢键形成有规则的构象。主要包括 α-螺旋、β-折叠、β-转角等。

11. 蛋白质的三级结构是多肽链借助各种非共价键的作用力，通过弯曲、折叠，形成具有一定走向的紧密球状构象。

12. 蛋白质的四级结构是寡聚蛋白中各亚基之间在空间上的相互关系和结合方式。

13. 第 i 个残基与第 $i+1$ 个残基之间的距离，定义为 C_α^i 与 C_α^{i+1} 两个原子之间的距离。

14. 围绕 $C_\alpha - N$ 键轴旋转产生的角度称为 Phi(Φ)，围绕 $C_\alpha - C$ 键轴旋转产生的角度称为 Psi(Ψ)。

15. 拉氏构象图表明二面角(Φ、Ψ)的变化范围为 $-180° \sim 180°$，但是 Φ、Ψ 不能任意取值。

16. 因为氨基酸有 20 种，所以单个残基的 One-Hot 编码的维度为(20,1)。

17. 二面角预测模型采用了 ResNet 一维卷积结构，距离预测模型采用了 ResNet 二维卷积结构。

二、编程题

根据本章案例采用的 ResNet_V2 网络结构，自定义 ResNet_V2 模型，基于 CIFAR10 数据集实现图像分类识别。

程序的主体框架已经在习题 5 文件夹中的程序文档 cifar10_begin.ipynb 中给出，请根据程序中的逻辑提示与运行结果提示，补充完成整个程序，并进行测试。

为了增强对数据集结构的理解，本编程项目采用 CIFAR10 作者发布的原始数据集，不采用 Keras 等框架提供的在线版本。

CIFAR10 数据集和 CIFAR100 数据集是由 Alex Krizhevsky、Vinod Nair 和 Geoffrey Hinton 从 8000 万个微型图像中收集标记的图像子集。数据集下载地址：

https://www.cs.toronto.edu/～kriz/cifar-10-python.tar.gz

CIFAR10 数据集包含 10 个类别的 60 000 个 32×32 彩色图像，每个类别包含 6000 个图像。50 000 个图像用于训练模型，10 000 个图像用于模型测试。

数据集分为 5 个训练批次和 1 个测试批次，每个批次包括 10 000 个图像。测试批次包含每个类别的 1000 个随机选择的图像。训练批次按随机顺序包含其余图像，某些训练批次并不保证 10 类图像一样多，但是 5 个批次加起来，每个类别都是 5000 个图像。

图 5.34 显示了数据集包含的 10 个类别，以及每个类别中随机选出的 10 个图像。

图 5.34　10 种类别及随机选取的 10 个图像

数据集解压目录如图 5.35 所示，包含文件 data_batch_1、data_batch_2、data_batch_3、data_batch_4、data_batch_5 和 test_batch。每个文件都是由 cPickle 生成的 Python “pickled”对象。

(C:) › cifar-10-python

名称	修改日期	类型	大小
batches.meta	2009/3/31 12:45	META 文件	1 KB
data_batch_1	2009/3/31 12:32	文件	30,309 KB
data_batch_2	2009/3/31 12:32	文件	30,308 KB
data_batch_3	2009/3/31 12:32	文件	30,309 KB
data_batch_4	2009/3/31 12:32	文件	30,309 KB
data_batch_5	2009/3/31 12:32	文件	30,309 KB
readme.html	2009/6/5 4:47	Chrome HTML D...	1 KB
test_batch	2009/3/31 12:32	文件	30,309 KB

图 5.35　CIFAR10 数据集目录

可以采用自定义函数 unpickle(file)读取数据集文件。

```
def unpickle(file):        #读取数据集文件
    import pickle
    with open(file, 'rb') as fo:
        dict = pickle.load(fo, encoding = 'bytes')
    return dict
```

函数 unpickle(file)将读取的数据返回为一个字典对象。字典包含 data 和 labels 两个元素。

data：是 10 000×3072 的 numpy 数组矩阵，数据类型为 uint8。矩阵的每一行都存储一个 32×32 彩色图像。前 1024 个像素值为红色通道值，中间 1024 个像素值为绿色通道值，最后 1024 个像素值为蓝色通道值。

labels：是 10 000 个数字构成的列表，数字范围为 0～9。索引 i 处的数字表示矩阵数据中第 i 个图像的标签。

数据集包含的文件 batchs. meta 返回的也是 Python 字典对象。

label_names：是由 10 个元素组成的列表，为数字标签提供有意义的名称。例如，label_names[0]=="airplane",label_names[1]=="automobile"等。

第 6 章

机器问答与BERT模型

机器问答(Question Answering,QA)或者聊天机器人(Chatbot)所做的工作,是借助自然语言处理(Natural Language Processing,NLP)技术,让机器直接理解并回答人类用自然语言提出的问题。长期以来,人工智能在自然语言领域的进展远远落后于机器视觉领域,近年来,随着 BERT(Bidirectional Encoder Representation from Transformers)为代表的新兴语言模型的崛起,NLP 迈入全新时代。本章案例基于 BERT 模型,让机器像人类那样"阅读理解",用自然语言向机器提问,机器用自然语言给出答案。

6.1 Google 开放域数据集

本章案例数据集来自 2020 年 1 月结束的 Kaggle 竞赛,项目名称:Google 开放域机器问答竞赛项目(TensorFlow 2.0 Question Answering)。数据集源自维基百科(Wikipedia)原文,问题主要来自网上提问的自然问题(Natural Questions,NQ)以及数据集注释者设定的问题,问题的最佳答案(短答案或长答案)隐藏在维基百科的原文中,机器需要根据问题在 Wikipedia 原文中寻找答案。

之所以称为开放域机器问答,是因为问题涉及的范围遍及自然科学与社会科学的各个领域,也有赖于 Wikipedia 语料库涉及的领域极其广泛。

问题与文章正文配对出现,机器问答就是从正文中直接找出问题的长短答案。长答案一般由段落、列表、列表项、表格或表行组成。短答案可能是一个句子或一个短语,某些情况下为 Yes 或者 No。短答案始终包含在一个合理的长答案中,是长答案的一个子集。有些问题同时包含长答案和短答案;有的只有长答案,没有短答案;也可能长短答案均为空。

数据集文件的相关信息如表 6.1 所示。

表 6.1 Google 开放域机器问答数据集

文 件 名	数 据 规 模	大小	功 能
simplified-nq-train.jsonl	307 372 个样本	16.2GB	换行符分隔的 JSON 格式训练集
simplified-nq-test.jsonl	346 个样本	17.9MB	换行符分隔的 JSON 格式测试集
sample_submission.csv	692 个样本	19KB	结果提交文件,包含测试集样本 ID

数据集下载地址:

https://www.kaggle.com/c/tensorflow2-question-answering/data

按照如图 6.1 所示的人工注释流程,经过人工注释后,数据集中 49%的样本含有长答案,35%的样本含有短答案,1%的样本为 Yes/No 类型。

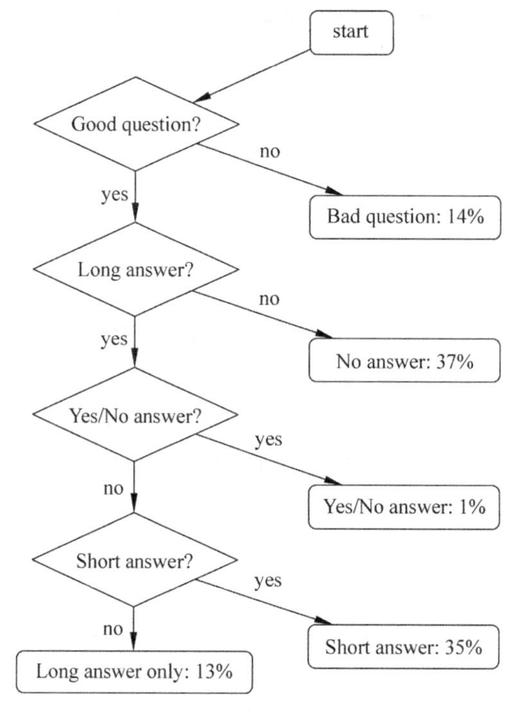

图 6.1 数据集注释工作流程

样本的基本结构包括问题描述、问题分词列表、Wikipedia 原文 URL 以及 HTML 表示的页面,如下所示。

```
"question_text": "who founded google",
"question_tokens": ["who", "founded", "google"],
"document_url": "http://www.wikipedia.org/Google",
"document_html": "<html><body><h1>Google</h1><p>Google was founded in 1998 by ..."
```

页面内容的分词表示如下。单个分词可以是 HTML 标签或者正文的字词。HTML 标签用于定义标题、段落、表格或列表,并令布尔字段 html_token 为 true。每个分词的后面跟有一个 start_byte 字段和 end_byte 字段，用于标识分词在 UTF-8 格式索引的 HTML 页面字符串中的位置。分词的偏移范围包含 start_byte 的值，但是不包含 end_byte 的值。

```
"document_tokens":[
  { "token": "<h1>", "start_byte": 12, "end_byte": 16, "html_token": true },
  { "token": "Google", "start_byte": 16, "end_byte": 22, "html_token": false },
  { "token": "inc", "start_byte": 23, "end_byte": 26, "html_token": false },
  { "token": ".", "start_byte": 26, "end_byte": 27, "html_token": false },
  { "token": "</h1>", "start_byte": 27, "end_byte": 32, "html_token": true },
  { "token": "<p>", "start_byte": 32, "end_byte": 35, "html_token": true },
  { "token": "Google", "start_byte": 35, "end_byte": 41, "html_token": false },
  { "token": "was", "start_byte": 42, "end_byte": 45, "html_token": false },
  { "token": "founded", "start_byte": 46, "end_byte": 53, "html_token": false },
  { "Token": "in", "start_byte": 54, "end_byte": 56, "html_token": false },
  { "token": "1998", "start_byte": 57, "end_byte": 61, "html_token": false },
  { "token": "by", "start_byte": 62, "end_byte": 64, "html_token": false },
```

机器问答的首要任务是寻找和识别包含问题答案的最小的 HTML 边界框，这些答案一般包含在段落、列表、列表项、表格或表行中。如下所示为长答案候选列表。

```
"long_answer_candidates": [
  { "start_byte": 32, "end_byte": 106, "start_token": 5, "end_token": 22, "top_level":
true },
  { "start_byte": 65, "end_byte": 102, "start_token": 13, "end_token": 21, "top_level":
false },
```

在以上示例中，第二个长答案包含在第一个中，短答案可以嵌套在长答案中，为了找到问题的最简短答案，布尔变量 top_level 用于标识候选答案是否嵌套在另一个答案之中，top_level＝False 表示嵌套，top_level＝True 表示不嵌套。

训练集的样本包含一个人工标注的 annotations 列表，如下所示。annotations 内部定义了 long_answer 字典、short_answers 列表和 yes_no_answer 字段。如果没有长答案，则长答案字典 long_answer 中的所有字段值都将设置为－1。

```
"annotations": [{
  "long_answer": { "start_byte": 32, "end_byte": 106, "start_token": 5, "end_token": 22,
"candidate_index": 0 },
  "short_answers": [
    {"start_byte": 73, "end_byte": 78, "start_token": 15, "end_token": 16},
    {"start_byte": 87, "end_byte": 92, "start_token": 18, "end_token": 19}
  ],
  "yes_no_answer": "NONE"
}]
```

短答案没有数量限制，短答案、Yes/No 答案、长答案均可能为空。前面分析过，长答案占比最高，长答案的位置分布如表 6.2 所示，其中段落的占比最高，为 72.9%。

表 6.2　长答案的 HTML 标签类型占比

HTML 标签	标签类型占比/%
<p>	72.9
<table>	19.0
<tr>	1.5
<ul>,<ol>,<dl>	3.2
HTML tags	3.4

6.2　序列模型与 RNN

现实生活中存在大量序列分析问题，如图 6.2 所示，语音识别、音乐合成、文本情感分析、DNA 序列分析、机器翻译、实体名称识别等，为解决序列分析与序列识别建立的模型，称作序列模型。

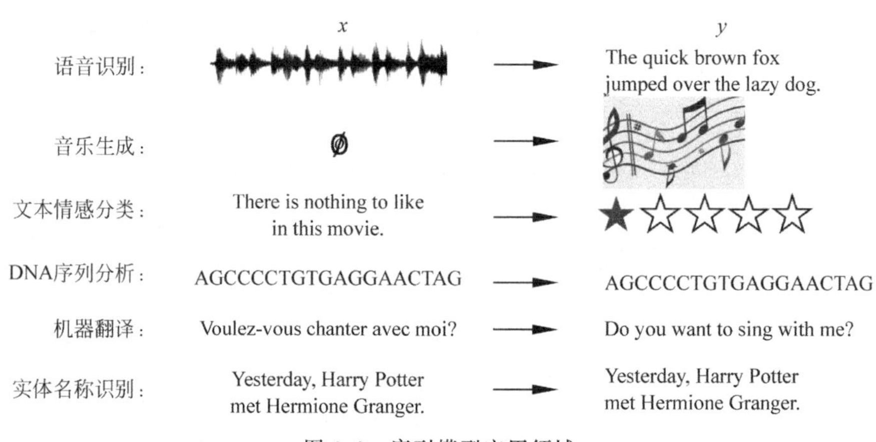

图 6.2　序列模型应用领域

序列模型适合解决自然语言处理问题，一个经典的应用是 CoQA(Conversational Question Answering)数据集。

CoQA 是斯坦福自然语言项目组发布的面向对话式问答系统的大型数据集，CoQA 挑战的目标是衡量机器对文本的理解能力。CoQA 包含 12.7 万个问题和答案，数据来自八千多个对话，每组对话都是以真人问答的形式在聊天中获取的。CoQA 的特点如下。

(1) 数据集中的问题是对话式的。

(2) 答案可以是自由格式的文本。

(3) 每个答案还带有一个在文章中突出显示的证据子序列。

(4) 问题收集来自 7 个不同的领域。

CoQA 数据集旨在体现人类对话中的特质，追求答案的自然性和问答系统的鲁棒性。数据集下载地址：https://stanfordnlp.github.io/coqa/。

2019年3月～2020年1月期间，在CoQA数据集上性能表现最好的5个模型如表6.3所示，均超过了人类的表现。

表6.3 2019年3月～2020年1月前5名模型表现

排名与测试日期	模型与来源	域内得分	域外得分	综合得分
	人类阅读理解表现(斯坦福大学)	89.4	87.4	88.8
1 Sep 05，2019	RoBERTa + AT + KD (ensemble) 追一科技	91.4	89.2	90.7
1 Apr 22，2020	TR-MT (ensemble) 腾讯微信智能项目组	91.5	88.8	90.7
2 Sep 05，2019	RoBERTa + AT + KD (single model) 追一科技	90.9	89.2	90.4
3 Jan 01，2020	TR-MT (ensemble) 腾讯微信智能项目组	91.1	87.9	90.2
4 Mar 29,2019	MMFT (ensemble) 微软亚洲研究院	89.9	88.0	89.4

循环神经网络(Recurrent Neural Network,RNN)是以序列数据为输入，在序列的演进方向进行神经元有向连接的神经网络，适用于序列建模问题。

RNN不宜简单采用如图6.3所示的全连接神经网络，原因如下。

(1) 不能描述序列的上下文关系。

(2) 巨大的参数数量。

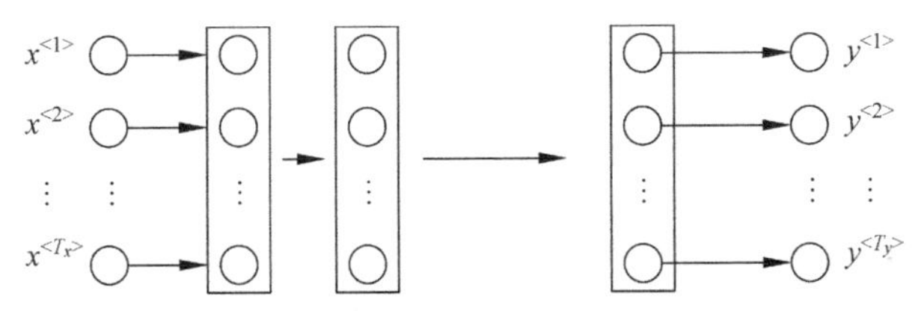

图6.3 循环神经网络不宜采用全连接结构

一个简单的单向RNN结构如图6.4所示，单向RNN只使用了左侧的序列信息，例如，$\hat{y}^{<3>}$只是参照了之前的信息$x^{<1>}$，$x^{<2>}$，$x^{<3>}$，没有考虑之后的序列$x^{<4>}$，$x^{<5>}$，$x^{<6>}$等。

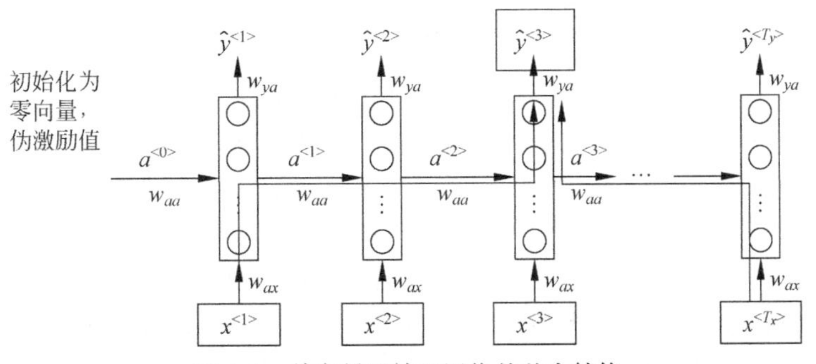

图6.4 单向循环神经网络的基本结构

在 RNN 的发展历程中，长短时记忆网络（Long Short-Term Memory，LSTM）、门控递归单元（Gated Recurrent Units，GRUs）、双向循环神经网络（Bidirectional Recurrent Neural Networks，BRNN）等方法有效弥补了单向 RNN 的不足。LSTM 有效解决了深度网络的梯度消失与梯度爆炸问题，GRUs 可以看作 LSTM 的改进版本。BRNN 相当于串联了两个 RNN，一个按照从左到右的顺序处理，另一个按照从右到左的顺序处理。

ELMo 语言模型将 BRNN 与 LSTM 联合应用，一度在多项 NLP 测试中取得最佳成绩。

6.3 词向量

图像处理以像素为单位，自然语言处理以字词为单位。句子经过分词后分为若干个单词，字词需要表示为向量。这里介绍两种简单的词向量表示法，一种是词向量的 One-Hot 编码，一种是词嵌入向量。

词向量的 One-Hot 编码最简单。首先定义一个词汇表，也称为字典。根据单词在字典中出现的顺序和字典的长度，定义单词的 One-Hot 编码。图 6.5 展示了拥有 10 000 个词汇的 One-Hot 词向量表示法，每个词向量的长度都是 10 000，与词汇表的长度相同，每个词向量只有一个位置的编码为 1，其他位置编码均为 0。

为了表示方便，单词 Man 的 One-Hot 编码可以简记为 O_{5391}，单词 Woman 的 One-Hot 编码可以简记为 O_{9853}。数字 5391、9853 分别表示 Man、Woman 在词汇表中出现的顺序。

V=[a, aaron, ⋯, zulu, <UNK>]　　$|V|$=10 000

One-Hot表示法：

Man	Woman	King	Queen	Apple	Orange
5391	9853	4914	7157	456	6257
0	0	0	0	0	0
0	0	0	0	⋮	0
0	0	0	0	1	0
0	0	⋮	⋮	⋮	⋮
⋮	0	1	0	0	0
1	⋮	⋮	⋮	0	⋮
⋮	1	0	1	0	1
0	0	0	⋮	0	⋮
0	0	0	0	0	0
O_{5391}	O_{9853}	O_{4914}	O_{7157}	O_{456}	O_{6257}

图 6.5　词向量的 One-Hot 表示法

词向量的 One-Hot 编码虽然简单，但是缺点也很明显。

（1）词向量的长度与字典相同，维度过高，过于稀疏，代价过大。

（2）词向量的内积为 0，没有考虑词汇之间的关系。

词嵌入向量表示方法是对 One-Hot 向量方法的改进，基本思想是将词向量的表示空间由整个字典映射到一个新的维度空间。如图 6.6 所示，假定用一个长度为 300 的词汇空间定义词向量，以单词 Man 为例，其向量长度也为 300，向量的取值为[−1,1]的实数，这个实数反映的是单词 Man 与词汇空间中 300 个单词的关系。

		Man 5391	Woman 9853	King 4914	Queen 7157	Orange 6257	Apple 456
300	Gender	−1	1	−0.95	0.97	0	0
	Royal	0.01	0.02	−0.93	0.95	−0.01	0.00
	Age	0.03	0.02	−0.7	0.69	0.03	−0.02
	Food	0.09	0.01	0.02	0.01	0.95	0.97
	⋮ size cost	…	…	…	…	…	…
	alive color ⋮	…	…	…	…	…	…
		e_{5391}	e_{9853}				

图 6.6 词嵌入向量表示法

词嵌入向量表示法是一种稠密的向量表示法，大大降低了词向量的长度，而且能够反映词汇之间的联系，可以根据词汇之间的关系进行类比推理。例如，根据 Man 与 Woman 两个向量的相似性，可以判断 King 与 Queen 的相似性。

图 6.7 是借助 t-SNE 工具将维度为 300D 的词向量映射为 2D 的图像表示，词汇的距离分布关系，在某种程度上表征了词汇之间的聚类程度或相似程度。

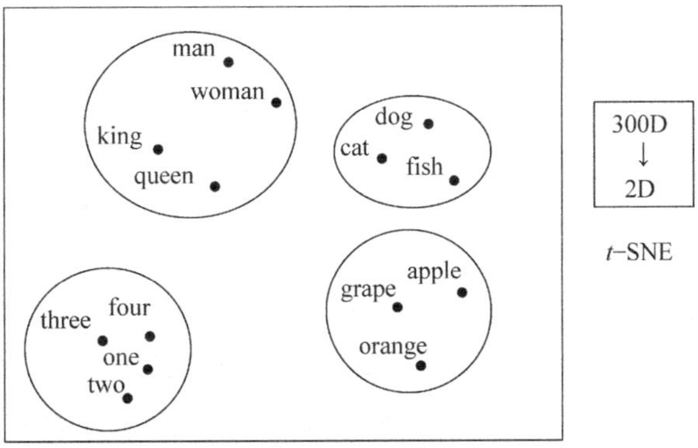

图 6.7 词嵌入向量的空间关系

以 Word2Vec、Glove、ELMo 和 BERT 四种流行语言模型为例，其在词向量构建方面展现了不同的技术特点。

语言模型 Word2Vec 的词向量构建有 CBOW 和 Skip-gram 两种方法，如图 6.8 所示，采用大小为 2 的预测窗口，通过目标词前后的两个词来预测目标词。

CBOW 方法通过 $w(t)$的上下文 $w(t-2)$、$w(t-1)$、$w(t+1)$、$w(t+2)$来预测目标词 $w(t)$，Skip-gram 则是通过 $w(t)$来预测 $w(t-2)$、$w(t-1)$、$w(t+1)$、$w(t+2)$。

基本方法是设定词向量的维度 d，对语料空间所有的词随机初始化一个 d 维的向量，对上下文所有的词编码得到一个隐藏层的向量，通过隐藏层的向量预测目标词向量。

Word2Vec 只考虑到了词的局部信息，没有考虑到词与局部窗口以外词之间的联系，GloVe(Global Vectors)利用共现矩阵，同时考虑了局部信息和整体的信息。

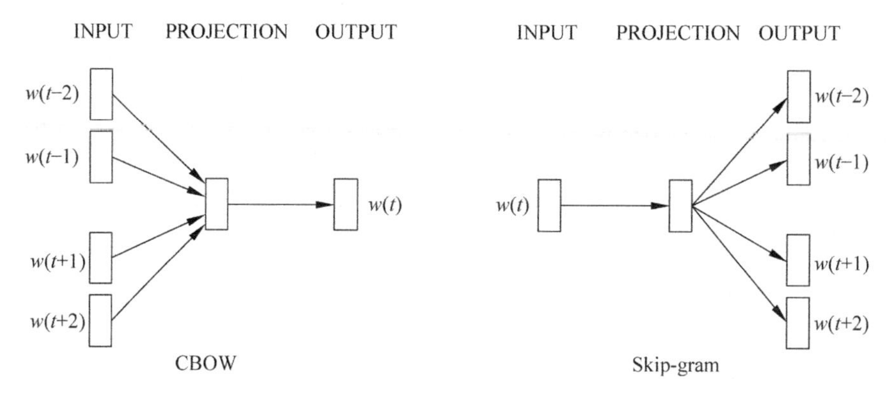

图 6.8 Word2Vec 的词向量构建方法

Word2Vec 和 GloVe 没有考虑词在不同语境下的不同含义，也就是说，Word2Vec 和 GloVe 这两个模型在不同语境下的词向量表示是相同的，ELMo 对此进行了优化，能够表示出单词在不同上下文中的变化。

BERT 的工作方式跟 ELMo 类似，但是 ELMo 语言模型采用的是 LSTM。LSTM 是单方向的，即使是 BiLSTM 双向模型，也只是在损失函数 Loss 处做一个简单的相加，BERT 采用的是双向 Transformer，双向 Transformer 综合考虑上下文特征，其技术优势更为显著。

6.4 注意力机制

注意力机制(Attention Mechanism)广泛应用于深度学习的图像处理领域和 NLP 领域，在图像处理领域用于捕获关键特征，在 NLP 领域则是定位关键序列。注意力机制解决的是需要对输入序列的哪些部分更加关注，从而增强对关键内容进行特征提取的能力。

例如，对于情感分类问题，句子中那些涉及情感的词语，例如"大笑、哭泣、开心、郁闷"等，应该给予重点注意。一个解决方案就是对输入的关键性词语增加权重。

计算机视觉领域的注意力机制是基于 CNN 和基于图像的结构特点设计的，NLP 领域的注意力机制是基于 RNN 和语言序列的特点设计的，二者在实现注意力机制的方法路径上有差异，这里以机器翻译为例阐述 NLP 领域的注意力机制。

先看如图 6.9 所示的 Encode-Decoder 框架，假定＜Source，Target＞表示两种语言的句子对，Source 表示输入的句子，Target 表示翻译输出的句子。

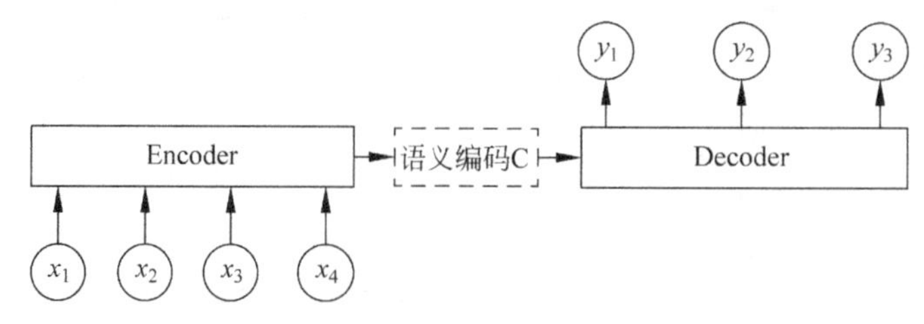

图 6.9 Encoder-Decoder 框架

Source 可表示为单词序列：

$$\text{Source}=<x_1,x_2,\cdots,x_m>$$

Target 可表示为单词序列：

$$\text{Target}=<y_1,y_2,\cdots,y_n>$$

编码器 Encoder 对 Source 编码后得到中间语义编码 C 表示为：

$$C=F(x_1,x_2,\cdots,x_m)$$

解码器 Decoder 则是根据编码 C 和之前生成的序列 $y_1,y_2,\cdots,y_{i-1}$ 来生成时刻 i 的单词 y_i，表示为 $y_i=G(C,y_1,y_2,\cdots,y_{i-1})$，这就是输入 Source 与输出 Target 的映射关系。

如图 6.9 所示的 Encoder-Decoder 框架没有体现出“注意力机制”，因为对每个输出 y_i，采用的中间语义编码 C 都是相同的，这意味着无论生成哪个 y_i，Source 语句中的单词对 y_i 的影响都是相同的。

假定图 6.9 是一个由英文翻译为中文的 Encoder-Decoder 框架，输入的句子 Source 序列为“Tom”“chases”“Jerry”，输出的 Target 序列为“汤姆”“追逐”“杰瑞”。在翻译“杰瑞”这个单词的时候，Source 序列中的每个单词对目标词“杰瑞”的影响是相同的，显然这是不合理的，因为“Jerry”对“杰瑞”的影响应该大于“Tom”和“chases”。

当句子较长或需要严重依赖上下文时，缺乏注意力机制的模型将丢失很多细节信息，如果引入注意力机制，则在翻译输出“杰瑞”的时候，应该对 Source 中的序列给予一个不同的权重概率值，例如：

（Tom，0.3）（chases，0.2）（Jerry，0.5）

突出了“Jerry”对目标输出的影响，也就是说，在翻译输出“杰瑞”的过程中，模型临时调整为对“Jerry”这个词给予更多的关注。

不但是“杰瑞”这一个词，在生成目标输出中的每个 y_i 之前，都应重新计算 Source 中的注意力分配，如图 6.10 所示，预测每个 y_i 的中间语义编码 C 将随之发生变化，而不是一成不变。

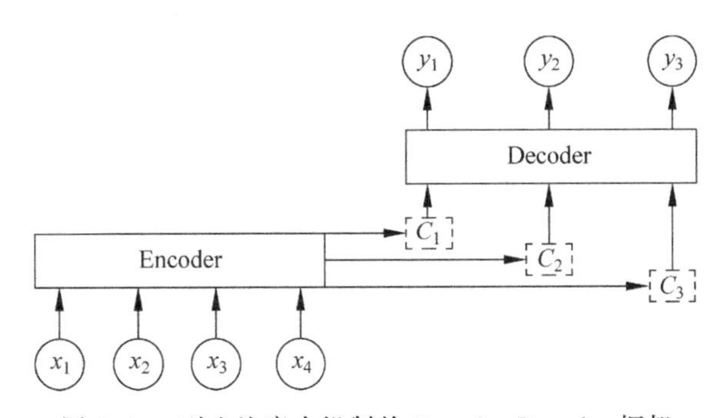

图 6.10　引入注意力机制的 Encoder-Decoder 框架

根据图 6.10，目标输出 Target 中的序列计算方法为：

$$y_1=G(C_1)$$

$$y_2=G(C_2,y_1)$$

$$y_3 = G(C_3, y_1, y_2)$$

每个 C_i 对应 Source 序列的不同概率分布，下面用一个例子进一步解释 C_i 的计算过程。

$$C_{汤姆} = g(0.6 \times f(\text{Tom}), 0.2 \times f(\text{chases}), 0.2 \times f(\text{Jerry}))$$
$$C_{追逐} = g(0.2 \times f(\text{Tom}), 0.7 \times f(\text{chases}), 0.1 \times f(\text{Jerry}))$$
$$C_{杰瑞} = g(0.3 \times f(\text{Tom}), 0.2 \times f(\text{chases}), 0.5 \times f(\text{Jerry}))$$

其中，函数 f 表示 Encoder 的 RNN 隐藏层的变换函数，g 表示 Encoder 合成中间语义编码 C 的变换函数。一般情况下，C_i 可以表示为公式(6.1)。

$$C_i = \sum_{j=1}^{L_x} a_{ij} h_j \tag{6.1}$$

其中，L_x 表示输入句子 Source 的长度，a_{ij} 代表 Target 输出第 i 个单词时 Source 中第 j 个单词的注意力分配系数，h_j 可以理解为 Source 中第 j 个单词的语义编码。

以“汤姆”为例，$L_x=3$，$h_1=f(\text{Tom})$，$h_2=f(\text{chases})$，$h_3=f(\text{Jerry})$，对应的注意力分配 a_{ij} 分别是 0.6、0.2、0.2，所以 g 函数本质上是一个加权求和函数。计算“汤姆”中间语义的过程如图 6.11 所示。

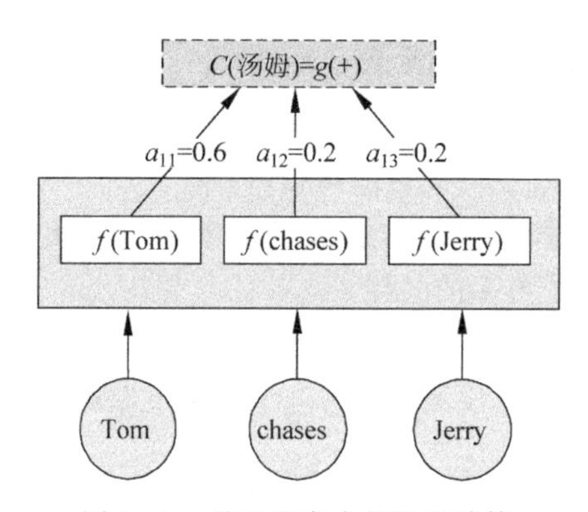

图 6.11 基于注意力的语义计算

图 6.11 中有个关键问题，计算目标输出“汤姆”时，如何得知 Source 中各个单词序列的注意力分配？即(Tom，0.6)、(chases，0.2) (Jerry，0.2)的概率分布是如何得到的呢？为了说明这个问题，首先对如图 6.9 所示的 Encoder-Decoder 框架进一步细化为如图 6.12 所示，Encoder、Decoder 均由若干 RNN 计算单元构成。

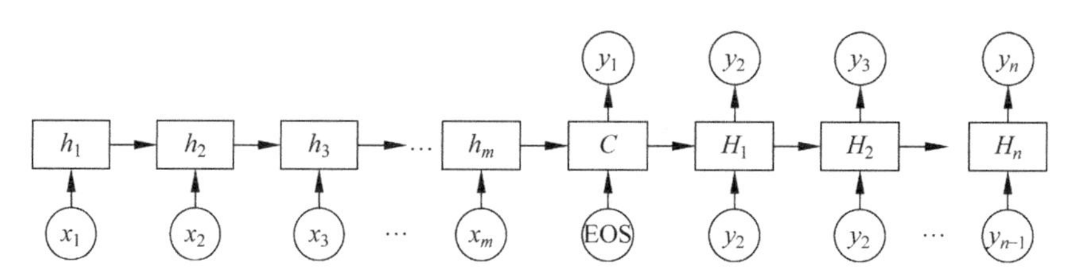

图 6.12 基于 RNN 的 Encoder-Decoder 框架

图 6.13 展示了 y_i 注意力形成与计算的基本逻辑，为了得到计算 y_i 时对 Tom chases Jerry 的注意力分配，需要经过如下几个步骤。

(1) 在计算目标单词 y_i 时，已知 H_{i-1}。

(2) 用 H_{i-1} 与 Source 中各个单词的 h_j 做对比。h_j 是第 j 个单词 Encoder 的结果。

(3) 通过函数 $F(h_j, H_{i-1})$ 获取目标单词 y_i 与各个输入单词对齐的可能性，函数 F 的设计有很多方法。

(4) 函数 F 的输出经过 Softmax 归一化，得到的概率分布值即为对各个输入单词的注意力分配。

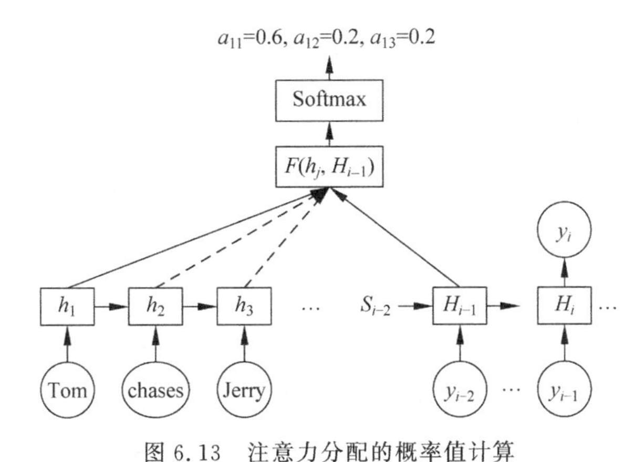

图 6.13　注意力分配的概率值计算

6.5　Transformer 模型

长期以来，RNN、LSTM 和 GRUs 在机器翻译等序列建模问题中发挥着重要作用，吸引了众多的学者在这个领域的深耕细作，不断推动着 RNN 和 Encoder-Decoder 的技术向前发展。

RNN 技术的特点是沿着序列的输入输出方向进行计算，t 时刻的状态 h_t 依赖 $t-1$ 时刻的状态 h_{t-1} 和 t 时刻的输入，这种依赖限制了模型的并行计算能力。

注意力机制成功解决了序列的长距离上下文依赖问题，但是基于 RNN 的注意力模型，整体上仍局限于 RNN 的并行计算能力。

Google 智能语言团队于 2017 年发表的论文 *Attention Is All You Need*，推出了 Transformer 模型(Vaswani，Shazeer，et al.，2017)。Transformer 完全采用注意力机制平衡输入与输出的依赖关系，尤其在支持并行计算方面效果显著，Transformer 与传统的 RNN 相比，其革新是颠覆性的。

Transformer 采用了多头自注意力(Multi-Head Attention)。自注意力(Self-Attention)又称内部注意力。Transformer 模型包含编码和解码两部分，如图 6.14 所示，左半部分为编码器，负责将时刻 t 的输入序列 $(x_1, x_2, \cdots, x_n)$ 映射为序列 $\boldsymbol{z}=(z_1, z_2, \cdots, z_n)$，右半部分为解码器，负责将编码器输出的 z 映射为模型的输出序列 $(y_1, y_2, \cdots,$

y_m)，每一个时刻 t 的迭代都是自回归的，即总是基于之前的序列预测下一个序列。

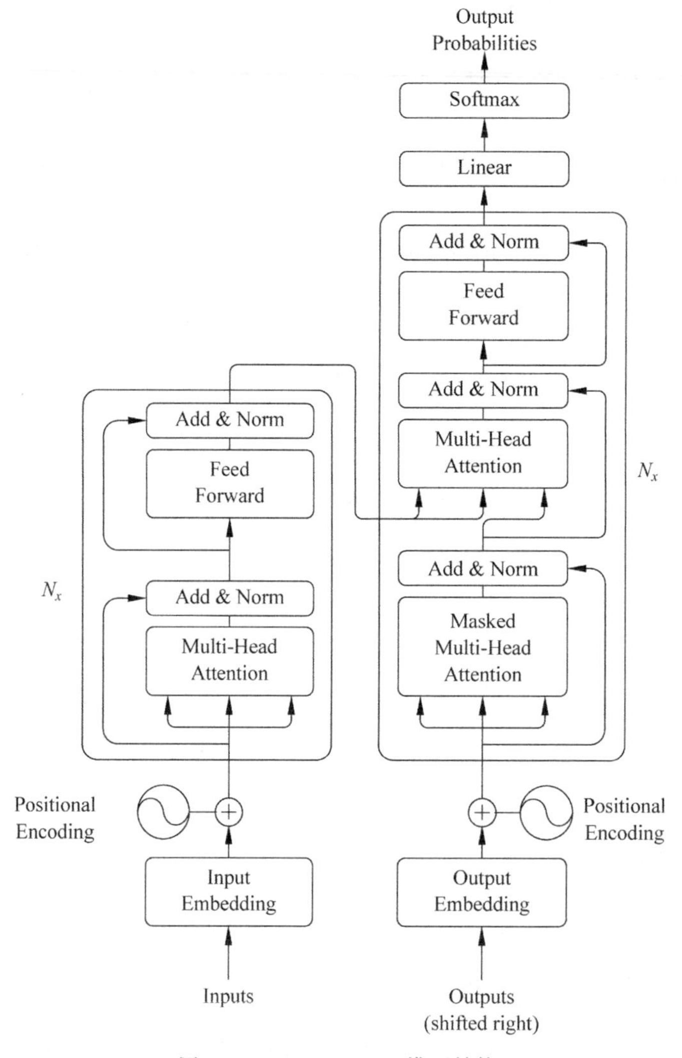

图 6.14　Transformer 模型结构

如图 6.14 所示，编码器由 6 个相同的模块层堆叠而成，每个模块层内部包含两个子层。第一个子层是多头自注意力层，第二个子层是全连接层，两个子层均采用残差块的跳连模式，并且在子层的末尾进行数据的规范化处理。为了便于实现跳连，各子层的输出维度均为 $d_{\text{model}}=512$。在编码器的输入部分，除了词向量编码外，同时参考了输入序列的位置信息，位置信息帮助确定单词在序列中的相对位置和单词之间的距离关系。

解码器也是由 6 个相同的模块层堆叠而成。与编码器模块层不同的是，解码器模块层的内部包含三个子层，解码器增加一个多头自注意力子层，对编码器输出序列实施变换。解码器仍然采用残差网络的跳连模式，在一层结束时做数据规范化处理。与编码器一样，解码器的输入端也会参考序列的位置信息。

如图 6.15(a)所示为 Transformer 定义的自注意力模型，如图 6.15(b)所示为多头自注意力模型。自注意力模型将查询 $\boldsymbol{Q}$ 和一组键值对 $(\boldsymbol{K},\boldsymbol{V})$ 映射到输出，查询 $\boldsymbol{Q}$、键 $\boldsymbol{K}$、值 $\boldsymbol{V}$ 和输出都是向量。输出向量可以理解为值 $\boldsymbol{V}$ 的加权求和，分配给每个值 $\boldsymbol{V}$ 的权重通过相应的键 $\boldsymbol{K}$ 查询。

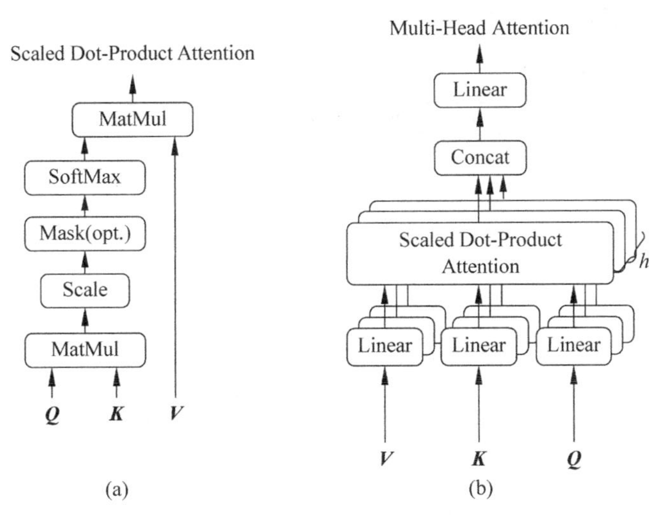

图 6.15　自注意力模型和多头自注意力模型

论文 *Attention Is All You Need* 中将自注意力模型称作 Scaled Dot-Product Attention，这个名称概括了自注意力模型的计算特点，输入向量 $\boldsymbol{Q}$ 和 $\boldsymbol{K}$ 的维度均为 d_k，$\boldsymbol{V}$ 的维度为 d_v，计算 $\boldsymbol{Q}$ 与 $\boldsymbol{K}$ 的点积，除以 $\sqrt{d_k}$，然后用 softmax 函数得到权重分配。论文中给出的自注意力的计算方法如公式(6.2)所示。

$$\text{Attention}(\boldsymbol{Q},\boldsymbol{K},\boldsymbol{V})=\text{softmax}\left(\frac{\boldsymbol{Q}\boldsymbol{K}^{\mathrm{T}}}{\sqrt{d_k}}\right)\boldsymbol{V} \tag{6.2}$$

实践中采用如图 6.15(b)所示的多头自注意力模型，多头自注意模型集成了 h 个不同的自注意力模型，各个自注意力模型可以并行计算，得到各自的特征矩阵后，叠加拼接为多头特征矩阵，经过一个全连接层得到最终的输出结果。多头自注意力计算方法如公式(6.3)所示。

$$\text{MultiHead}(\boldsymbol{Q},\boldsymbol{K},\boldsymbol{V})=\text{Concat}(\text{head}_1,\cdots,\text{head}_h)W^o \tag{6.3}$$

其中：

(1) $\text{head}_i=\text{Attention}(\boldsymbol{Q}\boldsymbol{W}_i^{\boldsymbol{Q}},\boldsymbol{K}\boldsymbol{W}_i^{\boldsymbol{K}},\boldsymbol{V}\boldsymbol{W}_i^{\boldsymbol{V}})$。

(2) $\boldsymbol{W}_i^{\boldsymbol{Q}}\in\mathbb{R}^{d_{\text{model}}\times d_k}$，$\boldsymbol{W}_i^{\boldsymbol{K}}\in\mathbb{R}^{d_{\text{model}}\times d_k}$，$\boldsymbol{W}_i^{\boldsymbol{V}}\in\mathbb{R}^{d_{\text{model}}\times d_v}$，$\boldsymbol{W}_i^{O}\in\mathbb{R}^{hd_v\times d_{\text{model}}}$。

(3) $d_{\text{model}}=512$。

(4) 论文中采用 $h=8$，故 $d_k=d_v=d_{\text{model}}/h=64$。

下面通过一个例子对 Transformer 的自注意力机制做进一步解释。假定需要将英文翻译为中文，输入序列的英文句子为：

The animal didn't cross the street because it was too tired

句子中的“it”指的是什么？是 animal 还是 street？对人类来讲，这是个简单问题，对机器算法来讲，就不那么容易了。自注意力机制可以帮助算法锁定 animal。

用论文中定义的6层Transformer对输入的句子序列编码，图6.16显示的是顶层Encoder对单词it的自注意力编码的可视化效果图，八种色块分别代表八个自注意力模型，图6.16显示的是只采用红色色块代表的自注意力模型的结果，颜色越深，表示单词获得的注意力的权重值越高，获取最高注意的两个单词是animal和street，animal的权值更高一些。

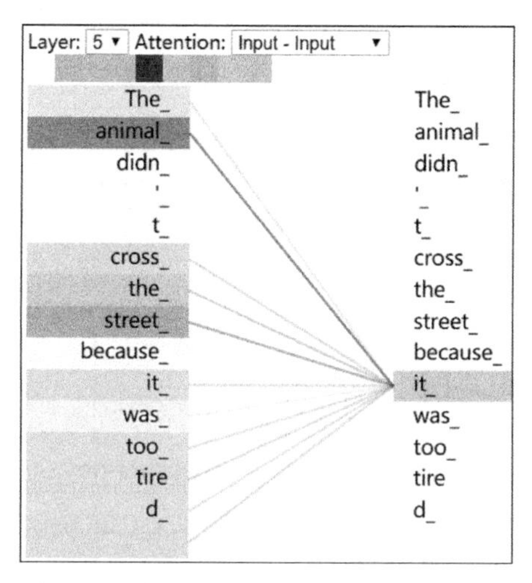

图6.16　自注意力可视化效果(单头模型)

如果选取绿色、红色这两个自注意力模型，则it的自注意力可视化效果如图6.17所示，红色注意力模型认定animal的权值最高，绿色注意力模型则认定tired的权值最高。这说明不同的模型的注意力关注点并不相同，所以，多头注意力模型最后需要平衡各个注意力模型的结果。

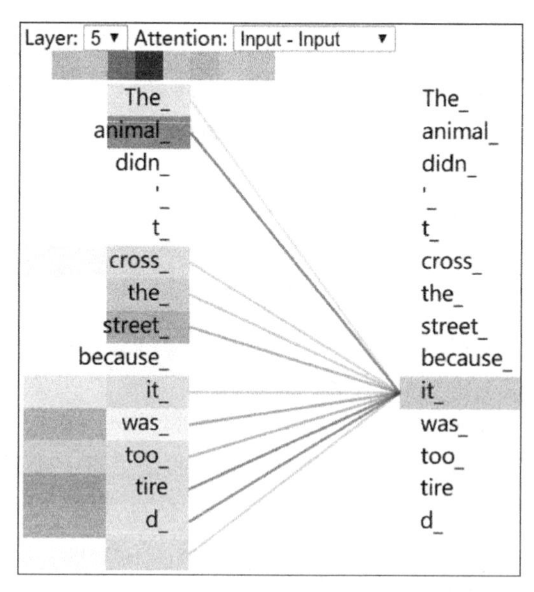

图6.17　自注意力可视化效果(两头模型)

如果选择全部八个自注意力模型，则各个模型关联 it 单词的注意力分配如图 6.18 所示，此时，已经很难根据图形简单地分辨出哪个单词对 it 的影响最大，不同的注意力模型有不同的关注点，此时需要依赖多头注意力模型的综合评估方能确定。

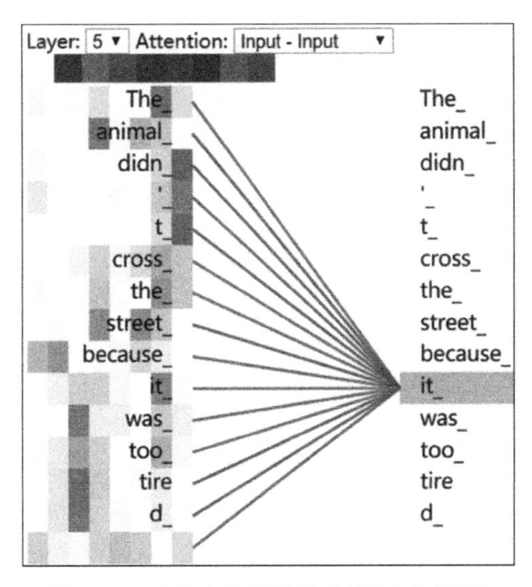

图 6.18　自注意力可视化效果(八个模型)

参照微课视频，加深对自注意力机制的理解。

6.6　BERT 模型

BERT 模型是 Google 公司 AI 语言团队于 2018 年在论文 *BERT: Pre-training of Deep Bidirectional Transformers for Language Understanding* 中提出的全新语言模型(Devlin, Chang, et al., 2018)。BERT 模型一经推出，即在阅读理解顶级测试 SQuAD 1.1 的两个衡量指标上超越人类水平，在 11 种不同 NLP 测试中创出最佳成绩。例如，将 GLUE 得分提高到 80.5%、MNLI 准确度达到 86.7%、将 SQuAD 1.1 问答测试的 F1 提高至 93.2、将 SQuAD 2.0 测试的 F1 提高至 83.1 等。BERT 源码和预训练模型的 GitHub 下载地址：

https://github.com/google-research/bert

BERT 是基于 Transformer Encoder 设计的对左右两个方向文本进行深度学习的预训练模型，BERT 的预训练模型可用于迁移学习，无须进行大规模架构修改和再设计，只需微调，增加一个额外的输出层，即可适用于问题解答、语言推理等应用领域。

应用 BERT 模型分为两个步骤：预训练和微调。如图 6.19 所示，预训练完成的 BERT 模型，经过微调，即可应用于文本推理(MNLI)、命名实体识别(NER)、机器问答(SQuAD)等不同的下游目标任务。

BERT 的独特之处在于微调即可跨越不同任务的能力。预训练阶段，BERT 模型在无标签的大规模语料数据集上进行多种任务训练，得到模型的初始结构和参数。微调阶

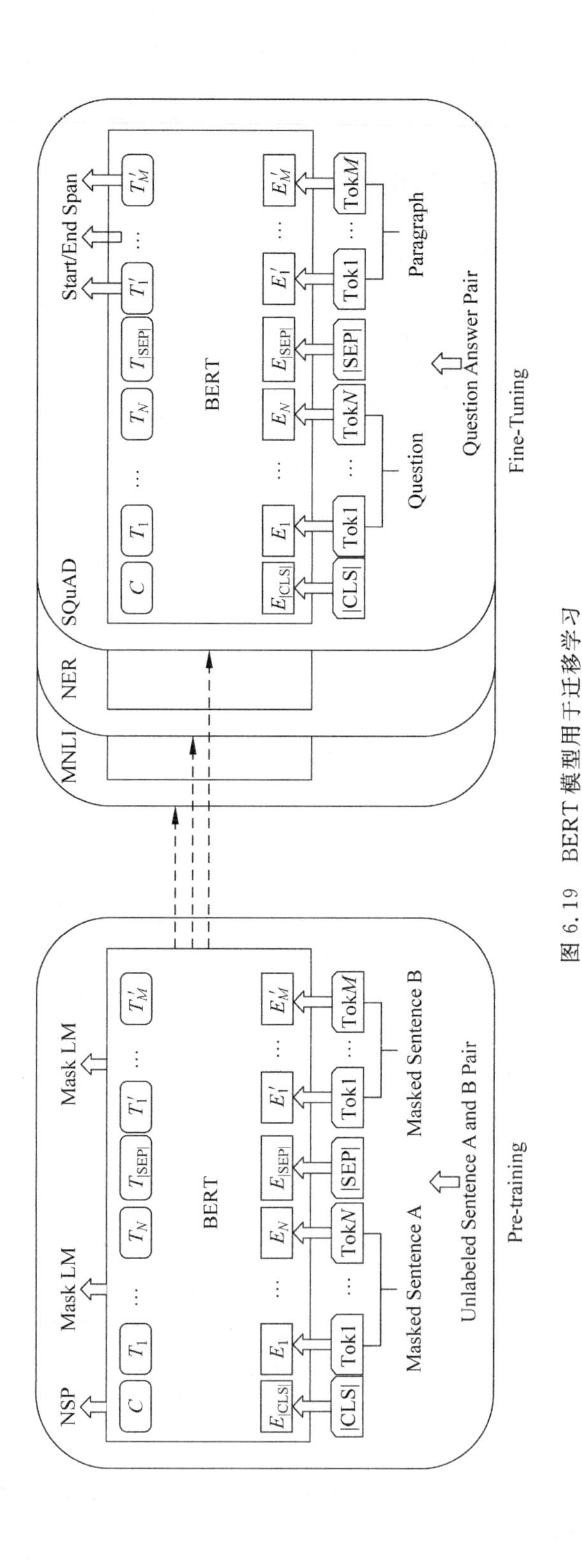

图 6.19 BERT 模型用于迁移学习

段，首先用预训练阶段得到的结构和参数初始化模型，然后在含有标签的下游新任务数据集上进行训练，进而得到适合新任务的最终模型。

BERT 论文中定义了 $\text{BERT}_{\text{BASE}}$ 和 $\text{BERT}_{\text{LARGE}}$ 两种模型结构：

$\text{BERT}_{\text{BASE}}$($L=12, H=768, A=12$, Total Parameters=110M)

$\text{BERT}_{\text{LARGE}}$($L=24, H=1024, A=16$, Total Parameters=340M)

其中，L 表示 Transformer 编码器的模块层的层数，H 表示隐藏层的大小，A 表示多头自注意力包含的头数。

OpenAI GPT 模型也是基于 Transformer 架构，为了与 GPT 作比较，$\text{BERT}_{\text{BASE}}$ 采用了与 GPT 相同的规模，最关键的区别是 BERT Transformer 采用了双向自注意力机制，而 GPT 采用的是受限的单向自注意力机制，GPT 只对左侧文本实施自注意力关注。

为了使 BERT 能够适应多种下游任务需求，BERT 模型的输入可以是单个的语句序列或一对语句序列。这里的句子指的是连续的文本序列，不一定是真实的语言句子。

BERT 采用了 BooksCorpus (800M words)和 Wikipedia (2500M words)两种语料库进行模型的预训练，采用 WordPiece 构建词向量，词向量字典的长度为 30 000 左右。

如图 6.19 所示，BERT 的输入层将单个语句编码为若干词向量序列(Tok1，Tok2，…)，词向量序列前面添加一个特别分类标志[CLS]。语句对(A，B)也需要编码为单个序列，两个语句之间用[SEP]间隔。在分类任务中，最后一个隐藏层的[CLS]表示任务分类结果，是一个维度为$\mathbb{R}^H$的向量。输入层第 i 个词向量 Tok$i$ 对应的隐藏层输出为 T_i，T_i 也是维度为$\mathbb{R}^H$的向量。

BERT 输入层是由分词向量、段落向量和位置向量三部分合成的序列，完整结构表示如图 6.20 所示。

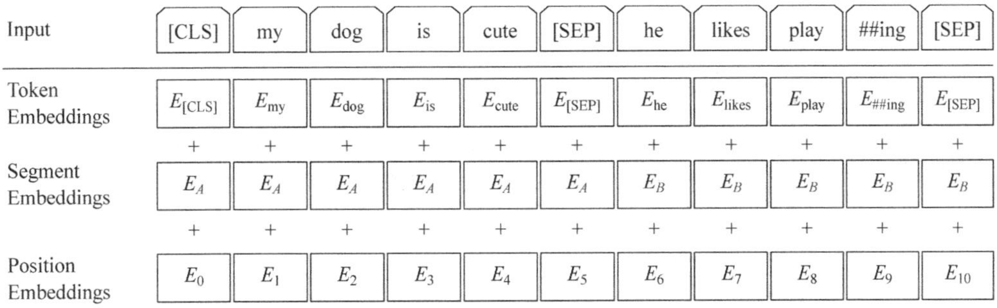

Input	[CLS]	my	dog	is	cute	[SEP]	he	likes	play	##ing	[SEP]
Token Embeddings	$E_{[CLS]}$	E_{my}	E_{dog}	E_{is}	E_{cute}	$E_{[SEP]}$	E_{he}	E_{likes}	E_{play}	$E_{\#\#ing}$	$E_{[SEP]}$
	+	+	+	+	+	+	+	+	+	+	+
Segment Embeddings	E_A	E_A	E_A	E_A	E_A	E_A	E_B	E_B	E_B	E_B	E_B
	+	+	+	+	+	+	+	+	+	+	+
Position Embeddings	E_0	E_1	E_2	E_3	E_4	E_5	E_6	E_7	E_8	E_9	E_{10}

图 6.20　BERT 输入层的结构表示

BERT 采用了 Masked LM(MLM)和 Next Sentence Prediction (NSP)两种模型训练方法。

MLM 用[MASK]对输入序列中的 15%的词向量随机遮罩，模型只预测被遮罩的词向量。

以输入序列“my dog is hairy”为例，假定随机遮罩的词向量为 hairy，则 MLM 模型将采取以下三种遮罩方案。

(1) 80%的概率：用[MASK]替换 hairy，输入序列变为：my dog is [MASK]。

(2) 10%的概率：用一个随机单词替换 hairy，例如：my dog is apple。

(3) 10%的概率：保持 hairy 不变，第 4 个单词仍然为：my dog is hairy。

NSP 基于语料库中的语句对(A,B)进行训练，B 是 A 的真实下一句的样本占比 50%，其标签为 IsNext。另外，50%的样本的 B 语句是从语料库随机选择的，其标签为 NotNext。NSP 适合解决机器问答和自然语言推理类型的任务。举例如下。

Input=[CLS] the man went to [MASK] store [SEP]

he bought a gallon [MASK] milk [SEP]

Label=IsNext

Input=[CLS] the man [MASK] to the store [SEP]

penguin [MASK] are flight ##less birds [SEP]

Label=NotNext

BERT、GPT 和 ELMo 三种模型结构比较如图 6.21 所示。

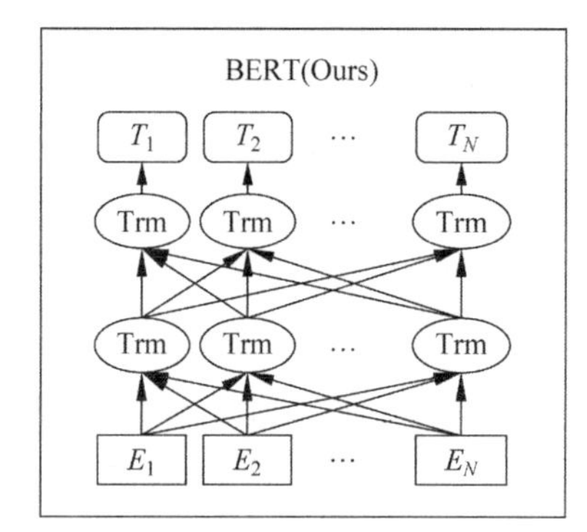

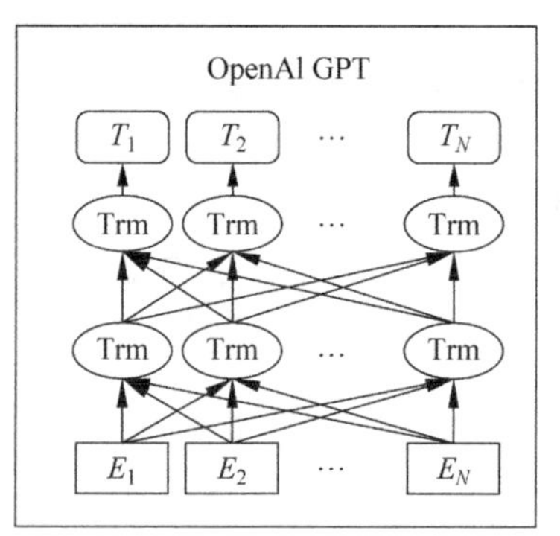

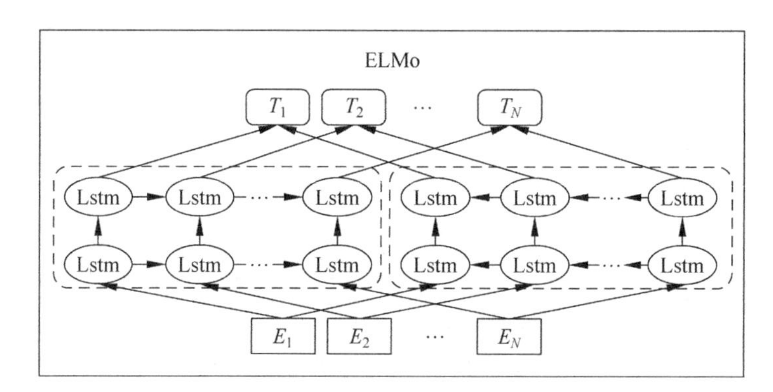

图 6.21 BERT、GPT 和 ELMo 三种模型结构比较

BERT 与 GPT 均采用了 Transformer 编码器，但是 BERT 是双向 Transformer，GPT 是从左到右的单向 Transformer。ELMo 采用了两个独立的 LSTM 架构分别完成从左到右和从右到左的训练然后拼接。三个模型中，只有 BERT 在所有层都是双向的。

图 6.22 展示了 BERT 的强大微调能力，只需要在预训练模型的基础上，添加一个自定义的输出层，即可匹配不同类型的任务。图 6.22(a)和图 6.22(b)属于 sequence-level

类型的任务，对句子做语义推断或分类。图 6.22(c)和图 6.22(d)属于 token-level 类型的任务，对问题做出回答。

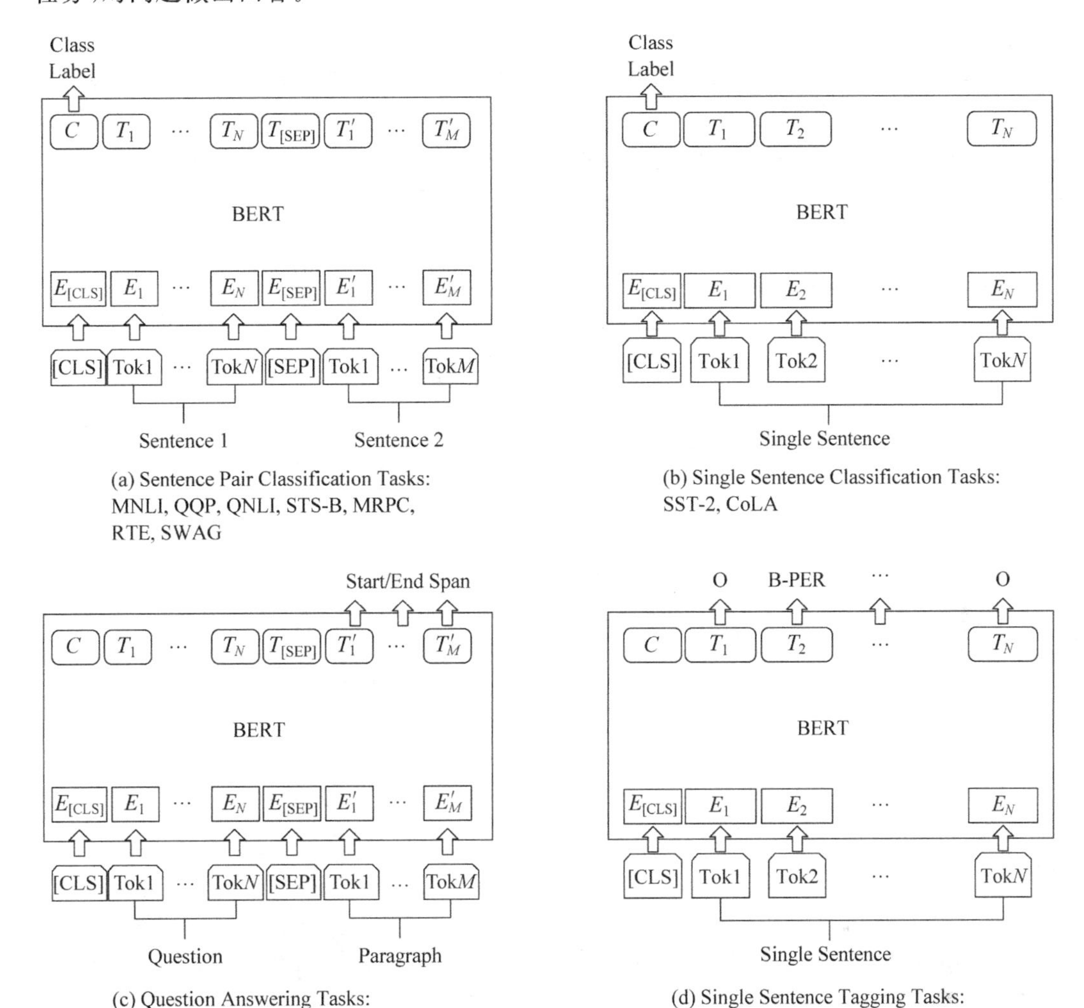

图 6.22 面向四种不同任务的 BERT 微调模型

BERT 模型的优点归纳为以下四个方面。

(1) BERT 是自然的双向语言模型。

(2) BERT 经过微调即可适用于不同的下游任务。

(3) BERT 模型拥有高性能，在众多的 NLP 任务中表现出色。

(4) BERT 模型基于 BooksCorpus 和 Wikipedia 两种语料库训练，模型通用性更好。

在 BERT 模型奠定的基础上，直接催生了 XLNet、RoBERTa 和 DistilBERT 等一系列新模型。DistilBERT 模型可以看作是 BERT 模型的精简轻量版本，XLNet 和 RoBERTa 则在 BERT 模型的基础上做了结构创新，并且大幅度提升了语料库规模，刷新了 BERT 模型之前的多项测试成绩。

6.7 数据集分析

本章案例程序总长度超过 2000 行，为了节省篇幅，程序编码将择要陈述，程序源码请参见案例文档。打开项目文件夹中的 explore_data. ipynb 程序，执行其中包含的程序段 P6. 1～P6. 20，对数据集的基本结构特点做统计分析。

由于训练集包含三十多万个问题和正文描述，规模过于庞大，所以程序段 P6. 1～P6. 20 对训练集只抽样了 30 000 行数据进行分析，读者可根据实验环境，调整抽样数据的规模。测试集规模较小，只有 346 行，可以全部读取。

训练集包含 6 个字段，如表 6.4 所示。

表 6.4 训练集字段名称

字 段 名 称	字 段 含 义
example_id	样本的唯一标识
question_text	问题描述
document_text	正文
document_url	正文的 URL
long_answer_candidates	候选的长答案列表
annotations	人工标注的长短答案信息

经缺失值统计分析，训练集与测试集均无缺失数据。抽样训练集中 Yes/No 类型答案的统计如图 6.23 所示，Yes/No 类型的问题规模很小，占比不到 1.2%，超过 98%的样本为非 Yes/No 类型的问题。

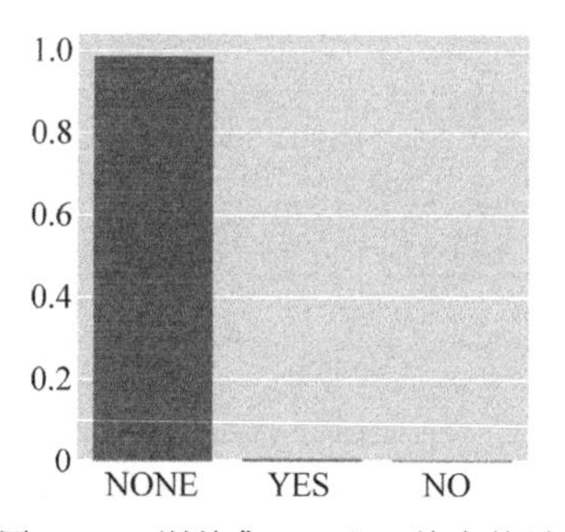

图 6.23 训练集 Yes/No 答案统计

短答案统计分析显示，抽样训练集中 35%的样本拥有短答案，超过 63%的样本没有标注短答案，统计结果如图 6.24 所示。

长答案统计分析显示，49.8%的样本拥有长答案，50%的样本没有答案，如图 6.25 所示。值得强调的是，本节提到的训练集的相关统计分析，都是基于 30 000 行训练集数据得出的结论。所以某些统计分布可能会与 6.1 节给出的数据集总体特征描述存在误差。

对训练集中描述问题的文本统计分析，得到词频最高的前 20 个单词的分布如图 6.26 所示。不出所料，代词、介词、连词的出现频率最高，其次是疑问词，例如 who、what、when、where、how、which 等。第 1 名定冠词 the 的词频为 9.5%，第 20 名 which 的词频为 0.5%。

图 6.27 展示了训练集的问题文本中词频排名从 21 名到 40 名的 20 个单词的词频统计结果。do、you 的词频为 0.5%，movie 的词频为 0.3%，不难看出，若干单词的词频相近，例如 name、play、song、has、movie 等，这反映了抽样的数据，可能集中于与影视相关的语料内容。

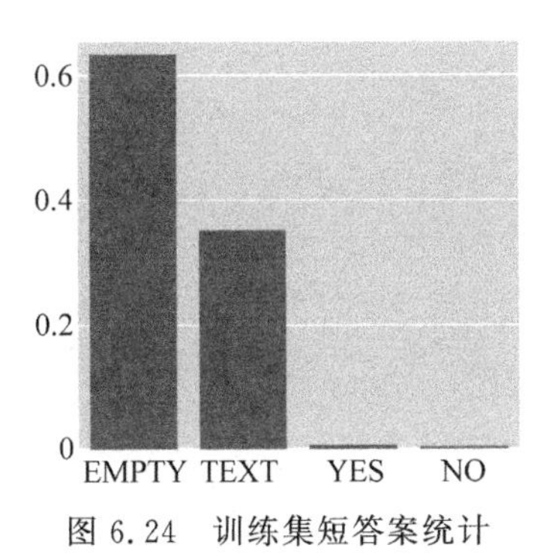

图 6.24 训练集短答案统计

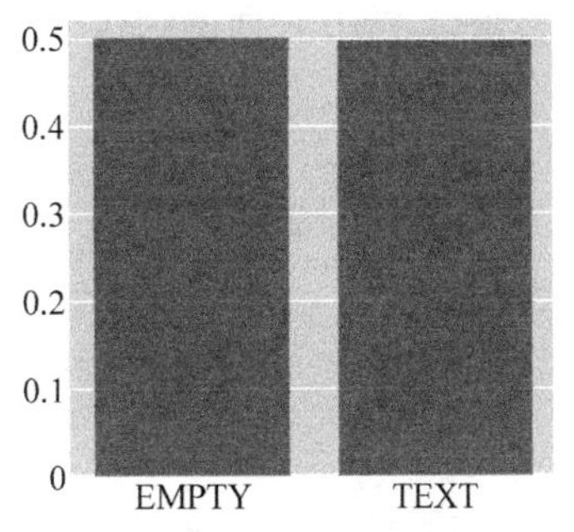

图 6.25 训练集长答案统计

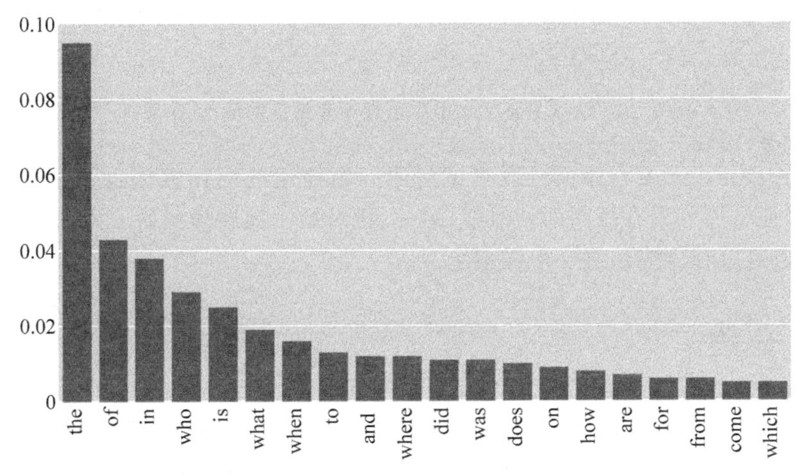

图 6.26 训练集的问题文本中出现频率最高的前 20 个单词

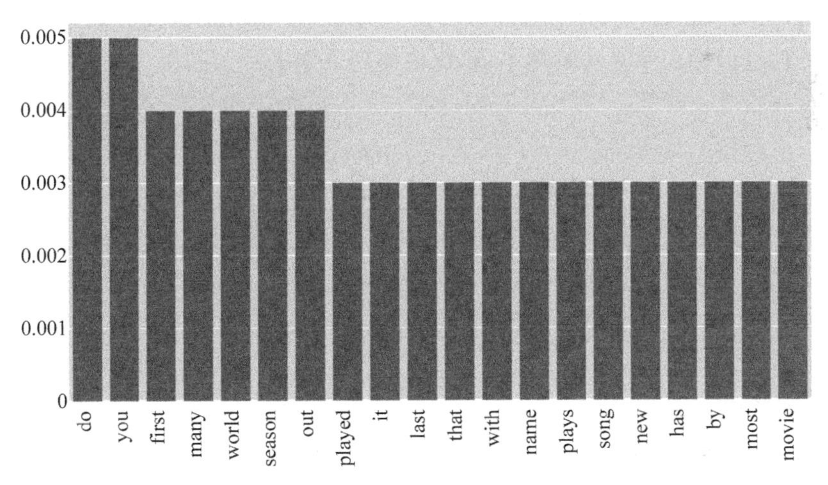

图 6.27 训练集问题文本中出现频率排名 21～40 的单词

对正文文本词频的统计，以测试集为例，统计结果如图 6.28 所示。除了几个常用的代词、连词、介词以外，正文文本中词频前 20 名的单词，几乎一半是 HTML 的标签，这反映了数据集来自 Web 页面的结构特点。

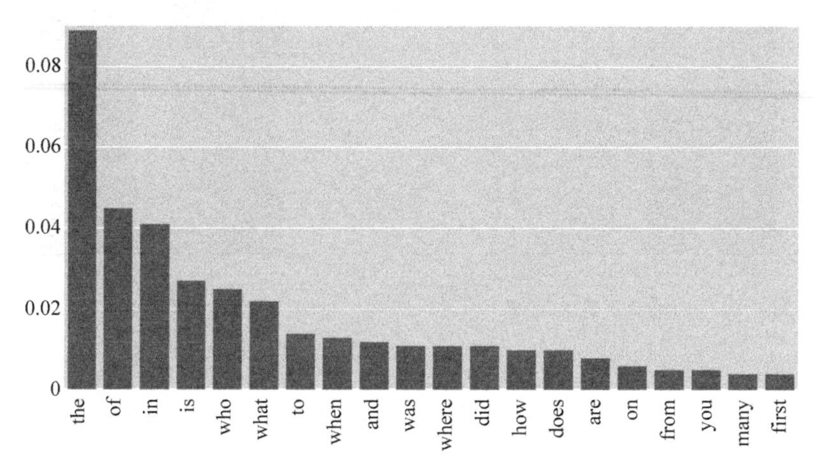

图 6.28 测试集正文文本中出现频率最高的前 20 个单词

explore_data.ipynb 程序文档对测试集的问题描述的词频数据也做了统计观察，其总体分布特征与训练集有较高的相似度，另外，也对单个问题样本做了内部结构剖析与观察，读者可以通过程序演示进一步探索学习。

6.8 F1 分数

F1 分数(F1 Score)，又称 F-score 或者 F-measure，是一种被广泛应用的模型评估方法，F1 Score 有多种计算方法，本章机器问答模型采用的是 micro F1。

为了理解 F1 Score 的概念，先看一个二分类的例子。假定有一个二分类问题，包含阳性样本(Positive)和阴性样本(Negative)两种样本，模型的预测统计结果如图 6.29 所示。横向的两行分别表示真实的样本值，纵向两列分别表示预测值，括号中的字母缩写表示数量。

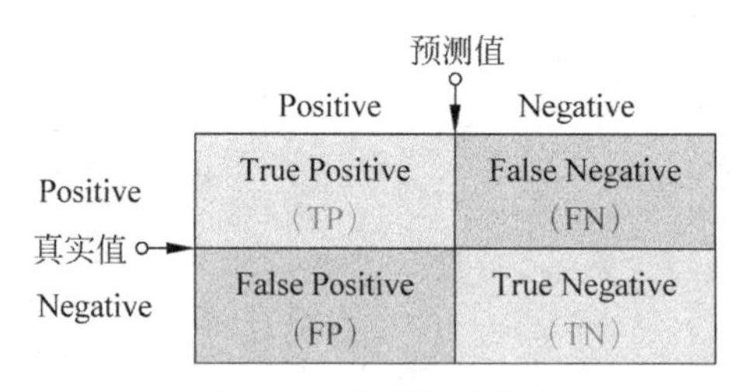

图 6.29 分类统计结果

对于样本的真实值，显然：

$$阳性样本的真实数量 = TP + FN$$

$$阴性样本的真实数量 = FP + TN$$

对于预测值而言，阳性样本中，预测正确的数量为 TP，预测错误的数量为 FP；阴性样本中，预测正确的数量为 TN，预测错误的数量为 FN。

根据上述统计结果，可以计算模型的精确率(Precision)、查全率(Recall)和准确率(Accuracy)。

$$精确率\ P=\frac{TP}{TP+FP}，查全率\ R=\frac{TP}{TP+FN}，准确率\ A=\frac{TP+TN}{TP+FP+TN+FN}$$

为了理解上述三个概念的特点，进一步假定样本集表示的是病人的检测结果，阳性结果表示患有某种疾病，阴性结果表示健康状态。

精确率是预测值为阳性的所有病例中预测正确的比例。精确率越高，意味着误报率越低，因此，当误报的成本较高时，精确率指标有助于判断模型的好坏。

查全率，又称召回率，是真实值为阳性的所有病例中正确预测出的比例。查全率越高，意味着模型漏掉的病人越少，当假阴性的成本很高时，查全率指标有助于衡量模型的好坏。

准确率是所有正确识别的样本占样本总量的比例。当所有类别都同等重要时，采用准确率最为简单直观。

F1 分数是精确率与查全率的加权平均值，综合平衡了精确率与查全率两个指标的特点，F1 分数突出了对分类错误的评估，计算方法如公式(6.4)所示。

$$F1=2\times\frac{Precision\times Recall}{Precision+Recall} \tag{6.4}$$

公式 6.4 表示的 F1 分数，是基于二分类问题的计算方法。对于多分类问题，一般采用微观 F1 分数(micro F1)或者宏观 F1 分数(macro F1)，下面举例说明。

假定某查体项目包含肺部和血糖两项检查，数据集由肺部的阳性样本、阴性样本以及血糖的阳性样本和阴性样本组成。模型的预测结果统计如下。

肺部：真阳性数量 TP1，假阳性数量 FP1，真阴性数量 TN1，假阴性数量 FN1。

血糖：真阳性数量 TP2，假阳性数量 FP2，真阴性数量 TN2，假阴性数量 FN2。

则微观精确率的计算如公式(6.5)所示。

$$microP=\frac{TP1+TP2}{TP1+FP1+TP2+FP2} \tag{6.5}$$

微观查全率的计算如公式(6.6)所示。

$$microR=\frac{TP1+TP2}{TP1+FN1+TP2+FN2} \tag{6.6}$$

模型的微观 F1 分数如公式(6.7)所示。

$$microF1=2\times\frac{microP\times microR}{microP+microR} \tag{6.7}$$

模型的宏观精确率为：

$$macroP=\frac{Precision1(肺部)+Precision2(血糖)}{2}$$

模型的宏观查全率为：

$$macroR=\frac{Recall1(肺部)+Recall2(血糖)}{2}$$

模型的宏观 F1 分数如公式(6.8)所示。

$$\text{macroF1} = 2 \times \frac{\text{macroP} \times \text{macroR}}{\text{macroP} + \text{macroR}} \tag{6.8}$$

显然,微观 F1 分数与宏观 F1 分数的区别在于如何计算精确率和查全率。宏观 F1 分数单独计算每一种类别的精确率和查全率,然后取算术平均作为整体样本的精确率和查全率。微观 F1 分数则不区分类别,直接在整个样本集上做整体统计计算。

不难看出,精确率、查全率、准确率、F1 分数四种指标各有侧重,指标值都是越高越好,最佳值均为 1,最差值均为 0。F1 分数将精确率与查全率两个指标同等看待,是一种较为全面的评估方法。准确率也是一种整体的评估方法,实践中 F1 分数与准确率该如何选择?基本指导原则如下。

(1) 当"真阳性"和"真阴性"更为重要时,使用准确率;而在"假阳性"和"假阴性"至关重要时,使用 F1 分数。

(2) 当类别的分布相似时,可以使用准确率,当类别的分布不平衡时,F1 分数是更好的评估指标。

实际上,现实生活中类别不平衡的问题更为常见,以疾病检测样本为例,一般情况下阴性样本的比例占到绝对的多数,所以 F1 分数是更为常用的模型评估方法。

经过 6.7 节的分析不难发现,短答案、长答案、Yes/No 答案和无答案的样本分布也是不均衡的,而且样本的长答案、短答案的候选数量也是不均衡的,因此本章案例采用 microF1 作为模型评估指标,Google 人工智能语言项目组针对机器问答数据集的特点,提供了适用本项目的 microF1 评分算法,源程序参见 https://github.com/google-research-datasets/natural-questions/blob/master/nq_eval.py。

6.9 定义 BERT 模型和 RoBERTa 模型

本章案例源程序源自 Google 开放域机器问答竞赛项目金牌得主 See--的解决方案,方案描述与程序源码下载地址为:

https://github.com/see--/natural-question-answering

See--基于 BERT 和 RoBERTa 两种预训练模型,在 Google 开放域数据集上进行训练,两种模型在 See--的解决方案中得到的 microF1 分数不相上下,故 See--选择以 BERT 模型为最终提交方案。

本章项目文件夹中的程序文档 Chatbot.ipynb 包含程序段 P6.22~P6.25,完成了 BERT 和 RoBERTa 两种预训练模型在 Google 开放域数据集上的微调训练与模型预测。

运行 Chatbot.ipynb 程序之前,需要执行 pip 命令安装 Transformer 和 Bert 的软件库。

```
pip install transformers
pip install bert-tensorflow
```

BERT 微调模型的定义如程序段 P6.22 所示。

```
P6.22   #定义 BERT 微调模型
001     import tensorflow as tf
002     from tensorflow.keras import layers as L
003     from transformers import TFBertMainLayer, TFBertPreTrainedModel,
                                  TFRobertaMainLayer, TFRobertaPreTrainedModel
004     from transformers.modeling_tf_utils import get_initialize
005     class TFBertForNaturalQuestionAnswering(TFBertPreTrainedModel):
006         def __init__(self, config, *inputs, **kwargs):
007             super().__init__(config, *inputs, **kwargs)
008             self.num_labels = config.num_labels
009             self.bert = TFBertMainLayer(config, name='bert')
010             self.initializer = get_initializer(config.initializer_range)
011             self.qa_outputs = L.Dense(config.num_labels,
                            kernel_initializer=self.initializer, name='qa_outputs')
012             self.long_outputs = L.Dense(1, kernel_initializer=self.initializer,
                            name='long_outputs')
013         def call(self, inputs, **kwargs):
014             outputs = self.bert(inputs, **kwargs)
015             sequence_output = outputs[0]
016             logits = self.qa_outputs(sequence_output)
017             start_logits, end_logits = tf.split(logits, 2, axis=-1)
018             start_logits = tf.squeeze(start_logits, -1)
019             end_logits = tf.squeeze(end_logits, -1)
020             long_logits = tf.squeeze(self.long_outputs(sequence_output), -1)
021             return start_logits, end_logits, long_logits
```

BERT 的预训练模型为 bert-large-uncased，微调模型针对开放域问答数据集增加一个 Softmax 全连接输出层，模型配置参数如下。

```
{
  "architectures": [
    "BertForMaskedLM"
  ],
  "attention_probs_dropout_prob": 0.1,
  "hidden_act": "gelu",
  "hidden_dropout_prob": 0.1,
  "hidden_size": 1024,
  "initializer_range": 0.02,
  "intermediate_size": 4096,
  "layer_norm_eps": 1e-12,
  "max_position_embeddings": 512,
  "model_type": "bert",
  "num_attention_heads": 16,
  "num_hidden_layers": 24,
  "pad_token_id": 0,
  "type_vocab_size": 2,
  "vocab_size": 30522
}
```

RoBERTa 微调模型的定义如程序段 P6.23 所示，与 BERT 模型一样，RoBERTa 微调模型通过增加一个 Softmax 全连接层对预训练模型微调。

```
P6.23   #定义 RoBERTa 微调模型
022     class TFRobertaForNaturalQuestionAnswering(TFRobertaPreTrainedModel):
023         def __init__(self, config, * inputs, * * kwargs):
024             super().__init__(config, * inputs, * * kwargs)
025             self.num_labels = config.num_labels
026             self.roberta = TFRobertaMainLayer(config, name = 'roberta')
027             self.initializer = get_initializer(config.initializer_range)
028             self.qa_outputs = L.Dense(config.num_labels,
                            kernel_initializer = self.initializer, name = 'qa_outputs')
029             self.long_outputs = L.Dense(1, kernel_initializer = self.initializer,
                            name = 'long_outputs')
030         def call(self, inputs, * * kwargs):
031             outputs = self.roberta(inputs, * * kwargs)
032             sequence_output = outputs[0]
033             logits = self.qa_outputs(sequence_output)
034             start_logits, end_logits = tf.split(logits, 2, axis = - 1)
035             start_logits = tf.squeeze(start_logits, - 1)
036             end_logits = tf.squeeze(end_logits, - 1)
037             long_logits = tf.squeeze(self.long_outputs(sequence_output), - 1)
038             return start_logits, end_logits, long_logits
```

6.10 训练 BERT 微调模型

打开程序文档 Chatbot.ipynb，依次执行程序段 P6.22～P6.24，完成相关函数和 BERT 模型类的定义，执行程序段 P6.25 定义的主函数 main()，开启模型训练过程。

```
P6.25   # 开启 BERT 微调模型的训练过程
039     def main():
040         parser = argparse.ArgumentParser()
            #必需的参数
041         parser.add_argument(" -- model_type", default = "bert", type = str)
042         parser.add_argument(" -- model_config",
                        default = "dataset/bert - large - uncased - config.json", type = str)
043         parser.add_argument(" -- checkpoint_dir", default = "dataset/weights", type = str)
044         parser.add_argument(" -- vocab_txt", default = "dataset/bert - large - uncased -
            vocab.txt", type = str)
            #其他参数
045         parser.add_argument(' -- short_null_score_diff_threshold', type = float,
            default = 0.0)
046         parser.add_argument(' -- long_null_score_diff_threshold', type = float, default = 0.0)
047         parser.add_argument(" -- max_seq_length", default = 512, type = int)
048         parser.add_argument(" -- doc_stride", default = 256, type = int)
```

```
049        parser.add_argument("--max_query_length", default=64, type=int)
050        parser.add_argument("--per_tpu_eval_batch_size", default=4, type=int)
051        parser.add_argument("--n_best_size", default=10, type=int)
052        parser.add_argument("--max_answer_length", default=30, type=int)
053        parser.add_argument("--verbose_logging", action='store_true')
054        parser.add_argument('--seed', type=int, default=42)
055        parser.add_argument('--p_keep_impossible', type=float,
                   default=0.1, help="The fraction of impossible samples to keep.")
056        parser.add_argument('--do_enumerate', action='store_true')
057        args, _ = parser.parse_known_args()
058        assert args.model_type not in ('xlnet', 'xlm'), f'Unsupported model_type: {args.
           model_type}'
           #随机数种子
059        set_seed(args)
           #设置 cased / uncased
060        config_basename = os.path.basename(args.model_config)
061        if config_basename.startswith('bert'):
062            do_lower_case = 'uncased' in config_basename
063        elif config_basename.startswith('roberta'):
064            do_lower_case = False
065        tf.config.optimizer.set_jit(True)
066        tf.config.optimizer.set_experimental_options({'pin_to_host_optimization': False})
068        print("Training / evaluation parameters %s", args)
069        args.model_type = args.model_type.lower()
070        config_class, model_class, tokenizer_class = MODEL_CLASSES[args.model_type]
071        config = config_class.from_json_file(args.model_config)
072        tokenizer = tokenizer_class(args.vocab_txt, do_lower_case=do_lower_case)
073        tags = get_add_tokens(do_enumerate=args.do_enumerate)
074        print("Evaluate the following checkpoint: %s", args.checkpoint_dir)
075        weights_fn = os.path.join(args.checkpoint_dir, 'weights.h5')
076        model = model_class(config)
077        model(model.dummy_inputs, training=False)
078        model.load_weights(weights_fn)
           #提交模型预测结果
079        result = submit(args, model, tokenizer)
080        print("Result: {}".format(result))
081    main()
```

程序第 41～44 行设定必需的参数，第 41 行指定模型类型，第 42～44 行依次指定模型配置文件、预训练模型的权重参数文件和字典文件，上述三个文件均可以从 BERT 的 GitHub 官网下载。

模型训练进度如图 6.30 所示，诚如 Kaggle 作者 See--所言，本项目在其配置两块 1080 TI 的主机上训练需要数天时间方能完成，比赛期间借助 Google 提供的强大 TPU 支持，除去数据集分词等数据预处理工作，模型的训练只需耗时两小时。

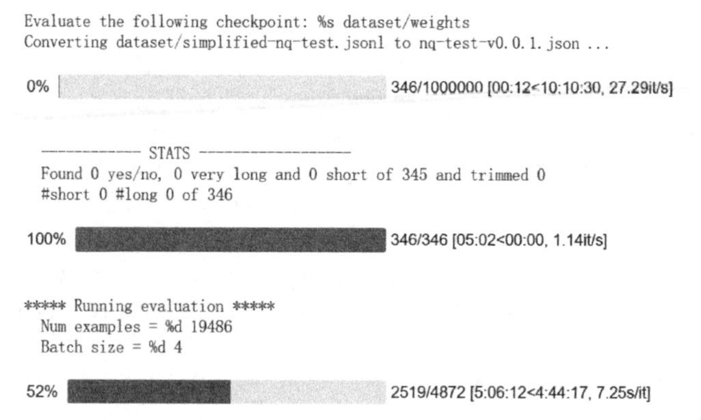

图 6.30 BERT 微调模型在 Google 开放域数据集上的训练进度提示

6.11 用 BERT 微调模型预测

本节直接采用作者 See--基于 Google 开放域数据集训练完成的 BERT 微调模型，进行预测检验。模型可从 TensorFlow Hub 网站下载，下载地址为：

https://tfhub.dev/see--/bert-uncased-tf2-qa/1

打开项目文件夹中的程序文档 model_predict.ipynb，执行程序段 P6.26，完成机器问答模型的预测效果演示。

```
P6.26   #机器问答模型的预测效果演示
082     import tensorflow as tf
083     import tensorflow_hub as hub
084     from transformers import BertTokenizer
085     tokenizer = BertTokenizer.from_pretrained('dataset/tokenizer_tf2_qa')
086     model = hub.load("dataset/weights/1")
087     questions = [
            'How long did it take to find the answer?',
            'What\'s the answer to the great question?',
            'What\'s the name of the computer?',
            '中国的悠久灿烂文明可以追溯到多少年?',
            'where are the upcoming olympics to be held?',
            '中华人民共和国成立于哪一年?']
088     paragraph = '''<p>1949 年,中华人民共和国成立</p>
                    <p>The computer is named Deep Thought.</p>
                    <p>After 46 million years of training it found the answer.</p>
                    <p>However, nobody was amazed. The answer was 42.</p>
                    <p>古老的中华文明,上下 5000 年,历久弥新,源远流长</p>
                    <p>Tokyo for the 2020 Summer Olympics</p>'''
089     for question in questions:
090       question_tokens = tokenizer.tokenize(question)
091       paragraph_tokens = tokenizer.tokenize(paragraph)
092       tokens = ['[CLS]'] + question_tokens + ['[SEP]'] + paragraph_tokens + ['[SEP]']
```

```
093        input_word_ids = tokenizer.convert_tokens_to_ids(tokens)
094        input_mask = [1] * len(input_word_ids)
095        input_type_ids = [0] * (1 + len(question_tokens) + 1) + [1] * (len(paragraph_
           tokens) + 1)
096        input_word_ids, input_mask, input_type_ids = map(lambda t: tf.expand_dims(
097            tf.convert_to_tensor(t, dtype=tf.int32), 0), (input_word_ids, input_mask,
               input_type_ids))
098        outputs = model([input_word_ids, input_mask, input_type_ids])
           # using `[1:]` will enforce an answer. `outputs[0][0][0]` is the ignored '[CLS]' token logit
099        short_start = tf.argmax(outputs[0][0][1:]) + 1
100        short_end = tf.argmax(outputs[1][0][1:]) + 1
101        answer_tokens = tokens[short_start: short_end + 1]
102        answer = tokenizer.convert_tokens_to_string(answer_tokens)
103        print(f'Question: {question}')
104        print(f'Answer: {answer}')
```

程序段P6.26设定了6个简单的问题，问题的解答蕴含在后面随机打乱的HTML文本段落里面，程序运行结果如下。

```
Question: How long did it take to find the answer?
Answer: 46 million years
Question: What's the answer to the great question?
Answer: 42
Question: What's the name of the computer?
Answer: deep thought
Question: 中国的悠久灿烂文明可以追溯到多少年?
Answer: 5000
Question: where are the upcoming olympics to be held?
Answer: tokyo
Question: 中华人民共和国成立于哪一年?
Answer: 1949
```

预测结果令人惊叹，多么聪明的机器问答，居然能够“阅读理解”上下文材料，而且给出了全部正确的解答。

Google开放域数据集的问题和正文全部源自Wikipedia的英文数据，为什么可以对中文问题做出预测呢？答案在于BERT的预训练模型，BERT的预训练模型是基于BooksCorpus和Wikipedia两种语料库完成的，BooksCorpus包含8亿个单词，支持一百多种语言。

如果应用场景限定为中文环境，从BERT官网下载针对中文优化的预训练模型，然后基于具体应用领域的中文语料库进行微调训练，效果无疑会更好。

小结

本章基于Google开放域数据集，对BERT预训练模型做微调设计，完成了机器问答模型的构建、训练、预测与评估。以BERT模型的理论与方法为核心，回顾梳理了RNN

模型的结构特点,介绍了自然语言处理中的词向量技术、注意力机制、Transformer 模型和 F1 评分方法。

习题

一、判断题

1. 适合用序列模型解决的问题包括语音识别、音乐合成、文本情感分析、DNA 序列分析、机器翻译等。

2. 循环神经网络适合对序列问题建模。

3. 自然语言处理以字词为单位,字词需要表示为向量。

4. 词嵌入向量与词向量的 One-Hot 编码相比,更能反映单词之间的联系和语义关系。

5. 注意力机制在图像处理领域用于捕获关键特征。

6. 注意力机制在 NLP 领域解决的是输入序列的哪个部分需要更加关注,从而增强对关键内容进行特征提取的能力。

7. 注意力机制成功解决了序列的长距离上下文依赖问题。

8. Transformer 模型包含编码和解码两部分。

9. BERT 是基于 Transformer Encoder 设计的对左右两个方向文本进行深度学习的预训练模型。

10. 应用 BERT 模型分为两个步骤: 预训练和微调。

11. BERT 输入层是由分词向量、段落向量和位置向量三部分合成的序列。

12. BERT 经过微调即可适用于不同的下游任务。

13. 预训练完成的 BERT 模型,经过微调,即可应用于文本推理(MNLI)、命名实体识别(NER)、机器问答(SQuAD)等不同的下游目标任务。

14. Macro F1 单独计算每一种类别的精确率和查全率,然后取算术平均作为整体样本的精确率和查全率。

15. 精确率越高,意味着误报率越低,因此,当误报的成本较高时,精确率指标有助于判断模型的好坏。

16. 查全率越高,意味着模型漏掉的样本越少,当假阴性的成本很高时,查全率指标有助于衡量模型的好坏。

17. 准确率是所有正确识别的样本占样本总量的比例。当所有类别都同等重要时,采用准确率最为简单直观。

18. F1 分数是精确率与查全率的加权平均值,综合平衡了精确率与查全率两个指标的特点,F1 分数突出了对分类错误的评估。

19. 精确率、查全率、准确率、F1 分数四种指标各有侧重,指标值都是越高越好,最佳值均为 1,最差值均为 0。

20. 对于纯中文环境的机器问答,从 BERT 官网下载针对中文优化的预训练模型,然后结合具体应用领域进行模型微调训练,一般情况下模型性能会更好。

二、编程题

请根据 BERT 中文预训练模型 BERT-Base(12-layer，768-hidden，12-heads，110M parameters)和百度 DuReader 中文阅读理解数据集，编写一个面向中文环境的机器问答程序。

BERT 中文预训练模型下载地址为：

https://storage.googleapis.com/bert_models/2018_11_03/chinese_L-12_H-768_A-12.zip

百度 DuReader 中文阅读理解数据集官网地址为：

http://ai.baidu.com/broad/download?dataset=dureader

数据集描述与编程方案设计，请参见习题 6 课件中的编程文档。

第 7 章

苹果树病虫害识别与模型集成

近年来，科学家们越来越关注如何将机器学习应用于农业生产与作物管理，越来越多的实践表明，机器学习正在催生农业管理新模式并重塑现代化农业的未来。

本章案例聚焦于苹果树叶的病虫害识别，苹果树的叶部常见多种病害，病害较重的果树，叶片变色、坏死、扭曲、皱缩，甚至导致早期落叶，进而影响产量，降低优果率。由于病害的症状表现往往非常相似，难以区分，为此，本章介绍边缘检测技术，关注样本的细粒度特征，采用数据增强技术，增强和平衡数据表现力，选择先进的模型结构，例如 DenseNet 和 EfficientNet，通过模型集成提高模型的健壮性和可靠性。

7.1 数据集

本章案例采用的苹果叶片数据集，来自于 CVPR2020 的 FGVC7 研讨会设置的 Kaggle 竞赛项目：植物病理学挑战。挑战赛的目标是用训练集的图像训练模型，模型能够准确分类测试集图像的病害类别。

数据采集在康奈尔大学数字农业研究中心的赞助支持下完成，提供了 3642 幅苹果叶片的高质量 RGB 图像，图像分辨率为 2048×1365px，图像标签由行业专家标注。数据集的文件构成如表 7.1 所示。

表 7.1　苹果叶片数据集

文 件 名	数据规模	大小	功　能
train.csv	1821 个样本	33KB	训练集的图像 ID 和四种标签
test.csv	1821 个样本	17KB	测试集的图像 ID
sample_submission.csv	测试集样本 ID	53KB	结果提交文件，包含测试集样本 ID
images 文件夹	3642 幅图像	792MB	训练集和测试集的 RGB 图像

数据集下载地址：

https://www.kaggle.com/c/plant-pathology-2020-fgvc7/data

训练集图像 ID 的表示范围为 Train_0～Train_1820，图像文件名称与 ID 相同。

测试集图像 ID 的表示范围为 Test_0～Test_1820，图像文件名称与 ID 相同。

训练集的叶片定义了四种标签，分别为：healthy（健康叶片）、multiple_diseases（多病症叶片）、rust（锈病叶片）、scab（黑星病叶片）。训练集 train.csv 的文件结构如表 7.2 所示。

表 7.2 train.csv 的文件结构

列变量名称	取　值	含　义
image_id	Train_0～Train_1820	图像 ID，与文件名称相同
healthy	为 1 时，其他列为 0	健康叶片
multiple_diseases	为 1 时，其他列为 0	多病症叶片
rust	为 1 时，其他列为 0	锈病叶片
scab	为 1 时，其他列为 0	黑星病叶片

模型对测试集中的每一幅图像做出预测，得到上述四种标签的概率值，存储到 sample_submission.csv 文件，挑战赛主办方将根据提交的结果文件完成模型评估。

7.2 叶片观察

在项目文件夹中新建程序文档 EDA.ipynb，执行程序段 P7.1，导入相关库。

```
P7.1  #导入库
001   import os
002   import cv2
003   import numpy as np
004   import pandas as pd
005   from tqdm import tqdm
006   tqdm.pandas()
007   import matplotlib.pyplot as plt
008   import plotly.express as px
009   import plotly.graph_objects as go
010   import plotly.figure_factory as ff
```

执行程序段 P7.2，加载数据集，可以通过 SAMPLE_LEN 定义抽样的图片数量。

```
P7.2  #加载数据集
011   SAMPLE_LEN = 100    #抽样观察的图片数量
012   IMAGE_PATH = "dataset/images/"
013   TEST_PATH = "dataset/test.csv"
014   TRAIN_PATH = "dataset/train.csv"
015   SUB_PATH = "dataset/sample_submission.csv"
```

```
016    sub = pd.read_csv(SUB_PATH)
017    test_data = pd.read_csv(TEST_PATH)
018    train_data = pd.read_csv(TRAIN_PATH)
019    train_data.head()   #显示训练集
```

程序段 P7.2 运行结果如图 7.1 所示，显示了训练集前 5 条记录的 ID 和标签。

	image_id	healthy	multiple_diseases	rust	scab
0	Train_0	0	0	0	1
1	Train_1	0	1	0	0
2	Train_2	1	0	0	0
3	Train_3	0	0	1	0
4	Train_4	1	0	0	0

图 7.1 训练集前 5 条记录的 ID 和标签

执行程序段 P7.3，按照 RGB 模式获取图像数据。

```
P7.3   #按照 RGB 模式获取图像数据
020    def load_image(image_id):
021        file_path = image_id + ".jpg"
022        image = cv2.imread(IMAGE_PATH + file_path)
023        return cv2.cvtColor(image, cv2.COLOR_BGR2RGB)
       #SAMPLE_LEN 范围内的图像数据
024    train_images = train_data["image_id"][:SAMPLE_LEN].progress_apply(load_image)
```

执行程序段 P7.4，按照指定尺寸缩放和显示单幅图像，这里指定图像的索引号为 3，运行结果如图 7.2 所示。

```
P7.4   #按照 RGB 模式获取图像数据
025    fig = px.imshow(cv2.resize(train_images[3], (205, 136)))
026    fig.show()
```

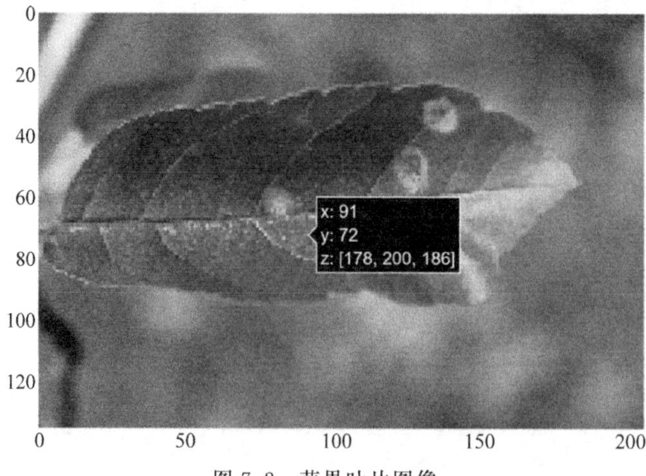

图 7.2 苹果叶片图像

根据图 7.1 的提示，索引号为 3 的图像对应的标签值为 rust，图中的黄褐色斑点表示叶部患有锈病。将鼠标在图像上移动，可以显示当前坐标位置和 RGB 三种通道的颜色值，患病部位的颜色值与健康部位有明显的差异，或许可以通过 RGB 通道颜色的变化规律找到病害部位与健康部位的不同之处，但在视觉区别上比较微妙，病患部位、叶子角度、光线、阴影等都会影响到数据的可靠性。

7.3 RGB 通道观察

执行程序段 P7.5，分别计算图像红绿蓝通道的像素平均值。

```
P7.5  #红绿蓝通道均值计算
027   red_values = [np.mean(train_images[idx][:, :, 0]) for idx in range(len(train_images))]
028   green_values = [np.mean(train_images[idx][:, :, 1]) for idx in range(len(train_images))]
029   blue_values = [np.mean(train_images[idx][:, :, 2]) for idx in range(len(train_images))]
```

执行程序段 P7.6，分别绘制 R、G、B 三个通道的箱形图，如图 7.3 所示。

```
P7.6  #RGB 通道颜色分布对比(箱形图)
030   fig = go.Figure()
031   for idx, values in enumerate([red_values, green_values, blue_values]):
032       if idx == 0:
033           color = "Red"
034       if idx == 1:
035           color = "Green"
036       if idx == 2:
037           color = "Blue"
038       fig.add_trace(go.Box(x = [color] * len(values), y = values, name = color,
                  marker = dict(color = color.lower())))
039   fig.update_layout(yaxis_title = "Mean value", xaxis_title = "Color channel",
                  title = "Mean value vs. Color channel")
```

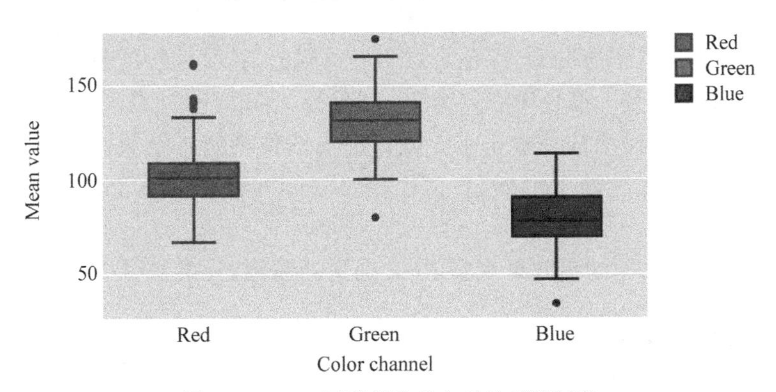

图 7.3 RGB 通道颜色分布对比(箱形图)

通道均值由低到高依次是蓝色通道、红色通道和绿色通道。三个通道均呈近似正态分布，蓝色通道下界有异常值，红色通道上界有较多异常值，绿色通道两端均有异常值。

执行程序段 P7.7,分别绘制 R、G、B 三个通道的直方图,观察三者分布规律,如图 7.4 所示。

```
P7.7   #RGB 通道颜色分布对比(直方图)
040    fig = ff.create_distplot([red_values, green_values, blue_values],
                                group_labels = ["R", "G", "B"],
                                colors = ["red", "green", "blue"])
041    fig.update_layout(title_text = "Distribution of RGB channel values", template =
       "simple_white")
042    fig.data[0].marker.line.color = 'rgb(0, 0, 0)'
043    fig.data[0].marker.line.width = 0.5
044    fig.data[1].marker.line.color = 'rgb(0, 0, 0)'
045    fig.data[1].marker.line.width = 0.5
046    fig.data[2].marker.line.color = 'rgb(0, 0, 0)'
047    fig.data[2].marker.line.width = 0.5
048    fig.show()
```

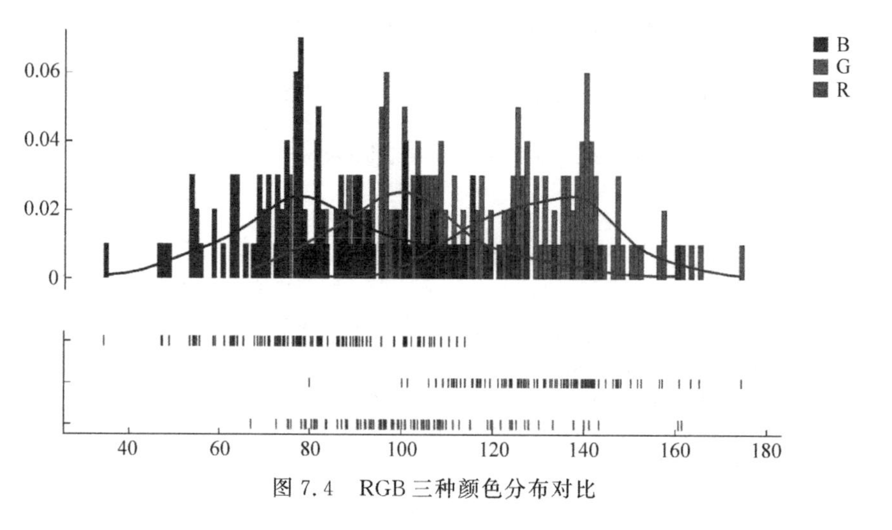

图 7.4 RGB 三种颜色分布对比

三种颜色均呈近似正态分布,绿色是最明显的颜色,其次是红色和蓝色。绿色与蓝色略微左偏,红色略微右偏。蓝色中心点为 78,红色为 100,绿色为 140。

为了便于观察,上述统计局限于 100 幅训练集图像的统计结果,不能代表整体数据集。设定程序段 P7.2 中的 SAMPLE_LEN=1821,可以观察整个训练集的统计分析结果。

执行程序段 P7.8,用滤镜效果观察 RGB 通道的图像,效果如图 7.5 所示。

```
P7.8   #用滤镜效果观察 RGB 通道
049    image = train_images[15]
050    red_filter = [1,0,0]
051    blue_filter = [0,0,1]
052    green_filter = [0,1,0]
053    fig,ax = plt.subplots(nrows = 1,ncols = 3,figsize = (12,4))
```

```
054    ax[0].imshow(image * red_filter)
055    ax[0].set_title("Red Filter",fontweight = "bold", size = 15)
056    ax[1].imshow(image * blue_filter)
057    ax[1].set_title("BLue Filter",fontweight = "bold", size = 15)
058    ax[2].imshow(image * green_filter)
059    ax[2].set_title("Green Filter",fontweight = "bold", size = 15);
```

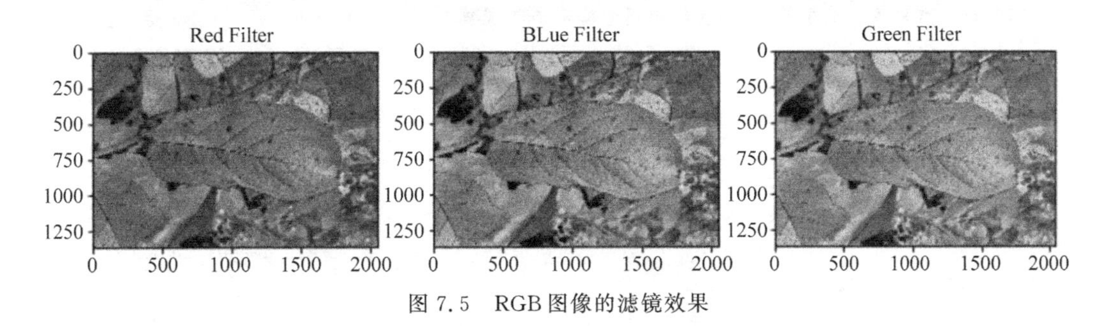

图 7.5　RGB 图像的滤镜效果

不难发现，叶部病害所处位置在红色通道与绿色通道中的反差较大，蓝色通道则不明显。

执行程序段 P7.9，将 RGB 图像转换为灰度图像，如图 7.6 所示。

```
P7.9   # RGB 图像转换为灰度图像
060    from skimage import color
061    grayscale_image = color.rgb2gray(image)
062    plt.imshow(grayscale_image,cmap = plt.cm.gray)
063    print('RGB 图像的维度: {0}'.format(image.shape))
064    print('灰度图像的维度: {0}'.format(grayscale_image.shape))
```

图 7.6　RGB 图像转换为灰度图像

程序段 P7.9 运行结果显示，RGB 图像的维度为(1365,2048,3)，灰度图像的维度为(1365,2048)，显然灰度图像只有 1 个通道，即灰度通道。灰度图像的像素取值范围为[0,255]，其中，0 表示黑色，255 表示白色。

7.4 叶片图像分类观察

执行程序段 P7.10,定义叶片分类观察函数,对健康叶片、黑星病叶片、锈病叶片和多病症叶片四种类型的叶子,各抽出四个样本予以观察。

```
P7.10   #对 4 种类型的叶片,各找出四个样本予以观察
065     def visualize_leaves(cond = [0, 0, 0, 0], cond_cols = ["healthy"], is_cond = True):
066         if not is_cond:
067             cols, rows = 2, min([2, len(train_images)//2])
068             fig, ax = plt.subplots(nrows = rows, ncols = cols, figsize = (8, rows * 6/2))
069             for col in range(cols):
070                 for row in range(rows):
071                     ax[row, col].imshow(train_images.loc[train_images.index[ - row *
                        2 - col - 1]])
072                     ax[row, col].set_title(data['image_id'][train_images.index[ - row *
                        2 - col - 1]])
073             return None
074         cond_0 = "healthy == {}".format(cond[0])
075         cond_1 = "scab == {}".format(cond[1])
076         cond_2 = "rust == {}".format(cond[2])
077         cond_3 = "multiple_diseases == {}".format(cond[3])
078         cond_list = []
079         for col in cond_cols:
080             if col == "healthy":
081                 cond_list.append(cond_0)
082             if col == "scab":
083                 cond_list.append(cond_1)
084             if col == "rust":
085                 cond_list.append(cond_2)
086             if col == "multiple_diseases":
087                 cond_list.append(cond_3)
088         data = train_data[:100]
089         for cond in cond_list:
090             data = data.query(cond)
091         images = train_images.loc[list(data.index)]
092         cols, rows = 2, min([2, len(images)//2])
093         fig, ax = plt.subplots(nrows = rows, ncols = cols, figsize = (8, rows * 6/2))
094         for col in range(cols):
095             for row in range(rows):
096                 ax[row, col].imshow(images.loc[images.index[row * 3 + col]])
097                 ax[row, col].set_title(data['image_id'][images.index[row * 3 + col]])
098         plt.show()
```

执行程序段 P7.11,抽样显示 4 种类型叶片。

```
P7.11   #绘图观察四种叶片
099     print('========= healthy 叶片观察 ==========')
100     visualize_leaves(cond=[1, 0, 0, 0], cond_cols=["healthy"])
101     print('========= scab 叶片观察 =========')
102     visualize_leaves(cond=[0, 1, 0, 0], cond_cols=["scab"])
103     print('========= rust 叶片观察 =========')
104     visualize_leaves(cond=[0, 0, 1, 0], cond_cols=["rust"])
105     print('========= multiple_diseases 叶片观察 =========')
106     visualize_leaves(cond=[0, 0, 0, 1], cond_cols=["multiple_diseases"])
```

黑星病(scab)叶片抽样观察如图 7.7 所示。

图 7.7　黑星病(scab)病症特点

黑星病又称疮痂病，叶片染病，初现黄绿色圆形或放射状病斑，后变为褐色至黑色，直径 3～6mm；上生一层黑褐色绒毛状霉，即病菌分生孢子梗及分生孢子。发病后期，多数病斑连在一起，致叶片扭曲变畸。

锈病(rust)叶片抽样观察如图 7.8 所示。

锈病又称赤星病，叶片染病时，初期在叶面产生油亮的橘红色小圆点，后期病斑逐渐扩大，中央颜色渐深，长出许多黑色小点，即病菌性孢子器，可形成性孢子及分泌黏液，黏液逐渐干枯，性孢子则变黑；最后病部变厚变硬，叶背隆起，长出许多丛生的黄褐色毛状物，即病菌锈孢子器，内含大量褐色粉末状锈孢子。

健康的叶片(参见程序文档)是完全绿色的，没有棕色斑点、疤痕或者生锈等症状。多病症叶片(参见程序文档)的特点是多种疾病的症状集中显示在一片或多片叶子上。

本节彩图较多，通过视频讲解和程序文档，对于叶片的病症特点可以获得更好的观察与学习体验。

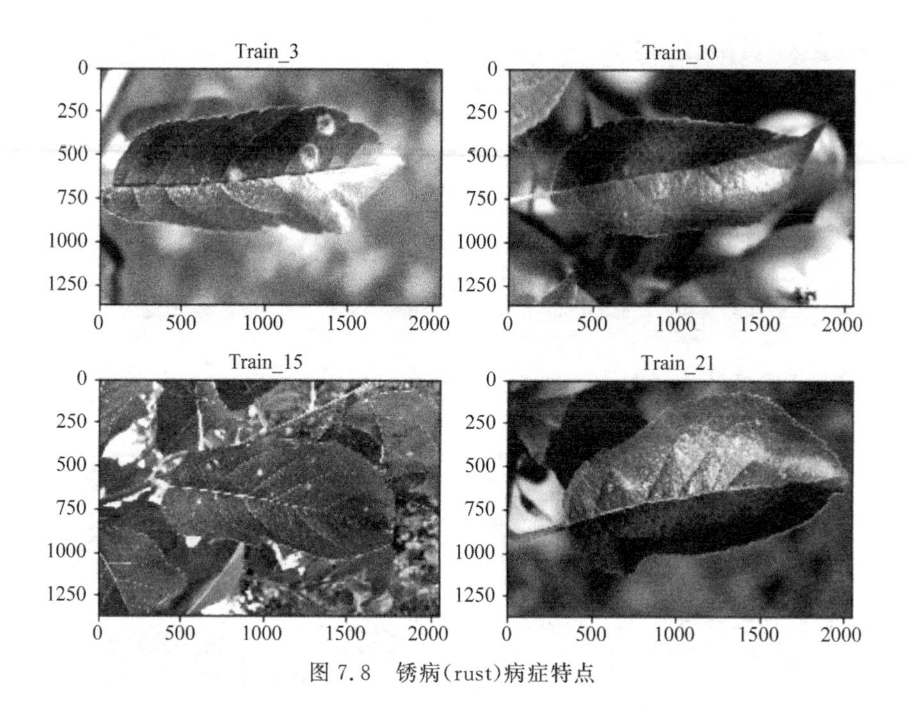

图 7.8　锈病(rust)病症特点

7.5　叶片类别分布统计

执行程序段 P7.12,绘制四种标签的平行分布,如图 7.9 所示。

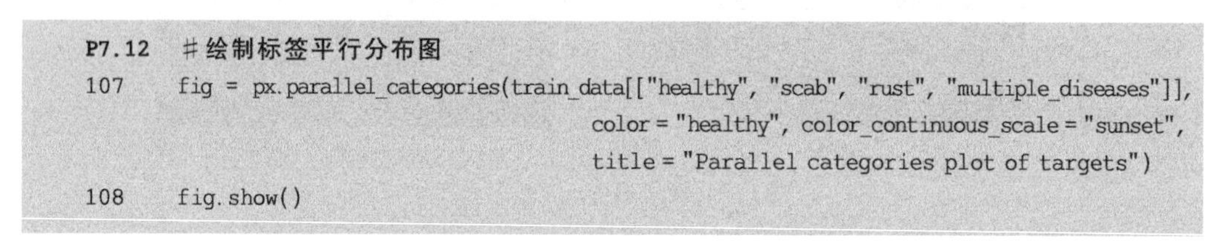

```
P7.12   #绘制标签平行分布图
107     fig = px.parallel_categories(train_data[["healthy", "scab", "rust", "multiple_diseases"]],
                                     color = "healthy", color_continuous_scale = "sunset",
                                     title = "Parallel categories plot of targets")
108     fig.show()
```

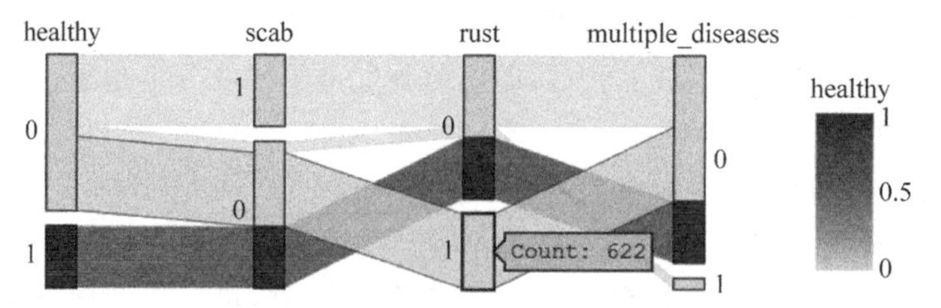

图 7.9　四种标签的平行分布与关系

图 7.9 中,蓝色代表健康的叶子,黄色代表不健康的叶子。健康的叶子(healthy==1)其他三种病症数量为 0。不健康的叶子则在 scab、rust、multiple_diseases 中有一处为 1。将鼠标悬停在图上可以看到各种组合的统计结果与组合关系,例如,将鼠标悬停在 rust 类别为 1 的地方,可以看到训练集中共有 622 个样本属于 rust 类型。

执行程序段 P7.13,绘制饼图,观察四种标签的分布占比,如图 7.10 所示。

```
P7.13  #绘制饼图,显示四种类别分布
109    fig = go.Figure([go.Pie(labels = train_data.columns[1:],
                   values = train_data.iloc[:, 1:].sum().values)])
110    fig.update_layout(title_text = "Pie chart of targets", template = "simple_white")
111    fig.data[0].marker.line.color = 'rgb(0, 0, 0)'
112    fig.data[0].marker.line.width = 0.5
113    fig.show()
```

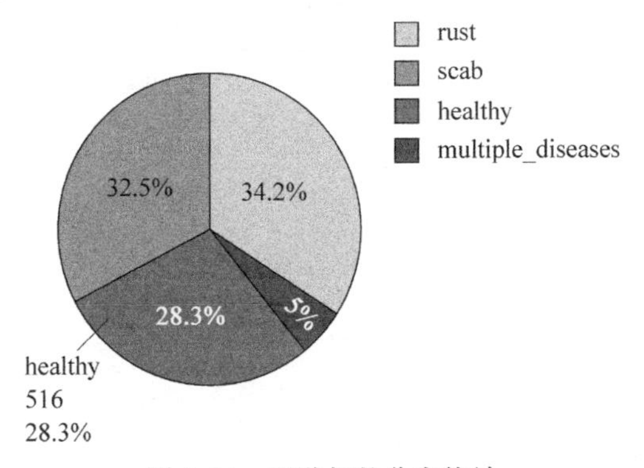

图 7.10　四种标签分布统计

训练集中的多数叶片患有病症，占比 71.7%，rust 和 scab 分别占整个训练集的三分之一左右，患有多种病症的叶片只占 5%，属于不均衡的类别。

7.6　Canny 边缘检测

Canny 边缘检测算法是 John F. Canny 于 1986 年创立的多级边缘检测算法，包括以下 6 个步骤。

第 1 步：灰度转换。将彩色图像转换为灰度图像，像素取值范围为[0,255]。

第 2 步：应用高斯模糊方法平滑图像，去除噪声。

第 3 步：寻找图像的强度梯度。

第 4 步：非极大值抑制，消除非边界部分。

第 5 步：用双阈值确定可能的潜在边界。

第 6 步：进一步确定潜在边界是否为真实边界。

OpenCV 将 Canny 边缘检测算法封装为 Canny()函数，程序段 P7.14 直接调用 Canny()函数完成了叶片边缘检测，抽样三个样本的检测效果如图 7.11 所示。

```
P7.14  #叶片的 Canny 边缘检测
114    def edge_and_cut(img):
115        emb_img = img.copy()
116        edges = cv2.Canny(img, 100, 200) #Canny 边缘检测
117        edge_coors = []
118        for i in range(edges.shape[0]):
119            for j in range(edges.shape[1]):
```

```
120                 if edges[i][j] != 0:
121                     edge_coors.append((i, j))
122         row_min = edge_coors[np.argsort([coor[0] for coor in edge_coors])[0]][0]
123         row_max = edge_coors[np.argsort([coor[0] for coor in edge_coors])[-1]][0]
124         col_min = edge_coors[np.argsort([coor[1] for coor in edge_coors])[0]][1]
125         col_max = edge_coors[np.argsort([coor[1] for coor in edge_coors])[-1]][1]
126         new_img = img[row_min:row_max, col_min:col_max]
127         emb_img[row_min-10:row_min+10, col_min:col_max] = [255, 0, 0]
128         emb_img[row_max-10:row_max+10, col_min:col_max] = [255, 0, 0]
129         emb_img[row_min:row_max, col_min-10:col_min+10] = [255, 0, 0]
130         emb_img[row_min:row_max, col_max-10:col_max+10] = [255, 0, 0]
131         fig, ax = plt.subplots(nrows=1, ncols=3, figsize=(12,8))
132         ax[0].imshow(img, cmap='gray')
133         ax[0].set_title('Original Image', fontsize=15)
134         ax[1].imshow(edges, cmap='gray')
135         ax[1].set_title('Canny Edges', fontsize=15)
136         ax[2].imshow(emb_img, cmap='gray')
137         ax[2].set_title('Bounding Box', fontsize=15)
138         plt.show()
139     edge_and_cut(train_images[3])
140     edge_and_cut(train_images[4])
141     edge_and_cut(train_images[5])
```

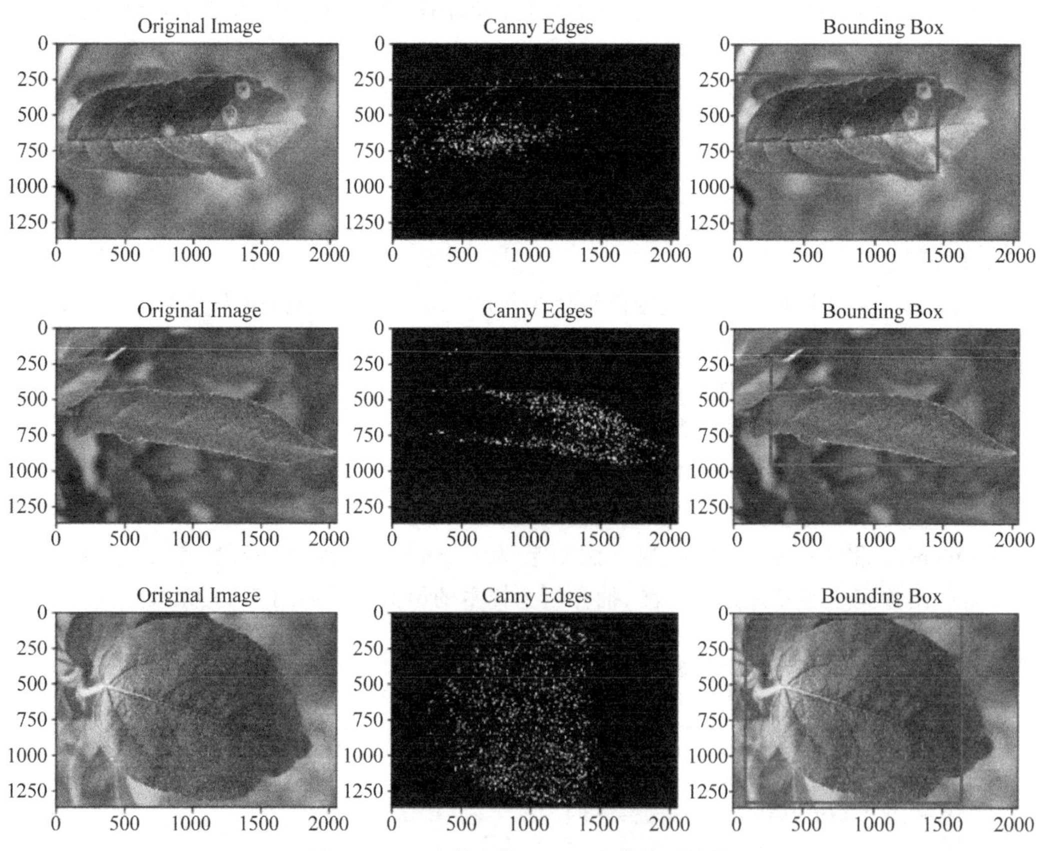

图 7.11　三个样本的 Canny 边缘检测结果

第 116 行语句设定的边缘阈值范围为[100,200],这里下界和上界阈值是个固定值,实践中可以根据图像的特点动态调整,例如,根据当前图像的最大像素值设定两个比率,动态确定阈值的下界和上界。

图 7.11 的第二列显示了叶片的 Canny 边缘检测结果,由于视觉观察存在较大误差(某些灰度值肉眼难以分辨),所以为便于观察,第三列给出了根据 Canny 边缘计算的叶片边界框。根据边界框裁剪图像,得到叶片的整体或大部分,从而剔除原有图像背景信息的干扰,特别是剔除大量的绿色背景,可以让模型聚焦于叶片的关键特征。

7.7 数据增强

本章案例采用的训练集,只有 1821 幅图像,事实上,来自现实世界的图像,往往是在有限条件下拍摄的,有很大的局限性,但是训练的模型可能会部署于各种应用场合,例如不同的光影条件、角度方向、叶片位置、比例、亮度等。所以,数据有多好,模型往往就有多好。

在数据规模较小时,通过数据增强技术,可以有效弥补数据集的不足,扩充数据量,改善数据分布,提升模型训练质量,即使对于大规模数据集,数据增强也是一种有效提升数据质量的手段。

常见的数据增强技术有:翻转(水平和垂直)、旋转、缩放、裁剪、平移、亮度变换和添加高斯噪声等。数据增强有离线与在线两种模式。离线模式一般适合小规模数据集,在数据预处理阶段完成全部变换,生成新的数据集,然后用于模型训练。在线模式一般适合大规模数据集,一边训练,一边进行数据增强变换,例如,对 Mini-Batch 的样本做增强变换后再输入网络模型进行训练。

支持数据增强变换的软件包也有很多,例如 skimage、OpenCV、imgaug、Albumentations、Augmentor、Keras(ImageDataGenerator)、SOLT 等。

执行程序段 P7.15,用 OpenCV 方法,完成图像的垂直翻转和水平翻转,运行结果如图 7.12 所示。翻转是一种简单的变换,垂直翻转是交换了行的顺序,水平翻转是列的顺序被交换。

```
P7.15   #垂直翻转和水平翻转
142     def invert(img):
143         fig, ax = plt.subplots(nrows = 1, ncols = 3, figsize = (12, 6))
144         ax[0].imshow(img)
145         ax[0].set_title('Original Image', fontsize = 14)
146         ax[1].imshow(cv2.flip(img, 0))
147         ax[1].set_title('Vertical Flip', fontsize = 14)
148         ax[2].imshow(cv2.flip(img, 1))
149         ax[2].set_title('Horizontal Flip', fontsize = 14)
150         plt.show()
151     invert(train_images[3])
```

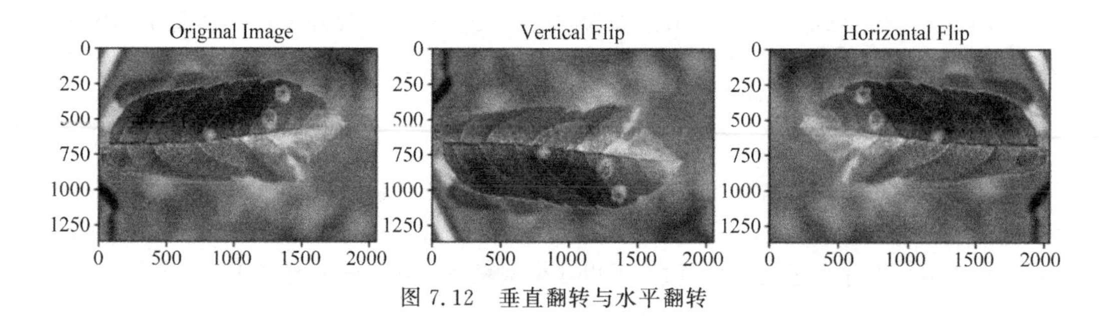

图 7.12 垂直翻转与水平翻转

图像翻转后，所有主要特征均保持不变，对人类认知来讲，这些变化可能并不显著，但对模型算法而言，翻转后的图像可能会看起来完全不同。

执行程序段 P7.16，使用高斯滤镜模糊图像，如图 7.13 所示。

```
P7.16  #高斯模糊
152    def blur(img):
153        fig, ax = plt.subplots(nrows = 1, ncols = 2, figsize = (8, 4))
154        ax[0].imshow(img)
155        ax[0].set_title('Original Image', fontsize = 12)
156        ax[1].imshow(cv2.GaussianBlur(img, (101, 101),sigmaX = 0,sigmaY = 0))
157        ax[1].set_title('Blurred Image', fontsize = 12)
158    plt.show()
159    blur(train_images[3])
```

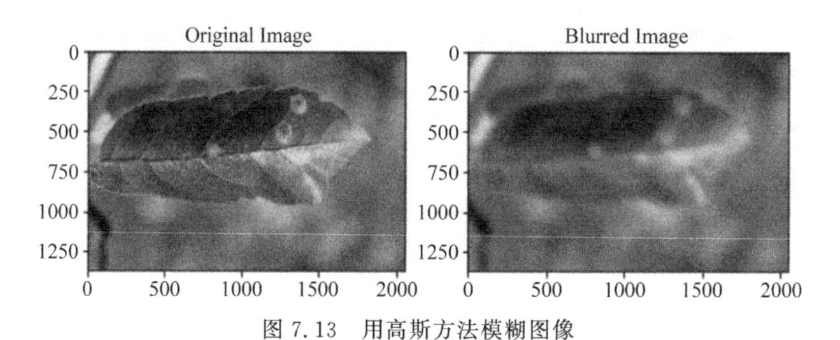

图 7.13 用高斯方法模糊图像

模糊方法可以掩盖一些并不重要的细节，平滑图像。

其他的图像增强技术，此处不再赘述。总之，数据增强技术是一种简易低成本的数据集扩充方法，可以有效增强模型的健壮性和准确性。

7.8 划分数据集

在项目文件夹中新建程序文档 Models.ipynb，执行程序段 P7.17，导入数据处理和建模依赖的库。

```
P7.17   #导入库
160     import numpy as np
161     import pandas as pd
162     from tqdm import tqdm
163     tqdm.pandas()
164     import cv2
165     from plotly.subplots import make_subplots
166     import plotly.graph_objects as go
167     import plotly.express as px
168     from sklearn.model_selection import train_test_split
169     import tensorflow as tf
170     import tensorflow.keras.layers as L
171     from tensorflow.keras.applications import DenseNet121
172     import efficientnet.tfkeras as efn
```

执行程序段P7.18,读取数据集,划分训练集和验证集。

```
P7.18   #读取数据集,划分训练集和验证集
173     train_data = pd.read_csv('dataset/train.csv') #训练集
174     test_data = pd.read_csv('dataset/test.csv')   #测试集
175     sub = pd.read_csv('dataset/sample_submission.csv') #提交文件
176     def format_path(image_id):
177         return './dataset/images/' + image_id + '.jpg'
178     train_paths = train_data.image_id.apply(format_path).values
179     train_labels = np.float32(train_data.loc[:, 'healthy':'scab'].values)
180     test_paths = test_data.image_id.apply(format_path).values
181     train_paths, valid_paths, train_labels, valid_labels = train_test_split( \
                  train_paths, train_labels, test_size=0.3, random_state=2020)
```

执行程序段P7.19,定义图像数据加载与解码函数。

```
P7.19   #图像数据加载与解码函数
182     def decode_image(filename, label=None, image_size=(512, 512)):
183         bits = tf.io.read_file(filename)
184         image = tf.image.decode_jpeg(bits, channels=3)
185         image = tf.image.resize(image, image_size)
186         image = tf.cast(image, tf.float32) / 255.0
187         if label is None:
188             return image
189         else:
190             return image, label
```

执行程序段P7.20,定义数据增强函数。

```
P7.20   #图像数据增强函数
191     def data_augment(image, label=None):
192         image = tf.image.random_flip_left_right(image)
193         image = tf.image.random_flip_up_down(image)
```

```
194         if label is None:
195             return image
196         else:
197             return image, label
```

执行程序段 P7.21,构建训练集、验证集和测试集。

```
P7.21   #构建训练集、验证集和测试集
198     BATCH_SIZE = 16
199     AUTO = tf.data.experimental.AUTOTUNE
        #构建训练集
200     train_dataset = (
            tf.data.Dataset
            .from_tensor_slices((train_paths, train_labels))
            .map(decode_image, num_parallel_calls = AUTO)
            .map(data_augment, num_parallel_calls = AUTO)
            .repeat()
            .shuffle(512)
            .batch(BATCH_SIZE)
            .prefetch(AUTO)
        )
        #构建验证集
201     valid_dataset = (
            tf.data.Dataset
            .from_tensor_slices((valid_paths, valid_labels))
            .map(decode_image, num_parallel_calls = AUTO)
            .batch(BATCH_SIZE)
            .cache()
            .prefetch(AUTO)
        )
        #构建测试集
202     test_dataset = (
            tf.data.Dataset
            .from_tensor_slices(test_paths)
            .map(decode_image, num_parallel_calls = AUTO)
            .batch(BATCH_SIZE)
        )
```

7.9 DenseNet 模型定义

ResNet 模型揭示了跳连可以有效解决深度卷积神经网络的梯度消失问题,DenseNet 模型(Huang,Liu,et al.,2017)基于跳连的思想,为了最大化网络中的特征信息流,将网络中的所有层两两连接,使得网络中每一层接受前面所有层的特征作为输入,网络结构如图 7.14 所示。

如果网络层数为 L,则 DenseNet 网络拥有的连接数量为 $L(L+1)/2$。

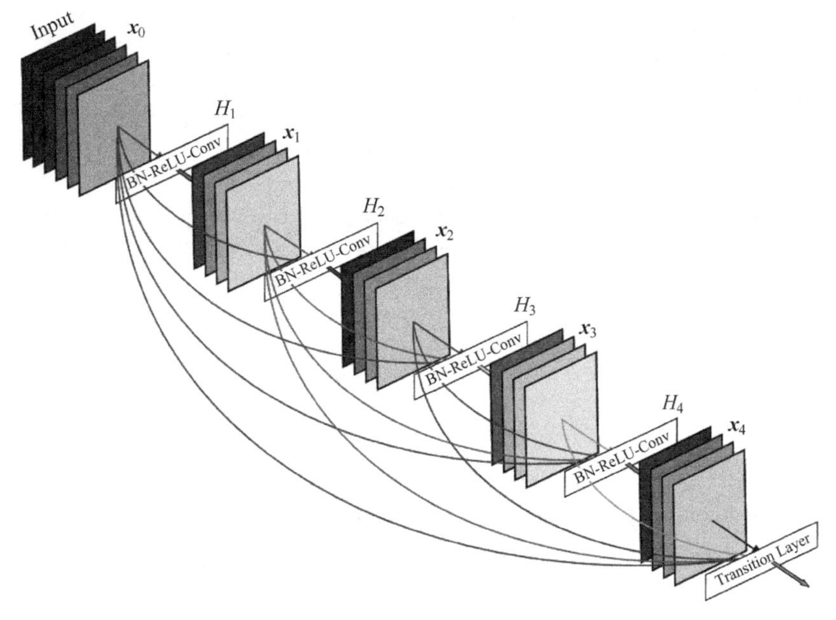

图 7.14　DenseNet 网络结构

DenseNet 增强了特征传播，鼓励了特征重用，减轻了梯度消失的问题。正是由于大量特征被复用，使得卷积核数量降低，从而大大减少了模型参数数量。

DenseNet 由若干结构相似的单元模块(Block)组成。为了避免随着网络层数的增加，特征维度增长过快，在每个单元模块之后进行下采样，通过一个卷积层将特征维度减半，然后再进行 Pooling 操作。

在完成 DenseNet 模型定义之前，先执行程序段 P7.22，定义学习率动态调度函数。

```
P7.22   #定义学习率动态调度函数
203     def build_lrfn(lr_start = 0.00001, lr_max = 0.00005,
                       lr_min = 0.00001, lr_rampup_epochs = 5,
                       lr_sustain_epochs = 0, lr_exp_decay = .8):
204         def lrfn(epoch):
205             if epoch < lr_rampup_epochs:
206                 lr = (lr_max - lr_start) / lr_rampup_epochs * epoch + lr_start
207             elif epoch < lr_rampup_epochs + lr_sustain_epochs:
208                 lr = lr_max
209             else:
210                 lr = (lr_max - lr_min) * lr_exp_decay ** (epoch - lr_rampup_epochs\
                         - lr_sustain_epochs) + lr_min
211             return lr
212         return lrfn
213     lrfn = build_lrfn()
```

执行程序段 P7.23，基于 Keras 框架中的 DenseNet121 预训练模型，完成迁移模型的定义，设定参数，完成模型的编译。

```
P7.23  # 下载并重定义 DenseNet121 的迁移模型
214    STEPS_PER_EPOCH = train_labels.shape[0] // BATCH_SIZE
215    lr_schedule = tf.keras.callbacks.LearningRateScheduler(lrfn, verbose = 1)
216    model = tf.keras.Sequential([DenseNet121(input_shape = (512, 512, 3),
                                     weights = 'imagenet',
                                     include_top = False),
                                     L.GlobalAveragePooling2D(),
                                     L.Dense(train_labels.shape[1],
                                     activation = 'softmax')])
217    model.compile(optimizer = 'adam',
                     loss = 'categorical_crossentropy',
                     metrics = ['categorical_accuracy'])
218    model.summary()
```

迁移模型采用了基于 ImageNet 的预训练权重参数,不包含 DenseNet121 的顶层,取而代之的是添加了一个全局平均池化层,在池化层之后连接一个根据数据集标签数量定义的 Softmax 全连接层,实现分类逻辑。模型结构摘要显示,需要学习和训练的参数数量为 6 957 956 个。

7.10 DenseNet 模型训练

执行程序段 P7.24,设定训练参数,开启模型的训练。

```
P7.24  # DenseNet121 模型训练
219    EPOCHS = 20
220    history = model.fit(train_dataset,
                           epochs = EPOCHS,
                           callbacks = [lr_schedule],
                           steps_per_epoch = STEPS_PER_EPOCH,
                           validation_data = valid_dataset)
```

模型训练过程中回调学习率调度函数,实现学习率的动态变化。为了节省训练时间,这里将 EPOCHS 设为一个较低的数值。在 16GB 内存的台式主机上测试,单个 EPOCH 大约需要 1h 的训练时间。

执行程序段 P7.25,定义函数绘制模型的学习曲线。

```
P7.25  # 绘制模型的学习曲线
221    def display_training_curves(training, validation, yaxis):
222        if yaxis == "loss":
223            ylabel = "Loss"
224            title = "Loss vs. Epochs"
225        else:
226            ylabel = "Accuracy"
227            title = "Accuracy vs. Epochs"
228        fig = go.Figure()
```

```
229         fig.add_trace(go.Scatter(x = np.arange(1, EPOCHS + 1), mode = 'lines + markers',
                    y = training, marker = dict(color = "dodgerblue"), name = "Train"))
230         fig.add_trace(go.Scatter(x = np.arange(1, EPOCHS + 1), mode = 'lines + markers',
                    y = validation, marker = dict(color = "darkorange"), name = "Val"))
231         fig.update_layout(title_text = title, yaxis_title = ylabel,
                    xaxis_title = "Epochs",width = 500,height = 300)
232         fig.show()
```

执行程序段 P7.26，绘制 DenseNet121 模型的准确率曲线，训练集与验证集对比如图 7.15 所示。

```
P7.26   #绘制准确率曲线
233     display_training_curves(
            history.history['categorical_accuracy'],
            history.history['val_categorical_accuracy'],
            'accuracy')
```

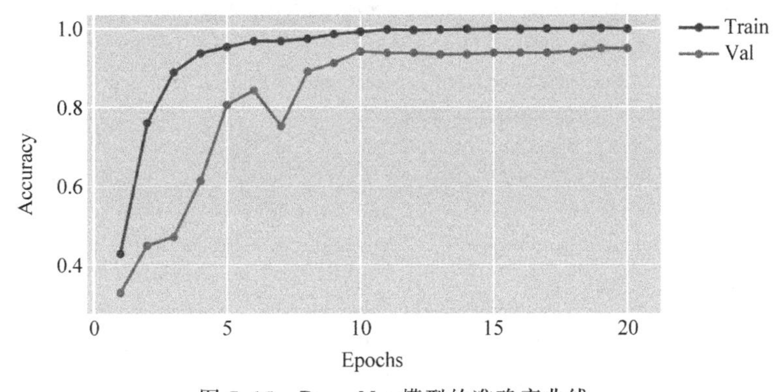

图 7.15　DenseNet 模型的准确率曲线

在第 10 个 EPOCH 之前，准确率上升较快，验证集有波动，可能是因为数据集样本总量偏低，训练集上的统计特征，与验证集有较大差异，但是随着迭代次数增加，从第 10 个 EPOCH 开始，模型表现趋于稳定。

第 10 个 EPOCH 之后，DenseNet121 模型在训练集与验证集上的趋势表现一致，训练集准确率超过 0.99，验证集超过 0.94，模型可靠性与健壮性较好。

7.11　DenseNet 模型预测与评估

执行程序段 P7.27，从训练集中选择标签为 Healthy、Scab、Rust 和 Multiple diseases 的样本图像做预测，四个样本的预测结果分别如图 7.16～图 7.19 所示。

```
P7.27   #用 DenseNet 模型对四种标签做抽样预测并分析结果
234     def load_image(image_id):
235         file_path = './dataset/images/' + image_id + ".jpg"
236         image = cv2.imread(file_path)
```

```
237             return cv2.cvtColor(image, cv2.COLOR_BGR2RGB)
238         train_images = train_data["image_id"][:4].progress_apply(load_image) #前四幅图像
239         def process(img):
240             return cv2.resize(img/255.0, (512, 512)).reshape(-1, 512, 512, 3)
241         def predict(img):
242             return model.layers[2](model.layers[1](model.layers[0](process(img)))).
            numpy()[0]
243         def displayResult(img, preds):
244             fig = make_subplots(rows = 1, cols = 2)
245             colors = {"Healthy":px.colors.qualitative.Plotly[0], "Scab":px.colors.
            qualitative.Plotly[0],
            "Rust":px.colors.qualitative.Plotly[0], "Multiple diseases":px.colors.
            qualitative.Plotly[0]}
246             if list.index(preds.tolist(), max(preds)) == 0:
247                 pred = "Healthy"
248             if list.index(preds.tolist(), max(preds)) == 1:
249                 pred = "Scab"
250             if list.index(preds.tolist(), max(preds)) == 2:
251                 pred = "Rust"
252             if list.index(preds.tolist(), max(preds)) == 3:
253                 pred = "Multiple diseases"
254             colors[pred] = px.colors.qualitative.Plotly[1]
255             colors["Healthy"] = "seagreen"
256             colors = [colors[val] for val in colors.keys()]
257             fig.add_trace(go.Image(z = cv2.resize(img, (205, 136))), row = 1, col = 1)
258             fig.add_trace(go.Bar(x = ["Healthy", "Multiple diseases", "Rust", "Scab"],
                        y = preds, marker = dict(color = colors)), row = 1, col = 2)
259             fig.update_layout(height = 400, width = 800, title_text = "DenseNet Predictions",
                        showlegend = False)
260             fig.show()
261         preds = predict(train_images[2])
262         displayResult(train_images[2], preds)
263         preds = predict(train_images[0])
264         displayResult(train_images[0], preds)
265         preds = predict(train_images[3])
266         displayResult(train_images[3], preds)
267         preds = predict(train_images[1])
268         displayResult(train_images[1], preds)
```

如图 7.16 所示，模型将左图健康叶片预测为健康叶片的概率为 97.98%，预测为 Rust 的概率为 1.86%，或许模型认为左侧叶片上具备 Rust 的少量特征。Scab 和 Multiple diseases 则可以忽略不计。

如图 7.17 所示，模型将左侧 Scab 叶片预测为 Scab 的概率为 99.98%，预测为其他三种标签的情况可以忽略不计。

如图 7.18 所示，模型将左侧 Rust 叶片预测为 Rust 的概率为 98.98%，预测为其他三种标签的情况可以忽略不计。

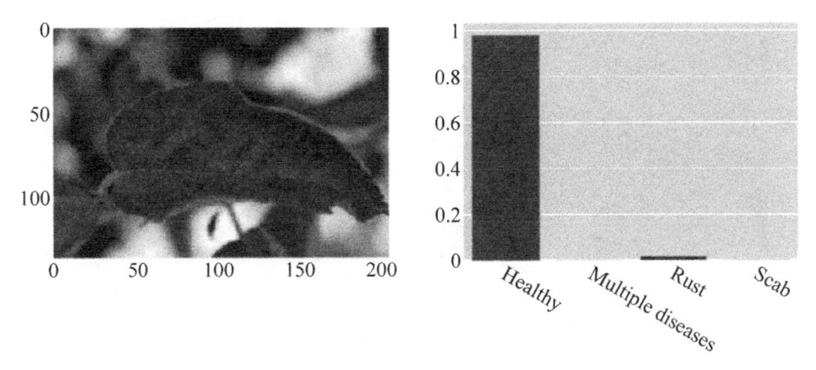

图 7.16 Healthy 叶片预测结果

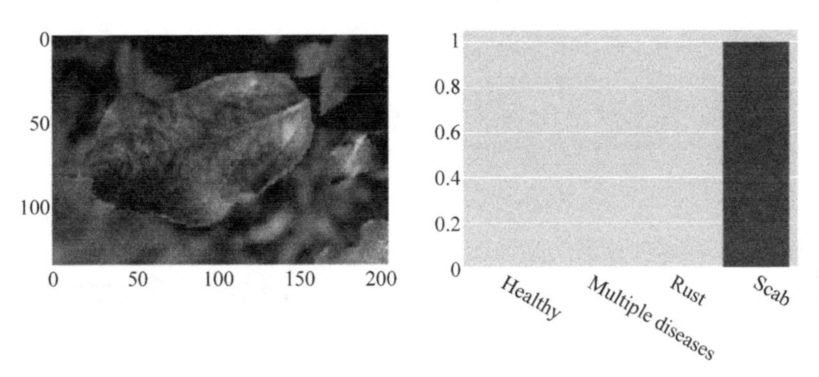

图 7.17 Scab 叶片预测结果

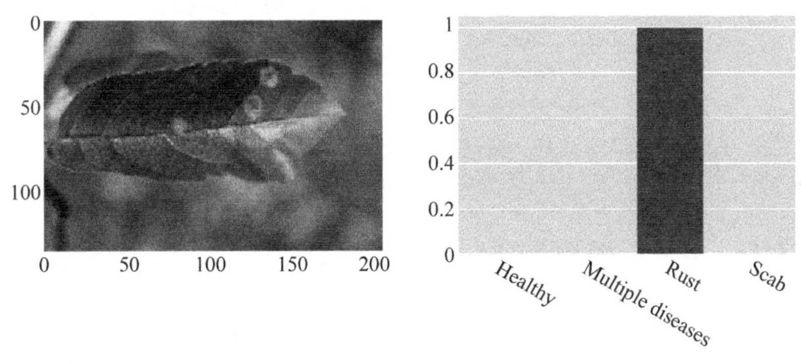

图 7.18 Rust 叶片预测结果

如图 7.19 所示，模型将左侧 Multiple diseases 叶片预测为 Multiple diseases 的概率为 97.26%，预测为 Rust 的概率为 2.15%，预测为其他两种标签的情况可以忽略不计。

通过对四类样本预测结果的剖析，结合模型准确率曲线，有理由相信，DenseNet121 模型在当前数据集上展示了极佳的预测性能。

执行程序段 P7.28，模型对整个测试集做出预测，预测结果保存到 submission_densenet.csv 文件。

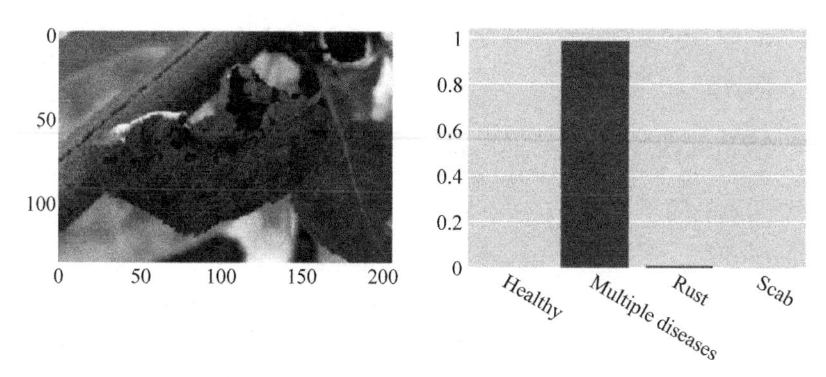

图 7.19 Multiple diseases 叶片预测结果

```
P7.28  #对测试集做预测,保存预测结果
269    probs_densenet = model.predict(test_dataset, verbose = 1)
270    sub.loc[:, 'healthy':] = probs_densenet
271    sub.to_csv('submission_densenet.csv', index = False)
272    sub.head()
```

测试集前五个样本的预测结果如图 7.20 所示，输出标签的概率值均超过 0.97，回到数据集 dataset/images 目录，找到 Test_0～Test_4 这五个图像文件，经验证，图像与标签均正确匹配。

	image_id	healthy	multiple_diseases	rust	scab
0	Test_0	3.764075e-06	0.010261	0.989732	3.455427e-06
1	Test_1	3.008510e-04	0.022567	0.977030	1.023993e-04
2	Test_2	3.196438e-06	0.000191	0.000001	9.998049e-01
3	Test_3	9.998271e-01	0.000002	0.000170	9.276249e-07
4	Test_4	7.055630e-08	0.000524	0.999474	1.900288e-06

图 7.20 测试集前五个样本的预测结果

7.12 EfficientNet 模型定义

EfficientNet 是 Google 研究小组 2019 年在论文 *EfficientNet: Rethinking Model Scaling for Convolutional Neural Networks* 中推出的新模型(Tan and Le, 2019)，该模型基于网络深度、宽度和输入分辨率三个维度的缩放来寻找最优模型。

EfficientNet 模型的演进从一个基准结构(称作 EfficientNet-B0)开始，在深度、宽度和分辨率三个维度上进行迭代复合搜索，最后得到的 EfficientNet-B7 在 ImageNet 上获得了 84.4%的 top-1 精度和 97.1%的 top-5 精度，比之前最好的模型 GPipe 在规模上缩小了 8.4 倍，而速度却提高了 6.1 倍。EfficientNet-B1 比 ResNet-152 参数数量小 7.6 倍，速度快 5.7 倍。与广泛使用的 ResNet-50 相比，EfficientNet-B4 在 FLOPS 相似的情况下将 ImageNet 的 top-1 精度从 76.3%提高到 83.0%(+ 6.7%)。EfficientNet 与其他经典模型间的比较如图 7.21 所示。

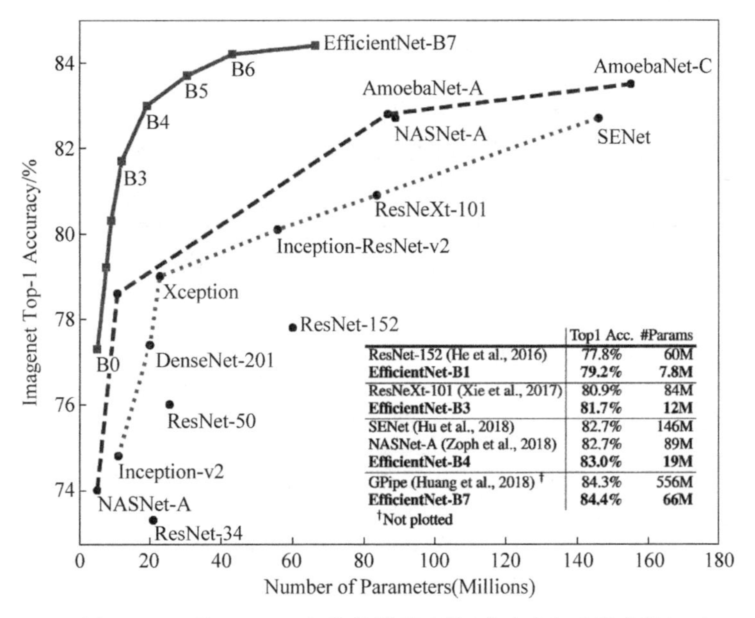

图 7.21　EfficientNet 与其他模型比较(准确率与参数个数)

实践证明,通过网络规模缩放,可以寻找更优的网络模型,如图 7.22 所示,从左到右依次是基准模型,宽度缩放,深度缩放,输入分辨率缩放,以及三者联合缩放。

EfficientNet 的创新之处在于设计了一套自动搜索算法,将之前的手动单个维度缩放,调整为三个维度的自动联合缩放。

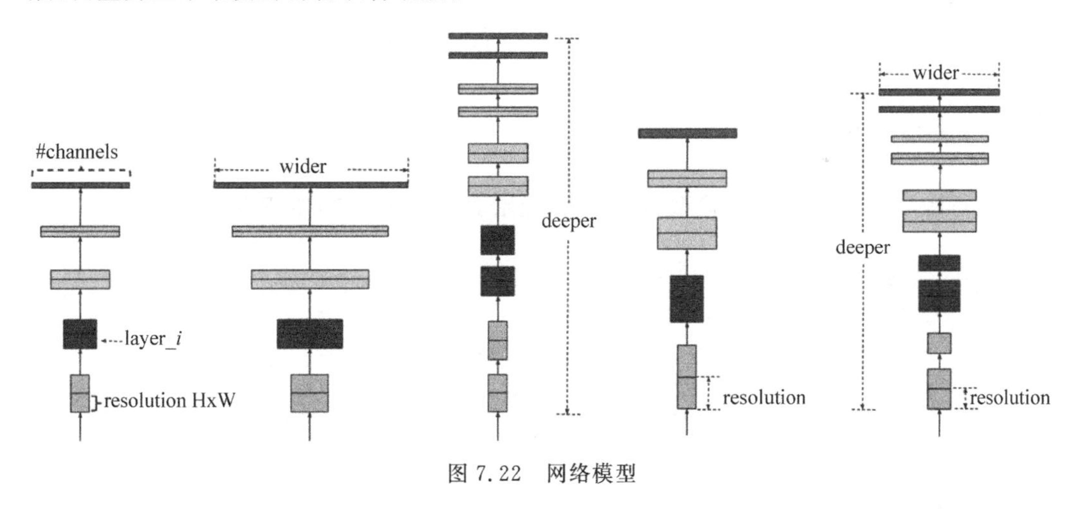

图 7.22　网络模型

对联合缩放方法感兴趣的读者可以继续阅读作者原文,论文中的第二个创新是构建了一个高效的基准网络,如图 7.23 所示。模型缩放的高效性严重依赖于基准网络的结构,基准模型采用了 MobileNets 中广泛使用的 MBConv 卷积模块作为基本单元。

执行程序段 P7.29,下载并定义 EfficientNet-B7 模型,设定参数,编译模型。

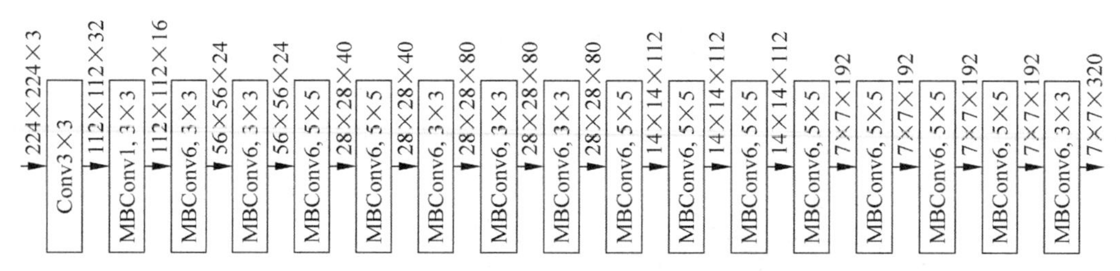

图 7.23　基准网络 EfficientNet-B0 的模型结构

```
P7.29   #下载并定义 EfficientNet - B7 模型
273     model = tf.keras.Sequential([efn.EfficientNetB7(input_shape = (512, 512, 3),
                                     weights = 'imagenet',
                                     include_top = False),
                                     L.GlobalAveragePooling2D(),
                                     L.Dense(train_labels.shape[1],
                                     activation = 'softmax')])
274     model.compile(optimizer = 'adam',
                      loss = 'categorical_crossentropy',
                      metrics = ['categorical_accuracy'])
275     model.summary()
```

模型结构摘要显示，EfficientNet-B7 模型可学习训练参数达到了 63 797 204 个，是 DenseNet121 的 9 倍。前面的 DenseNet121 模型在 8 核 CPU、16GB 内存的主机上勉强可以测试，单个 EPOCH 耗时约 1h 左右。对于 EfficientNet-B7 模型而言，计算力需求较大，本章后面关于 EfficientNet 和 Noisy Student 的训练，在 Google TPU 服务器上完成。

7.13　EfficientNet 模型训练

执行程序段 P7.30，设定模型训练参数，开始 EfficientNetB7 模型训练。

```
P7.30   #EfficientNetB7 模型训练
276     history = model.fit(train_dataset,
                            epochs = EPOCHS,
                            callbacks = [lr_schedule],
                            steps_per_epoch = STEPS_PER_EPOCH,
                            validation_data = valid_dataset)
```

执行程序段 P7.31，绘制模型的准确率曲线，如图 7.24 所示。

```
P7.31   #绘制 EfficientNetB7 模型准确率曲线
277     display_training_curves(
            history.history['categorical_accuracy'],
            history.history['val_categorical_accuracy'],
            'accuracy')
```

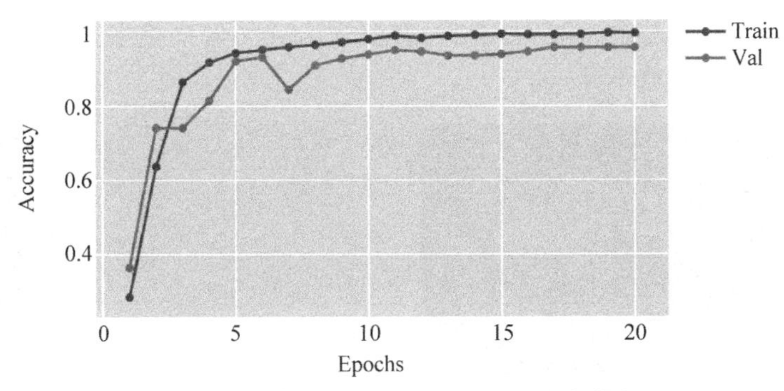

图 7.24　EfficientNetB7 模型的准确率曲线

EfficientNetB7 在训练集上的表现比较稳定，在验证集上有波动，可能是由于样本数量不足造成的。模型在训练集上准确率超过 0.99，在验证集上的准确率超过 0.95。

就本项目数据集而言，DenseNet121 和 EfficientNetB7 两种模型在前 20 个 EPOCH 的效果基本一致。

7.14　EfficientNet 模型预测与评估

执行程序段 P7.32，从训练集中选择标签为 Healthy、Scab、Rust 和 Multiple diseases 的四个样本图像做预测，预测结果分别如图 7.25～图 7.28 所示。

```
P7.32   #EfficientNetB7 模型抽样检测
278     preds = predict(train_images[2])
279     displayResult(train_images[2], preds)
280     preds = predict(train_images[0])
281     displayResult(train_images[0], preds)
282     preds = predict(train_images[3])
283     displayResult(train_images[3], preds)
284     preds = predict(train_images[1])
285     displayResult(train_images[1], preds)
```

如图 7.25 所示，模型将左图健康叶片预测为健康叶片的概率为 99.84%，预测为其他类别的情况可以忽略不计。

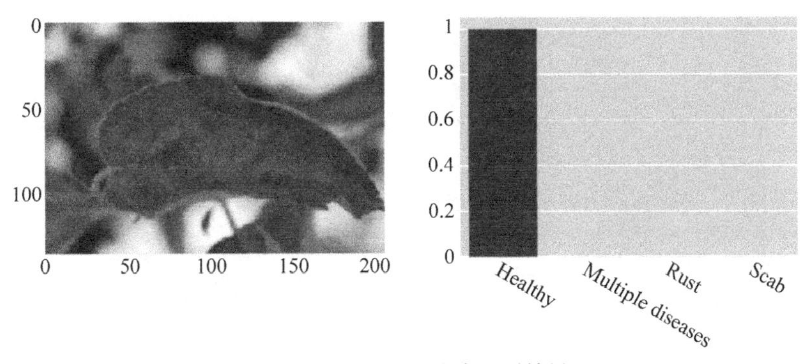

图 7.25　Healthy 叶片预测结果

如图 7.26 所示，模型将左图 Scab 叶片预测为 Scab 叶片的概率为 99.98%，预测为其他类别的情况则可以忽略不计。

图 7.26　Scab 叶片预测结果

如图 7.27 所示，模型将左图 Rust 叶片预测为 Rust 叶片的概率为 81.99%，预测为 Scab 的概率为 17%，预测为 Healthy 的概率为 0.9%。预测为 Scab 的情况，或许模型认为左侧叶片上具备较多的 Scab 特征，预测为 Healthy 的情况，或许模型认为该叶片与某些健康叶片特征吻合，Multiple diseases 则可以忽略不计。

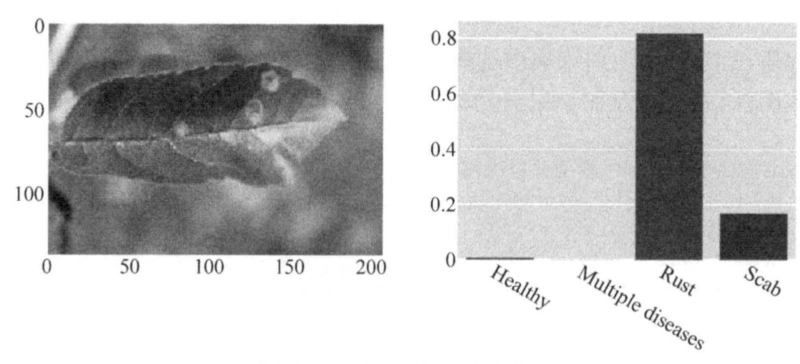

图 7.27　Rust 叶片预测结果

如图 7.28 所示，模型将左图 Multiple diseases 叶片预测为 Multiple diseases 叶片的概率为 95.61%，预测为 Rust 的概率为 3.87%，预测为 Scab 的概率为 0.47%，或许模型认为左侧叶片上具备 Rust 和 Scab 的统计特征。Healthy 则可以忽略不计。

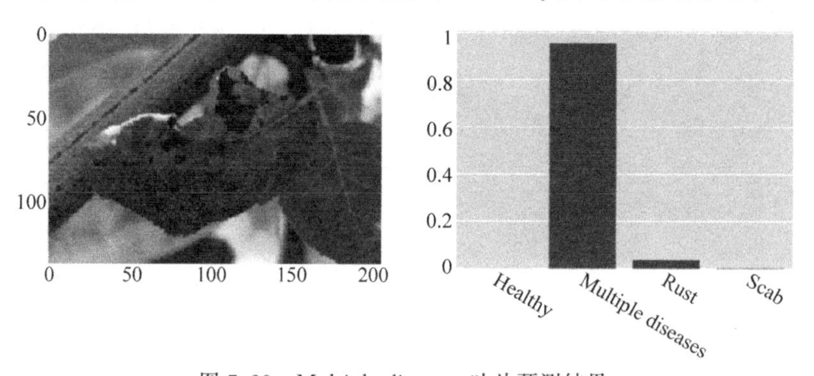

图 7.28　Multiple diseases 叶片预测结果

执行程序段 P7.33，模型对整个测试集做出预测，预测结果保存到 submission_efnB7.csv 文件。

```
P7.33    #对测试集做预测，保存预测结果
286      probs_efnB7 = model.predict(test_dataset, verbose=1)
287      sub.loc[:, 'healthy':] = probs_efnB7
288      sub.to_csv('submission_efnB7.csv', index=False)
289      sub.head()
```

测试集前五个样本的预测结果如图 7.29 所示，输出标签的概率值均超过 0.95，回到数据集 dataset/images 目录，找到 Test_0～Test_4 这五个图像文件，经验证，图像与标签均正确匹配。

	image_id	healthy	multiple_diseases	rust	scab
0	Test_0	0.035578	0.007442	9.568136e-01	0.00016
1	Test_1	0.000153	0.000263	9.994709e-01	0.000113
2	Test_2	0.000001	0.000018	9.404740e-07	0.999980
3	Test_3	0.999907	0.000002	8.856125e-05	0.000002
4	Test_4	0.000873	0.001095	9.970418e-01	0.000990

图 7.29　测试集前五个样本的预测结果

7.15　EfficientNet Noisy Student 模型

在 EfficientNet 基础上，Google 研究小组发布了 EfficientNet Noisy Student 模型（Xie，Hovy，et al.，2019），Noisy Student 采用半监督学习方法，在 ImageNet 上取得了 88.4% 的 top-1 成绩，其性能全面超越 EfficientNet，模型间的对比如图 7.30 所示。

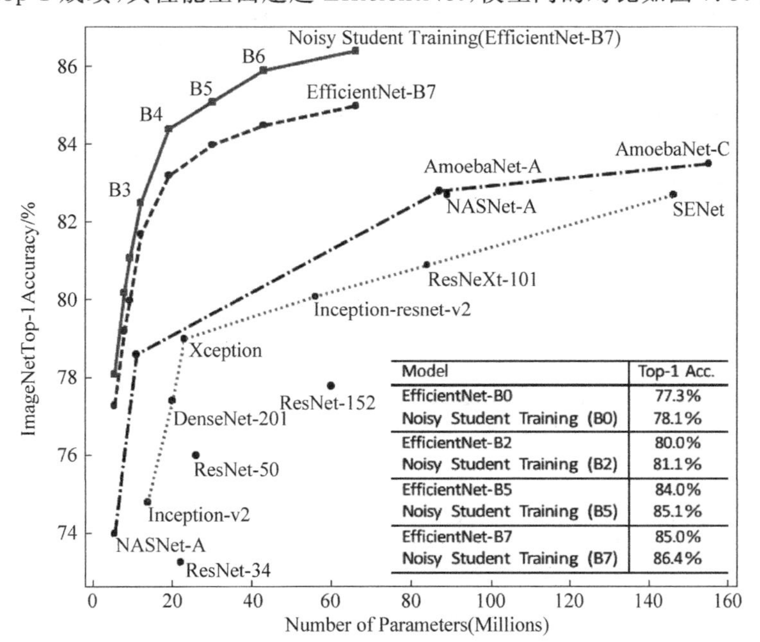

图 7.30　Noisy Student 模型与其他模型对比

Google 研究小组首先基于标签数据集训练 EfficientNet 模型，然后用 EfficientNet 作为 Teacher 模型，为 300MB 的图像数据标记标签，Teacher 模型标记的数据集称作伪标签数据集，然后定义一个更大的 EfficientNet 作为 Student 模型，在联合数据集（标签数据集和伪标签数据集）上训练 Student 模型。完成 Student 模型训练后，再让 Student 扮演 Teacher 角色，继续迭代训练下去，为了让 Student 模型比 Teacher 模型表现更好，随机向 Student 模型添加噪声、随机数据增强或者随机 Dropout。

执行程序段 P7.34，定义 EfficientNet Noisy Student 模型。

```
P7.34    #定义 EfficientNet NoisyStudent 模型
290      model = tf.keras.Sequential([efn.EfficientNetB7(input_shape = (512, 512, 3),
                                      weights = 'noisy - student',
                                      include_top = False),
                                      L.GlobalAveragePooling2D(),
                                      L.Dense(train_labels.shape[1],
                                      activation = 'softmax')])
291      model.compile(optimizer = 'adam',
                       loss = 'categorical_crossentropy',
                       metrics = ['categorical_accuracy'])
292      model.summary()
```

模型结构摘要显示，Noisy Student 模型可学习训练的参数为 63 797 204 个，与 EfficientNetB7 模型完全相同，这证明了二者在结构上的一致，事实上二者的区别主要体现在权重参数的变化。

执行程序段 P7.35，设定训练参数，开始 EfficientNet Noisy Student 模型训练过程。

```
P7.35    #EfficientNet Noisy Student 模型训练
293      history = model.fit(train_dataset, epochs = EPOCHS, callbacks = [lr_schedule],
                   steps_per_epoch = STEPS_PER_EPOCH, validation_data = valid_dataset)
```

执行程序段 P7.36，Noisy Student 模型在 20 个 EPOCH 上的准确率曲线如图 7.31 所示。

```
P7.36    #绘制 Noisy Student 模型准确率曲线
294      display_training_curves(history.history['categorical_accuracy'],
              history.history['val_categorical_accuracy'], 'accuracy')
```

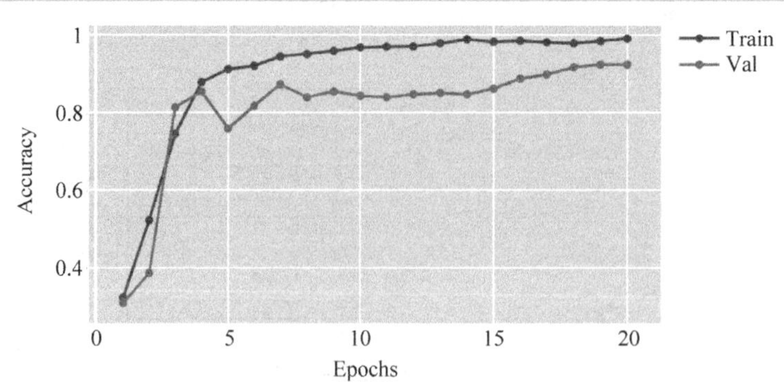

图 7.31　EfficientNet Noisy Student 模型准确率曲线

训练集上的表现比较稳定,验证集上有波动。训练集准确率超过 0.99,验证集上的准确率超过 0.92,从曲线发展趋势看,Noisy Student 仍有提升空间。

就本项目提供的数据集而言,整体上看,DenseNet121、EfficientNetB7、Noisy Student 三种模型在前 20 个 EPOCH 的表现难以简单判断孰优孰劣。

执行程序段 P7.37,测试集前五个样本的预测结果如图 7.32 所示。

```
P7.37  #保存测试集的预测结果
295    probs_efnns = model.predict(test_dataset, verbose = 1)
296    sub.loc[:, 'healthy':] = probs_efnns
297    sub.to_csv('submission_efnns.csv', index = False)
298    sub.head()
```

	image_id	healthy	multiple_diseases	rust	scab
0	Test_0	0.001393	1.659944e-03	0.996915	0.000032
1	Test_1	0.000008	1.541684e-03	0.998126	0.000324
2	Test_2	0.019769	8.498552e-04	0.000067	0.979314
3	Test_3	0.999985	3.380810e-07	0.000013	0.000001
4	Test_4	0.000083	5.252741e-03	0.994299	0.000366

图 7.32 测试集前五个样本的预测结果

输出标签的概率值均超过 0.97,回到数据集 dataset/images 目录,找到 Test_0～Test_4 这五个图像文件,经验证,图像与标签均正确匹配。

7.16 EfficientDet 模型

EfficientDet 是 Google 人工智能研究小组继 2019 年推出 EfficientNet 模型之后,为进一步提高目标检测效率,以 EfficientNet 模型和双向特征加权金字塔网络(weighted Bi-directional Feature Pyramid Network,BiFPN)为基础,于 2020 年创新推出的新一代目标检测模型(Tan,Pang,et al.,2019)。

与 EfficientNet 类似,基于新的网络架构实现的一系列模型称作 EfficientDet(D0～D7),其中,EfficientDet-D7 的参数数量只有 52M,但是在 COCO test-dev 上的性能表现超越此前最好的模型,达到了 52.6 AP 和 325B FLOPs,模型规模缩小了 4～9 倍,FLOPs 减少了 13～42 倍。EfficientDet 与其他模型的效率比较如图 7.33 所示。

EfficientDet 模型实现了准确率与速度两方面的提升,并且能够匹配复杂的多种应用场景。取得同等准确率,EfficientDet 需要的 FLOPs 计算量比 YOLO v3 减少 28 倍,比 RetinaNet 减少 30 倍,比 ResNet+NAS-FPN 减少 19 倍,其他比较结果如图 7.33 右下角的表格所示。

目前高效的多尺度特征融合方法主要有 FPN、PANet 和 NAS-FPN 等,EfficientDet 论文在此基础上提出了一个简单而高效的新方法,即双向特征加权金字塔网络 BiFPN,如图 7.34 所示。

图 7.34(a)表示的是 FPN 方法,FPN 通过一条自上而下的通路融合从 P3 到 P7 的多

尺度特征。图 7.34(b)表示的是 PANet 方法，PANet 在 FPN 的后面增加了一条自下而上的通路实现双向特征融合。图 7.34(c)表示的是 NAS-FPN 方法，NAS-FPN 相当于定义了一个局部神经网络对特征进行多尺度融合，并采用跨尺度连接。图 7.34(d)表示的是 BiFPN 方法，综合考量 PANet 和 NAS-FPN 的结构特点，BiFPN 采用双向连接、跨尺度连接和局部神经网络块的结构，实现多尺度特征融合。

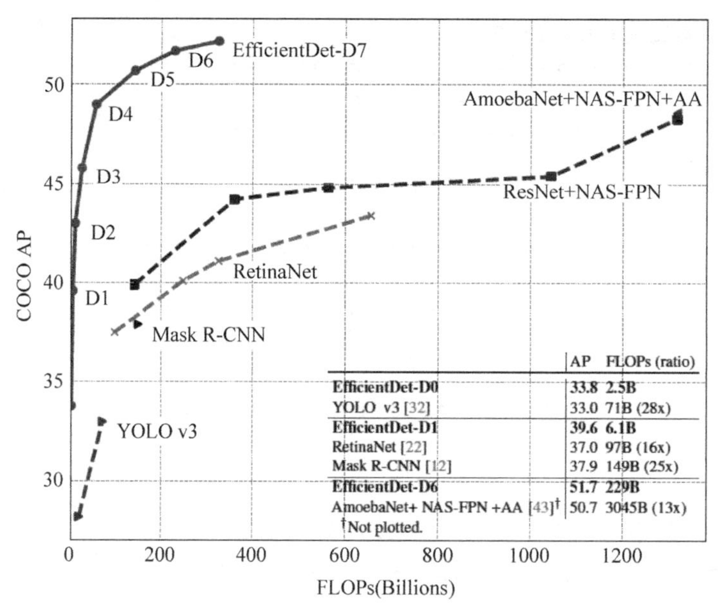

图 7.33 EfficientDet 与其他模型效率比较

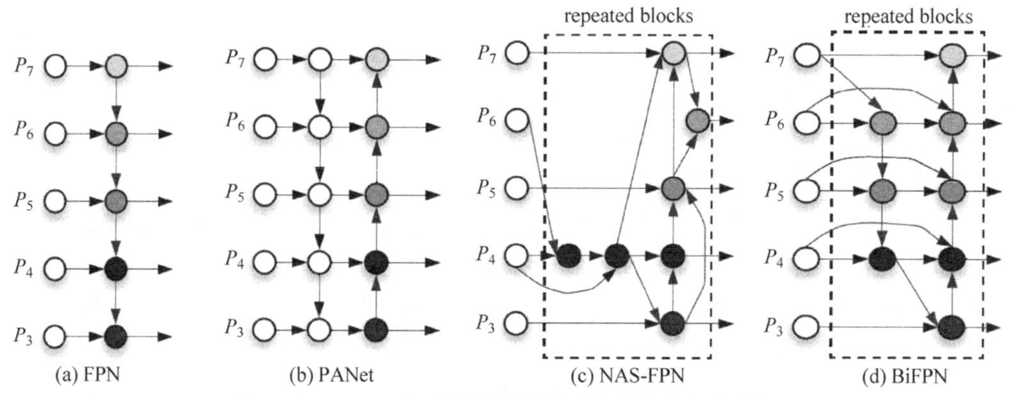

图 7.34 BiFPN 与其他几种多尺度特征融合方法对比

全新的 EfficientDet 架构如图 7.35 所示，包含 EfficientNet 金字塔骨干网络、BiFPN 特征融合网络、分类网络和定位网络四部分。

EfficientNet 金字塔骨干网络以 EfficientNet 的 ImageNet 预训练模型为基础，包括 EfficientNet-B0 到 B6。BiFPN 网络从骨干网络的 P3、P4、P5、P6 和 P7 接受特征输入，单个 BiFPN 模块重复迭代，最后连接到分类网络和定位网络，同时输出目标类别和目标边界框。

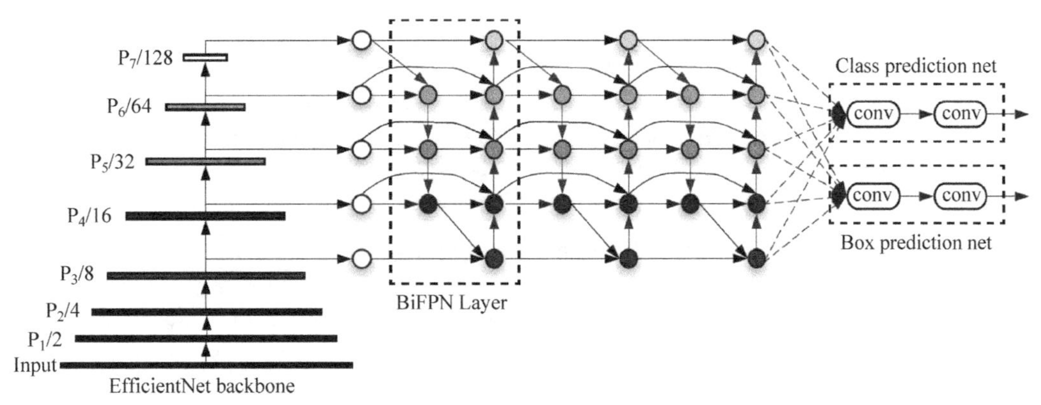

图 7.35　EfficientDet 结构

EfficientDet 论文采取了类似 EfficientNet 模型的做法，采用了一套复合算法缩放分辨率、深度和宽度，此处不再赘述。

近年来，目标检测的效率，即检测的准确率与检测速度，一直是各界关注的技术焦点。EfficientDet 论文提交时，YOLO v4 还没有发布，故 EfficientDet 论文只给出了与 YOLO v3 的比较结果，但是 YOLO v4 论文却给出了与 EfficientDet（D0～D4）的比较结果，YOLO v4 准确率不如 EfficientDet 高，但是速度比 EfficientDet 快（参见图 4.30）。

本章案例没有采用 EfficientDet 模型做教学演示，而是在本章编程作业“全球小麦麦穗检测”中对 YOLO v4 和 EfficientDet 两种解决方案做了比较分析。

7.17　模型集成

执行程序段 P7.38，将 DenseNet 和 EfficientNet 在测试集上的预测结果按照一定的置信度组合，程序中给出了三种组合方法，预测结果分别保存到三个文件中。

```
P7.38   # 模型集成
299     ensemble_1, ensemble_2, ensemble_3 = [sub] * 3
        # 集成模型 1
300     ensemble_1.loc[:, 'healthy':] = 0.50 * probs_efnB7 + 0.50 * probs_densenet
301     ensemble_1.to_csv('submission_ensemble_1.csv', index = False)
        # 集成模型 2
302     ensemble_2.loc[:, 'healthy':] = 0.25 * probs_efnB7 + 0.75 * probs_densenet
303     ensemble_2.to_csv('submission_ensemble_2.csv', index = False)
        # 集成模型 3
304     ensemble_3.loc[:, 'healthy':] = 0.75 * probs_efnB7 + 0.25 * probs_densenet
305     ensemble_3.to_csv('submission_ensemble_3.csv', index = False)
        # 显示集成模型 1
306     ensemble1 = pd.read_csv('submission_ensemble_1.csv')
307     ensemble1.head()
```

以集成模型 1 为例（DenseNet×0.5＋EfficientNet×0.5），测试集前五个样本的预测结果如图 7.36 所示。

	image_id	healthy	multiple_diseases	rust	scab
0	Test_0	0.000020	0.003442	0.996536	0.000002
1	Test_1	0.000222	0.002653	0.997006	0.000119
2	Test_2	0.000120	0.000145	0.000009	0.999727
3	Test_3	0.999826	0.000005	0.000154	0.000015
4	Test_4	0.000153	0.001483	0.998311	0.000053

图 7.36　集成模型 1 的测试集预测结果

输出标签的概率值均超过 0.99，略微好于前面三种模型各自的独立预测结果。

执行程序段 P7.39，集成模型 1 在测试集上预测的最大概率值的散点分布如图 7.37 所示，横坐标为测试集样本的编号，纵坐标表示该样本的最大预测概率值。

```
P7.39   #集成模型 1 预测的最大概率值分布
308     import matplotlib.pyplot as plt
309     model1 = ensemble1.drop('image_id',axis = 1)
310     label_values1 = [np.max(model1.loc[i]) for i in range(1821)]
311     x = range(1821)
312     plt.figure(figsize = (5,5))
313     plt.scatter(x,label_values1)
314     plt.xlabel('test_id',size = 16)
315     plt.ylabel('Maximum probability',size = 16)
316     plt.show()
317     print('概率值低于 0.5 的样本数量为: {0}'.format(np.sum(np.array(label_values1)< 0.5)))
```

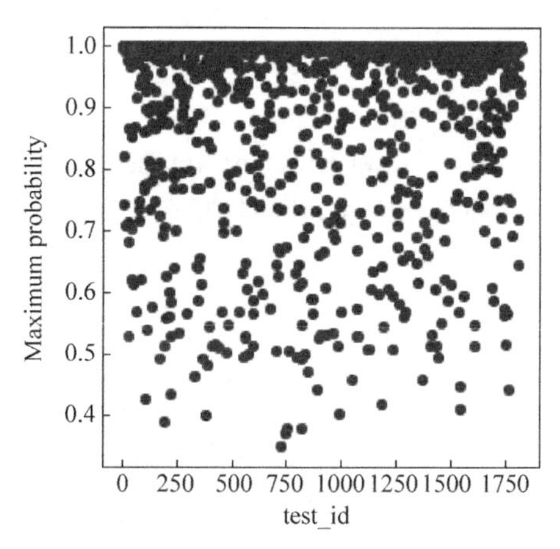

图 7.37　集成模型 1 的预测结果分布

程序运行结果显示，模型在测试集 1821 个样本上预测的最大概率值低于 0.5 的样本数量为 37，预测的最大概率值不低于 0.5 的样本占比 97.97%，准确率较高。

小结

本章以苹果树病虫害识别为背景，介绍学习了 Canny 边缘检测算法和数据增强方法，基于迁移学习方法，重点实践了 DenseNet 模型、EfficientNet 模型和 EfficientNet

Nosiy Student 模型在苹果树数据集上的建模、训练、预测和性能评估，最后给出了DenseNet 模型与 EfficientNet 模型的集成方案，集成模型往往比单个模型具有更好的可靠性与健壮性。

第 4 章和第 7 章对目标检测领域最具代表性的两种新模型 YOLO v4 和 EfficientDet 做了简要介绍，并在最后一个编程作业"全球小麦麦穗检测"中予以对比分析。

习题

一、判断题

1. DenseNet 模型基于跳连的思想，为了最大化网络中的特征信息流，将网络中的所有层两两连接。

2. DenseNet 模型中每一层接受前面所有层的特征作为输入，所以模型参数数量剧增。

3. DenseNet 增强了特征传播，鼓励了特征重用，减轻了梯度消失的问题。

4. EfficientNet 模型基于网络深度、宽度和输入分辨率三个维度的放缩来寻找最优模型。

5. EfficientNet 实践证明，通过网络模型缩放，可以寻找更优的网络模型。

6. 在细粒度分类领域，边缘检测有助于寻找确定关键特征。

7. 在数据规模较小时，通过数据增强技术，可以有效弥补数据集的不足，扩充数据量，改善数据分布，提升模型训练质量。

8. 对于大规模数据集而言，数据增强也是一种有效提升数据质量的手段。

9. 图像翻转（水平和垂直）、旋转、缩放、裁剪、平移、亮度变换和添加高斯噪声等均为数据增强技术，可根据实际需要采用一种或多种方法丰富数据集的多样性分布。

10. EfficientDet-D7 准确率比 YOLO v4 高，速度比 YOLO v4 快。

11. 集成模型一定比单个模型具有更好的可靠性与健壮性。

二、编程题

数据集来自 2020 年全球小麦麦穗识别与统计挑战赛。

竞赛网址：

https://www.kaggle.com/c/global-wheat-detection/overview

数据集有三千多幅小麦图像来自欧洲（法国，英国，瑞士）和北美（加拿大）地区，约有一千幅图像来自中国、澳大利亚和日本，共计约 15 万个麦穗。

图像分辨率为 1024×1024px，已经全部做了边界框标注，如图 7.38 所示，左侧为原图像，右侧为麦穗标注后的图像。

所有图像均为野外拍摄，图像涵盖了小麦不同生长阶段，进行准确的小麦麦穗检测具有挑战性，因为密集的小麦植株经常重叠，并且风向也会使照片模糊。此外，麦穗外观也会因成熟度、颜色、品种、种植密度、田间条件和头部方向而千姿百态，如图 7.39 所示。

数据集详细描述与编程方案设计，请参见习题 7 中的编程文档。

请采用 YOLO v4 和 EfficientDet 两种方法，并结合多种数据增强技术，根据全球小麦麦穗检测挑战赛数据集，完成麦穗的目标检测。对两种模型的预测结果做出比较分析。

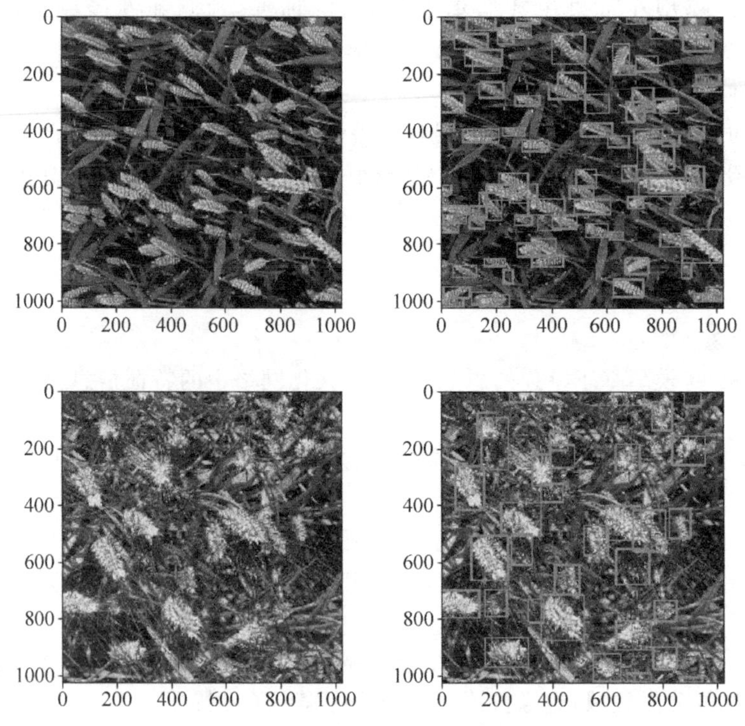

图 7.38　训练集中的小麦图像与标签

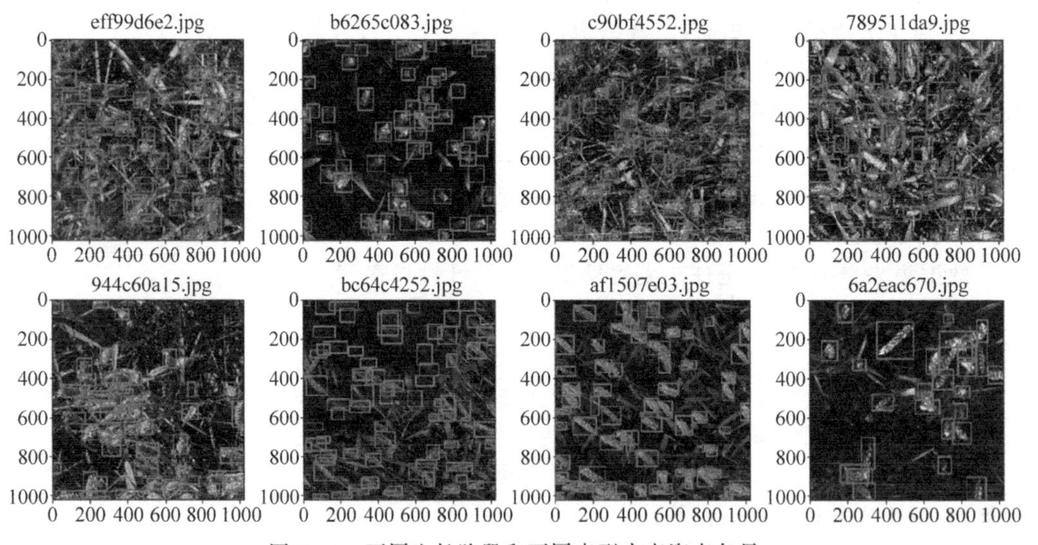

图 7.39　不同生长阶段和不同表型小麦姿态各异

参考文献

[1] Devlin J, et al. Bert: Pre-training of deep bidirectional transformers for language understanding. arXiv preprint arXiv:1810.04805, 2018.

[2] He K, et al. Deep residual learning for image recognition. Proceedings of the IEEE conference on computer vision and pattern recognition, 2016.

[3] Huang G, et al. Densely connected convolutional networks. Proceedings of the IEEE conference on computer vision and pattern recognition, 2017.

[4] Ioffe S and Szegedy C. Batch normalization: Accelerating deep network training by reducing internal covariate shift. arXiv preprint arXiv:1502.03167, 2015.

[5] LeCun Y, et al. Gradient-based learning applied to document recognition. Proceedings of the IEEE, 1998, 86(11): 2278-2324.

[6] Redmon J, et al. You only look once: Unified, real-time object detection. Proceedings of the IEEE conference on computer vision and pattern recognition, 2016.

[7] Redmon J and Farhadi A. YOLO 9000: better, faster, stronger. Proceedings of the IEEE conference on computer vision and pattern recognition, 2017.

[8] Redmon J and Farhadi A. YOLO v3: An incremental improvement. arXiv preprint arXiv:1804.02767, 2018.

[9] Senior A W, et al. Improved protein structure prediction using potentials from deep learning. Nature, 2020: 1-5.

[10] Simonyan K, Zisserman A. Very deep convolutional networks for large-scale image recognition. arXiv preprint arXiv:1409.1556, 2014.

[11] Szegedy C, et al. Inception-v4, inception-resnet and the impact of residual connections on learning. Thirty-first AAAI conference on artificial intelligence, 2017.

[12] Szegedy C, et al. Going deeper with convolutions. Proceedings of the IEEE conference on computer vision and pattern recognition, 2015.

[13] Szegedy C, et al. Rethinking the inception architecture for computer vision. Proceedings of the IEEE conference on computer vision and pattern recognition, 2016.

[14] Tan M, Le Q V. Efficientnet: Rethinking model scaling for convolutional neural networks. arXiv preprint arXiv:1905.11946, 2019.

[15] Vaswani A, et al. Attention is all you need. Advances in neural information processing systems, 2017.

[16] Xie Q, et al. Self-training with Noisy Student improves ImageNet classification. arXiv preprint arXiv:1911.04252, 2019.

[17] Bochkovskiy C, et al. YOLO v4: Optimal Speed and Accuracy of Object Detection. arXiv preprint arXiv:2004.10934, 2020.

[18] Ouyang W, et al. Analysis of the Human Protein Atlas Image Classification competition. Nature methods, 2019, 16(12): 1254-1261.

[19] Sermanet P, et al. Overfeat: Integrated recognition, localization and detection using convolutional networks. arXiv preprint arXiv:1312.6229, 2013.

[20] Tan M, et al. Efficientdet: Scalable and efficient object detection. https://arxiv.org/abs/1911.09070v5, 2020.

图书资源支持

感谢您一直以来对清华版图书的支持和爱护。为了配合本书的使用，本书提供配套的资源，有需求的读者请扫描下方的“书圈”微信公众号二维码，在图书专区下载，也可以拨打电话或发送电子邮件咨询。

如果您在使用本书的过程中遇到了什么问题，或者有相关图书出版计划，也请您发邮件告诉我们，以便我们更好地为您服务。

我们的联系方式：

地　　址：北京市海淀区双清路学研大厦 A 座 714

邮　　编：100084

电　　话：010-83470236　010-83470237

客服邮箱：2301891038@qq.com

QQ：2301891038（请写明您的单位和姓名）

资源下载：关注公众号“书圈”下载配套资源。

资源下载、样书申请

书圈

获取最新书目

观看课程直播